MAXI FICHES

Physique générale

Sophie Cantin-Rivière
Cyril Pailler-Mattei
Francoise Perrot
Anne-Laure Valette

DUNOD

ISBN 978-2-10-052576-8

Table des matières

Avant-propos

Cet ouvrage de physique, de la collection « maxi fiches », est destiné aux étudiants de niveau L1, L2 ou équivalent des filières scientifiques et santés.
L'objectif de cet ouvrage est de faciliter l'acquisition des notions de base. Il est constitué de 75 fiches synthétiques explorant les différentes parties du programme de physique des 2 premières années du premier cycle universitaire (mécanique, thermodynamique, électricité, optique).
Les fiches sont généralement articulées en 3 parties. La première « En quelques mots » a pour but d'expliquer succinctement une notion de physique. La seconde « Ce qu'il faut retenir » donne les définitions, les formules et les démonstrations essentielles à la compréhension de la notion abordée. Enfin, la troisième partie « En pratique » permet à l'étudiant de mettre en application la dite notion au travers d'exemples détaillés.
Ce recueil de fiches sera un allier précieux pour les étudiants désireux d'aller à l'essentiel au cours de leur apprentissage, et/ou s'avérera être un « mémo » indispensable en période de révisions.

Les conseils pertinents, discussions et relectures attentives de mesdames Danielle Bodevigie-Piroird, Christelle Guerret et Sophie Pavan ont considérablement enrichi cet ouvrage. Nous tenons à leur adresser nos plus sincères et chaleureux remerciements.

Sophie Cantin-Rivière
Cyril Pailler-Mattei
Françoise Perrot
Anne-Laure Valette

1 La mécanique

1. EN QUELQUES MOTS...

Cette fiche définit le domaine d'application de la mécanique newtonienne et les grandeurs clés utilisées.

2. CE QU'IL FAUT RETENIR...

a) Cadre de l'étude

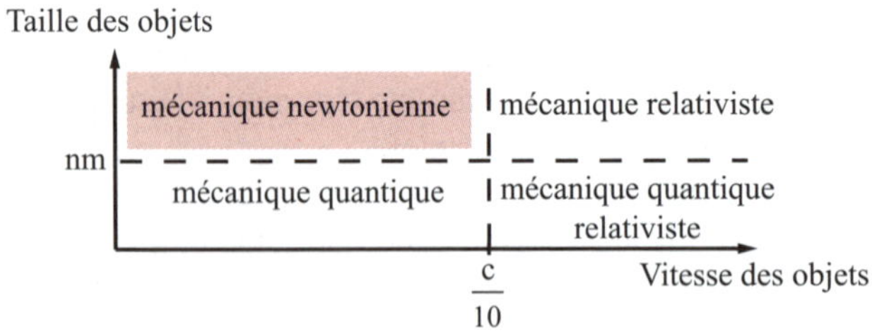

Notre étude se situe uniquement dans le cadre de la mécanique newtonienne :

- taille des objets > nm (nanomètre)
- vitesse des objets $< \frac{c}{10}$

(c = célérité de la lumière dans le vide ; $c \approx 3.10^8 m.s^{-1}$)

b) Point matériel

Le point matériel est un « objet idéal » dont les dimensions sont petites, donc négligeables devant les distances caractéristiques du mouvement étudié. Il est modélisé par un point géométrique, généralement noté M.

c) Masse

En mécanique newtonienne, on associe à tout point matériel M une masse m (unité : le kilogramme, noté kg). La masse d'un objet caractérise la quantité de matière qu'il renferme.

La masse est une grandeur scalaire positive, qui se conserve au cours du temps et qui est indépendante du référentiel choisi.

La masse est une grandeur additive car la masse totale d'un système de points matériels est égale à la somme des masses de chacun de ses constituants.

La masse d'un corps est une grandeur fondamentale en mécanique, car elle traduit l'inertie du corps, c'est-à-dire la résistance à la mise en mouvement du corps. En effet, plus la masse d'un objet est grande, plus l'action nécessaire pour provoquer ou modifier son déplacement (force, moment...) doit être importante.

d) Temps

C'est une grandeur absolue, c'est-à-dire qu'il « s'écoule » de la même manière dans tous les référentiels, quel que soit l'observateur qui le mesure (unité la seconde, notée s). Il permet d'étudier le mouvement des corps, c'est une quantité essentielle en cinématique et en dynamique du point matériel.

Par la suite, $A_{(t)}$ indiquera que la grandeur A (vectorielle ou scalaire) est une fonction du temps. Cependant, afin de ne pas « surcharger » les écritures, la variable (t) n'apparaîtra pas de façon explicite dans toutes les expressions dépendantes du temps.

e) Référentiel

En mécanique, la description de la position ou du mouvement d'un objet est nécessairement liée à un référentiel. Le référentiel est donc un corps de référence (lieu, objet, point, observateur…) à partir duquel la position et la trajectoire d'un objet sont étudiées.

Il existe un référentiel privilégié, appelé référentiel galiléen, dans lequel le mouvement d'un système isolé est rectiligne et uniforme (donc la quantité de mouvement d'un système isolé reste constante). Le caractère « privilégié » du référentiel galiléen provient du fait que les lois de la mécanique newtonienne et notamment le principe fondamental de la dynamique, ne sont valables que dans ce type de référentiel. L'expérience montre qu'un référentiel lié à la surface de la Terre pourra être considéré comme galiléen pour de nombreux systèmes mécaniques, à condition, par exemple, que leurs vitesses soient très inférieures à celle de la lumière et que le temps de l'expérience ne soit pas trop long. Par la suite, nous noterons (R_i) les référentiels d'étude qui seront tous supposés galiléens.

Il existe des référentiels galiléens pré-établis qu'il peut être judicieux d'utiliser suivant la nature et le mouvement de l'objet étudié : référentiel de Copernic, référentiel géocentrique, référentiel terrestre…

> Par la suite, on notera (R_0) le référentiel fixe supposé galiléen, d'origine O, composé d'un système de trois axes orthogonaux, $O\vec{x}$, $O\vec{y}$, $O\vec{z}$, muni d'une base orthonormée directe $(\vec{i},\vec{j},\vec{k})$.
> De plus, tout référentiel (R_i) (avec $i = 1 \ldots n$) sera un référentiel galiléen, d'origine O_i, composé d'un système de trois axes orthogonaux, $O_i\vec{x}_i$, $O_i\vec{y}_i$, $O_i\vec{z}_i$, muni d'une base directe $(\vec{i}_i,\vec{j}_i,\vec{k}_i)$.

f) Repère

Pour décrire le mouvement d'un objet, l'observateur doit connaître la position de cet objet au cours du temps. Pour cela, il a besoin d'un repère d'espace, muni d'une origine O (fixe dans le référentiel), d'axes de référence lui permettant de déterminer la direction dans laquelle se trouve l'objet et d'un repère temporel (chronomètre, montre…).

g) Notion de force

La force peut être définie comme une action appliquée sur un objet, afin de produire ou de modifier son mouvement, ou encore de créer une déformation sur cet objet. Dans le cadre de la mécanique du point matériel, la notion de déformation n'existe pas.

Une force (unité : le Newton, noté N) est représentée par un vecteur qui a une direction (ou ligne d'action) un sens et une norme (ou intensité). Une force est modélisée par un vecteur associé à un point d'application, généralement le centre de gravité du système considéré. En mécanique du point matériel, le centre d'inertie (fiche 16) et le centre de gravité d'un point matériel sont confondus.

3. EN PRATIQUE…

Quel que soit le problème de mécanique du point matériel que l'on souhaite résoudre, il est important de commencer par :

- indiquer le système étudié ;
- indiquer le référentiel et la base de projection ;
- réaliser le bilan des forces extérieures appliquées sur le système étudié.

Une fois ces étapes réalisées, il suffit bien souvent d'appliquer un des théorèmes fondamentaux de la mécanique (principe fondamental de la dynamique, théorème de l'énergie cinétique…) pour répondre à la question posée.

2 Cinématique du point matériel

1. EN QUELQUES MOTS...

Le mot cinématique vient du grec « *kinêma* » qui signifie mouvement. La cinématique est la partie de la mécanique qui étudie les mouvements des corps, indépendamment des causes qui les produisent.

2. CE QU'IL FAUT RETENIR...

a) Vitesse moyenne

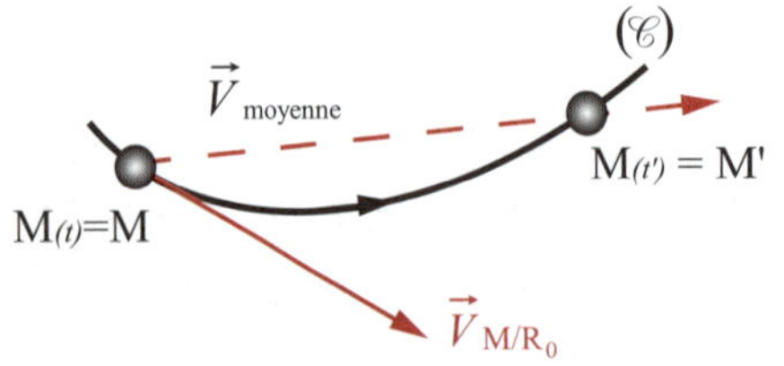

La vitesse moyenne représente la distance parcourue par un mobile M pendant le temps de parcours. Soit un point M occupant à l'instant t la position $M = M_{(t)}$ et à l'instant t' (avec $t' > t$) la position $M' = M_{(t')}$ sur la trajectoire orientée (𝒞), alors la vitesse moyenne du point M entre les instants t et t' est : $\vec{V}_{\text{moyenne}} = \dfrac{\overrightarrow{MM'}}{t'-t} = \dfrac{\overrightarrow{OM}_{(t')} - \overrightarrow{OM}_{(t)}}{t'-t}$,

où le point O est l'origine de l'espace de référence à partir duquel la vitesse moyenne du point M est déterminée.

b) Vitesse instantanée

La vitesse instantanée est la limite de $\vec{V}_{\text{moyenne}}$ lorsque t' tend vers t. Posons $t' = t + \delta t$ (avec δt variation infinitésimale de t), la vitesse instantanée du point M s'écrit alors :

$$\vec{V}_{(t)} = \lim_{t' \to t} \frac{\overrightarrow{MM'}}{t' - t} = \lim_{\delta t \to 0} \frac{\overrightarrow{OM}_{(t+\delta t)} - \overrightarrow{OM}_{(t)}}{\delta t} = \frac{d\overrightarrow{OM}(t)}{dt}$$

La vitesse instantanée d'un point M est donc la dérivée par rapport au temps du vecteur position $\overrightarrow{OM}_{(t)}$. C'est un vecteur toujours tangent à la trajectoire du point M et dirigé dans le sens du mouvement du point M sur (𝒞). Par la suite, la vitesse instantanée du point M, à l'instant t, relativement à un espace de référence spatial (R_0) sera notée $\vec{V}_{M/R_0(t)}$ ou plus simplement $\vec{V}_{M/R_0}$, telle que : $\boxed{\vec{V}_{M/R_0} = \left.\dfrac{d\overrightarrow{OM}_{(t)}}{dt}\right|_{R_0}}$

c) Accélération

L'accélération d'un point M par rapport à un référentiel (R_0) est la dérivée première du vecteur vitesse instantanée par rapport au temps, ou la dérivée seconde du vecteur position par rapport au temps. Par la suite, l'accélération du point M, à l'instant t, par rapport à un référentiel (R_0) sera notée $\vec{a}_{M/R_0}(t)$ ou plus simplement $\vec{a}_{M/R_0}$, telle que :

$$\boxed{\vec{a}_{M/R_0} = \left.\frac{d\vec{V}_{M/R_0}}{dt}\right|_{R_0} = \left.\frac{d^2\overrightarrow{OM}_{(t)}}{dt^2}\right|_{R_0}}$$

d) Expression du vecteur vitesse et du vecteur accélération dans les différents systèmes de coordonnées

Voir tableau page suivante.

3. EN PRATIQUE...

À titre d'exercice, on propose d'établir les expressions du vecteur vitesse d'un point M par rapport à (R_0) en coordonnées cylindriques (ou polaires) et en coordonnées intrinsèques, puis l'expression du vecteur accélération d'un point M par rapport à (R_0) en coordonnées intrinsèques.

► **Vitesse en coordonnées cylindriques (ou polaires)**

Le vecteur vitesse d'un point M correspond à la dérivée première par rapport au temps du vecteur position par rapport à (R_0), d'où : $\vec{V}_{M/R_0} = \left.\frac{d\overrightarrow{OM}_{(t)}}{dt}\right|_{R_0} = \left.\frac{d\left(r\vec{u}_r + z\vec{k}\right)}{dt}\right|_{R_0}$

Les vecteurs unitaire $\vec{u}_r$ et $\vec{u}_\theta$ sont mobiles, donc dépendants du temps, par rapport à (R_0) et le vecteur unitaire $\vec{k}$, élément de l'axe fixe $O\vec{k}$, est indépendant du temps (Annexe A).

L'expression de la dérivée par rapport au temps du vecteur unitaire tournant $\vec{u}_r$ par rapport à (R_0) s'écrit : $\left.\frac{d\vec{u}_r}{dt}\right|_{R_0} = \vec{\omega}_{(t)} \wedge \vec{u}_r = \dot{\theta}\vec{u}_\theta$ avec $\vec{\omega}_{(t)} = \frac{d\theta_{(t)}}{dt}\vec{k} = \dot{\theta}\,\vec{k}$ vitesse angulaire du vecteur $\vec{u}_r$ autour de l'axe fixe $O\vec{k}$.

> ⚠ Cette relation est applicable à tout vecteur $\overrightarrow{AB}(t)$ (de norme constante) en rotation autour d'un axe (Δ) fixe avec une vitesse angulaire $\vec{\omega}_{(t)}$: $\frac{d\overrightarrow{AB}}{dt} = \vec{\omega}_{(t)} \wedge \overrightarrow{AB}(t)$.

Le vecteur vitesse du point M par rapport au référentiel (R_0) en coordonnées cylindriques (ou polaires) s'écrit alors :

$$\vec{V}_{M/R_0} = \left.\frac{d\overrightarrow{OM}_{(t)}}{dt}\right|_{R_0} = \left.\frac{d\left(r\vec{u}_r + z\vec{k}\right)}{dt}\right|_{R_0} = \left.\frac{dr_{(t)}}{dt}\right|_{R_0}\vec{u}_r + r_{(t)}\left.\frac{d\vec{u}_r}{dt}\right|_{R_0} + \left.\frac{dz_{(t)}}{dt}\right|_{R_0}\vec{k} + \underbrace{z\left.\frac{d\vec{k}}{dt}\right|_{R_0}}_{=0}$$

d'où : $\vec{V}_{M/R_0} = \underbrace{\dot{r}\,\vec{u}_r + r_{(t)}\,\dot{\theta}\,\vec{u}_\theta}_{\text{coordonnées polaires}} + \dot{z}\,\vec{k}$

Vecteur position	Vecteur vitesse	Vecteur accélération
Coordonnées cartésiennes **(Annexe A)** $\overrightarrow{OM}_{(t)} = x_{(t)}\vec{i} + y_{(t)}\vec{j} + z_{(t)}\vec{k}$	$\vec{V}_{M/R_0} = \left.\dfrac{d\overrightarrow{OM}_{(t)}}{dt}\right\|_{R_0} = \dfrac{dx_{(t)}}{dt}\vec{i} + \dfrac{dy_{(t)}}{dt}\vec{j} + \dfrac{dz_{(t)}}{dt}\vec{k}$ $\vec{V}_{M/R_0} = \left.\dfrac{d\overrightarrow{OM}(t)}{dt}\right\|_{R_0} = \dot{x}\vec{i} + \dot{y}\vec{j} + \dot{z}\vec{k}$ la notation « pointée » signifiant qu'il s'agit d'une dérivée par rapport au temps vis-à-vis du référentiel (R_0). Par la suite, la notation « pointée » sera choisie préférentiellement par rapport à la notation « classique ».	$\vec{a}_{M/R_0} = \left.\dfrac{d\vec{V}_{M/R_0}}{dt}\right\|_{R_0} = \left.\dfrac{d^2\overrightarrow{OM}_{(t)}}{dt^2}\right\|_{R_0} = \ddot{x}\vec{i} + \ddot{y}\vec{j} + \ddot{z}\vec{k}$ la notation du double point signifiant qu'il s'agit d'une dérivée seconde par rapport au temps vis-à-vis du référentiel (R_0).
Coordonnées cylindriques (ou polaires) **(Annexe A)** $\overrightarrow{OM}_{(t)} = \underbrace{r_{(t)}\vec{u}_r}_{\text{coordonnées polaires}} + z_{(t)}\vec{k}$	$\vec{V}_{M/R_0} = \left.\dfrac{d\overrightarrow{OM}_{(t)}}{dt}\right\|_{R_0} = \underbrace{\dot{r}\vec{u}_r + r_{(t)}\dot{\theta}\vec{u}_\theta}_{\text{coordonnées polaires}} + \dot{z}\vec{k}$ (Cf. En pratique fiche 2)	$\vec{a}_{M/R_0} = \dfrac{d\vec{V}_{M/R_0}}{dt} = \underbrace{\left(\ddot{r} - r_{(t)}\dot{\theta}^2\right)\vec{u}_r + \left(r_{(t)}\ddot{\theta} + 2\dot{r}\dot{\theta}\right)\vec{u}_\theta}_{\text{coordonnées polaires}} + \ddot{z}\vec{k}$
Coordonnées sphériques **(Annexe A)** $\overrightarrow{OM}_{(t)} = r_{(t)}\vec{u}_r$	$\vec{V}_{M/R_0} = \left.\dfrac{d\overrightarrow{OM}_{(t)}}{dt}\right\|_{R_0} = \dot{r}\vec{u}_r + r\dot{\theta}\vec{u}_\theta + r\dot{\varphi}\sin\theta\,\vec{u}_\varphi$	$\vec{a}_{M/R_0} = \begin{pmatrix} \ddot{r} - r_{(t)}\dot{\theta}^2 - r_{(t)}\dot{\varphi}^2\sin^2\theta_{(t)} \\ r_{(t)}\ddot{\theta} + 2\dot{r}\dot{\theta} - r_{(t)}\dot{\varphi}^2\sin\theta_{(t)}\cos\theta_{(t)} \\ r_{(t)}\ddot{\varphi}\sin\theta_{(t)} + 2\dot{r}\dot{\varphi}\sin\theta_{(t)} + 2r_{(t)}\dot{\varphi}\dot{\theta}\cos\theta_{(t)} \end{pmatrix}_{(\vec{u}_r,\vec{u}_\varphi,\vec{u}_\theta)}$
Coordonnées intrinsèques	$\vec{V}_{M/R_0} = \left.\dfrac{ds_{(t)}}{dt}\right\|_{R_0} \vec{\tau} = \dot{s}\,\vec{\tau}$ (*Cf.* En pratique fiche 2)	$\vec{a}_{M/R_0} = \ddot{s}\,\vec{\tau} + \dot{s}^2\dfrac{\vec{\eta}}{R} = \underbrace{\dfrac{dV_{M/R_0}}{dt}}_{a_\tau}\vec{\tau} + \underbrace{\dfrac{\left(V_{M/R_0}\right)^2}{R}}_{a_\eta}\vec{\eta}$ a_τ et a_η sont respectivement l'accélération tangentielle et l'accélération normale (*Cf.* En pratique fiche 2)

▶ Vitesse en coordonnées intrinsèques

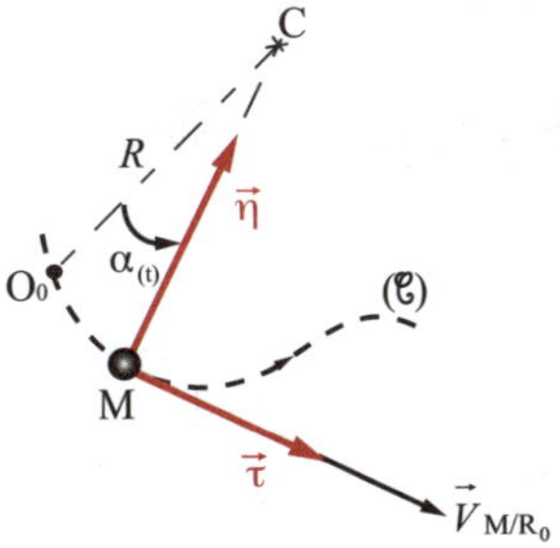

Pour certaines trajectoires (curvilignes par exemple), afin de connaître la vitesse du point M par rapport au référentiel (R_0), il est intéressant de lui affecter une base mobile, dite base de Frenet. Celle-ci est composée d'un vecteur tangent à la trajectoire ($\mathscr{C}$) noté $\vec{\tau}$ (dirigé dans le sens de la direction du déplacement du point M au cours du temps) et d'un vecteur normal à la trajectoire noté $\vec{\eta}$ (dirigé suivant le rayon de courbure de la trajectoire et orienté vers l'intérieur de la courbure).

Le long de la trajectoire ($\mathscr{C}$) le point M est repéré par son abscisse curviligne, notée $s_{(t)}$, qui correspond à la longueur de l'arc de courbe orienté $\overset{\frown}{O_0M} = s_{(t)}$. (le point O_0 étant un point arbitrairement choisi sur ($\mathscr{C}$) comme origine de l'espace de référence). La longueur de l'arc $\overset{\frown}{O_0M}$ est égale au produit du rayon de courbure R de la trajectoire de centre C par l'angle orienté $\left(\overset{\frown}{\overrightarrow{CO_0}, \overrightarrow{CM}}\right) = \alpha_{(t)}$, soit : $s = \overset{\frown}{O_0M} = R\alpha_{(t)}$.

La vitesse du point M en coordonnées intrinsèques, par rapport au référentiel (R_0), s'écrit alors : $\vec{V}_{M/R_0} = \left.\dfrac{ds_{(t)}}{dt}\right|_{R_0} \vec{\tau} = \dot{s}\,\vec{\tau}$

▶ Accélération en coordonnées intrinsèques

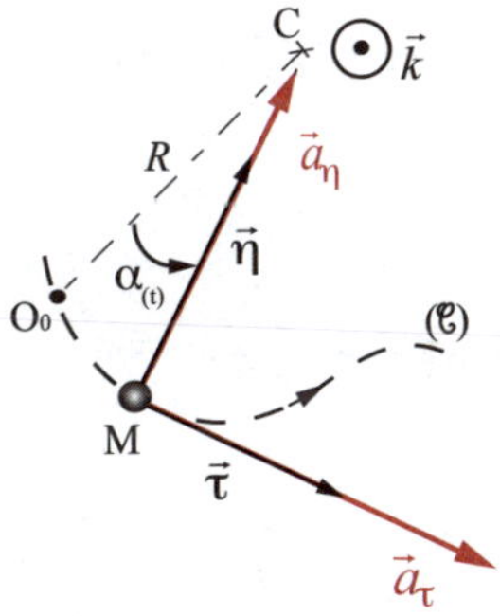

Lorsque le point M est repéré à partir de son abscisse curviligne $s_{(t)}$, l'accélération du point M dans la base de Frenet par rapport au référentiel (R_0) s'écrit :

$$\vec{a}_{M/R_0} = \left.\frac{d^2 s_{(t)}}{dt^2}\right|_{R_0} = \left.\frac{d\left(\dot{s}\,\vec{\tau}\right)}{dt}\right|_{R_0} = \vec{\tau}\left.\frac{d\dot{s}}{dt}\right|_{R_0} + \dot{s}\left.\frac{d\vec{\tau}}{dt}\right|_{R_0}$$

Sur une portion de trajectoire ($\mathscr{C}$) suffisamment petite, la trajectoire du point M peut être assimilée à un cercle de centre C et de rayon de courbure R (cercle osculateur). Le vecteur $\vec{\tau}$, lié au point M est alors en rotation autour de l'axe fixe $O\vec{k}$ (axe normal au plan de la trajectoire, passant par C et dirigé tel que $\left(\vec{\tau}, \vec{\eta}, \vec{k}\right)$ soit une base orthonormée directe) avec une vitesse angulaire $\vec{\omega}_{(t)} = \dfrac{d\alpha_{(t)}}{dt}\vec{k} = \dot{\alpha}\,\vec{k}$.

La dérivée par rapport au temps de $\vec{\tau}$ est donc : $\dfrac{d\vec{\tau}}{dt} = \vec{\omega}_{(t)} \wedge \vec{\tau} = \dot{\alpha}\vec{\eta}$. On peut alors écrire :

$$\vec{a}_{M/R_0} = \left.\frac{d^2 s_{(t)}}{dt^2}\right|_{R_0} = \ddot{s}\,\vec{\tau} + \dot{s}\dot{\alpha}\vec{\eta} \text{ or } \begin{cases} \vec{V}_{M/R_0} = \dot{s}\,\vec{\tau} \\ s_{(t)} = R\alpha_{(t)} \end{cases} \Rightarrow \vec{a}_{M/R_0} = \ddot{s}\,\vec{\tau} + \dot{s}^2\frac{\vec{\eta}}{R} = \underbrace{\frac{dV_{M/R_0}}{dt}}_{a_\tau}\vec{\tau} + \underbrace{\frac{\left(V_{M/R_0}\right)^2}{R}}_{a_\eta}\vec{\eta}$$

a_τ et a_η sont respectivement l'accélération tangentielle et l'accélération normale et V_{M/R_0} la norme du vecteur vitesse $\vec{V}_{M/R_0}$.

3 Des exemples de forces

1. EN QUELQUES MOTS...

Dans l'état actuel des connaissances, tous les processus physiques, chimiques ou biologiques connus peuvent être expliqués à l'aide de quatre interactions fondamentales : l'interaction gravitationnelle, l'interaction électromagnétique et les deux interactions dites « fortes » et « faibles ».

Les forces observées à l'échelle macroscopique dans la nature ne sont en réalité qu'une manifestation des quatre interactions fondamentales.

2. CE QU'IL FAUT RETENIR...

a) Les 4 interactions fondamentales

► Interaction gravitationnelle

Deux points matériels quelconques M_1 et M_2 de masses respectives m_1 et m_2 séparés d'une distance r, s'attirent toujours avec une force $\vec{F}$ colinéaire à $\overrightarrow{M_1M_2}$ et telle que la norme de cette force est :

$$\|\vec{F}\| = \mathscr{G}\frac{m_1 m_2}{r^2}$$

$\mathscr{G}$: constante de gravitation universelle ; $\mathscr{G} = 6{,}67.10^{-11}\ \text{m}^3.\text{kg}^{-1}.\text{s}^{-2}$

► Interaction électromagnétique

Deux points matériels M_1 et M_2, chargés électriquement respectivement avec une charge q_1 et q_2 et séparés d'une distance r :

- s'attirent si q_1 et q_2 sont de signes opposés ;
- se repoussent si q_1 et q_2 sont de même signe.

avec une force $\vec{F}$ colinéaire à $\overrightarrow{M_1M_2}$ et telle que la norme de cette force est :

$$\|\vec{F}\| = K\frac{|q_1 q_2|}{r^2}$$

K : constante ; $K = 9.10^9\ \text{N.m}^2.\text{C}^{-2}$

► Les deux interactions dites « fortes » et « faibles »

L'interaction forte assure la cohésion des noyaux atomiques en liant les protons et les neutrons entre eux. Si elle n'existait pas, les noyaux ne pourraient pas être stables et seraient dissociés sous l'effet de la répulsion électrostatique des protons entre eux.

L'interaction faible intervient dans les réactions nucléaires et elle agit sur toutes les particules.

Contrairement aux interactions gravitationnelles et électromagnétiques qui ont des portées infinies, les interactions fortes et faibles ont des portées extrêmement faibles, de l'ordre de 10^{-15} m pour la première et 10^{-18} m pour la seconde. L'étude des interactions fortes et faibles ne sera pas abordée par la suite.

b) Force de gravitation et poids d'un corps

Si on note M la masse de la Terre et R son rayon, l'action (ou force de gravitation) de la Terre de masse M sur un point matériel M de masse m situé à une altitude h de la surface terrestre s'écrit :

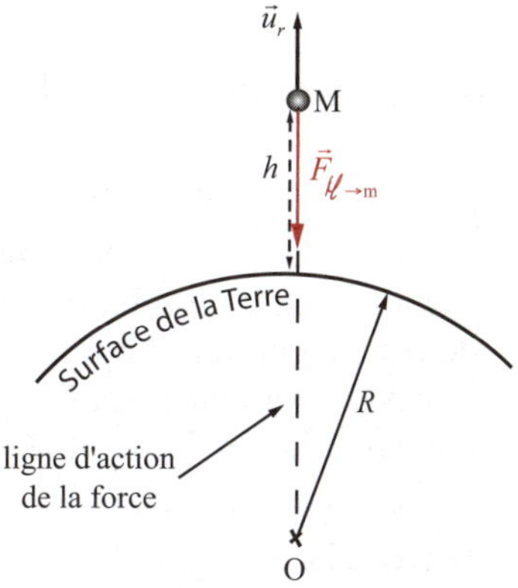

$$\vec{F}_{M\to m} = -\mathcal{G}\,\frac{M\,m}{(R+h)^2}\,\vec{u}_r = \vec{F}$$

L'action de la Terre sur le point matériel M est exprimée dans la base polaire afin de faciliter les projections. Il s'agit d'un problème à symétrie radiale, la ligne d'action de la force $\vec{F}_{M\to m}$ passant par le point M et le centre de la Terre, noté O.

Lorsque l'altitude, h, du point matériel M est faible (M proche ou sur la surface de la terre), $h \to 0$, la force de gravitation s'écrit alors : $\vec{F} = -\mathcal{G}\,\frac{Mm}{R^2}\,\vec{u}_r$. En posant $\vec{g} = -\mathcal{G}\,\frac{M}{R^2}\,\vec{u}_r$, on a $\vec{F} = m\vec{g}$. La force, $\vec{F}$, correspond dans ce cas au poids du point matériel M de masse m. Elle est usuellement notée $\vec{P}$, d'où :

$$\vec{P} = m\vec{g}$$

$\vec{P}$: poids du point matériel M (N)
m : masse du point matériel M (kg)
$\vec{g}$: accélération de pesanteur (ou champ de pesanteur) ($m.s^{-2}$) ;
$\|\vec{g}\| = 9{,}81\,m.s^{-2}$ à l'altitude $h = 0$

c) Force de frottement

Le frottement est le résultat de tout déplacement d'objet. Les forces de frottement ainsi engendrées s'opposent toujours au déplacement de celui-ci. Elles sont classées en 2 catégories : le frottement solide (contact solide-solide) et le frottement visqueux (contact solide-fluide).

▶ Le frottement solide

Soit un solide S, en appui sur un support horizontal, soumis à une force extérieure motrice, $\vec{F}$. On note $\vec{R}$, la réaction du support et $\vec{f}$ la force de frottement engendrée par le déplacement de l'objet sous l'effet de $\vec{F}$. La réaction $\vec{R}$ du support peut s'écrire comme la somme vectorielle d'une composante normale au support, notée $\vec{R}_N$ et d'une composante tangentielle au support, correspondant à la force de frottement $\vec{f}$: $\vec{R} = \vec{R}_N + \vec{f}$. On note $\vec{P}$ le poids de l'objet S. Toutes les forces ont pour point d'application le centre de masse de S, noté G.

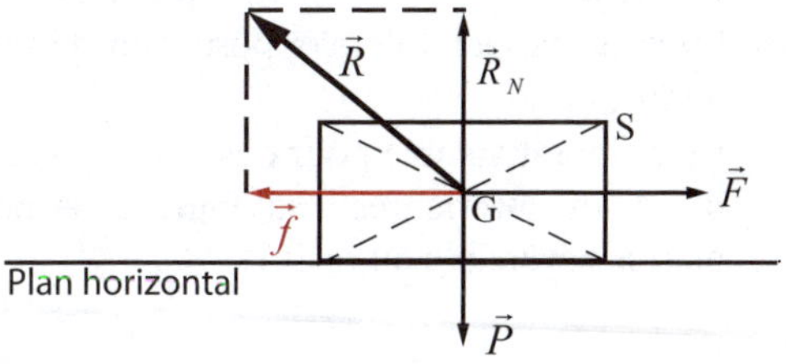

L'expérience montre que l'intensité de la force de frottement, $\vec{f}$, est proportionnelle à celle de la réaction normale du support, $\vec{R}_N$. Ce facteur de proportionnalité, noté μ, correspond au coefficient de frottement tel que : $\mu = \dfrac{\|\vec{f}\|}{\|\vec{R}_N\|}$

► **Le frottement visqueux**

Considérons un solide S en mouvement dans un fluide (liquide ou gaz), il subit de la part du fluide des forces de frottement qui s'opposent à son déplacement. Ces forces de frottement sont principalement attribuables à la viscosité du fluide et dépendent également de la vitesse de déplacement, $\vec{V}$, de S dans le fluide.

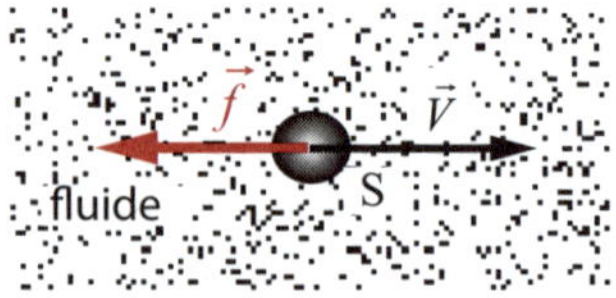

Lorsque la vitesse de déplacement de S est faible, la force de frottement visqueuse est donnée par : $\vec{f} = -\beta\vec{V}$, où β est un coefficient positif dépendant de la viscosité du fluide et de la géométrie de S.

En général, le coefficient de frottement dépend des propriétés physiques (ou physico-chimiques) des matériaux en contact et également des conditions de sollicitation. Il est présent dans la quasi-totalité de nos gestes de la vie quotidienne tels que la marche (contact chaussure-chaussée), le rasage (contact lame-peau) ou encore la cuisine par le biais de l'utilisation des poêles avec des revêtements en téflon (propriétés anti-adhésives) …

d) Force de rappel d'un ressort

Soit un ressort de masse négligeable et de longueur à vide ℓ_0, fixé à un support horizontal en A. Une masse m est accrochée à l'extrémité B du ressort. À l'équilibre, le ressort exerce sur la masse m une force de rappel (ou tension) qui s'oppose au poids, $\vec{P}$. La longueur du ressort est alors ℓ. La force de rappel du ressort, notée $\vec{F}_R$, est :

$$\vec{F}_R = -k(\ell - \ell_0)\vec{k}$$

$\vec{F}_R$: force de rappel du ressort (N)
k : raideur du ressort force (N.m^{-1}), la raideur est telle que $k \geq 0$
$(\ell - \ell_0)$: élongation du ressort (m)

Le signe négatif de $\vec{F}_R$ indique qu'il s'agit d'une force de rappel, elle s'oppose à la déformation du ressort.
Cette loi est valable pour des variations de longueur du ressort inférieures à sa limite d'élasticité (déformation réversible du ressort).

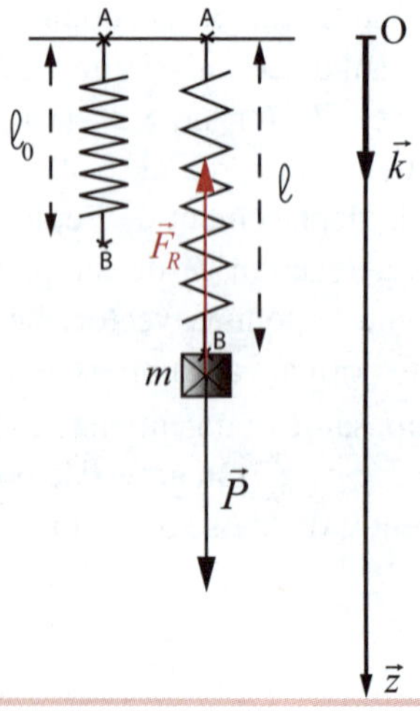

e) Force de liaison

Pour décrire le mouvement d'un point matériel libre de toute contrainte dans l'espace à trois dimensions, il faut 6 paramètres (position et vitesse), on dit alors que le point matériel a 6 degrés de liberté (ddl) (3 translations + 3 rotations). Un point matériel est soumis à des liaisons si sa position (et/ou) sa vitesse sont astreintes à satisfaire une contrainte physique. Les liaisons diminuent alors le nombre de degrés de liberté du point matériel.

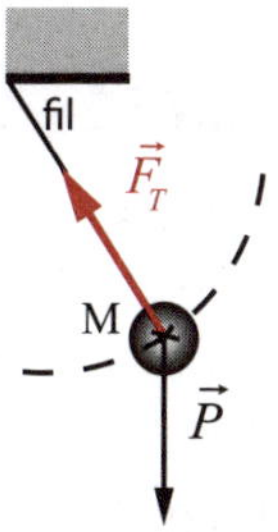

Prenons l'exemple d'un point matériel M de masse m au bout d'un fil infiniment mince (épaisseur négligeable) inextensible (Pendule).

Le fil impose au point matériel M, une force de liaison, notée $\vec{F}_T$, et l'astreint dans son déplacement (3 rotations possibles et aucune translation). Cette force est portée par le fil tant qu'il est tendu, elle est appelée tension du fil. L'expression de la tension du fil peut être déterminée à partir de la deuxième loi de Newton.

3. EN PRATIQUE...

Montrons que jusqu'à une altitude d'environ $h = 32$ km par rapport à la surface de Terre, la force gravitationnelle entre la Terre et un objet M de masse m, assimilable à un point matériel, peut être assimilée au poids de l'objet.

Lorsque le point matériel M de masse m se situe à une altitude h par rapport à la surface de la terre, la norme de $\vec{g}$ est donnée par : $\|\vec{g}\| = \mathcal{G}\dfrac{\mathrm{M}}{(R+h)^2}$

On peut également écrire : $\|\vec{g}\| = \dfrac{\mathcal{G}}{R^2}\mathrm{M}\dfrac{1}{\left(1+\dfrac{h}{R}\right)^2} = g_0\left(1+\dfrac{h}{R}\right)^{-2}$ en posant $g_0 = \dfrac{\mathcal{G}\mathrm{M}}{R^2}$

Le rayon de la Terre étant $R \approx 6\,400$ km, $\dfrac{h}{R} \ll 1$ (pour $h = 32$ km, alors $\dfrac{h}{R} = 0{,}005 \ll 1$), on a alors : $\|\vec{g}\| = g_0\left(1-2\dfrac{h}{R}\right)$.

Pour écrire l'expression de $\|\vec{g}\|$, nous avons utilisé le développement limité de $(1+\varepsilon)^{\mathrm{n}}$ en 0 au premier ordre $\Rightarrow \underset{\varepsilon\to 0}{\text{DL en } 0}\text{: } (1+\varepsilon)^{\mathrm{n}} \approx 1+\mathrm{n}\varepsilon$.

Donc : $\underset{\frac{h}{R}\to 0}{\text{DL en } 0}\text{: } \left(1+\dfrac{h}{R}\right)^{-2} = 1-2\dfrac{h}{R}$.

La variation relative de $\|\vec{g}\|$, notée $\dfrac{\Delta g}{g_0}$, entre la surface de la terre ($h = 0$) et l'altitude h, s'écrit alors : $\dfrac{\Delta g}{g_0} = \dfrac{2h}{R} = 0{,}01$.

On constate que la variation de $\|\vec{g}\|$ est inférieure à 1 % tant que $h < 32$ km. Ainsi, pour des objets situés à une altitude inférieure à 32 km de la surface de la Terre, la force gravitationnelle peut être assimilée au poids de l'objet.

4 Les trois lois de Newton

1. EN QUELQUES MOTS...

La dynamique s'intéresse aux causes qui produisent les mouvements et elle est capable de les prévoir. Les concepts fondamentaux de la dynamique du point matériel sont résumés dans les trois lois de Newton.

2. CE QU'IL FAUT RETENIR...

a) Vecteur quantité de mouvement

Le vecteur quantité de mouvement, noté $\vec{p}_{(t)}$ ou plus simplement $\vec{p}$ (unité : kg.m.s^{-1}), d'un point matériel M de masse m se déplaçant à la vitesse $\vec{V}_{M/R_0}$ par rapport à un espace de référence (R_0) est :

$$\boxed{\vec{p} = m\,\vec{V}_{M/R_0}}$$

$\vec{p}$: vecteur quantité de mouvement (kg.m.s^{-1})
m : masse du point matériel M (kg)
$\vec{V}_{M/R_0}$: vitesse du point M par rapport à (R_0)

Le vecteur quantité de mouvement est une grandeur vectorielle qui, contrairement à la masse, dépend du référentiel d'étude. C'est un vecteur colinéaire au vecteur vitesse, $\vec{V}_{M/R_0}$, donc toujours tangent à la trajectoire du point M.

b) Première loi de Newton : Le principe d'inertie

Le principe d'inertie fait intervenir le concept de point matériel isolé (ou système matériel isolé) et complète la notion de référentiel galiléen préalablement introduite.

- Avant d'énoncer le principe d'inertie, il est nécessaire de définir le concept de système isolé : un point matériel M est isolé s'il ne subit aucune action de la part des systèmes environnants. Un point matériel M suffisamment éloigné des autres systèmes matériels pourra être considéré comme isolé.
- Le principe d'inertie exprime le fait qu'il existe des référentiels privilégiés (au moins un) dans lesquels un point matériel isolé M (ou centre d'inertie d'un système matériel isolé) est soit en mouvement rectiligne et uniforme par rapport à ce référentiel, soit au repos. Ces référentiels sont galiléens.

En d'autres termes, le principe d'inertie signifie que dans un référentiel galiléen, noté (R_0), l'accélération par rapport à (R_0) d'un point matériel, M, isolé (ou centre d'inertie d'un système matériel isolé) est nulle :

$\vec{a}_{M/R_0} = \vec{0}$ donc $\left.\dfrac{d\vec{V}_{M/R_0}}{dt}\right|_{R_0} = \vec{0} \Rightarrow \vec{V}_{M/R_0} = \overrightarrow{\text{cste}} = \vec{V}_0$, la vitesse du point M est donc constante, ce qui implique la conservation du vecteur quantité de mouvement $\vec{p}$ au cours du temps : $\vec{p} = m\vec{V}_{M/R_0} = m\vec{V}_0$.

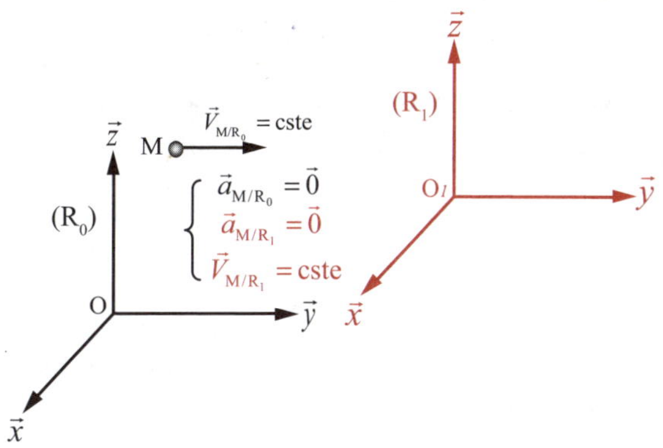

La conséquence du principe d'inertie (ou première loi de Newton) est qu'il existe une infinité de référentiels galiléens, tous en translation rectiligne uniforme les uns par rapport aux autres.

En effet, soit un référentiel galiléen, noté (R_0), d'origine O et un point M isolé par rapport à (R_0). L'accélération du point M par rapport à (R_0) est nulle. Soit un autre référentiel (R_1), dont l'origine, O_1, est en mouvement rectiligne uniforme par rapport à (R_0) et dont les axes gardent des directions fixes par rapport à ceux de (R_0).

Le référentiel (R_1) est alors en translation rectiligne uniforme par rapport à (R_0). Or l'accélération de M par rapport à (R_0) est nulle et l'accélération de (R_1) par rapport à (R_0) est également nulle. Par conséquent, l'accélération du point M par rapport à (R_1) est nulle et le référentiel (R_1) est aussi un référentiel galiléen. Cette analyse peut être étendue à une infinité de référentiels (R_i), tous en translation rectiligne uniforme les uns par rapport aux autres.

c) Deuxième loi de Newton : Le principe fondamental de la dynamique (PFD)

Si des actions extérieures agissent sur le point M, de masse m, son mouvement est modifié, de sorte que sa quantité de mouvement (donc sa vitesse) change. Il existe alors une accélération non nulle qui apparaît sous l'effet d'une grandeur vectorielle appelée force. La deuxième loi de Newton définit cette force telle que :

$$\vec{F}_{ext} = \left.\frac{d\vec{p}}{dt}\right|_{R_0} = m\left.\frac{d\vec{V}_{M/R_0}}{dt}\right|_{R_0}$$

$\vec{F}_{ext}$: force appliquée sur le point M par l'extérieur (N)
$\vec{p}$: vecteur quantité de mouvement (kg.m.s^{-1})
m : masse du point matériel M (kg), constante en mécanique du point matériel
$\vec{V}_{M/R_0}$: vitesse du point M par rapport à (R_0)

La force $\vec{F}_{ext}$ est une grandeur vectorielle, ainsi si n actions agissent sur le point M, on a : $\vec{F}_{ext} = \vec{F}_1 + \vec{F}_2 + ... + \vec{F}_n$. La quantité $\vec{F}_{ext}$ désigne alors la résultante des forces extérieures (ou somme des forces extérieures) appliquées au point matériel M tel que: $\vec{F}_{ext} = \sum_{i=1}^{n} \vec{F}_i$ que l'on notera par la suite : $\sum \vec{F}_{ext}$

Le principe fondamental de la dynamique (PFD) s'écrit alors :

$$\sum \vec{F}_{ext} = m\,\vec{a}_{M/R_0}$$

$\sum \vec{F}_{ext}$: résultante des forces extérieures appliquées au point M (N)
m : masse du point matériel M (kg)
$\vec{a}_{M/R_0}$: accélération du point M par rapport à (R_0)

Si le système à étudier n'est pas un point matériel, mais un ensemble de n_i points matériels chacun de masse m_i constante, alors le PFD doit être appliqué au centre d'inertie du système (fiche 16), noté G tel que : $\sum \vec{F}_{ext} = m\,\vec{a}_{G/R_0}$ avec $m = \sum m_i$ et $\vec{a}_{G/R_0}$ accélération du centre d'inertie du système par rapport à (R_0).

> Si dans un référentiel galiléen, (R_0), la résultante de forces appliquées au point M est nulle $\left(\sum \vec{F}_{ext} = \vec{0}\right)$, alors le point M doit être considéré comme isolé et le PFD donne : $m\,\vec{a}_{M/R_0} = \vec{0} \Rightarrow \vec{\gamma}_{M/R_0} = \vec{0} \Rightarrow \vec{V}_{M/R_0} = \text{cste}$, on retrouve donc la 1re loi de Newton. La 1re loi de Newton n'est donc qu'un cas particulier du principe fondamental de la dynamique.

d) Troisième loi de Newton : Le principe des actions réciproques

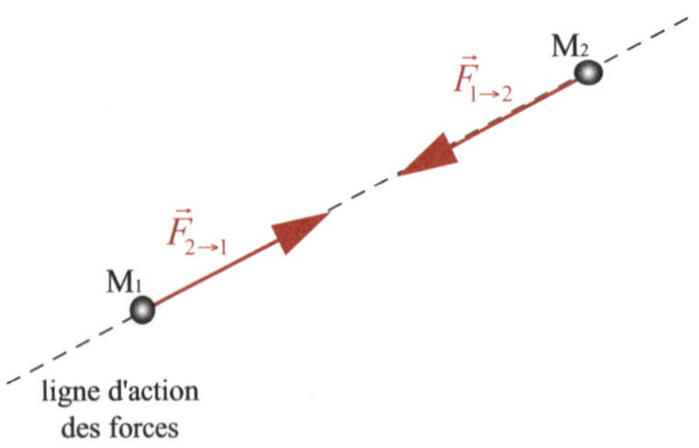

Si deux points matériels M_1 et M_2 sont en interaction, et si $\vec{F}_{1\to 2}$ et $\vec{F}_{2\to 1}$ sont respectivement les forces de M_1 sur M_2 et de M_2 sur M_1 alors le principe des actions réciproques (ou principe d'action-réaction) stipule que ces deux forces sont colinéaires, opposées, et égales en norme quel que soit le référentiel d'étude (galiléen ou non) et leur mouvement respectif (ou absence de mouvement). On peut écrire :

$$\boxed{\vec{F}_{1\to 2} = -\vec{F}_{2\to 1}}$$

$\vec{F}_{1\to 2}$: action de M_1 sur M_2 (N)

$\vec{F}_{1\to 2}$: action de M_2 sur M_1 (N)

3. EN PRATIQUE...

Cherchons à déterminer l'altitude h d'un satellite S de masse m, en orbite circulaire autour de la Terre, pour qu'il paraisse immobile à un observateur situé à la surface de la Terre.

On précise que la masse M de la Terre est égale à $M = 5{,}98.10^{24}$ kg et que le rayon de la Terre R est $R = 6{,}38.10^{6}$ m.

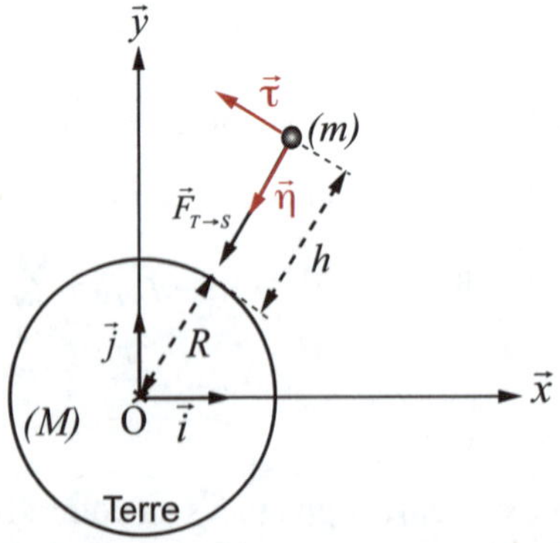

→ Système étudié : satellite S de masse m

→ Référentiel et base de projection : le mouvement du satellite S est étudié par rapport au référentiel fixe (R_0) d'origine O le centre de la Terre, muni du repère $(O, \vec{i}, \vec{j}, \vec{k})$ supposé galiléen. Étant donnée la nature du mouvement de S (trajectoire circulaire plane), toutes les grandeurs vectorielles du problème seront exprimées dans la base de Frenet $(\vec{\eta}, \vec{\tau})$ liée à S.

→ Effectuons le bilan des forces extérieures :

– Action de la Terre sur S (force gravitationnelle : attraction de la Terre sur S), noté $\vec{F}_{T\to S}$

→ Projetons les forces extérieures dans la base de Frenet $\left(\vec{\eta}, \vec{\tau}\right)$ liée à S :

– Action de la Terre sur le satellite S : $\vec{F}_{T\to S} = \begin{pmatrix} \mathcal{G}\dfrac{Mm}{(R+h)^2} \\ 0 \end{pmatrix}_{(\vec{\eta},\vec{\tau})}$

La Terre est assimilée à un point matériel, donc toute la masse de la Terre est « contenue » en son centre. La distance Terre/satellite est donc : $R + h$.

→ Appliquons le principe fondamental de la dynamique appliqué à S :

$$\sum \vec{F}_{\text{ext}} = m\,\vec{a}_{S/R_0} \Leftrightarrow \vec{F}_{T\to S} = m\,\vec{a}_{S/R_0}$$

$\Leftrightarrow \mathcal{G}\dfrac{Mm}{(R+h)^2}\vec{\eta} = m\,\dfrac{\left(V_{S/R_0}\right)^2}{R+h}\vec{\eta}$ (comme la trajectoire de S est circulaire : $\vec{a}_\tau = \dfrac{\mathrm{d}V_{S/R_0}}{\mathrm{d}t}\vec{\tau} = \vec{0}$, l'accélération de S est uniquement centripète) $\Leftrightarrow \mathcal{G}\dfrac{M}{R+h}\vec{\eta} = \left(V_{S/R_0}\right)^2\vec{\eta}$

Projetons le PFD sur l'axe $(S\vec{\eta})$:

$$\mathcal{G}\frac{M}{R+h} = \left(V_{S/R_0}\right)^2 \qquad (1)$$

Pour un mouvement circulaire, la vitesse du satellite S par rapport à (R_0) s'écrit dans la base de Frenet : $\vec{V}_{S/R_0} = \dot{s}\,\vec{\tau} = (R+h)\,\omega_S\,\vec{\tau}$, où ω_S est la vitesse angulaire du satellite par rapport à (R_0).

L'équation (1) s'écrit alors : $\mathcal{G}\dfrac{M}{R+h} = (R+h)^2\omega_S^2$

$$\Leftrightarrow (R+h)^3 = \frac{\mathcal{G}M}{\omega_S^2} \Leftrightarrow h = \left(\frac{\mathcal{G}M}{\omega_S^2}\right)^{\frac{1}{3}} - R$$

On veut que le satellite S paraisse immobile pour un observateur situé à la surface de la Terre, il faut donc que le satellite et la Terre aient la même vitesse angulaire : $\omega_S = \omega_T = \omega$.

La Terre fait un tour (soit 2π radian) sur elle-même en 24 heures, donc :

$$\omega_T = \frac{2\pi}{24 \times 3\,600} = 7{,}26.10^{-5}\,\text{rad.s}^{-1}.$$

Application numérique : $h = \left(\dfrac{6{,}67.10^{-11} \times 5{,}98.10^{24}}{\left(7{,}26.10^{-5}\right)^2}\right)^{\frac{1}{3}} - 6{,}38.10^6 \approx 3{,}6.10^7$ m, soit environ $h \approx 36\,000$ km.

5 Loi de composition des mouvements

1. EN QUELQUES MOTS ...

La loi de composition des mouvements permet de connaître le mouvement d'un point M (vitesse, accélération) par rapport à un référentiel (R_i) connaissant le mouvement de ce point M par rapport à un référentiel (R_j) lui-même en mouvement par rapport à (R_i) (avec $i \neq j$).

2. CE QU'IL FAUT RETENIR...

a) Loi de composition des vitesses

La loi de composition des vitesses permet d'écrire la vitesse d'un point matériel M par rapport à un référentiel galiléen fixe (ou absolu), noté (R_0), à partir de la vitesse du point M par rapport à un référentiel intermédiaire, appelé référentiel mobile (ou relatif), noté (R_1), lui-même en mouvement par rapport à (R_0).

La vitesse du point M par rapport à (R_0), appelée vitesse absolue et notée $\overrightarrow{V_A}$ ou $\vec{V}_{M/R_0}$ s'écrit :

$$\boxed{\overrightarrow{V_A} = \overrightarrow{V_R} + \overrightarrow{V_E}}$$

$\overrightarrow{V_R}$: vitesse relative (également notée $\vec{V}_{M/R_1}$). Elle représente la vitesse du point M par rapport à (R_1).

$\overrightarrow{V_E}$: vitesse d'entraînement. Elle correspond à la vitesse d'entraînement de (R_1)/(R_0) (mouvement de (R_1)/(R_0)).

On procède de la manière suivante pour obtenir les expressions de $\overrightarrow{V_R}$ et $\overrightarrow{V_E}$:

→ Pour $\overrightarrow{V_R}$: On « immobilise » (R_1) et on détermine la vitesse du point M par rapport à (R_1).

→ Pour $\overrightarrow{V_E}$: On s'intéresse au mouvement de (R_1) par rapport à (R_0), pour obtenir la vitesse de (R_1) par rapport à (R_0).

b) Loi de composition des accélérations

La loi de composition des accélérations permet d'écrire l'accélération d'un point matériel M par rapport à un référentiel galiléen fixe (ou absolu), noté (R_0), à partir de l'accélération du point M par rapport à un référentiel mobile (ou relatif), noté (R_1), en mouvement par rapport à (R_0). L'accélération du point M par rapport à (R_0), appelée accélération absolue et notée $\vec{a}_A$ ou $\vec{a}_{M/R_0}$ s'écrit :

$$\boxed{\vec{a}_A = \vec{a}_R + \vec{a}_E + \vec{a}_C}$$

$\vec{a}_R$: accélération relative (également notée $\vec{a}_{M/R_1}$). Elle représente l'accélération du point M par rapport à (R_1)

$\vec{a}_E$: accélération d'entraînement. Elle correspond à l'accélération de (R_1)/(R_0)

$\vec{a}_C$: accélération de Coriolis, telle que : $\vec{a}_C = 2\vec{\omega}_{R_1/R_0} \wedge \vec{V}_{M/R_1}$, où $\vec{\omega}_{R_1/R_0}$ est le vecteur vitesse angulaire instantanée de (R_1)/(R_0), correspondant à la rotation de (R_1)/(R_0). L'accélération de Coriolis existe lorsque le point M est en mouvement dans (R_1) et (R_1) est en rotation par rapport à (R_0).

3. EN PRATIQUE...

Étudions le mouvement d'une rustine collée sur la roue arrière d'une bicyclette de rayon *r*. La rustine est assimilée à un point matériel noté M.

Soit une route que l'on considère comme le référentiel fixe ou référentiel absolu, noté (R_0) (c'est-à-dire qu'il s'agit du référentiel à partir duquel on veut connaître le mouvement de la rustine). Ce référentiel est muni d'un système de trois axes orthogonaux, $O\vec{x}$, $O\vec{y}$, $O\vec{z}$, d'origine O, muni d'une base directe $(\vec{i}, \vec{j}, \vec{k})$. On considère que la bicyclette roule sur la route avec une vitesse constante par rapport à (R_0) telle que : $\vec{V}_{\text{bic}/R_0} = \dot{x}\,\vec{i}$.

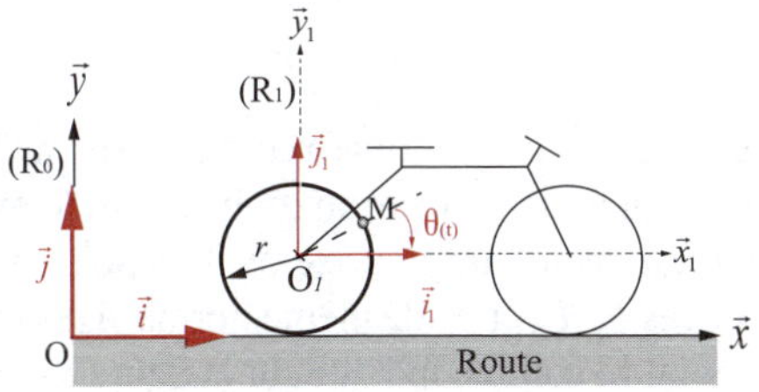

On lie à la roue arrière, qui roule sans glisser par rapport au sol, un référentiel, noté (R_1), muni de trois axes orthogonaux $O_1\vec{x}_1$, $O_1\vec{y}_1$, $O_1\vec{z}_1$, d'origine O_1 le centre de la roue, et d'une base directe $(\vec{i}_1, \vec{j}_1, \vec{k}_1)$. Le référentiel (R_1) est en translation uniforme par rapport au référentiel (R_0), par conséquent : $\vec{i}_1 = \vec{i}$, $\vec{j}_1 = \vec{j}$ et $\vec{k}_1 = \vec{k}$.

Le point M est en rotation autour de l'axe $O_1\vec{k}_1$ avec une vitesse angulaire $\omega_{(t)}$.

→ Expression de la vitesse relative : vitesse du point M par rapport au référentiel (R_1)

Le point M décrit un cercle de centre O_1 et de rayon *r* par rapport à (R_1), sa vitesse est donc :

$$\overrightarrow{V_R} = \vec{V}_{M/R_1} = \left.\frac{d\overrightarrow{O_1M}_{(t)}}{dt}\right|_{R_1} = r\,\omega_{(t)}(\sin\theta\,\vec{i}_1 - \cos\theta\,\vec{j}_1) = r\,\dot{\theta}(\sin\theta\,\vec{i}_1 - \cos\theta\,\vec{j}_1)$$

→ Expression de la vitesse d'entraînement $(R_1)/(R_0)$

Le référentiel (R_1) décrit un mouvement de translation par rapport à (R_0), d'où :

$$\overrightarrow{V_E} = \dot{x}\,\vec{i} = \dot{x}\,\vec{i}_1$$

→ Expression de la vitesse absolue : vitesse du point M par rapport au référentiel (R_0)

Le mouvement du point M par rapport à (R_0) est une cycloïde. La vitesse du point M par rapport à (R_0) est délicate à déterminer car le point M est en rotation par rapport à (R_1) et (R_1) est en translation par rapport à (R_0). Il faut donc tenir compte de la combinaison des 2 mouvements pour établir l'expression de la vitesse du point M par rapport à (R_0) :

$$\overrightarrow{V_A} = \vec{V}_{M/R_0} = \left.\frac{d\overrightarrow{OM}_{(t)}}{dt}\right|_{R_0} = \left.\frac{d\overrightarrow{O_1M}_{(t)}}{dt}\right|_{R_1} + \left.\frac{d\overrightarrow{OO_1}_{(t)}}{dt}\right|_{R_0} = \underbrace{r\,\dot{\theta}(\sin\theta\,\vec{i}_1 - \cos\theta\,\vec{j}_1)}_{\text{Vitesse de M}/R_1} + \underbrace{\dot{x}\,\vec{i}_1}_{\text{translation de }(R_1)/(R_0)}$$

Ce résultat établit la nuance entre une vitesse calculée par rapport à un référentiel et le résultat de cette vitesse exprimé dans un repère de projection qui n'est pas nécessairement le repère lié au référentiel par rapport auquel la vitesse est calculée.

6 Mouvement de rotation

1. EN QUELQUES MOTS...

Les mouvements de rotation sont très nombreux en mécanique (mouvement d'un satellite autour d'une planète, mouvement d'un électron autour du noyau de l'atome...). Ils sont caractérisés par des grandeurs appelées moment. Le moment (d'une force, d'inertie...) est une grandeur associée à un mobile en rotation autour d'un axe ou d'un point.

2. CE QU'IL FAUT RETENIR...

a) Moment d'une force

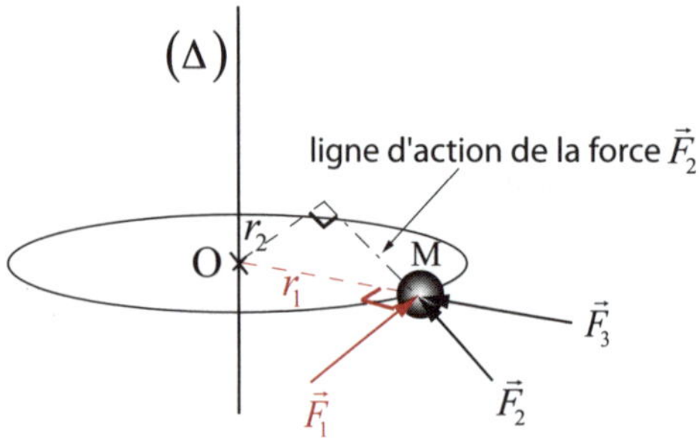

Le moment d'une force renseigne sur la force qu'il faut appliquer sur un mobile pour le mettre en rotation autour d'un axe ou d'un point. Soient 3 forces $\vec{F_1}$, $\vec{F_2}$ et $\vec{F_3}$ de même norme, agissant sur le point M comme indiqué sur la figure ci-contre. Plus le bras de levier, r_i, est grand (ici $r_1 > r_2$), plus le moment de la force appliquée sur le mobile est grand, plus la mise en rotation du mobile est facilitée. Le bras de levier est la distance perpendiculaire à la ligne d'action de la force passant par l'axe de rotation (Δ).

La force $\vec{F_3}$ ne peut pas faire tourner le point M car le bras de levier est nul (la force $\vec{F_3}$ est colinéaire à $\overrightarrow{OM}$).

Le moment d'une force $\vec{F}$, noté $\vec{\mathcal{M}}_{\vec{F}/(O)}$, appliquée sur un point matériel M en rotation par rapport à (Δ), est le vecteur défini par :

$$\overrightarrow{\mathcal{M}}_{\vec{F}/(O)} = \overrightarrow{OM} \wedge \vec{F}$$

- $\vec{\mathcal{M}}_{\vec{F}/(O)}$: moment de la force $\vec{F}$ par rapport à O (N.m)
- $\vec{F}$: force appliquée sur le point M (N)
- $\overrightarrow{OM}$: vecteur entre le point O et le point M (O est le point de l'axe (Δ) tel que : $\overrightarrow{OM} \perp (\Delta)$)

b) Moment d'inertie

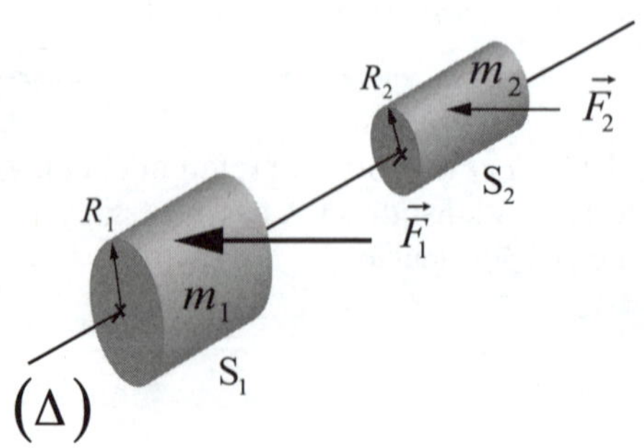

Le moment d'inertie, noté $\mathcal{J}$ (unité : kg.m²), reflète l'effet de la masse sur la mise en rotation d'un mobile. Plus la masse d'un corps est concentrée loin de son axe de rotation, plus son moment d'inertie est grand et plus sa mise en rotation (ou l'arrêt de la rotation) est difficile.

Considérons 2 cylindres S_1 et S_2 constitués du même matériau, de masses respectives m_1 et m_2 (telles que : $m_1 > m_2$) et de rayon R_1 et R_2 (tels que $R_1 > R_2$).

Pour mettre ces 2 cylindres en rotation autour de l'axe (**Δ**), avec la même vitesse de rotation, il est nécessaire d'appliquer une force $\vec{F_1}$ sur le cylindre S_1 et une force $\vec{F_2}$ sur le cylindre S_2 telles que : $\vec{F_1} > \vec{F_2}$.

Le moment d'inertie d'un point matériel M de masse m en rotation par rapport à (**Δ**), est le scalaire défini par :

$$\mathcal{J} = m\,r^2$$

- $\mathcal{J}$: moment d'inertie du point matériel M ($kg.m^{-2}$)
- m : masse du point matériel M (kg)
- r : distance entre le point M et l'axe de rotation

3. EN PRATIQUE...

Comparons le moment de deux forces $\vec{F_1}$ et $\vec{F_2}$, de même intensité, qu'il faut appliquer sur une porte, de largeur l, pour la mettre en rotation.

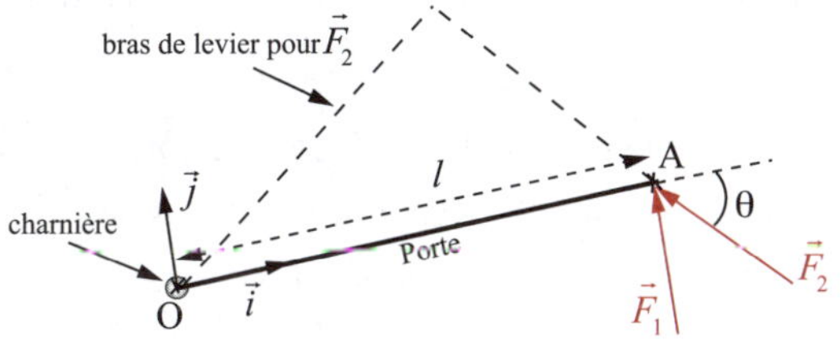

Les forces $\vec{F_1}$ et $\vec{F_2}$ sont exprimées par rapport au repère orthonormé direct $(O, \vec{x}, \vec{y}, \vec{z})$, d'origine O, et muni de la base $(\vec{i}, \vec{j}, \vec{k})$.

→ Calculons le moment de $\vec{F_1}$ par rapport à O

$$\vec{\mathcal{M}}_{\vec{F_1}/(O)} = \overrightarrow{OA} \wedge \vec{F_1}$$

$$\vec{\mathcal{M}}_{\vec{F_1}/(O)} = \begin{pmatrix} l \\ 0 \\ 0 \end{pmatrix}_{(\vec{i},\vec{j},\vec{k})} \wedge \begin{pmatrix} 0 \\ F \\ 0 \end{pmatrix}_{(\vec{i},\vec{j},\vec{k})} = Fl\,\vec{k}$$

→ Calculons le moment de $\vec{F_2}$ par rapport à O

$$\overrightarrow{\mathcal{M}}_{\vec{F_2}/(O)} = \overrightarrow{OA} \wedge \vec{F_2}$$

$$\vec{\mathcal{M}}_{\vec{F_2}/(O)} = \begin{pmatrix} l \\ 0 \\ 0 \end{pmatrix}_{(\vec{i},\vec{j},\vec{k})} \wedge \begin{pmatrix} -F\cos\theta \\ +F\sin\theta \\ 0 \end{pmatrix}_{(\vec{i},\vec{j},\vec{k})} = Fl\sin\theta\,\vec{k}$$

Le moment de $\vec{F_1}$ par rapport à O est plus grand que le moment de $\vec{F_2}$ par rapport à O. Il est donc plus facile de mettre la porte en rotation en appliquant la force $\vec{F_1}$ ($\vec{F_1}$ perpendiculaire à $\overrightarrow{OA}$) qu'en appliquant la force $\vec{F_2}$. Le bras de levier de $\vec{F_2}$ est plus faible que celui de $\vec{F_1}$.

7 Travail et puissance d'une force

1. EN QUELQUES MOTS...

Dans la vie courante le terme « travail » possède diverses significations. En physique, il permet de décrire le résultat de l'application d'une force servant à déplacer un objet sur une certaine distance.

2. À RETENIR...

a) Travail d'une force constante au cours d'un déplacement rectiligne

Considérons un point matériel M, soumis à une force constante $\vec{F}$, se déplaçant le long d'un trajet rectiligne AB.

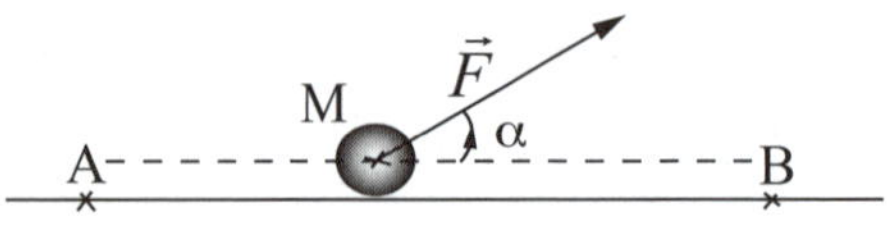

Soit α l'angle de la force $\vec{F}$ par rapport au déplacement orienté de A vers B. Le travail de $\vec{F}$, noté $\mathcal{W}_{A \to B}(F)$ (unité le Joule, noté J), sur le trajet de A vers B est égal au produit scalaire entre le vecteur force, $\vec{F}$ et le vecteur déplacement $\overrightarrow{AB}$:

$$\mathcal{W}_{A \to B}(\vec{F}) = \vec{F}.\overrightarrow{AB} = \|\vec{F}\| \times \|\overrightarrow{AB}\| \cos\alpha$$

Le travail est une grandeur scalaire qui peut être négative, nulle ou positive. Lorsque le travail d'une force $\vec{F}$ est négatif ou positif, on dit qu'il est respectivement résistant ou moteur. Lorsqu'il est nul, alors la force $\vec{F}$ est perpendiculaire au déplacement et on dit que la force $\vec{F}$ ne travaille pas le long du trajet considéré.

b) Travail élémentaire

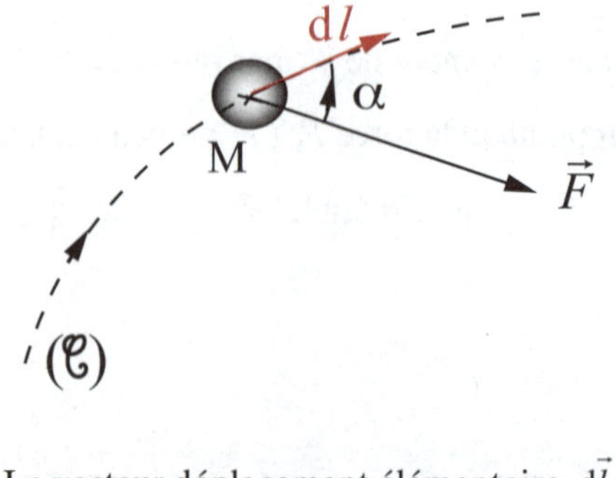

Soit un point matériel M, soumis à une force $\vec{F}$ et à un déplacement élémentaire $d\vec{l}$ le long d'un trajet orienté (𝒞). On suppose dl suffisamment petit pour considérer que la force $\vec{F}$ est constante le long de $d\vec{l}$. Si on appelle α l'angle orienté entre $\vec{F}$ et $d\vec{l}$, le travail élémentaire de $\vec{F}$ associé au déplacement $d\vec{l}$ s'écrit alors :

$$\delta\mathcal{W}(\vec{F}) = \vec{F}.d\vec{l} = \|\vec{F}\| \times \|d\vec{l}\| \cos\alpha$$

Le vecteur déplacement élémentaire, $d\vec{l}$, le long d'un trajet quelconque est toujours tangent à la trajectoire.

Il est plus commode d'écrire le travail élémentaire de la force $\vec{F}$ de manière analytique. Considérons un repère cartésien muni d'une base orthonormée directe $(\vec{i},\vec{j},\vec{k})$. La projection de la force $\vec{F}$ sur la base $(\vec{i},\vec{j},\vec{k})$ s'écrit : $\vec{F} = F_x\vec{i} + F_y\vec{j} + F_z\vec{k}$ (où F_x, F_y, F_z sont respectivement les composantes de $\vec{F}$ sur les axes $O\vec{x}$, $O\vec{y}$, $O\vec{z}$). De la même manière, l'expression du vecteur déplacement élémentaire $d\vec{l}$ en coordonnées cartésiennes s'écrit : $d\vec{l} = dx\,\vec{i} + dy\,\vec{j} + dz$ (où dx, dy, dz sont respectivement les composantes de $d\vec{l}$ sur les axes $O\vec{x}$, $O\vec{y}$, $O\vec{z}$). Le travail élémentaire de $\vec{F}$ est alors : $d\mathcal{W}(\vec{F}) = \vec{F}.\,d\vec{l} = F_x dx + F_y dy + F_z dz$

L'expression analytique du travail de $\vec{F}$ est surtout utilisée dans les cas où la force $\vec{F}$ n'est pas constante au cours du déplacement envisagé.

c) Travail total d'une force le long d'un trajet fini

Considérons un point matériel M qui sous l'action de la force $\vec{F}$ (qui peut varier pendant le déplacement), décrit un trajet orienté fini sur la courbe ($\mathcal{C}$) entre la position A et la position B.

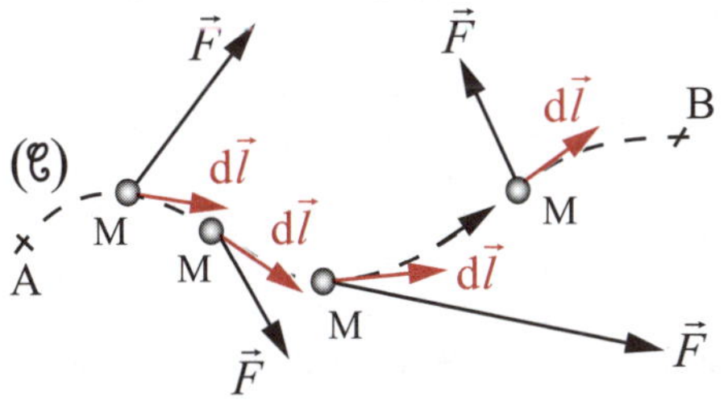

Le travail total de la force $\vec{F}$ entre les points A et B est alors la somme des travaux élémentaires de $\vec{F}$ entre A et B telle que :

$$\mathcal{W}_{A\to B}(\vec{F}) = \int_A^B \vec{F}.d\vec{l}$$

$\vec{F}$: force entre A et B (N)
$d\vec{l}$: déplacement élémentaire sur ($\mathcal{C}$) (m)

Compte tenu de l'expression analytique du travail élémentaire de $\vec{F}$, l'expression analytique du travail total de $\vec{F}$ le long du trajet AB s'écrit :

$$\mathcal{W}_{A\to B}(\vec{F}) = \int_A^B \vec{F}.d\vec{l} = \int_A^B \left(F_x dx + F_y dy + F_z dz\right).$$

Suivant les symétries des problèmes étudié*s et l'expression de la force $\vec{F}$, il n'est pas toujours pertinent d'exprimer le vecteur déplacement élémentaire, $d\vec{l}$, en coordonnées cartésiennes. Il est parfois plus commode de l'exprimer en coordonnées cylindriques (ou polaires) ou sphériques :

- Coordonnées cylindriques (ou polaires) : $d\vec{l} = \underbrace{dr\,\vec{u}_r + r\,d\theta\,\vec{u}_\theta}_{\text{coordonnées polaires}} + dz\,\vec{k}$

- Coordonnées sphériques : $d\vec{l} = dr\,\vec{u}_r + r\,d\theta\,\vec{u}_\theta + r\sin\theta\,d\varphi\,\vec{u}_\varphi$

Néanmoins, le calcul du produit scalaire de 2 vecteurs nécessite bien évidemment que leurs projections soient exprimées dans la même base.

d) Puissance d'une force

La puissance d'une force exprime le travail effectué par la force par unité de temps. Soit $d\mathcal{W}(\vec{F})$ le travail élémentaire accompli par la force $\vec{F}$ pendant l'intervalle de temps dt.

Durant cet intervalle de temps, le point matériel M sur lequel agit la force $\vec{F}$ parcourt une distance élémentaire $d\vec{l}$. La puissance instantanée de la force $\vec{F}$, notée $\mathcal{P}_{\vec{F}}$ (unité le Watt, noté W), s'écrit :

$$\boxed{\mathcal{P}_{\vec{F}} = \frac{d\mathcal{W}(\vec{F})}{dt}}$$

$d\mathcal{W}(\vec{F})$: travail élémentaire de $\vec{F}$ (N.m)
dt : intervalle de temps (s)

Il est également possible d'exprimer la puissance de la force $\vec{F}$ agissant sur un point matériel M en fonction de la vitesse de M :

$\mathcal{P}_{\vec{F}} = \dfrac{d\mathcal{W}(\vec{F})}{dt} = \dfrac{\vec{F}.d\vec{l}}{dt} = \vec{F}.\dfrac{d\vec{l}}{dt}$, la quantité $\dfrac{d\vec{l}}{dt}$ correspond à la vitesse instantanée du point M, par rapport à (R_0), également notée $\vec{V}_{M/R_0}$, donc : $\mathcal{P}_{\vec{F}} = \vec{F} \cdot \vec{V}_{M/R_0}$.

La puissance de la force $\vec{F}$ au temps t correspond alors au produit scalaire entre la force $\vec{F}$ et la vitesse du point M, par rapport à (R_0), notée $\vec{V}_{M/R_0}$, au même instant. Cette dernière expression de la puissance permet d'écrire le travail d'une force $\vec{F}$ agissant sur un point matériel M, en fonction de la vitesse de M, par rapport à (R_0) :

$$\boxed{\mathcal{W}_{t_A \to t_B}(\vec{F}) = \int_{t_A}^{t_B} \mathcal{P}_{\vec{F}}.dt = \int_{t_A}^{t_B} \vec{F}.\vec{V}_{M/R_0}\, dt}$$

3. EN PRATIQUE...

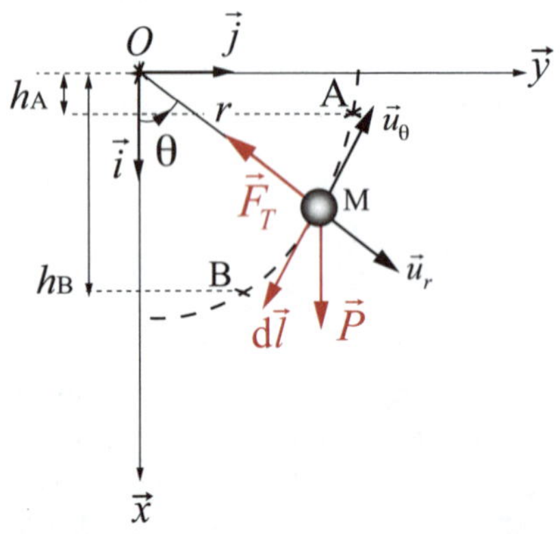

Soit un point matériel M de masse m suspendu par un fil infiniment mince et inextensible de masse négligeable et de longueur r. Le point M décrit un mouvement de rotation autour du point O. L'angle orienté $\theta_{(t)} = \left(\widehat{\vec{Ox}, \vec{OM}}\right)$ permet de repérer la position de M au cours du temps. On se propose de calculer le travail des forces appliquées au point M entre le point A, d'altitude h_A et le point B d'altitude h_B (étant donné l'orientation du repère $(O, O\vec{x}, O\vec{y})$ les altitudes h_A et h_B sont positives, d'où $h_B > h_A$).

→ Système étudié : point matériel M de masse m

→ Référentiel et base de projection : le mouvement de M est étudié par rapport au référentiel galiléen fixe (R_0), d'origine O, muni du repère orthonormé direct, $(\vec{u}_r, \vec{u}_\theta)$ de base $(\vec{i}, \vec{j}, \vec{k})$. Étant donnée la nature du mouvement de M (trajectoire circulaire), toutes les grandeurs vectorielles du problème seront exprimées dans la base mobile (base polaire) $(\vec{u}_r, \vec{u}_\theta)$ liée à M.

→ Effectuons le bilan des forces extérieures :

- Poids du point matériel M de masse m, noté $\vec{P}$
- Tension du fil infiniment mince et inextensible, notée $\vec{F}_T$

→ Projetons les forces extérieures dans la base polaire $(\vec{u}_r, \vec{u}_\theta)$ liée à M :

- Poids : $\vec{P} = \begin{pmatrix} mg\cos\theta \\ -mg\sin\theta \end{pmatrix}_{(\vec{u}_r, \vec{u}_\theta)}$

- Tension du fil : $\vec{F}_T = \begin{pmatrix} F_T \\ 0 \end{pmatrix}_{(\vec{u}_r, \vec{u}_\theta)}$

→ Écrivons le travail des forces extérieures agissant sur M :

– Travail de la force $\vec{F}_T$ entre A et B : $\underset{A\to B}{\mathscr{W}}(\vec{F}_T) = \int_A^B \vec{F}_T.\mathrm{d}\vec{l}$

La force $\vec{F}_T$ et le déplacement élémentaire $\mathrm{d}\vec{l}$ sont orthogonaux sur le trajet orienté AB, donc la force $\vec{F}_T$ ne travaille pas sur AB, d'où $\underset{A\to B}{\mathscr{W}}(\vec{F}_T) = \int_A^B \vec{F}_T.\mathrm{d}\vec{l} = 0$

– Travail du poids $\vec{P}$ entre A et B : $\underset{A\to B}{\mathscr{W}}(\vec{P}) = \int_A^B \vec{P}.\mathrm{d}\vec{l}$

Pour des raisons pratiques, le vecteur déplacement élémentaire est exprimé en coordonnées polaires : $\mathrm{d}\vec{l} = \mathrm{d}r\,\vec{u}_r + r\,\mathrm{d}\theta\,\vec{u}_\theta = r\,\mathrm{d}\theta\,\vec{u}_\theta$ car il n'y a pas de déplacement suivant $\vec{u}_r$.

Produit scalaire $\vec{P}.\mathrm{d}\vec{l} = \begin{pmatrix} mg\cos\theta \\ -mg\sin\theta \end{pmatrix} . \begin{pmatrix} 0 \\ r\,\mathrm{d}\theta \end{pmatrix} = -mgr\sin\theta\,\mathrm{d}\theta$

donc : $\underset{A\to B}{\mathscr{W}}(\vec{P}) = \int_A^B \vec{P}.\mathrm{d}\vec{l} = \int_{\theta_A}^{\theta_B} -mgr\sin\theta\,\mathrm{d}\theta$.

Dans un premier temps, les positions des points A et B sont repérées par rapport au paramètre angulaire $\theta_{(t)}$, soit respectivement θ_A et θ_B pour A et pour B. Le travail du poids entre A et B s'écrit alors :

$$\underset{A\to B}{\mathscr{W}}(\vec{P}) = mgr\int_{\theta_A}^{\theta_B} -\sin\theta\,\mathrm{d}\theta \Leftrightarrow \underset{A\to B}{\mathscr{W}}(\vec{P}) = mgr\left[\cos\theta\right]_{\theta_A}^{\theta_B} = mgr\left[\cos\theta_B - \cos\theta_A\right].$$

D'après la figure on peut écrire : $\cos\theta_B = \frac{h_B}{r}$ et $\cos\theta_A = \frac{h_A}{r}$, on a alors dans l'expression du travail du poids précédemment déterminée :

$$\underset{A\to B}{\mathscr{W}}(\vec{P}) = mgr\left[\frac{h_B}{r} - \frac{h_A}{r}\right].$$

Le travail de $\vec{P}$ est : $\underset{A\to B}{\mathscr{W}}(\vec{P}) = mg\left[h_B - h_A\right]$, il s'agit d'un travail positif, donc moteur, car les altitudes h_B et h_A sont positives et $h_B > h_A$.

8 Énergie cinétique et théorème de l'énergie cinétique

1. EN QUELQUES MOTS...

L'énergie cinétique correspond à l'énergie que possède un corps en mouvement.

2. CE QU'IL FAUT RETENIR...

a) Énergie cinétique d'un point matériel

- L'énergie cinétique à l'instant t, notée $E_{C(t)}$ ou plus simplement E_C (unité le Joule, noté J), d'un point matériel M de masse m, ayant une vitesse $\vec{V}_{M/R_0}$ par rapport à un référentiel (R_0), est la quantité scalaire (dépendante du référentiel d'étude (R_0)) :

$$E_{C(t)} = \frac{1}{2} m \left\|\vec{V}_{M/R_0}\right\|^2 = \frac{1}{2} m\, V^2_{M/R_0}$$

$E_{C(t)}$: Énergie cinétique du point M de masse m (J)
m : masse du point matériel M (kg)
$\left\|\vec{V}_{M/R_0}\right\|^2$, ou V^2_{M/R_0} : carré de la norme de la vitesse $\vec{V}_{M/R_0}$

- Lorsque le point matériel M de masse m est en rotation autour d'un axe fixe, il est souvent plus pratique d'utiliser l'expression ci-dessous pour déterminer son énergie cinétique à un instant t :

$$E_{C(t)} = \frac{1}{2} \mathcal{J} \omega^2$$

$E_{C(t)}$: Energie cinétique du point M de masse m (J)
$\mathcal{J}$: moment d'inertie du point matériel M par rapport à l'axe de rotation, tel que : $\mathcal{J} = m\, r^2$ (r est la distance entre le point M et l'axe de rotation)
ω : norme de la vitesse angulaire de M par rapport à l'axe de rotation

Cette expression est communément appelée énergie cinétique de rotation (unité le Joule, noté J).

b) Théorème de l'énergie cinétique

Soit un point matériel M de masse m, et $\vec{F}$ la résultante des forces extérieures appliquées sur M. Dans un référentiel galiléen (R_0), le travail de la résultante des forces extérieures, noté $\mathcal{W}(\vec{F})$, agissant sur M entre une position initiale A où la vitesse de M par rapport à (R_0) est notée $\vec{V}_{A/R_0}$ et une position finale B où la vitesse de M par rapport à (R_0) est notée $\vec{V}_{B/R_0}$, est égal à la variation de l'énergie cinétique du point M entre les positions B et A, soit :

$$\underset{A\to B}{\mathcal{W}(\vec{F})} = \int_A^B \vec{F}.\mathrm{d}\vec{l} = \frac{1}{2} m V_B^2 - \frac{1}{2} m V_A^2 = E_C(B) - E_C(A)$$

$\underset{A\to B}{\mathcal{W}(\vec{F})}$: travail de $\vec{F}$ entre A et B
$E_C(A)$: Énergie cinétique en A (J)
$E_C(B)$: Énergie cinétique en B (J)
m : masse du point matériel (kg)
V_A : norme de $\vec{V}_{A/R_0}$ (m.s^{-1})
V_B : norme de $\vec{V}_{A/R_0}$ (m.s^{-1})

3. EN PRATIQUE...

Soit un point matériel M de masse m qui glisse sans frottement le long d'une courbe plane ($\mathscr{C}$), à partir du point A, où il est abandonné sans vitesse initiale, jusqu'au point B. Déterminons la norme du vecteur vitesse du point M par rapport à (R_0) en B, notée V_B.

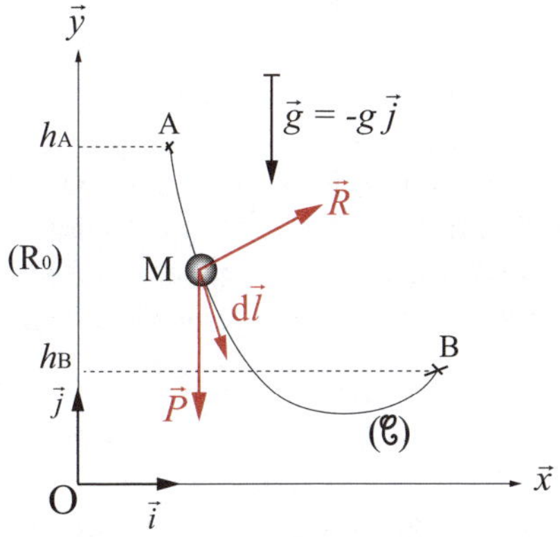

→ Système étudié : point matériel M de masse m

→ Référentiel et base de projection : le mouvement de M est étudié par rapport au référentiel fixe galiléen (R_0), d'origine O, muni du repère cartésien orthonormé direct $(O, \vec{x}, \vec{y})$ de base $(\vec{i}, \vec{j})$.

→ Effectuons le bilan des forces extérieures :

- Poids du point matériel M de masse m, noté $\vec{P}$
- Réaction du support, notée $\vec{R}$

→ Projetons les forces extérieures dans la base cartésienne $(\vec{i}, \vec{j})$:

- Poids : $\vec{P} = -mg\,\vec{j}$
- Réaction du support : $\vec{R} = R_x\,\vec{i} + R_y\,\vec{j}$

→ Exprimons le travail des forces extérieures agissant sur M :

- Travail de la réaction $\vec{R}$ du support entre A et B : $\underset{A\to B}{\mathscr{W}}(\vec{R}) = \int_A^B \vec{R}.d\vec{l}$

La réaction $\vec{R}$ du support et le déplacement élémentaire $d\vec{l}$ sont toujours orthogonaux le long de ($\mathscr{C}$), car le point M se déplace sans frottement, donc $\underset{A\to B}{\mathscr{W}}(R) = \int_A^B R.dl = 0$

- Travail du poids $\vec{P}$ entre A et B : $\underset{A\to B}{\mathscr{W}}(\vec{P}) = \int_A^B \vec{P}.d\vec{l}$ or $\vec{P}.d\vec{l} = \begin{pmatrix} 0 \\ -mg \end{pmatrix} . \begin{pmatrix} dx \\ dy \end{pmatrix} = -mg\,dy$

($d\vec{l}$ est exprimé en coordonnées cartésiennes : $d\vec{l} = dx\,\vec{i} + dy\,\vec{j}$) donc :

$\underset{A\to B}{\mathscr{W}}(\vec{P}) = \int_{h_A}^{h_B} \vec{P}.d\vec{l} = \int_{h_A}^{h_B} -mg\,dy = mg(h_A - h_B)$ (h_A et h_B sont les ordonnées de A et de B)

→ Appliquons le théorème de l'énergie cinétique au point matériel M entre A et B.

$$\underset{A\to B}{\mathscr{W}}(\vec{P}) = \int_{h_A}^{h_B} \vec{P}.d\vec{l} = mg(h_A - h_B) = E_C(B) - E_C(A) = \frac{1}{2}mV_B^2 - \underbrace{\frac{1}{2}mV_A^2}_{=0}.$$

La norme de la vitesse du point matériel M en B, notée V_B est donc : $V_B = \sqrt{2g(h_A - h_B)} > 0.$

9 Energie potentielle

1. EN QUELQUES MOTS...

On distingue deux types de force : les forces conservatives et les forces non conservatives. Les forces conservatives sont des forces dont le travail sur un trajet AB ne dépend que de l'état initial en A et de l'état final en B (indépendant du chemin suivi). En revanche, le travail sur un trajet AB de forces non conservatives dépend de la forme du trajet AB (dépendant du chemin suivi). Par la suite, seul le cas des forces conservatives est envisagé, excepté pour le théorème de l'énergie mécanique d'un système S composé de n points matériels M_i où il sera question cette fois de forces non conservatives (fiche 16).

2. CE QU'IL FAUT RETENIR...

a) Énergie potentielle

On dit qu'une force $\vec{F}$ dérive d'un potentiel, s'il existe une fonction $E_P(x,y,z)$ telle que :

$$\boxed{\vec{F} = -\overrightarrow{\text{grad}}\, E_P}$$

La fonction scalaire $E_P(x,y,z)$ est alors appelée énergie potentielle.

Une force qui dérive d'un potentiel est dite conservative, c'est-à-dire que son travail le long de n'importe quel trajet AB dépend uniquement des positions initiale en A et finale en B.

L'opérateur gradient peut être exprimé dans les différents systèmes de coordonnées. Dans le cas du système de coordonnées cartésiennes, si F_x, F_y et F_z désignent respectivement les composantes de $\vec{F}$ dans la base $(\vec{i},\vec{j},\vec{k})$ associée au repère orthonormé direct galiléen $(O,\vec{i},\vec{j},\vec{k})$, alors $\vec{F} = -\overrightarrow{\text{grad}}\, E_P$ s'écrit :

$$\vec{F} = -\overrightarrow{\text{grad}}\, E_P : \begin{cases} F_x = -\dfrac{\partial E_p}{\partial x} \\ F_y = -\dfrac{\partial E_p}{\partial y} \\ F_z = -\dfrac{\partial E_p}{\partial z} \end{cases} \text{dans la base } (\vec{i},\vec{j},\vec{k})$$

> L'opérateur gradient agit sur la fonction scalaire $E_P(x,y,z)$ en associant à chaque point de l'espace (x,y,z) un vecteur force $\vec{F}$. Le vecteur $\vec{F}$ est dirigé dans le sens des potentiels décroissants.

b) Équivalence entre la forme différentielle et la forme locale de l'énergie potentielle

Soit $\vec{F}$ une force conservative, on note $d\mathcal{W}(\vec{F})$ le travail élémentaire de cette force, tel que : $d\mathcal{W}(\vec{F}) = \vec{F}.\,d\vec{l}$.

Supposons que l'on ait : $d\mathcal{W}(\vec{F}) = \vec{F}.\,d\vec{l} = -dE_P$

où dE_P est la différentielle totale de E_P, tell que : $dE_P = \dfrac{\partial E_P}{\partial x}dx + \dfrac{\partial E_P}{\partial y}dy + \dfrac{\partial E_P}{\partial z}dz$

on a alors : $dE_P = -\overrightarrow{\text{grad}}\,E_P.\,d\vec{l} = \vec{F}.\,d\vec{l}$ d'où : $\left(\vec{F} + \overrightarrow{\text{grad}}\,E_P\right).\,d\vec{l} = 0$

Le produit scalaire de 2 vecteurs est nul si et seulement si l'un des 2 vecteurs est nul ou si les deux vecteurs sont orthogonaux. Comme $d\vec{l}$ varie au cours du temps, on a $d\vec{l} \neq \vec{0}$, ce qui implique :

$$\boxed{\vec{F} = -\overrightarrow{\text{grad}}\,E_P \Leftrightarrow \vec{F}.\,d\vec{l} = -dE_P}$$

Ces deux expressions sont totalement équivalentes (si $E_P(x, y, z)$ est indépendant du temps). La première forme est appelée forme locale de l'énergie potentielle et la seconde forme différentielle de l'énergie potentielle. Le terme local indique que le résultat de l'opérateur gradient sur la fonction scalaire énergie potentielle peut être différent en chaque point de l'espace ; cela introduit alors la notion de champ (ici champ de forces), c'est-à-dire qu'à chaque point de l'espace est associé un vecteur force $\vec{F}$, défini par : $\vec{F} = -\overrightarrow{\text{grad}}\,E_P$. La forme différentielle indique que l'énergie potentielle est égale à l'opposé du travail élémentaire de la force conservative : $dE_P = -\vec{F}.\,d\vec{l}$.

c) Travail d'une force dérivant d'un potentiel

Soit un point matériel M soumis à une force $\vec{F}$ dérivant d'un potentiel E_P. Le travail de $\vec{F}$ sur le trajet AB est indépendant du chemin suivi (car $\vec{F}$ dérive d'un potentiel), donc :

$\mathcal{W}_{A \to B}(\vec{F}) = \int_A^B \vec{F}.d\vec{l} = -\int_A^B dE_P = E_P(A) - E_P(B)$, où $E_P(A)$ et $E_P(B)$ sont les énergies potentielles du point M respectivement en A et en B.

Le travail d'une force conservative le long d'un trajet donné est égal à la diminution d'énergie potentielle le long de ce trajet.

> Soit un point matériel M soumis à une force $\vec{F}$ dérivant d'un potentiel $E_P(x, y, z)$. Le travail de $\vec{F}$ sur un trajet fermé (c'est-à-dire partant de A et revenant vers A) est nul : $\mathcal{W}(\vec{F}) = \oint \vec{F}.d\vec{l} = E_P(A) - E_P(A) = 0$.
>
> Le signe $\oint$ indique que l'intégrale s'effectue sur un trajet fermé.

3. EN PRATIQUE...

Pour prouver qu'une force $\vec{F}$ dérive d'un potentiel E_P, montrons qu'il faut calculer son travail élémentaire, $d\mathcal{W}(\vec{F})$, et étudier si celui-ci peut se mettre sous la forme de la différentielle d'une fonction. Cette fonction est alors l'énergie potentielle du système étudié ; elle est définie à une constante réelle additive près.

- Cas du poids

Soit un point matériel M, de masse m constante au cours du temps, effectuant un déplacement élémentaire $d\vec{l}$ sous l'action de son poids $\vec{P}$ dans un espace fixe muni d'un repère orthonormé direct galiléen $(O, \vec{x}, \vec{y}, \vec{z})$ de base $(\vec{i}, \vec{j}, \vec{k})$. L'axe $O\vec{z}$ est choisi vertical ascendant.

Le déplacement élémentaire de M exprimé dans la base cartésienne $(\vec{i}, \vec{j}, \vec{k})$ s'écrit : $d\vec{l} = dx\,\vec{i} + dy\,\vec{j} + dz\,\vec{k}$.

Le poids du point matériel M de masse m s'écrit dans cette même base $(\vec{i}, \vec{j}, \vec{k})$: $\vec{P} = m\vec{g} = -mg\,\vec{k}$

Le travail élémentaire du poids est alors :

$d\mathcal{W}(\vec{P}) = \vec{P}.\,d\vec{l} = -mg\,dz = -d(mgz)$, où $d(mgz)$ représente la différentielle de la fonction mgz, où m et g sont constants au cours du temps.

On a donc $dE_P = d(mgz)$.

Par intégration on obtient : $E_P = mgz + \text{cste}$.

L'énergie potentielle E_P de M est alors appelée énergie potentielle de pesanteur.

La fonction énergie potentielle est définie à une constante additive près et ne dépend que de l'altitude, z, du point M. Il est possible de déterminer cette constante à partir des conditions aux limites. Par exemple, on peut choisir l'énergie potentielle de pesanteur nulle pour $z = 0$, d'où cste = 0 et $E_P = mgz$.

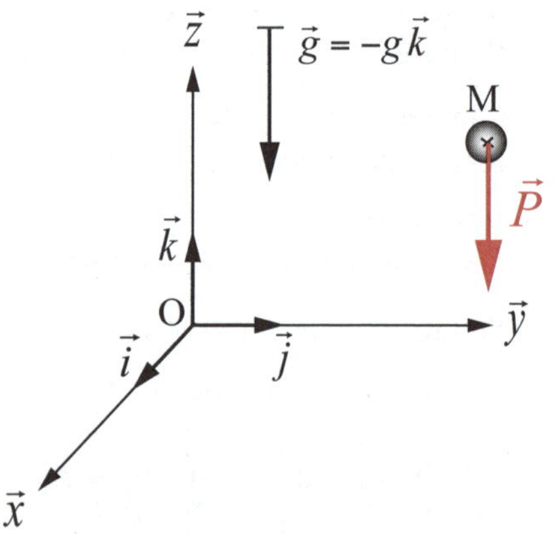

- Cas de la force de rappel d'un ressort

Soit un ressort de masse négligeable et de longueur à vide ℓ_0 fixé à un support en A. Une masse M est accrochée à l'extrémité B du ressort. A un instant t quelconque, le ressort est étiré et la longueur du ressort est ℓ.

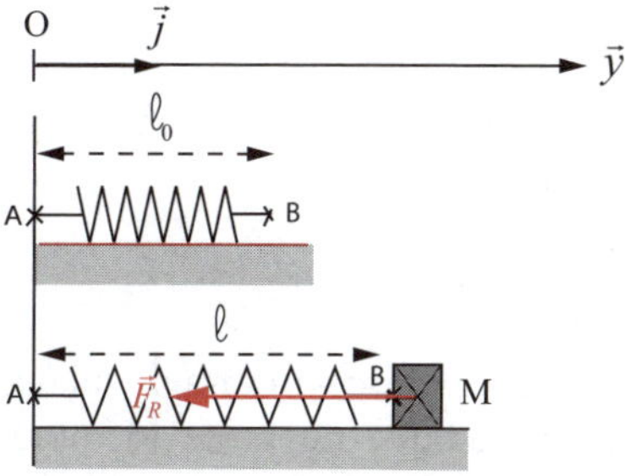

Une force de rappel, notée $\vec{F}_R$, est alors exercée par le ressort telle que : $\vec{F}_R = -k(\ell - \ell_0)\vec{y}$, avec $k > 0$ la raideur du ressort.

Le travail élémentaire de la force de rappel est : $d\mathcal{W}(\vec{F}_R) = \vec{F}_R . d\vec{l} = -dE_P$

Étant donnée la géométrie du problème, le déplacement élémentaire $d\vec{l}$ a une seule composante suivant l'axe $O\vec{y}$ telle que : $d\vec{l} = d\ell\,\vec{j}$, car le déplacement élémentaire de la force de rappel, $\vec{F}_R$, pour une variation infinitésimale de longueur ℓ suivant $O\vec{y}$ est noté $d\ell$.

Donc : $d\mathcal{W}(\vec{F}_R) = -k(\ell - \ell_0)\vec{j}.d\ell\,\vec{j} = -k(\ell - \ell_0)d\ell$ (car $\vec{j}.\vec{j} = 1$)

On pose : $\Delta\ell = (\ell - \ell_0)$ qui est l'allongement relatif du ressort,

d'où : $d\mathcal{W}(\vec{F}_R) = -k(\Delta\ell)d\ell$

On peut également écrire : $d\mathcal{W}(\vec{F}_R) = -d\left(\frac{1}{2}k(\Delta\ell)^2\right)$, où $d\left(\frac{1}{2}k(\Delta\ell)^2\right)$ est la différentielle de la fonction $\frac{1}{2}k(\Delta\ell)^2$.

On a donc $dE_P = d\left(\frac{1}{2}k(\Delta\ell)^2\right)$.

Par intégration on obtient : $E_P = \frac{1}{2}k(\Delta\ell)^2 + \text{cste}$.

L'énergie potentielle E_P du ressort, est appelée énergie potentielle élastique.

La fonction énergie potentielle est définie à une constante additive près et ne dépend que de l'allongement relatif du ressort $\Delta\ell$. La constante d'intégration est déterminée à partir des conditions aux limites. On peut choisir de prendre l'énergie potentielle élastique nulle lorsque l'allongement relatif du ressort est nul, $\Delta\ell = 0$, d'où cste = 0 et $E_P = \frac{1}{2}k(\Delta\ell)^2$.

10 Énergie mécanique

1. EN QUELQUES MOTS...

L'énergie mécanique désigne l'énergie d'un système emmagasinée sous forme d'énergie cinétique et d'énergie potentielle mécanique.

2. CE QU'IL FAUT RETENIR...

a) Énergie mécanique

Si une force $\vec{F}$ (ou la résultante des forces) qui agit sur un point matériel M dérive d'un potentiel E_P, alors l'énergie mécanique du point M, notée E_{Meca}, est définie comme la somme de l'énergie cinétique et de l'énergie potentielle de M :

$$\boxed{E_{\text{Meca}} = E_C + E_P}$$

E_{Meca} : énergie mécanique du point M (J)
E_C : énergie cinétique du point M (J)
E_P : énergie potentielle du point M (J)

b) Conservation de l'énergie mécanique

Soit un point matériel M, de masse constante m, se déplaçant sous l'action d'une force $\vec{F}$ (ou résultante des forces) dérivant d'un potentiel E_P, le long d'un trajet AB quelconque. D'après le théorème de l'énergie cinétique, on peut écrire : $\mathcal{W}_{A\to B}(\vec{F}) = \int_A^B \vec{F}.\mathrm{d}\vec{l} = E_C(\mathrm{B}) - E_C(\mathrm{A})$.

Comme la force $\vec{F}$ dérive d'un potentiel E_P, alors $\vec{F} = -\overrightarrow{\mathrm{grad}}\, E$, d'où :

$$\mathcal{W}_{A\to B}(\vec{F}) = \int_A^B \vec{F}.\mathrm{d}\vec{l} = -\int_A^B \overrightarrow{\mathrm{grad}}\, E_P.\mathrm{d}\vec{l} = -\int_A^B dE_P = E_P(\mathrm{A}) - E_P(\mathrm{B}).$$

On a alors : $E_C(\mathrm{B}) - E_C(\mathrm{A}) = E_P(\mathrm{A}) - E_P(\mathrm{B})$, d'où $E_C(\mathrm{A}) + E_P(\mathrm{A}) = E_C(\mathrm{B}) + E_P(\mathrm{B})$

donc : $E_{\text{Meca}}(\mathrm{A}) = E_{\text{Meca}}(\mathrm{B}) \Leftrightarrow \boxed{E_{\text{Meca}} = \text{cste}}$

Lorsqu'un point M se déplace sous l'action d'une force $\vec{F}$ (ou la résultante des forces) dérivant d'un potentiel E_P, alors son énergie mécanique reste constante le long du trajet envisagé. Ainsi l'énergie cinétique et l'énergie potentielle du point M se compensent constamment (transformation de l'une en l'autre) de telle sorte que l'énergie mécanique reste constante au cours du mouvement. La force $\vec{F}$ (ou résultante des forces) est dite conservative en ce sens qu'elle crée un mouvement dont elle conserve l'énergie mécanique.

⚠ Dans le cas où la force $\vec{F}$ (ou résultante des forces) agissant sur un point M n'est pas conservative alors l'énergie mécanique n'est pas constante au cours du mouvement.

3. EN PRATIQUE...

Cherchons l'énergie mécanique d'un point M de masse m astreint à se déplacer sans frottement le long d'une courbe plane ($\mathscr{C}$) assimilable à un demi cercle de rayon r et de centre O.

Les forces agissant sur le point M sont des forces conservatives (pas de frottement) donc l'énergie mécanique de M le long de ($\mathscr{C}$) est constante.

L'altitude du point M est repérée par h. Le point M est lâché de A sans vitesse initiale.

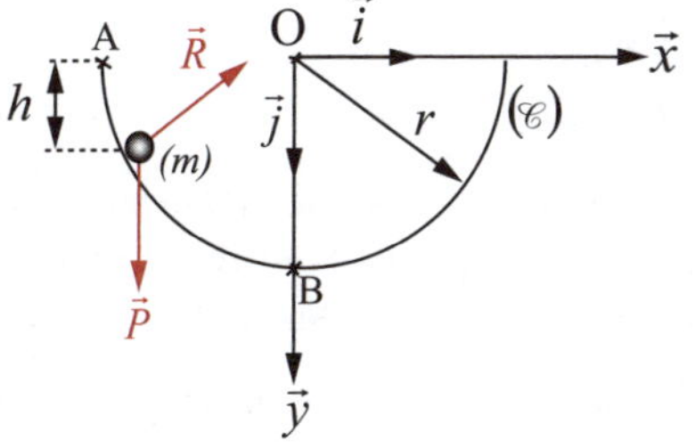

→Système étudié : point matériel M de masse m

→Référentiel et base de projection : le mouvement de M est étudié par rapport au référentiel fixe (R_0) d'origine O, muni du repère cartésien orthonormé direct $(O, \vec{x}, \vec{y})$ de base $(\vec{i}, \vec{j})$, supposé galiléen. L'axe $O\vec{y}$ est la verticale descendante.

→ Écrivons l'énergie cinétique du point M en un point P quelconque le long de la courbe ($\mathscr{C}$) :

$$E_C(P) = \frac{1}{2} m V^2_{M/R_0}.$$

→ Exprimons l'énergie potentielle du point M en un point P quelconque le long de la courbe ($\mathscr{C}$) :

$$E_P(P) = mg(r - h).$$

→ Energie mécanique du point M en un point P quelconque le long de la courbe ($\mathscr{C}$) :

$$E_{\text{Meca}}(P) = E_C(P) + E_P(P)$$

$$\Rightarrow E_{\text{Meca}}(P) = \frac{1}{2} m V^2_{M/R_0} + mg(r - h) = \text{cste.}$$

→ Traçons l'énergie mécanique en fonction de la position du point M le long de la courbe ($\mathscr{C}$) :

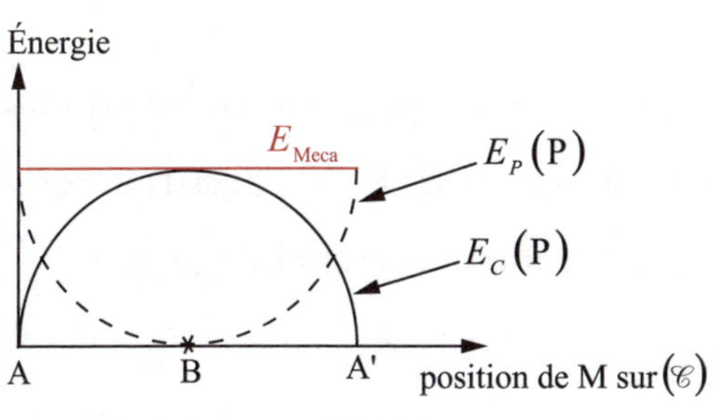

• $E_C(A) = 0$, car le point M est lâché de A sans vitesse initiale et l'énergie potentielle en A est maximum :

$$E_P(A) = mgr$$

• $E_P(B) = 0$, car $h = r$ et l'énergie cinétique en B est maximum :

$$E_C(B) = \frac{1}{2} m V^2_{M/R_0}(B)$$

11 Théorème du moment cinétique

1. EN QUELQUES MOTS...

Le moment cinétique, noté $\vec{\mathscr{L}}$ (unité : $kg.m^2.s^{-1}$), est un concept très important en physique. Il est l'analogue de la quantité de mouvement pour les mouvements de rotation.

2. CE QU'IL FAUT RETENIR...

a) Moment cinétique

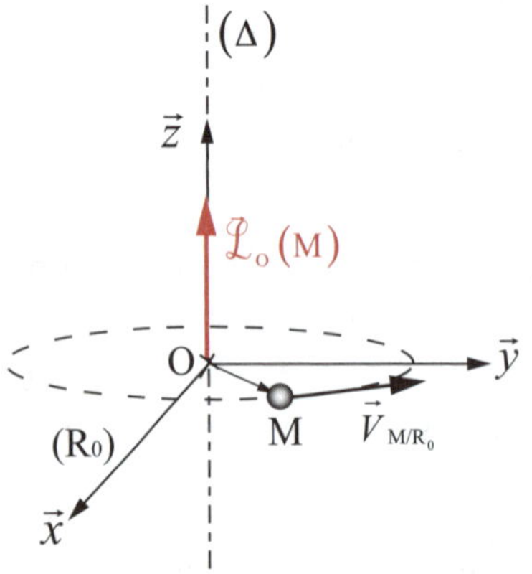

Considérons un point matériel M, de masse m, en rotation autour d'un axe fixe (Δ) dans le référentiel galiléen (R_0), d'origine O, point fixé sur (Δ). Le point M est animé d'une vitesse $\vec{V}_{M/R_0}$ vis-à-vis du référentiel (R_0). Le moment cinétique de M en O, noté $\vec{\mathscr{L}}_O(M)$, est alors défini par :

$$\vec{\mathscr{L}}_O(M) = \overrightarrow{OM} \wedge m\vec{V}_{M/R_0}$$

ou

$$\vec{\mathscr{L}}_O(M) = \overrightarrow{OM} \wedge \vec{p}$$

$\vec{V}_{M/R_0}$: vitesse de M par rapport à (R_0)
$\overrightarrow{OM}$: vecteur de O à M
$\vec{p}$: vecteur quantité de mouvement du point M

Le vecteur moment cinétique de M en O, est un vecteur perpendiculaire au plan formé par les vecteurs $\overrightarrow{OM}$ et $\vec{V}_{M/R_0}$, d'origine O (vecteur lié). Il est orienté suivant la règle du trièdre direct de la main droite.

Le moment cinétique en un point est donc le « moment de la quantité de mouvement, $\vec{p}$ » en ce point.

b) Relation entre le moment cinétique et le moment d'inertie

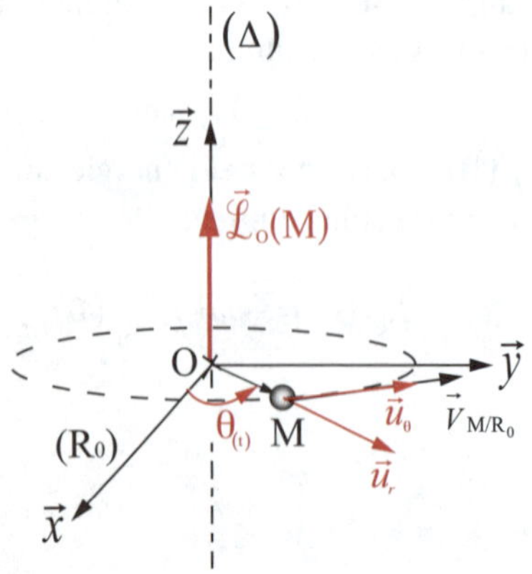

Notons $r = OM$, la distance entre O et M, et $\theta_{(t)}$ l'angle polaire orienté tel que : $\theta_{(t)} = \left(\overrightarrow{Ox}, \overrightarrow{OM}\right)$. L'expression de $\vec{\mathscr{L}}_O(M)$ dans la base polaire $(\vec{u}_r, \vec{u}_\theta)$ est :

$$\vec{\mathscr{L}}_O(M) = \overrightarrow{OM} \wedge m\vec{V}_{M/R_0} = r\vec{u}_r \wedge m\left(\dot{r}\vec{u}_r + r\dot{\theta}\vec{u}_\theta\right)$$

$$\Leftrightarrow \vec{\mathscr{L}}_O(M) = \underbrace{r\vec{u}_r \wedge m\dot{r}\vec{u}_r}_{=\vec{0}} + r\vec{u}_r \wedge mr\dot{\theta}\vec{u}_\theta$$

$$\Leftrightarrow \vec{\mathscr{L}}_O(M) = mr^2\,\dot{\theta}\vec{k} \quad (\text{car } \vec{u}_r \wedge \vec{u}_\theta = \vec{k})$$

Dans cette expression on reconnaît la quantité mr^2 qui est le moment d'inertie, noté $\mathcal{I}$, du point matériel M de masse m situé à la distance r du point O fixe sur l'axe de rotation (Δ). On peut alors écrire le moment cinétique de M en O en fonction du moment d'inertie $\mathcal{I}$:

$$\vec{\mathcal{L}}_O(\mathrm{M}) = \mathcal{I}\,\dot{\theta}\,\vec{k}$$

$\mathcal{I}$: moment d'inertie de M par rapport à O fixe sur l'axe de rotation (Δ), tel que : $\mathcal{I} = m\,r^2$

$\dot{\theta}$: vitesse angulaire de M par rapport à O fixe sur l'axe de rotation (Δ)

c) Théorème du moment cinétique

La dérivée du moment cinétique d'un point matériel M, de masse m, en un point fixe O, par rapport au temps relativement au référentiel fixe supposé galiléen (R_0) s'écrit :

$$\left.\frac{d\vec{\mathcal{L}}_O(\mathrm{M})}{dt}\right|_{R_0} = \left.\frac{d}{dt}\left(\overrightarrow{OM} \wedge m\vec{V}_{M/R_0}\right)\right|_{R_0}$$

$$\Leftrightarrow \left.\frac{d\vec{\mathcal{L}}_O(\mathrm{M})}{dt}\right|_{R_0} = \underbrace{\left.\frac{d\overrightarrow{OM}}{dt}\right|_{R_0} \wedge m\vec{V}_{M/R_0}}_{\substack{=\vec{0}\\ \text{car } \vec{V}_{M/R_0} \wedge m\vec{V}_{M/R_0} = \vec{0}}} + \overrightarrow{OM} \wedge \left.\frac{d\left(m\vec{V}_{M/R_0}\right)}{dt}\right|_{R_0} = \overrightarrow{OM} \wedge m\,\vec{a}_{M/R_0}$$

Or d'après le PFD on a : $\sum \vec{F}_{ext} = m\,\vec{a}_{M/R_0}$, d'où : $\left.\frac{d\vec{\mathcal{L}}_O(\mathrm{M})}{dt}\right|_{R_0} = \overrightarrow{OM} \wedge \sum \vec{F}_{ext}$.

La quantité $\overrightarrow{OM} \wedge \sum \vec{F}_{ext}$ représente la résultante des moments en O des forces extérieures appliquées au point M, noté : $\sum \overrightarrow{\mathcal{M}}_{\vec{F}_{ext}/(O)}$. Le théorème du moment cinétique s'écrit alors :

$$\boxed{\left.\frac{d\vec{\mathcal{L}}_O(\mathrm{M})}{dt}\right|_{R_0} = \overrightarrow{OM} \wedge \sum \vec{F}_{ext} = \sum \overrightarrow{\mathcal{M}}_{\vec{F}_{ext}/(O)}}$$

Le théorème du moment cinétique permet d'écrire que dans un référentiel galiléen (R_0), la dérivée première par rapport au temps du moment cinétique d'un point matériel M est égale au moment en O (fixe dans (R_0) au cours du temps) de la résultante des forces extérieures agissant sur M.

Si la résultante des moments des forces agissant sur M est nulle alors le moment cinétique du point M en O (O fixe) est constant : si $\sum \overrightarrow{\mathcal{M}}_{\vec{F}_{ext}/(O)} = \vec{0}$ alors $\vec{\mathcal{L}}_O(\mathrm{M}) = \overrightarrow{\text{cste}}$. Pour un système isolé, le moment cinétique d'un point M en O est une constante du mouvement, c'est-à-dire que le moment cinétique de M en O (O fixe) se conserve au cours du mouvement.

12 Forces centrales

1. EN QUELQUES MOTS...

L'étude du mouvement d'un point matériel M soumis à une force constamment dirigée vers un point fixe est un problème récurrent en physique : mouvement d'un électron autour du noyau d'un atome, trajectoire de la Terre autour du Soleil... Ces situations sont appelées mouvement à forces centrales. Les résultats démontrés ici ont été observés par Kepler pour le mouvement des planètes bien avant la formulation du théorème du moment cinétique et la notion de force centrale (première et deuxième loi de Kepler).

2. CE QU'IL FAUT RETENIR...

a) Définitions

- Dans un référentiel galiléen, un point matériel M, de masse m, est soumis à une force centrale de la part d'un point O fixe (généralement pris comme origine du référentiel), si la force exercée par O sur M est parallèle à $\overrightarrow{OM}$ et de la forme : $\vec{F} = f(r)\vec{u}_r$. La force $\vec{F}$ ne dépend que de la distance r entre O et M. Si $f(r) > 0$, alors la force est dite attractive et si $f(r) < 0$ alors la force est dite répulsive.
- Une force centrale dérive d'un potentiel, l'énergie mécanique d'un corps soumis à une force centrale est donc conservée.
- Exemples de forces centrales :
  - Force de rappel d'un ressort : $\vec{F} = -\,k\,r\,\vec{u}_r$, avec $k > 0$ la raideur du ressort (unité : N/m)
  - Force électrostatique créée par un noyau de charge + Ze (Z = nombre de protons), sur un électron de charge –e, dans le vide : $\vec{F} = -\dfrac{1}{4\pi\varepsilon_0}\dfrac{Ze^2}{r^2}\vec{u}_r$ (fiche 45)

b) Propriété des mouvements à forces centrales : mouvement plan

Soit un point matériel M, de masse m, soumis à l'action d'une force centrale $\vec{F}$ de la part d'un point O fixe (origine du référentiel (R_0)). D'après le théorème du moment cinétique, on peut écrire :

$$\left.\frac{d\vec{\mathscr{L}}_O(M)}{dt}\right|_{R_0} = \overrightarrow{OM} \wedge \vec{F} = \vec{0} \quad \text{(car si } \vec{F} \text{ est une force centrale alors } \vec{F} \text{ est parallèle à } \overrightarrow{OM}\text{)}.$$

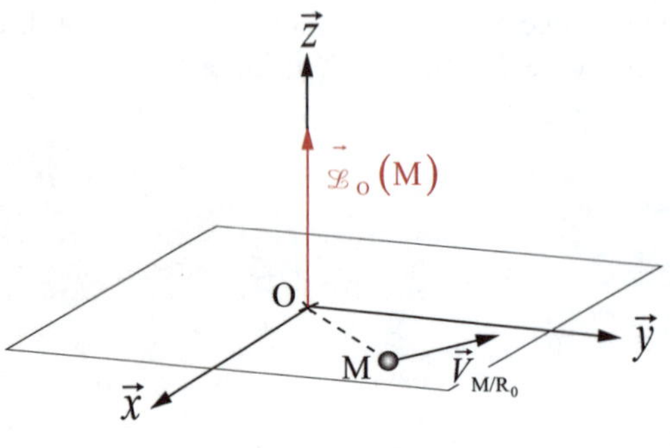

Le moment cinétique de M par rapport à O est donc constant au cours du temps.

En posant :
$\vec{\mathscr{L}}_O(M) = \vec{\mathscr{L}} = \overrightarrow{OM} \wedge m\vec{V}_{M/R_0} = \overrightarrow{\text{cste}}$
alors, $\vec{\mathscr{L}}$ est constamment perpendiculaire à $\overrightarrow{OM}$ et à $\vec{V}_{M/R_0}$. Le point M est donc astreint à se déplacer dans le plan $\left(\overrightarrow{OM}, \vec{V}_{M/R_0}\right)$.

Conclusion : si la force $\vec{F}$ (ou la résultante des forces) agissant sur le point M est « centrale » alors le mouvement de M est plan.

3. EN PRATIQUE...

Établissons l'expression de la loi des aires, qui exprime le fait que lors d'un mouvement à force centrale, les aires balayées par $\overrightarrow{OM}$ pendant des intervalles de temps égaux sont égales.

Considérons un point matériel M, de masse m, soumis à l'action d'une force centrale $\vec{F}$. À un instant t le point M se trouve en A où il est repéré par ses coordonnées polaires (r,θ). À un instant $t + \Delta t$ infiniment voisin, le point M se trouve en C où il est repéré par ses coordonnées $(r + \mathrm{d}r, \theta + \mathrm{d}\theta)$ (avec dr et dθ des variations élémentaires de r et de θ). Considérons l'aire élémentaire, dS, balayée par le vecteur $\overrightarrow{OM}$ entre les instants t et $t + \Delta t$ (aire hachurée sur la figure ci-dessous), on a : $\mathrm{d}S = \mathrm{d}S_{OAB} + \mathrm{d}S_{ABC}$

$\Rightarrow \mathrm{d}S = \frac{1}{2} r\, r\, \mathrm{d}\theta + \frac{1}{2} \mathrm{d}r\, r\, \mathrm{d}\theta$.

Au premier ordre, par rapport aux infiniment petits dr et dθ, la quantité $\frac{1}{2} r\, \mathrm{d}r\, \mathrm{d}\theta$ est négligeable devant $\frac{1}{2} r^2 \mathrm{d}\theta$. Cela revient à négliger la surface $\mathrm{d}S_{ABC}$ devant la surface $\mathrm{d}S_{OAB}$, ainsi :

$$\mathrm{d}S \approx \frac{1}{2} r^2 \mathrm{d}\theta$$

En dérivant l'expression précédente par rapport au temps, on obtient : $\frac{\mathrm{d}S}{\mathrm{d}t} = \frac{1}{2} r^2 \dot{\theta}$.

On a montré que le moment cinétique d'un point M décrivant un mouvement de rotation plan par rapport à O pouvait s'écrire : $\vec{\mathscr{L}}_O(\mathrm{M}) = mr^2 \dot{\theta} \vec{k}$ (fiche 11). Dans le cas d'une force centrale, le moment cinétique de M par rapport à O est constant au cours du temps : $\|\vec{\mathscr{L}}_O(\mathrm{M})\| = mr^2 \dot{\theta} = \mathscr{L} = \text{cste}$.

On peut alors écrire : $\frac{\mathrm{d}S}{\mathrm{d}t} = \frac{1}{2} r^2 \dot{\theta} = \frac{\mathscr{L}}{2m} = \text{cste}$.

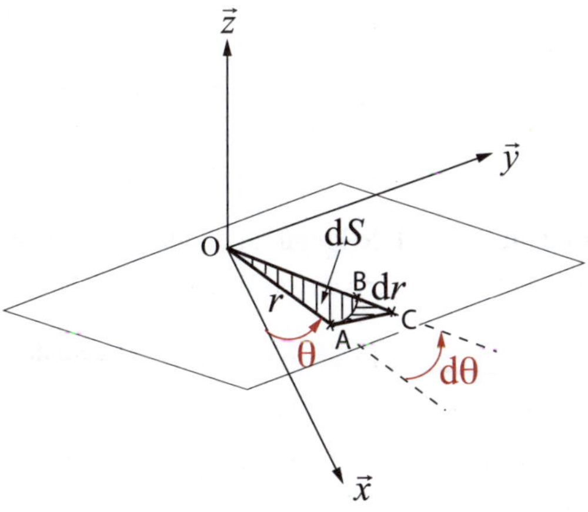

La quantité $\frac{\mathrm{d}S}{\mathrm{d}t}$ est appelée vitesse aréolaire, elle correspond à la surface balayée par le vecteur $\overrightarrow{OM}$ par unité de temps. Généralement, la vitesse aréolaire est notée $\mathscr{A}$ (unité le mètre carré par seconde : $m^2.s^{-1}$).

Le résultat précédent montre que dans un mouvement à force centrale, la vitesse aréolaire est une constante, appelée aussi constante des aires et égale à : $\mathscr{A} = \frac{\mathscr{L}}{2m}$.

La loi des aires exprime le fait que lors d'un mouvement à force centrale, les aires balayées par $\overrightarrow{OM}$ pendant des intervalles de temps égaux sont égales.

13 Oscillations mécaniques libres non amorties

1. EN QUELQUES MOTS...

Les systèmes oscillants (ou systèmes vibratoires) font partie des objets courants de la vie quotidienne. Nous sommes entourés de systèmes fonctionnant grâce à des oscillations : montre à aiguille, instruments de musique à cordes, même les atomes dans la matière oscillent autour de leur position d'équilibre. Par la suite, nous nous restreindrons au cas des oscillations harmoniques, c'est-à-dire lorsque la force de rappel est proportionnelle à l'écart par rapport à la position d'équilibre.

Dans un premier temps, nous nous intéresserons aux oscillations mécaniques libres non amorties, ce qui correspond au cas où les forces de frottement dues au milieu extérieur sur le système étudié sont négligeables.

Pour les fiches concernant les oscillations mécaniques (libres, amorties, forcées) le système étudié n'est pas un point matériel. Néanmoins, on s'intéresse au mouvement du centre de gravité du système étudié qui est assimilé à un point matériel de masse m correspondant à la masse du système.

2. CE QU'IL FAUT RETENIR...

a) Équation du mouvement

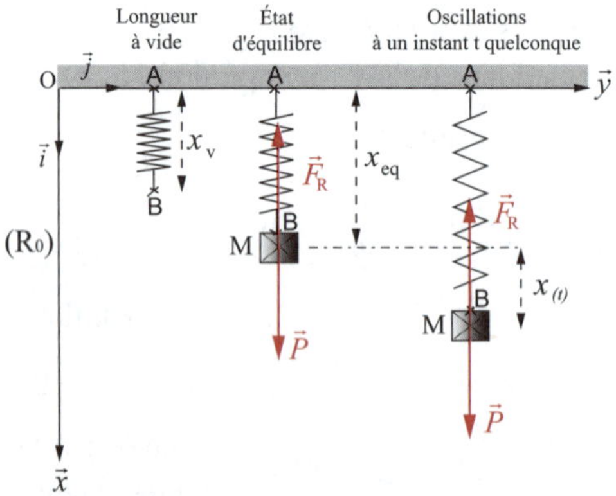

Soit un ressort de masse négligeable, de raideur $k > 0$ et de longueur à vide x_v. Le ressort est accroché en A, à un support horizontal d'axe $O\vec{y}$. On accroche en B, une masse M de masse m. On introduit l'axe $O\vec{x}$ tel que : $\left(\widehat{O\vec{x}, O\vec{y}}\right) = \dfrac{\pi}{2}$ afin de repérer la position verticale de M.

Sous l'effet de la masse M le ressort s'allonge d'une quantité $\Delta x = (x_{eq} - x_v)$, où x_{eq} est la longueur du ressort à l'équilibre. Cette configuration correspond à l'état d'équilibre du système masse-ressort.

- Équilibre de M

Les forces extérieures agissant sur la masse M sont :

– Le poids $\vec{P}$, tel que : $\vec{P} = mg\,\vec{i}$

– La force de rappel du ressort $\vec{F}_R$, telle que : $\vec{F}_R = -\,k\,\Delta x\,\vec{i}$

Le système masse-ressort étant à l'équilibre, les deux forces $\vec{P}$ et $\vec{F}_R$ se compensent parfaitement et on peut écrire : $\vec{P} + \vec{F}_R = \vec{0}$.

En projection sur l'axe $O\vec{i}$ on obtient : $-\,k\,\Delta x + mg = 0$ (1)

- Oscillations de M

À un instant t quelconque, le ressort est étiré par rapport à sa position d'équilibre d'une quantité X_{max} et lâché sans vitesse initiale. Le ressort exerce une force de rappel $\vec{F}_R$ sur M et le système masse-ressort oscille autour de la position d'équilibre x_{eq}. On suppose que le ressort travaille constamment en dessous de sa limite d'élasticité.

Mettons alors en équation le mouvement de M.

→ Système étudié : masse M

→ Référentiel et base de projection : le mouvement de la masse M est étudié par rapport au référentiel fixe (R_0) d'origine O, muni du repère cartésien orthonormé direct $(O,\vec{x},\vec{y})$ de base $(\vec{i},\vec{j})$, supposé galiléen. L'axe $O\vec{x}$ est vertical descendant.

→ Effectuons le bilan des forces extérieures :

– Poids de la masse M de masse m, noté $\vec{P}$

– Force de rappel du ressort, notée $\vec{F}_R$

→ Projetons les forces extérieures dans la base cartésienne $(\vec{i},\vec{j})$:

– Poids : $\vec{P} = \begin{pmatrix} mg \\ 0 \end{pmatrix}_{(\vec{i},\vec{j})}$

– Force de rappel du ressort : $\vec{F}_R = \begin{pmatrix} -\,k(\Delta x + x) \\ 0 \end{pmatrix}_{(\vec{i},\vec{j})}$

Le principe fondamental de la dynamique appliqué à la masse M s'écrit : $\sum \vec{F}_{ext} = m\,\vec{a}_{M/R_0}$

$$\vec{P} + \vec{F}_R = m\,\vec{a}_{M/R_0} \Leftrightarrow mg\,\vec{i} - k(\Delta x + x)\,\vec{i} = m\,\vec{a}_{M/R_0}$$

On note $\ddot{x}$ l'accélération verticale de la masse M par rapport à (R_0), donc sur l'axe $O\vec{x}$, d'où :

$$\Leftrightarrow mg\,\vec{i} - k(\Delta x + x)\,\vec{i} = m\,\ddot{x}\,\vec{i}$$

Projetons le PFD sur l'axe $O\vec{x}$ (le mouvement de M sur l'axe $O\vec{y}$ est nul) :

$$mg - k(\Delta x + x) = m\,\ddot{x} \Leftrightarrow \underbrace{mg - k\,\Delta x}_{=0} - k\,x = m\,\ddot{x}$$, car d'après (1) : $-\,k\,\Delta x + mg = 0$

$$\Leftrightarrow m\,\ddot{x} + k\,x = 0 \Leftrightarrow \ddot{x} + \frac{k}{m}x = 0.$$

On pose : $\omega_0^2 = \frac{k}{m}$ (avec $\frac{k}{m} > 0$).

On obtient alors : $\boxed{\ddot{x} + \omega_0^2 x = 0}$ (2)

(2) est une équation différentielle homogène du 2ème ordre en x, caractéristique de l'oscillateur harmonique non amorti.

La solution générale de (2), notée (E), est de la forme :

$$\boxed{x_{(t)} = A\cos\omega_0 t + B\sin\omega_0 t} \qquad (E)$$

avec A et B des constantes réelles, déterminées à partir des conditions initiales : $\begin{cases} x_{(t=0)} = X_{max} \\ \dot{x}_{(t=0)} = 0 \end{cases}$ où X_{max} correspond à l'amplitude du mouvement et $\dot{x}_{(t=0)}$ à la vitesse à l'instant initial. On obtient alors : $x_{(t=0)} = A = X_{max}$

En dérivant par rapport au temps les 2 membres de (E) on a :

$\boxed{\dot{x}_{(t)} = -A\omega_0 \sin\omega_0 t + B\omega_0 \cos\omega_0 t}$ donc $\dot{x}_{(t=0)} = B\omega_0 = 0 \Rightarrow B = 0$, puisque $\omega_0 \neq 0$

L'équation du mouvement de M est donc : $x_{(t)} = X_{max} \cos\omega_0 t$ (E)

$x_{(t)}$ repère la position de la masse M à un instant t quelconque. Le paramètre ω_0 est la pulsation propre du système pour un mouvement périodique de période T telle que : $\omega_0 = \dfrac{2\pi}{T} = \sqrt{\dfrac{k}{m}}$

> ⚠ Les résultats obtenus dans le cas d'un ressort en position horizontale sont les mêmes que ceux obtenus pour un ressort en position verticale.

3. EN PRATIQUE...

Cherchons à déterminer l'énergie mécanique d'un système oscillant non amorti. Dans le cas des oscillations mécaniques non amorties, les forces de frottement sont négligées et l'énergie mécanique E_{Meca} du système est constante.

→ Énergie cinétique instantanée

L'énergie cinétique de la masse M à un instant t quelconque est : $E_C = \dfrac{1}{2} m V^2_{M/R_0}$.

On peut également écrire : $E_C = \dfrac{1}{2} m \left(\left.\dfrac{\mathrm{d}x_{(t)}}{\mathrm{d}t}\right|_{R_0} \right)^2$ avec $x_{(t)} = X_0 \cos\omega_0 t$.

La dérivée par rapport au temps de $x_{(t)}$ s'écrit : $\dot{x}_{(t)} = \left.\dfrac{\mathrm{d}x_{(t)}}{\mathrm{d}t}\right|_{R_0} = -X_0\,\omega_0 \sin\omega_0 t$.

L'énergie cinétique instantanée de M à l'instant t est alors : $E_C = \dfrac{1}{2}\, m\, X_0^2 \omega_0^2 \sin^2 \omega_0 t$.

→ Énergie potentielle instantanée

Il a précédemment été montré que l'énergie potentielle de la masse M à un instant t quelconque dans le cas d'un ressort de raideur k, s'écrivait (en utilisant les notations de cet exemple) : $E_P = \frac{1}{2} k\, x_{(t)}^2$, que l'on peut également écrire : $E_P = \frac{1}{2} k\, X_0^2 \cos^2 \omega_0 t$.

→ Énergie mécanique

L'énergie mécanique est la somme de l'énergie cinétique et de l'énergie potentielle, d'où : $E_{Meca} = E_C + E_P$.

À un instant t quelconque on a alors : $E_{Meca} = \frac{1}{2}\, m\, X_0^2 \omega_0^2 \sin^2 \omega_0 t + \frac{1}{2} k\, X_0^2 \cos^2 \omega_0 t$.

Comme : $\omega_0^2 = \frac{k}{m}$ alors :

$$E_{Meca} = \frac{1}{2}\, m\, X_0^2 \frac{k}{m} \sin^2 \omega_0 t + \frac{1}{2} k\, X_0^2 \cos^2 \omega_0 t \Rightarrow E_{Meca} = \frac{1}{2} k\, X_0^2 \underbrace{\left(\cos^2 \omega_0 t + \sin^2 \omega_0 t\right)}_{=1}$$

$E_{Meca} = \frac{1}{2} k\, X_0^2$.

L'énergie mécanique, dans le cas d'oscillations mécaniques non amorties, est une constante positive car elle est indépendante du temps et ne dépend que des caractéristiques du système masse-ressort (raideur et conditions initiales).

14 Oscillations mécaniques libres amorties

1. EN QUELQUES MOTS...

On s'intéresse à présent aux oscillations mécaniques libres amorties, c'est-à-dire au cas où les frottements (de type visqueux) ne sont pas négligés.

2. CE QU'IL FAUT RETENIR...

a) Équation du mouvement

Considérons le même problème que précédemment (oscillations libres non amorties) en tenant compte en plus cette fois d'une force de frottement de type visqueux. On admet que la force de frottement, notée $\vec{F}_V$, est proportionnelle à la vitesse de déplacement de la masse M par rapport à (R_0) et orientée dans le sens inverse du déplacement de M telle que : $\vec{F}_V = -f\,\vec{V}_{M/R_0}$ (f est un coefficient constant strictement positif).

En appliquant le PFD à la masse M, on obtient :

$$\vec{P} + \vec{F}_R + \vec{F}_V = m\,\vec{a}_{M/R_0} \Leftrightarrow mg\,\vec{i} - k(\Delta x + x)\vec{i} - f\,\vec{V}_{M/R_0} = m\,\vec{a}_{M/R_0} \qquad (1)$$

La masse M se déplace uniquement sur l'axe $O\vec{x}$, la relation (1) s'écrit alors :

$$\Leftrightarrow mg\,\vec{i} - k(\Delta x + x)\vec{i} - f\,\dot{x}\,\vec{i} = m\,\ddot{x}\,\vec{i} \qquad (1)$$

où $\dot{x}$ et $\ddot{x}$ sont respectivement la vitesse et l'accélération de M par rapport à (R_0).

La projection de (1) sur l'axe $O\vec{x}$ s'écrit :

$$mg - k(\Delta x + x) - f\,\dot{x} = m\,\ddot{x} \Leftrightarrow \underbrace{mg - k\,\Delta x}_{=0} - k\,x - f\,\dot{x} = m\,\ddot{x}$$

car à l'équilibre : $-k\,\Delta x + mg = 0$ (fiche 13) $\Leftrightarrow m\,\ddot{x} + f\,\dot{x} + k\,x = 0$

On pose $\omega_0^2 = \dfrac{k}{m}$, avec $\dfrac{k}{m} > 0$

On obtient alors : $$\boxed{\ddot{x} + \frac{f}{m}\dot{x} + \omega_0^2\,x = 0} \qquad (2)$$

(2) est une équation différentielle homogène du 2e ordre en x, sans second membre, à coefficients constants, caractéristique de l'oscillateur harmonique amorti.

La solution générale de (2) est de la forme : $x_{(t)} = A\,e^{r_1 t} + B\,e^{r_2 t}$ où A et B sont des constantes réelles et r_1 et r_2 les solutions de l'équation dite « caractéristique ».

L'équation caractéristique de (2) s'écrit : $r^2 + \dfrac{f}{m}r + \omega_0^2 = 0$.

En fonction du signe du discriminant de l'équation caractéristique, noté Δ, tel que : $\Delta = \left(\dfrac{f}{m}\right)^2 - 4\,\omega_0^2$, il y a différents régimes d'amortissement à envisager.

• Si $\Delta > 0$: régime apériodique

Alors $\frac{f}{m} > 2\omega_0$, on obtient deux racines réelles négatives : $r_{1,2} = -\frac{f}{2m} \pm \frac{1}{2}\sqrt{\left(\frac{f}{m}\right)^2 - 4\omega_0^2}$

La solution générale de l'équation différentielle dans le cas apériodique est de la forme : $x_{(t)} = Ae^{r_1 t} + Be^{r_2 t}$ avec A et B des constantes réelles déterminées à partir des conditions initiales.

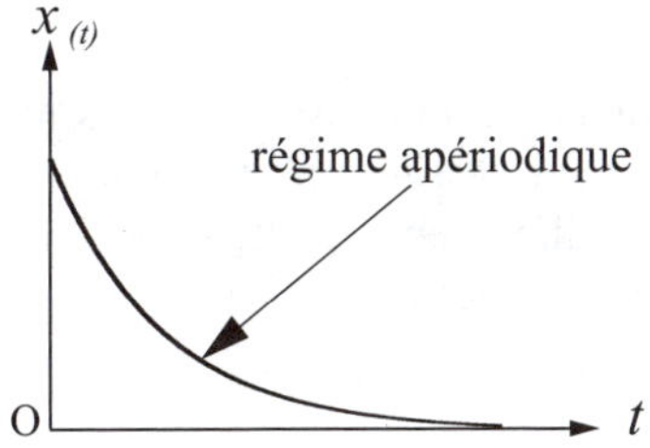

Pour le régime apériodique l'effet du frottement est très important et l'amortissement est grand. La masse M met alors un temps très grand pour atteindre sa position d'équilibre.

• Si $\Delta = 0$: régime critique

Alors $\frac{f}{m} = 2\omega_0$, on obtient une racine réelle double : $r_1 = r_2 = -\frac{f}{2m} = -\omega_0$

La solution générale de l'équation différentielle dans le cas critique est de la forme : $x_{(t)} = (At + B)e^{-\omega_0 t}$ avec A et B des constantes réelles déterminées à partir des conditions initiales.

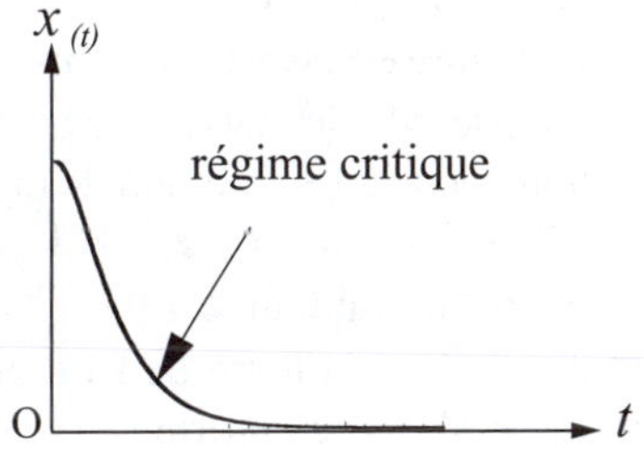

Le régime critique correspond au cas où la masse M revient à sa position d'équilibre dans la période de temps la plus courte (application : amortisseur de voiture).

• Si $\Delta < 0$: régime pseudo-périodique.

Alors $\frac{f}{m} < 2\omega_0$, on obtient deux racines complexes conjuguées :

$$r_{1,2} = -\frac{f}{2m} \pm j\frac{1}{2}\sqrt{\left(\frac{f}{m}\right)^2 - 4\omega_0^2}$$; où j est le symbole imaginaire ($j^2 = -1$).

En posant $\alpha = \frac{f}{2m}$ (avec $\alpha > 0$) et $\omega = \frac{1}{2}\sqrt{\left(\frac{f}{m}\right)^2 - 4\omega_0^2}$ (pseudo-pulsation), la solution générale de l'équation différentielle dans le cas pseudopériodique s'écrit :

$x_{(t)} = e^{-\alpha t}(A\cos\omega t + B\sin\omega t)$

avec A et B des constantes réelles déterminées à partir des conditions initiales.

Pour caractériser l'amortissement dans le régime pseudopériodique, on introduit le paramètre δ, appelé décrément logarithmique, et défini par : $\delta = \alpha T = \text{Ln}\left(\dfrac{x_{(t)}}{x_{(t+T)}}\right)$ où T est la pseudopériode des oscillations.

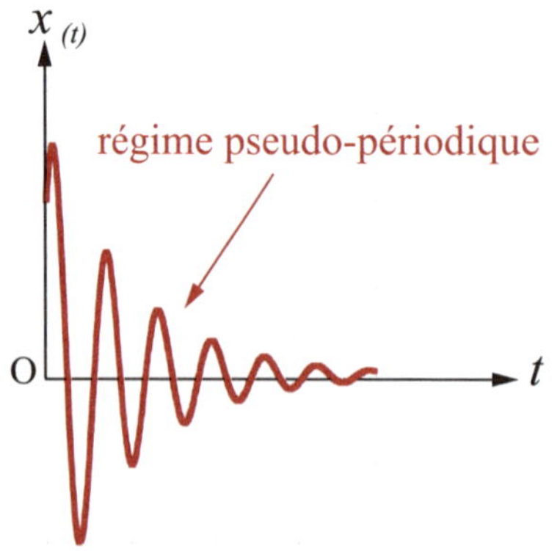

Le paramètre réel α est l'amortissement du système, il peut être interprété comme une mesure de la rapidité avec laquelle les oscillations diminuent jusqu'à devenir nulles.

3. EN PRATIQUE...

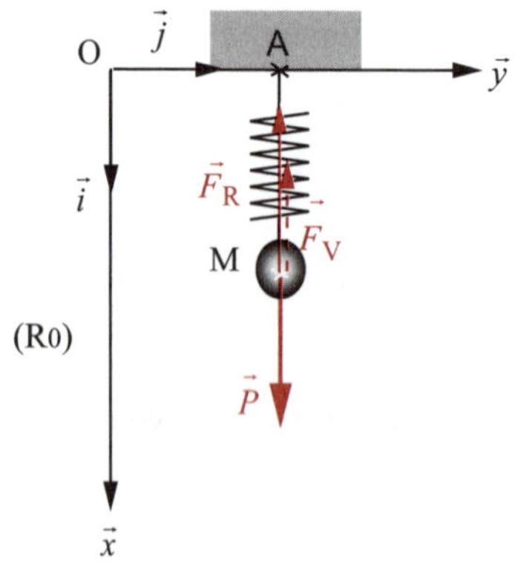

Cherchons à déterminer au bout de combien de temps l'amplitude des oscillations d'un système masse-ressort oscillant dans l'air diminue de moitié. L'air est assimilé à un fluide visqueux de viscosité $\eta = 1{,}8.10^{-5}$ Pa.s (pour une température de 20 °C).

Le système masse-ressort est composé :

– d'une masse M, de masse m, assimilée à une sphère homogène en aluminium de rayon $r = 5$ mm et de masse volumique $\rho = 2{,}7.10^{3}$ kg.m^{-3} ;

– d'un ressort de raideur $k > 0$

On considère que la force de frottement de l'air sur la masse M est de la forme :

$\vec{F}_V = -6\pi r \eta \vec{V}_{M/R_0}$

Le système masse-ressort étant amorti, à cause de la viscosité de l'air, l'équation différentielle du mouvement de la masse M est de la forme : $\ddot{x} + \dfrac{6\pi r \eta}{m}\dot{x} + \omega_0^2 x = 0$ (1)

avec $\omega_0^2 = \dfrac{k}{m}$

L'équation caractéristique de (1) s'écrit : $r^2 + \dfrac{6\pi r \eta}{m} r + \omega_0^2 = 0$.

Le discriminant de l'équation caractéristique, noté Δ, est : $\Delta = \left(\dfrac{6\pi r \eta}{m}\right)^2 - 4\omega_0^2$.

On suppose que l'amortissement α est suffisamment faible pour considérer que le mouvement de M est pseudo-périodique, alors $\Delta < 0$ et l'équation du mouvement de M est de la forme :

$$x_{(t)} = e^{-\alpha t}(A\cos\omega t + B\sin\omega t) \text{ avec } \alpha = \frac{6\pi r\eta}{2m}$$

avec A et B des constantes réelles déterminées à partir des conditions initiales.

On exprime la masse de M en fonction de sa masse volumique ρ, d'où : $m = \frac{4}{3}\pi r^3\rho$.

L'amortissement α s'écrit alors : $\alpha = \frac{6\pi r\eta}{2\left(\frac{4}{3}\pi r^3\rho\right)} = \frac{9}{4}\frac{\eta}{r^2\rho}$.

On obtient : $\alpha = \frac{9}{4}\frac{1{,}8.10^{-5}}{\left(5.10^{-3}\right)^2 \times 2{,}7.10^3} = 6.10^{-4}\,\text{s}^{-1}$.

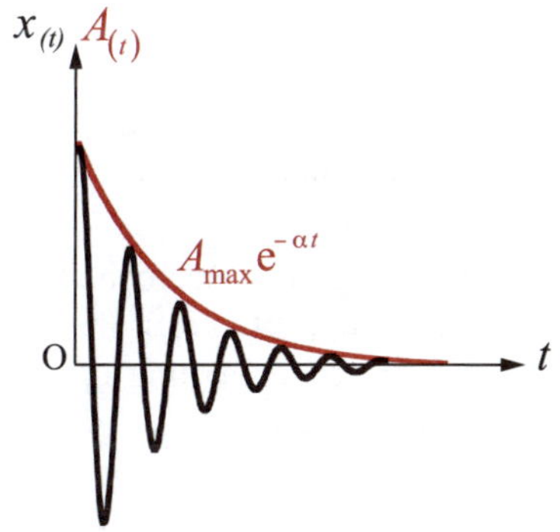

Traçons l'évolution de l'amplitude des oscillations, notée $A_{(t)}$, en fonction du temps. L'amplitude des oscillations décroît en suivant une loi :

$$A_{(t)} = A_{max}e^{-\alpha t} = A_{max}e^{-6.10^{-4}t}$$

avec A_{max} l'amplitude maximum déterminée à partir des conditions initiales.

On cherche le temps t au bout duquel l'amplitude des oscillations diminue de moitié, c'est-à-dire pour quelle valeur de t : $A_{(t)} = \frac{A_{max}}{2}$.

D'où : $A_{max}e^{-6.10^{-4}t} = \frac{A_{max}}{2} \Leftrightarrow e^{-6.10^{-4}t} = \frac{1}{2} \Rightarrow t = \frac{1}{6.10^{-4}}\text{Ln}2 = 1155\,\text{s}$,

soit environ 19 minutes.

15 Oscillations mécaniques forcées

1. EN QUELQUES MOTS...

Dans la nature, les systèmes oscillants non amortis (parfaits) n'existent pas. Pour entretenir « indéfiniment » les oscillations d'un système, il est nécessaire de lui appliquer une force excitatrice. Ici, nous nous intéressons uniquement au cas d'une force excitatrice de nature sinusoïdale, dans ce cas les oscillations engendrées par ce type d'excitation sont appelées oscillations forcées.

2. CE QU'IL FAUT RETENIR...

a) Equation du mouvement

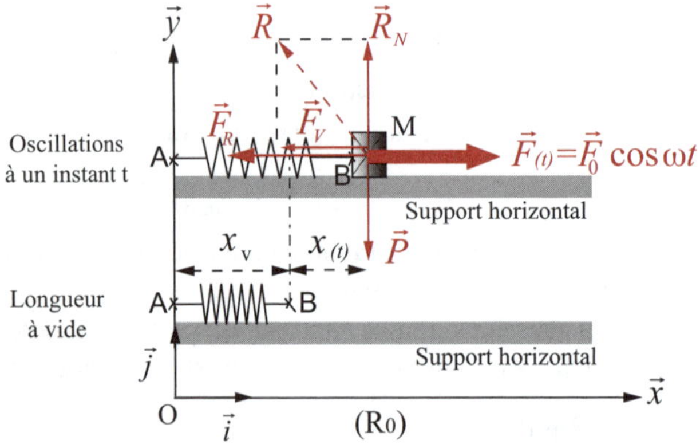

Soit un ressort de raideur $k > 0$, de masse négligeable et de longueur à vide x_v. La longueur à vide du ressort est prise comme origine des positions, soit $x_v = 0$.

Le ressort est accroché en A à un support vertical et on accroche en B une masse M de masse m.

Pour permettre à la masse M d'osciller autour de sa position d'équilibre, une force excitatrice du type : $\vec{F}_{(t)} = \vec{F}_0 \cos \omega t$ est appliquée en M.

F_0 est l'amplitude de la force excitatrice et ω la pulsation de la force excitatrice, telle que : $\omega = 2\pi\nu$, où ν est la fréquence de la force excitatrice.

Le ressort exerce alors une force de rappel $\vec{F}_R$ sur M et la position de la masse M à un instant t quelconque est repérée par $x_{(t)}$. La force de frottement de type visqueux, $\vec{F}_V$, agissant sur M est : $\vec{F}_V = -f\,\vec{V}_{\mathrm{M/R_0}}$ (f est un coefficient constant strictement positif).

▶ **Mise en équation**

→ Système étudié : masse M

→ Référentiel et base de projection : le mouvement de la masse M est étudié par rapport au référentiel fixe (R_0) d'origine O, muni du repère cartésien orthonormé direct $(O, \vec{x}, \vec{y})$ de base $(\vec{i}, \vec{j})$, supposé galiléen. L'axe $O\vec{y}$ est vertical ascendant.

→ Bilan des forces extérieures :

- Poids de la masse M de masse m, noté $\vec{P}$
- Force de rappel du ressort, notée $\vec{F}_R$

– Réaction du support horizontal, notée $\vec{R}$. La réaction du support intègre à la fois la réaction normale du support, notée $\vec{R}_N$ et la réaction tangentielle correspondant à la force de frottement visqueuse $\vec{F}_V$.

– Force excitatrice, notée $\vec{F}_{(t)}$

→ Projetons les forces extérieures appliquées sur M dans la base cartésienne $(\vec{i},\vec{j})$:

• Poids : $\vec{P} = \begin{pmatrix} 0 \\ -mg \end{pmatrix}_{(\vec{i},\vec{j})}$

• Force de rappel du ressort : $\vec{F}_R = \begin{pmatrix} -k\,x \\ 0 \end{pmatrix}_{(\vec{i},\vec{j})}$

• Réaction du support : $\vec{R} = \begin{pmatrix} F_V \\ R_N \end{pmatrix}_{(\vec{i},\vec{j})}$

• Force excitatrice : $\vec{F}_{(t)} = \begin{pmatrix} F_0 \cos\omega t \\ 0 \end{pmatrix}_{(\vec{i},\vec{j})}$

→ Appliquons le principe fondamental de la dynamique à la masse M : $\sum \vec{F}_{\text{ext}} = m\,\vec{a}_{\text{M/R}_0}$

$$\vec{P} + \vec{F}_R + \underbrace{\vec{F}_V + \vec{R}_N}_{=\vec{R}} + \vec{F}_{(t)} = m\vec{a}_{\text{M/R}_0}$$

→ Projetons le PFD sur l'axe $O\vec{x}$ (car le mouvement de la masse M sur l'axe $O\vec{y}$ est nul) :

$$-kx - f\dot{x} + F_0 \cos\omega t = m\ddot{x} \Leftrightarrow m\ddot{x} + f\,\dot{x} + k\,x = F_0 \cos\omega t$$

où $\dot{x}$ et $\ddot{x}$ sont respectivement la vitesse et l'accélération de M par rapport à (R_0).

On pose : $2\alpha = \frac{f}{m}$, où α est l'amortissement $(\alpha > 0)$ et $\omega_0^2 = \frac{k}{m}$, où ω_0 est la pulsation propre du système oscillant $\left(\frac{k}{m} > 0\right)$

On obtient alors : $\boxed{\ddot{x} + 2\,\alpha\,\dot{x} + \omega_0^2\,x = \frac{F_0}{m}\cos\omega t}$ (1)

(1) est une équation différentielle homogène du 2e ordre en x, avec second membre, à coefficients constants, caractéristique d'un système oscillant forcé.

La solution de (1) dans le cas du régime permanent ou régime forcé, est de la forme :

$\boxed{x_{(t)} = X_0 (\cos\omega t + \varphi)}$ (2)

où X_0 et φ sont respectivement l'amplitude du mouvement et le déphasage de la réponse en déplacement de la masse M par rapport à la force excitatrice.

> En toute rigueur, il existe un régime transitoire (équation différentielle sans second membre) que l'on observe avant l'établissement du régime permanent. Cependant la contribution du régime transitoire sur la réponse mécanique totale du système est très brève et rapidement négligeable par rapport au régime permanent. Pour cette raison, nous nous intéresserons uniquement à la réponse mécanique du système dans le cadre du régime permanent, également appelé régime forcé.

b) Expression de X_0 et φ

Il est en général plus commode d'utiliser les notations des variables complexes, faisant intervenir le symbole imaginaire *j*, pour déterminer les expressions de X_0 et de φ (Annexe C).

(2) s'écrit alors en notation complexe : $x_{(t)} = X_0(\cos\omega t + \varphi) \Rightarrow \underbrace{\underline{x}_{(t)} = X_0\, e^{j(\omega t + \varphi)}}_{\text{écriture complexe}}$

où X_0 est le module du complexe $\underline{x}_{(t)}$ et $(\omega t + \varphi)$ est l'argument du complexe $\underline{x}_{(t)}$.

> La solution générale de (1) : $x_{(t)} = X_0(\cos\omega t + \varphi)$ est la partie réelle du complexe $\underline{x}_{(t)} = X_0\, e^{j(\omega t + \varphi)}$. En utilisant ce complexe comme solution et en ne retenant que la partie réelle dans le résultat, on facilite le calcul de X_0 et de φ. Seule la partie réelle a donc une signification physique.

On obtient alors dans (1) :

$$-X_0\,\omega^2 e^{j(\omega t+\varphi)} + j2\alpha X_0\,\omega\, e^{j(\omega t+\varphi)} + \omega_0^2\, X_0\, e^{j(\omega t+\varphi)} = \frac{F_0}{m} e^{j(\omega t)}$$

$$\Leftrightarrow X_0\, e^{j(\omega t+\varphi)}\left[-\omega^2 + j2\alpha\omega + \omega_0^2\right] = \frac{F_0}{m} e^{j(\omega t)} \Leftrightarrow \omega_0^2 - \omega^2 + j2\alpha\omega = \frac{F_0}{X_0\, m} e^{-j\varphi}$$

$$\Leftrightarrow \underbrace{\sqrt{\left(\omega_0^2 - \omega^2\right)^2 + 4\alpha^2\omega^2}}_{\text{module}}\, e^{j\phi} = \frac{F_0}{X_0\, m} e^{-j\varphi} \qquad (3)$$

où $\tan\phi = \dfrac{2\alpha\omega}{\omega_0^2 - \omega^2}$.

En identifiant respectivement module et argument de (3), on obtient :

$$X_0 = \frac{F_0}{m\sqrt{\left(\omega_0^2 - \omega^2\right)^2 + 4\alpha^2\omega^2}} \quad \text{et} \quad \tan\varphi = -\frac{2\alpha\omega}{\omega_0^2 - \omega^2}.$$

3. EN PRATIQUE...

Cherchons l'expression de la pulsation ou de la fréquence correspondant au cas où l'amplitude du mouvement est maximum.

L'expression de X_0 indique que l'amplitude des oscillations du système masse-ressort est dépendante de la pulsation de la force excitatrice ω.

L'amplitude X_0 passe par une valeur maximum qu'il est possible de déterminer en calculant la valeur de ω pour laquelle la dérivée $\dfrac{\mathrm{d}X_0}{\mathrm{d}\omega}$ s'annule, d'où :

$$\frac{\mathrm{d}X_0}{\mathrm{d}\omega} = \frac{2F_0}{m} \frac{\omega\left(\omega_0^2 - \omega^2 - 2\alpha^2\right)}{\left(\left(\omega_0^2 - \omega^2\right)^2 + 4\alpha^2\omega^2\right)^{3/2}}.$$

La dérivée $\dfrac{\mathrm{d}X_0}{\mathrm{d}\omega}$ s'annule pour : $\omega = 0$ et $\omega^2 = \omega_0^2 - 2\alpha^2$.

Seul le second cas nous intéresse : $\omega^2 = \omega_0^2 - 2\alpha^2$ (car pour $\omega = 0$, le problème physique envisagé n'a pas de sens).

L'amplitude X_0 des oscillations est donc maximum lorsque : $\omega = \sqrt{\omega_0^2 - 2\alpha^2} = \omega_R$.

Ce phénomène est appelé résonance d'amplitude. La pulsation correspondant à la résonance d'amplitude, notée ω_R, est dépendante de l'amortissement du système.

La fréquence correspondant à la résonance d'amplitude, notée ν_R, est :

$$\nu_R = \frac{\omega_R}{2\pi} = \frac{1}{2\pi}\sqrt{\omega_0^2 - 2\alpha^2}$$

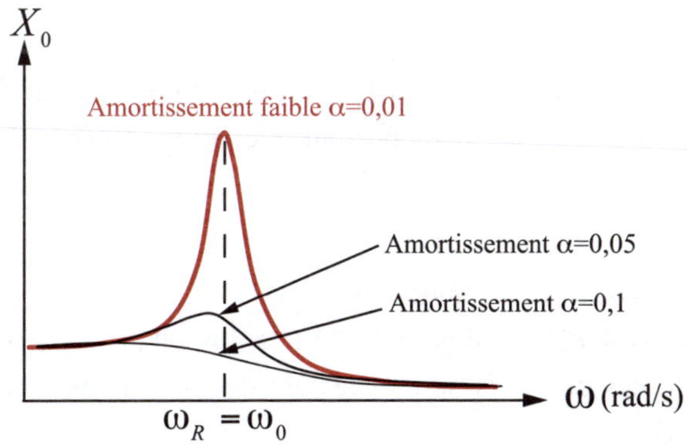

Plus l'amortissement est faible, plus la résonance est marquée, et se produira pour une pulsation ω_R proche de ω_0. En revanche, si l'amortissement est grand alors la résonance est peu ou pas visible et a lieu pour une valeur de pulsation inférieure à ω_0.

De la même manière que pour la résonance d'amplitude, il existe une résonance de vitesse. Ce phénomène correspond au cas où la vitesse du système oscillant passe par une valeur maximum pour une certaine valeur de la pulsation excitatrice. La résonance de vitesse se produit toujours lorsque la pulsation de la force excitatrice est égale à la pulsation propre du système oscillant $\omega = \omega_0$.

16 Systèmes de n points matériels

1. EN QUELQUES MOTS...

Cette fiche traite des évolutions des lois de la mécanique précédemment décrites lorsque le système étudié n'est plus un point matériel unique, mais un système de n point matériels M_i (avec $i = 1,...n$), chacun ayant une masse constante au cours du temps, notée m_i (avec $i = 1,...n$) et une vitesse $\vec{V}_{M_i/R_0}$ par rapport à un référentiel galiléen (R_0).

2. À RETENIR...

a) Système étudié

Dans ce qui suit, S désigne un système composé de n points matériels M_i, chacun de masse m_i.

b) Centre d'inertie

On appelle centre d'inertie d'un système matériel constitué de n points matériels M_i, chacun de masse m_i, le barycentre, G, des positions des points matériels, tel que : $m\overrightarrow{OG} = \sum_{i=1}^{n} m_i \overrightarrow{OM_i}$,

avec $\sum_{i=1}^{n} m_i \overrightarrow{GM_i} = \vec{0}$ (définition du barycentre) et m = masse totale du système ($m = \sum_{i=1}^{n} m_i$).

c) Référentiel du centre de masse (ou référentiel barycentrique)

Pour l'étude des systèmes de points matériels, il est commode d'introduire un nouveau référentiel, appelé référentiel du centre de masse ou référentiel barycentrique, qui permet, dans certains cas, de simplifier les calculs.

Ce référentiel, généralement noté $\left(R_G^*\right)$, dont l'origine est le barycentre G du système S est en mouvement de translation rectiligne uniforme par rapport au référentiel galiléen (R_0). Il s'agit donc également d'un référentiel galiléen. La vitesse du centre de masse par rapport à $\left(R_G^*\right)$ est nulle : $\vec{V}_{G/R_G^*} = \vec{0}$.

d) Quantité de mouvement d'un système de n points matériels

Pour un système S, la résultante des vecteurs quantité de mouvement appliquée à S, notée $\vec{p}_S$, est égale à la somme vectorielle des quantités de mouvement de chacun des n points matériels M_i : $\vec{p}_S = \sum_{i=1}^{n} m_i \vec{V}_{M_i/R_0} = \sum_{i=1}^{n} \vec{p}_i$.

Introduisons le barycentre G (ou centre d'inertie) des n points matériels M_i :

$$\vec{p}_S = \sum_{i=1}^{n} m_i \vec{V}_{M_i/R_0} \text{ et } \vec{V}_{M_i/R_0} = \left.\frac{d\overrightarrow{OM_i}}{dt}\right|_{R_0}$$

d'où : $\vec{p}_S = \frac{d}{dt}\sum_{i=1}^{n} m_i \left.\overrightarrow{OM_i}\right|_{R_0} = m\left.\frac{d}{dt}\overrightarrow{OG}\right|_{R_0}$, car $m\overrightarrow{OG} = \sum_{i=1}^{n} m_i \overrightarrow{OM_i} \Leftrightarrow \vec{p}_S = m\vec{V}_{G/R_0}$.

Dans le référentiel barycentrique, la résultante des vecteurs quantité de mouvement appliquée au système S, notée $\vec{p}_S^{\,*}$, est nulle : $\vec{p}_S^{\,*} = \vec{0}$, car $\vec{V}_{G/R_G^*} = \vec{0}$.

e) Moment cinétique d'un système de *n* point matériels

Pour un système S, le moment cinétique total de S en un point O, dans son mouvement par rapport à (R_0), est égal à la somme vectorielle des moments cinétiques en O de chacun des n points matériels M_i : $\vec{\mathscr{L}}_O(M) = \sum_{i=1}^{n} \overrightarrow{OM_i} \wedge m_i \vec{V}_{M_i/R_0} = \sum_{i=1}^{n} \overrightarrow{OM_i} \wedge \vec{p}_i$.

f) Énergie cinétique d'un système de *n* points matériels

L'énergie cinétique totale d'un système S, notée E_C^S, est la somme des énergies cinétiques des différents points M_i qui le composent : $E_C^S = \sum_{i=1}^{n} \frac{1}{2} m_i \left\| \vec{V}_{M_i/R_0} \right\|^2$.

Il est également possible de calculer l'énergie cinétique d'un système S, par rapport à un référentiel (R_0) à partir de l'énergie cinétique de S dans le référentiel barycentrique $\left(R_G^*\right)$, telle que : $E_C^S = \frac{1}{2} m \left\| \vec{V}_{G/R_0} \right\|^2 + \sum_{i=1}^{n} \frac{1}{2} m_i \left\| \vec{V}_{M_i/R_G^*} \right\|^2$, où m est la masse totale du système S. Cette relation porte le nom de 2e théorème de Koenig.

g) Notion de forces extérieures et de forces intérieures à un système de points matériels

Soit un point matériel M_j élément d'un système S en mouvement par rapport à un référentiel galiléen (R_0). Le point matériel M_j est soumis à 2 types de forces :

- des forces dites extérieures, notées $\vec{F}_{ext}$, dues aux actions mécaniques exercées sur S par le milieu extérieur à S ;
- des forces dites intérieures, notées $\vec{F}_{int}$, représentant les interactions entre l'ensemble des points matériels constituant le système S et le point matériel M_j.

> ⚠ La résultante des forces intérieures à S est nulle, car $\vec{F}_{i \to j} = -\vec{F}_{j \to i}$. La résultante des moments en un point O, telle que le point O soit fixe dans (R_0) au cours du temps, des forces intérieures à S est nulle.

h) Théorème de la quantité de mouvement

Dans un référentiel galiléen (R_0), le théorème de la quantité de mouvement permet d'écrire que la dérivée première par rapport au temps de la résultante des vecteurs quantité de mouvement, notée $\vec{p}_S$, appliquée à un système S, en mouvement par rapport à (R_0), est égale à la résultante des forces extérieures agissant sur S, notée $\vec{F}_{ext}$: $\left.\frac{d\vec{p}_S}{dt}\right|_{R_0} = \left.\frac{d\left(m\vec{V}_{G/R_0}\right)}{dt}\right|_{R_0} = \vec{F}_{ext}$

Cette relation est très intéressante car elle montre que l'étude du mouvement d'un système S en mouvement par rapport à un référentiel galiléen (R_0), se réduit à l'étude du mouvement de son centre d'inertie assimilé à un point matériel.

> ⚠ Compte tenu de ce qui a été dit au paragraphe g, la résultante des forces intérieures n'intervient pas dans l'expression du théorème de la quantité de mouvement.

i) Théorème du moment cinétique

Dans un référentiel galiléen (R_0), le théorème du moment cinétique permet d'écrire que la dérivée première par rapport au temps du moment cinétique total d'un système S, notée $\vec{\mathscr{L}}_O(S)$, en un point O fixe par rapport à (R_0) est égale à la résultante des moments en O des forces extérieures agissant sur S, notée $\overrightarrow{\mathscr{M}}_{\vec{F}_{ext}}/(O)$:

$$\boxed{\left.\frac{d\vec{\mathscr{L}}_O(S)}{dt}\right|_{R_0} = \overrightarrow{\mathscr{M}}_{\vec{F}_{ext}}/(O)}$$

> ⚠ Compte tenu de ce qui a été dit au paragraphe g la résultante des moments en un point O, telle que le point O soit fixe dans (R_0) au cours du temps, des forces intérieures à S n'intervient pas dans l'expression du théorème du moment cinétique.

j) Théorème de l'énergie cinétique

Dans un référentiel galiléen (R_0), la variation d'énergie cinétique d'un système S, notée ΔE_C^S, entre deux instants t_1 et t_2 est égale à la somme des travaux des forces extérieures, notés $\mathscr{W}(\vec{F}_{ext})$ et intérieures, notés $\mathscr{W}(\vec{F}_{int})$, appliquées au système S entre t_1 et t_2 :

$$\boxed{\underset{t_1 \to t_2}{\Delta E_C^S} = \mathscr{W}(\vec{F}_{ext}) + \mathscr{W}(\vec{F}_{int})}$$

Il existe une autre formulation du théorème de l'énergie cinétique faisant intervenir la puissance des forces extérieures, notée $\mathscr{P}_{(\vec{F}_{ext})}$ et intérieures, notée $\mathscr{P}_{(\vec{F}_{int})}$, appliquées au système S entre deux instants t_1 et t_2, telle que :

$$\boxed{\frac{dE_C^S}{dt} = \mathscr{P}_{(\vec{F}_{ext})} + \mathscr{P}_{(\vec{F}_{int})}}$$

k) Théorème de l'énergie mécanique

Dans un référentiel galiléen (R_0), la variation d'énergie mécanique d'un système S, notée ΔE_{Meca}^S, entre deux positions A et B est égale à la somme des travaux des forces extérieures non conservatives, notée $\mathscr{W}(\vec{F}_{ext}^{NC})$ et intérieures non conservatives, notée $\mathscr{W}(\vec{F}_{int}^{NC})$, appliquées au système S entre les points A et B :

$$\boxed{\underset{A \to B}{\Delta E_{Meca}^S} = \mathscr{W}(\vec{F}_{ext}^{NC}) + \mathscr{W}(\vec{F}_{int}^{NC})}$$

Le travail des forces non conservatives sur un trajet AB dépend du chemin suivi lors du trajet AB. Les forces non conservatives ne dérivent pas d'un potentiel, c'est-à-dire qu'il n'existe aucune fonction scalaire $E_P(x,y,z)$ (énergie potentielle), telle que : $\vec{F} = -\overrightarrow{\text{grad}}\, E_P$.

L'énergie mécanique d'un système S n'est pas conservative, c'est une grandeur qui diminue au cours du temps.

3. EN PRATIQUE...

Montrons que le moment cinétique d'un système S dans un référentiel barycentrique est indépendant du point où il est calculé.

Calculons le moment cinétique total , $\vec{\mathcal{L}}^*_{O_1}$ (S), d'un système S, en un point O_1, dans son mouvement par rapport au référentiel barycentrique $\left(R_G^*\right)$.

On a : $\vec{\mathcal{L}}^*_{O_1}(S) = \sum_{i=1}^{n} \overrightarrow{O_1M_i} \wedge m_i \vec{V}_{M_i/R_G^*}$.

Introduisons un point intermédiaire O_2, tel que : $\overrightarrow{O_1M_i} = \overrightarrow{O_1O_2} + \overrightarrow{O_2M_i}$

d'où : $\vec{\mathcal{L}}^*_{O_1}(S) = \sum_{i=1}^{n} \left(\overrightarrow{O_1O_2} + \overrightarrow{O_2M_i}\right) \wedge m_i \vec{V}_{M_i/R_G^*}$

$$\Leftrightarrow \vec{\mathcal{L}}^*_{O_1}(S) = \overrightarrow{O_1O_2} \wedge \sum_{i=1}^{n} m_i \vec{V}_{M_i/R_G^*} + \sum_{i=1}^{n} \overrightarrow{O_2M_i} \wedge m_i \vec{V}_{M_i/R_G^*}$$

$$\Leftrightarrow \vec{\mathcal{L}}^*_{O_1}(S) = \underbrace{\overrightarrow{O_1O_2} \wedge \sum_{i=1}^{n} m_i \vec{V}_{M_i/R_G^*}}_{\text{car } \vec{p}^*_S = \vec{0}} + \vec{\mathcal{L}}^*_{O_2}(S) \Leftrightarrow \vec{\mathcal{L}}^*_{O_1}(S) = \vec{\mathcal{L}}^*_{O_2}(S).$$

Le moment cinétique d'un système S, dans un référentiel barycentrique $\left(R_G^*\right)$ est donc indépendant du point où il est calculé.

On peut alors écrire : $\vec{\mathcal{L}}^*(S) = \sum_{i=1}^{n} \overrightarrow{GM_i} \wedge m_i \vec{V}_{M_i/R_G^*}$.

Il est également possible de déterminer le moment cinétique d'un système S, en un point O par rapport à un référentiel galiléen fixe (R_0), à partir du moment cinétique du système S calculé dans le référentiel $\left(R_G^*\right)$, tel que : $\vec{\mathcal{L}}_O(S) = \sum_{i=1}^{n} \overrightarrow{OG} \wedge m_i \vec{V}_{G/R_0} + \vec{\mathcal{L}}^*(S)$

Cette relation est connue sous le nom de 1er théorème de Koenig.

17 La thermodynamique

1. EN QUELQUES MOTS...

Les principales notions utilisées en thermodynamique (système, état d'équilibre thermodynamique, transformation) sont définies. La méthode de résolution d'un problème de thermodynamique est décrite.

2. CE QU'IL FAUT RETENIR...

a) Système thermodynamique

- Le système est l'objet de l'étude. Les systèmes thermodynamiques sont des systèmes macroscopiques : ils comportent un grand nombre de particules. Par exemple, le système constitué de 3 g d'eau est un système macroscopique, il contient 10^{23} molécules d'eau.
  Le milieu extérieur est, par définition, le complément du système dans « l'Univers ».
- Les échanges avec le milieu extérieur (échange de matière, échange d'énergie) ont lieu au niveau de la surface séparant celui-ci du système. D'où les différents systèmes :
  - Isolé : le système n'a aucun échange avec le milieu extérieur.
  - Fermé : le système échange de l'énergie, mais pas de matière avec le milieu extérieur.
  - Ouvert : le système échange de la matière et de l'énergie avec le milieu extérieur.

Un système est homogène, si ses propriétés sont les mêmes en tous ses points.

b) État d'équilibre thermodynamique et variables thermodynamiques

Les propriétés du système sont décrites par un petit nombre de variables macroscopiques.
Définissons l'équilibre thermodynamique

- Un état stationnaire est un état décrit par des variables indépendantes du temps.
- Un état d'équilibre thermodynamique est un état où le système est dans un état stationnaire et est homogène. Il est décrit par des variables thermodynamiques qui sont indépendantes du temps et ont la même valeur en tout point du système, par exemple la pression, la température. L'état d'équilibre thermodynamique est un état d'équilibre global.

- Propriétés des variables thermodynamiques

→ Variables extensives, variables intensives

Deux systèmes identiques dans le même état d'équilibre thermodynamique sont réunis en un seul système. Les variables thermodynamiques décrivant le système global sont :

- Soit multipliées par 2, ces variables sont appelées variables extensives, par exemple la masse, le volume, l'énergie... Les variables extensives vérifient la propriété d'additivité.
- Soit identiques à leurs valeurs initiales, ces variables sont appelées variables intensives, par exemple la pression, la température, la masse volumique...

→ Toutes les variables décrivant un système à l'équilibre thermodynamique ne sont pas indépendantes. Elles sont reliées par une relation appelée équation d'état.

Considérons, par exemple, l'état d'équilibre thermodynamique d'un gaz. Le nombre n de moles, la pression p, la température T et le volume V décrivent l'état du gaz. Ces variables ne sont pas indépendantes et sont reliées par l'équation d'état : $p = f(n,V,T)$.

Si le système gazeux est fermé, n est fixé, il n'y a donc que deux variables indépendantes. Les états d'équilibre thermodynamique de ce système peuvent être représentés dans un espace à deux dimensions muni d'axes orthonormés, par exemple le diagramme de Watt (p, V).

c) Transformation

- Une transformation est une évolution du système d'un état à un autre. Dans le cadre de la thermodynamique à l'équilibre, l'état initial et l'état final sont des états d'équilibre thermodynamique. On distingue :

→ transformation spontanée : les états intermédiaires ne sont pas nécessairement des états d'équilibre (les variables thermodynamiques du système ne sont pas définies à cause des inhomogénéités du système lors de la transformation).

→ transformation quasistatique : c'est une suite d'états d'équilibre du système ; c'est donc une transformation suffisamment lente. Les variables définissant le système sont connues dans tous les états intermédiaires.

- Transformations particulières

Transformation	Définition
cyclique	l'état final est identique à l'état initial
isochore	le volume du système reste constant lors de la transformation
monobare	la pression du milieu extérieur est constante durant la transformation
monotherme	la température du milieu extérieur est constante durant la transformation
isobare	la pression du système est constante durant la transformation
isotherme	la température du système est constante durant la transformation

Les transformations isobare et isotherme sont nécessairement quasistatiques, car l'état du système est défini pendant toute la transformation.

d) Échanges d'énergie

- Le travail est le transfert d'énergie associé au travail de forces non conservatives (ne dérivant pas d'une énergie potentielle). Il est lié à des mouvements macroscopiques ; exemple : le travail des forces de pression.
- Le transfert thermique (ou chaleur) correspond à tout transfert d'énergie qui n'est pas du travail. Au niveau microscopique, il correspond à un transfert d'énergie d'une forme d'énergie à de l'énergie microscopique d'agitation moléculaire existant dans tout système.

  Les échanges sont des grandeurs algébriques qui sont :
  - positives si elles sont reçues du milieu extérieur par le système ;
  - négatives si elles sont cédées au milieu extérieur par le système.

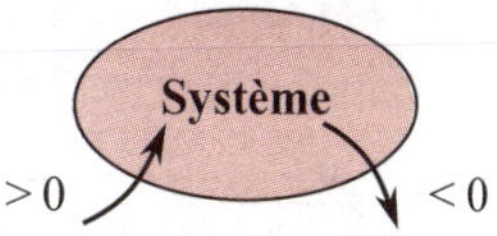

- Différents types de parois peuvent limiter un système :

→ les parois adiabatiques ou calorifugées ne permettent pas le transfert thermique, la transformation subie par le système est appelée transformation adiabatique.

→ les parois diathermanes permettent le transfert thermique

→ lorsque les parois sont fixes et rigides, le travail des forces de pression est nul.

3. EN PRATIQUE...

Pour traiter un problème en thermodynamique, il est nécessaire de :

1. définir le système étudié ; le choix n'est pas unique
2. caractériser la transformation subie par le système
3. caractériser l'état initial et l'état final.

Cela permet de déterminer, en particulier, les variables inconnues du problème.

Ensuite, les conditions d'équilibre, l'équation d'état et les principes de la thermodynamique sont utilisés pour résoudre le problème.

18 Gaz et phases condensées

1. EN QUELQUES MOTS...

Dans la vie courante, on parle de solides, de liquides et de gaz. Les gaz sont parfois décrits par le modèle du gaz parfait ; les solides et les liquides peuvent dans certains cas être modélisés par une phase condensée indilatable et incompressible. L'aspect microscopique de ces modèles est étudié.

2. CE QU'IL FAUT RETENIR...

a) États de la matière

- Aspect macroscopique :

Les coefficients thermoélastiques relient la variation relative de volume à la variation de température (à pression constante) ou à la variation de pression (à température constante).

$$\alpha_p = \frac{1}{V}\left(\frac{\partial V}{\partial T}\right)_p$$

$$\chi_T = -\frac{1}{V}\left(\frac{\partial V}{\partial p}\right)_T$$

V : volume (m^3)
α_p : coefficient de dilation thermique isobare (unité : K^{-1})
T : température
χ_T : compressibilité isotherme (unité : Pa^{-1}) avec $\chi_T > 0$
p : pression (Pa)

L'équation d'état d'une masse donnée $V = f(p,T)$ s'obtient à partir des coefficients thermoélastiques. En différentiant, on obtient :

$$\mathrm{d}V = \left(\frac{\partial V}{\partial T}\right)_p \mathrm{d}T + \left(\frac{\partial V}{\partial p}\right)_T \mathrm{d}p \quad \Leftrightarrow \quad \mathrm{d}V = V\alpha_p \mathrm{d}T - V\chi_T \mathrm{d}p\,.$$

Donnons quelques ordres de grandeur des coefficients thermoélastiques pour un solide, un liquide et un gaz à la pression atmosphérique et à température ambiante :

Matériau	α_p (K^{-1})	χ_T (Pa^{-1})	masse volumique ρ ($kg.m^{-3}$)
aluminium	$7{,}2\ 10^{-5}$	$1{,}4\ 10^{-11}$	$2{,}7\ 10^{3}$
eau	$2{,}1\ 10^{-4}$	$4{,}6\ 10^{-10}$	10^{3}
dioxygène	$3{,}3\ 10^{-3}$	10^{-5}	1,43

Les masses volumiques des liquides et des solides sont comparables et très supérieures à celles des gaz. Les liquides et les solides ont des compressibilités isothermes très inférieures à celles des gaz, les liquides étant plus compressibles que les solides. Les solides et les liquides sont appelés phases condensées.

- Aspect microscopique :
  - Le solide est le plus ordonné, il possède un ordre à longue portée dû aux interactions attractives entre les particules qui le composent (atomes, molécules, ions). L'effet de la température (agitation thermique) est de faire vibrer les particules autour de leur position moyenne.
  - Le gaz est le plus désordonné. Les forces attractives sont à courte portée (de l'ordre de quelques tailles moléculaires). L'agitation thermique induit un désordre total avec de nombreux chocs entre les molécules de gaz ou avec les parois du récipient qui le contient.
  - Le liquide est intermédiaire. Chaque molécule conserve des interactions avec ses plus proches voisins, mais est en mouvement par rapport aux autres. Il en résulte un ordre à courte portée.

b) Phase condensée indilatable et incompressible

Les liquides et les solides peuvent être décrits, en première approximation, par cette phase. Elle est définie par : $\alpha_p = 0$ et $\chi_T = 0$. L'équation devient : $\mathrm{d}V = 0 \Rightarrow \boxed{V = V_0}$

C'est l'équation d'état : le volume d'une masse de phase condensée indilatable et incompressible est constant, indépendant de la température et de la pression.

c) Gaz parfait

- Le gaz parfait est un gaz dans lequel les molécules sont sans interaction. Il correspond au cas limite où la densité moléculaire est faible, si bien que la distance moyenne entre molécules est grande ; les interactions entre molécules sont alors négligeables.
- L'équation d'état du gaz parfait a été déterminée expérimentalement au XVIIIème siècle sur l'air dans un domaine limité de pression et de température. Elle s'écrit :

$\boxed{pV = n\mathrm{R}T}$	p : pression du gaz (Pa) ; n : nombre de moles de gaz (mol) ; R : constante des gaz parfaits	V : volume du gaz (m^3) T : température du gaz (Kelvin, K) avec R = 8,314 $J.K^{-1}.mol^{-1}$

→ La température T est la température thermodynamique exprimée en K ; elle est reliée à la température en °C par : $T(\text{en K}) = T(\text{en °C}) + 273{,}15$. La température thermodynamique est nécessairement positive et est celle qui intervient en thermodynamique.

→ Un modèle microscopique du gaz parfait (molécules ponctuelles et hypothèse statistique sur la distribution des vitesses des molécules) conduit à cette équation d'état.

d) Gaz réels

Les gaz parfaits ne peuvent pas être liquéfiés, car il n'y a pas d'interaction.

Pour décrire les gaz réels, un modèle souvent utilisé est le gaz de van der Waals qui tient compte de la taille finie des molécules et des forces attractives entre les molécules, ces forces diminuant quand le volume molaire augmente.

Des tables thermodynamiques permettent aussi de décrire ces gaz.

3. EN PRATIQUE...

- Déterminons les coefficients thermoélastiques du gaz parfait :

le coefficient de dilation thermique isobare $\alpha_p = \frac{1}{V}\left(\frac{\partial V}{\partial T}\right)_p = \frac{1}{V}\left(\frac{n\mathrm{R}}{p}\frac{\partial T}{\partial T}\right)_p = \frac{n\mathrm{R}}{pV} = \frac{1}{T}$

la compressibilité isotherme $\chi_T = -\frac{1}{V}\left(\frac{\partial V}{\partial p}\right)_T = -\frac{1}{V}\left(n\mathrm{R}T\frac{\partial\left(p^{-1}\right)}{\partial p}\right)_T = -\left(\frac{n\mathrm{R}T}{V}\right)\left(-\frac{1}{p^2}\right) = \frac{1}{p}$

- Déterminons la variation relative de volume de l'eau quand la pression varie de 10^5 Pa à 10^6 Pa à $T = 20$ °C. La compressibilité isotherme de l'eau $\chi_T = 4{,}6.\ 10^{-10}\ \mathrm{Pa}^{-1}$ est indépendante de p.

Le volume ne dépend alors que de p ; la définition de la compressibilité isotherme donne :

$$\frac{\mathrm{d}V}{V} = -\chi_T \mathrm{d}p \Rightarrow \int_{V_1}^{V_2}\frac{\mathrm{d}V}{V} = -\int_{p_1}^{p_2}\chi_T\,\mathrm{d}p \Leftrightarrow \ln\left(\frac{V_2}{V_1}\right) = -\chi_T(p_2 - p_1) \text{ ou } V_2 = V_1 e^{-\chi_T(p_2-p_1)}.$$

Comme $\chi_T(p_2 - p_1) = 4{,}14.\ 10^{-4}$, la relation peut donc être approximée par :

$$V_2 \cong V_1(1 - \chi_T(p_2 - p_1)) \Leftrightarrow \frac{V_2 - V_1}{V_1} \cong -\chi_T(p_2 - p_1) = 4{,}14.10^{-4}.$$

Cet ordre de grandeur montre que l'approximation de la phase condensée est justifiée.

19 Travail des forces de pression

1. EN QUELQUES MOTS...

Le travail des forces de pression est un exemple de travail de forces non conservatives.

2. CE QU'IL FAUT RETENIR...

a) Définition de la pression

Considérons un fluide au repos. Soit une surface fermée fictive Σ dans ce fluide et $\mathrm{d}A$ un élément de surface au point M sur Σ.
La pression au point M est définie à partir de la force $\mathrm{d}\vec{F}$ due à l'action du fluide extérieur à Σ agissant sur l'élément de surface $\mathrm{d}A$ au voisinage du point M.

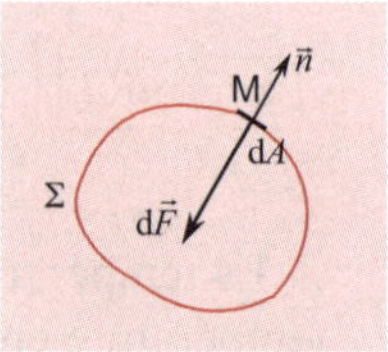

p(M) : pression au point M
: force exercée sur la surface $\mathrm{d}A$
$\mathrm{d}A$: élément de surface sur Σ au voisinage du point M
: vecteur unitaire normal extérieur à Σ au point M

La pression au point M est un scalaire.

b) Condition d'équilibre mécanique du piston

Un gaz est enfermé dans un cylindre fermé par un piston de surface A. L'ensemble se trouve dans une atmosphère à la pression p_{ext}.
Le système considéré est le gaz ; le milieu extérieur est constitué du cylindre, du piston et de l'atmosphère. Le vecteur $\vec{i}$ est le vecteur unitaire normal extérieur au piston dans la direction x.

Le gaz est dans un état d'équilibre thermodynamique à la pression p.

La force exercée *par l'atmosphère sur le piston* est : $\vec{F}_{\text{ext}} = -p_{\text{ext}} A\vec{i}$.

La force exercée *par le gaz sur le piston* est : $\vec{F}_{\text{gaz}} = pA\vec{i}$

À l'équilibre mécanique du piston : $\vec{F}_{\text{ext}} + \vec{F}_{\text{gaz}} = \vec{0} \Leftrightarrow \boxed{p = p_{ext}}$.

c) Travail élémentaire des forces de pression reçu par le système du milieu extérieur

Lorsque le piston subit un déplacement infinitésimal $\mathrm{d}x$ dans la direction $\vec{i}$, le travail élémentaire δW reçu par le gaz est : $\delta W = \vec{F}_{\text{ext}} \cdot \vec{i}\mathrm{d}x = -p_{\text{ext}} A\mathrm{d}x$.
En appelant $\mathrm{d}V = A\mathrm{d}x$, la variation de volume du système, ce travail s'écrit : $\boxed{\delta W = -p_{\text{ext}}\mathrm{d}V}$.

- Pourquoi la pression extérieure intervient-elle dans l'expression du travail élémentaire ?

L'atmosphère, qui a une taille beaucoup plus grande que le système, n'est pas perturbée par le mouvement du piston. La pression extérieure est toujours définie pendant la transformation, ce qui n'est pas le cas de la pression du système.

- Le travail W dépend du chemin suivi. Lors d'une transformation infinitésimale, le travail échangé est une forme différentielle notée δW.

Lors d'une transformation de (I) à (F) le long du chemin ($\mathscr{C}$), le travail W des forces de pression est l'intégrale le long du chemin ($\mathscr{C}$) : $W = -\int_{V_I\,(\mathscr{C})}^{V_F} p_{\text{ext}}\,\mathrm{d}V$

- L'expression élémentaire du travail des forces de pression est le produit d'une variable intensive $(-p)$ par la variation d'une grandeur extensive (V).

D'autres travaux peuvent être utilisés, ceux-ci auront la même forme. Prenons l'exemple d'un fil élastique soumis à une tension $\mathscr{F}$, il subit un allongement $\mathrm{d}\ell$ et reçoit du milieu extérieur le travail : $\delta W = \mathscr{F}\,\mathrm{d}\ell$.

d) Expression du travail des forces de pression dans quelques cas particuliers

- Transformation isochore (volume du système contant) : $W = 0$.
- Transformation monobare (à pression extérieure constante) : $W = -p_{\text{ext}}\Delta V$ (ΔV est la variation de volume lors de la transformation).
- Transformation quasistatique : c'est une suite d'états d'équilibre entre l'état initial (I) et l'état final (F), par suite la pression p du système en tout point de la transformation est définie et égale à la pression extérieure : $p_{\text{ext}} = p \Rightarrow$ Le travail élémentaire s'écrit : $\delta W = -p\mathrm{d}V$.

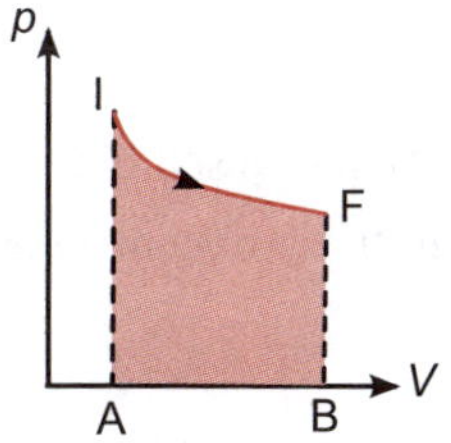

Tous les points de la transformation peuvent être représentés dans le diagramme p,V (figure ci-contre) ; le chemin suivi ($\mathscr{C}$) est la courbe rouge entre (I) et (F).

Le travail échangé W lors de la transformation est : $W = -\int_{V_I\,(\mathscr{C})}^{V_F} p\,\mathrm{d}V$.

L'aire sous la courbe (zone rougie) correspond au travail reçu par le système. Cette aire délimitée par la courbe IFBA est orientée par le sens de la transformation.

Le travail est positif si la courbe IFBA est parcourue dans le sens trigonométrique.

Sur la figure, c'est le sens opposé : le travail est donc négatif ; le travail est fourni par le système au milieu extérieur. La transformation étudiée est la détente d'un gaz.

3. EN PRATIQUE...

Une mole de gaz parfait monoatomique est comprimé de la pression initiale $p_{\text{I}} = 10^5$ Pa à la pression finale $p_{\text{F}} = 2.10^5$ Pa lors d'une transformation isotherme à la température $T = 300$ K. Déterminons le travail W reçu par le gaz.

La transformation étant isotherme, elle est quasistatique.

$\Rightarrow$ La pression p du système est alors connue en tout point de la transformation.

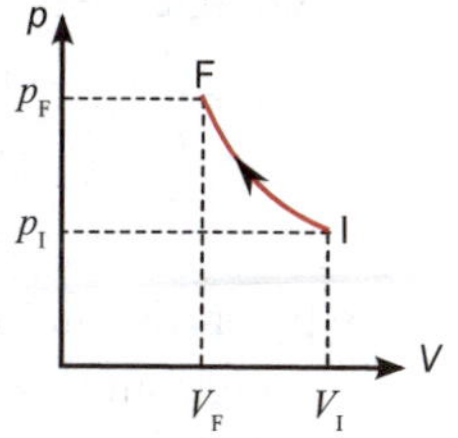

Cette transformation peut être représentée dans le diagramme p, V. L'équation de la courbe est : $pV = \mathrm{R}T = \text{cste}$; c'est l'équation d'une hyperbole.

En tout point de la transformation $p_{\text{ext}} = p \Rightarrow \delta W = -p_{\text{ext}}\mathrm{d}V = -p\mathrm{d}V$.

Le travail W reçu par le gaz lors de la transformation s'écrit donc :

$$W = -\int_{V_{\text{I}}}^{V_{\text{F}}} p\,\mathrm{d}V = -RT\int_{V_{\text{I}}}^{V_{\text{F}}} \frac{\mathrm{d}V}{V} = -RT\ln\left(\frac{V_{\text{F}}}{V_{\text{I}}}\right).$$

$$p_{\text{I}}V_{\text{I}} = p_{\text{F}}V_{\text{F}} \quad \Rightarrow \quad W = -\mathrm{R}T\ln\left(\frac{p_{\text{I}}}{p_{\text{F}}}\right) = \mathrm{R}T\ln\left(\frac{p_{\text{F}}}{p_{\text{I}}}\right) = \ 1{,}73\ \text{kJ}.$$

20 Premier Principe

1. EN QUELQUES MOTS...

L'existence de forces non conservatives (forces de frottements...) entraîne la non-conservation de l'énergie mécanique. L'énergie totale d'un système est définie ainsi que son énergie interne. L'équation de bilan de l'énergie totale d'un système fermé correspond au premier principe.

2. CE QU'IL FAUT RETENIR...

Considérons un système fermé.

a) Définition de l'énergie totale

$$E_{tot} = E_C + E_p$$

- E_{tot} : énergie totale du système (J)
- E_C : énergie cinétique du système (J)
- E_p : énergie potentielle du système (J)

À l'aide du théorème de Koenig (fiche 16), l'énergie cinétique E_C du système s'écrit :

$$E_C = E_K + E_T$$

- E_C : énergie cinétique du système
- E_K : énergie cinétique macroscopique due au mouvement d'ensemble
- E_T : énergie cinétique microscopique dans le référentiel barycentrique (énergie d'agitation thermique).

L'énergie potentielle E_p du système est donnée par :

$$E_p = E_{p\,ext} + E_{p\,int}$$

- E_p : énergie potentielle du système
- $E_{p\,ext}$: énergie potentielle due aux forces extérieures dérivant d'un potentiel
- $E_{p\,int}$: énergie potentielle intérieure (on suppose que les forces intérieures d'interaction dérivent d'un potentiel et qu'elles sont à courte portée)

L'énergie totale est une grandeur extensive. Elle est définie à une constante près.

b) Définition de l'énergie interne

L'énergie totale du système E_{tot} se met sous la forme :

$$E_{tot} = E_{Macro} + U$$

- E_{tot} : énergie totale du système
- E_{Macro} : énergie macroscopique $E_{Macro} = E_K + E_{p\,ext}$
- U : énergie microscopique $U = E_T + E_{p\,int}$

- La partie microscopique U est par définition l'énergie interne U du système.

L'énergie interne U d'un système est son énergie microscopique dans le référentiel barycentrique.
On en déduit que l'énergie interne U est aussi une grandeur extensive.

c) Fonction d'état

- Définition : Une fonction d'état est une fonction dont la variation lors d'une transformation ne dépend que de l'état initial et de l'état final.

Cette variation ne dépend donc pas du chemin suivi lors de la transformation.

- Les énergies cinétiques E_C et les énergies potentielles E_p sont des fonctions d'état. En conséquence, l'énergie totale E_{tot} et l'énergie interne U sont des fonctions d'état.
- Lors d'une transformation finie de l'état initial (I) à l'état final (F), la variation d'une fonction d'état $f(x, y)$ dépendant de deux variables est notée Δf et donnée par :

$$\Delta f = f(x_F, y_F) - f(x_I, y_I)$$

où les indices I et F représentent respectivement l'état initial (I) et l'état final (F).

- Une fonction d'état est une différentielle totale (Annexe A).

d) Premier principe pour un système fermé

- Énoncé : pour un système fermé évoluant entre deux états d'équilibre thermodynamique (I) et (F), la variation d'énergie totale ΔE_{tot} est égale à la somme du travail W et du transfert thermique Q reçus du milieu extérieur :

$$\Delta E_{tot} = E_{tot}(F) - E_{tot}(I) = W + Q$$

ΔE_{tot} : variation d'énergie totale (J) avec $E_{tot} = E_{Macro} + U$
W : travail (des forces non conservatives) reçu du milieu extérieur (J)
Q : transfert thermique reçu du milieu extérieur (J)

Le transfert thermique Q et le travail W dépendent du chemin suivi lors de la transformation.

- Le premier principe est un exemple d'équation de bilan d'une grandeur extensive. Néanmoins, c'est un cas particulier où il n'existe pas de terme de création ou d'annihilation (destruction) d'énergie : la grandeur est dite conservative.
- Considérons quelques cas particuliers :
  - Lorsque le système est isolé : il n'y a pas d'échange d'énergie avec le milieu extérieur $\Rightarrow \Delta E_{tot} = 0$: l'énergie totale d'un système isolé est conservée.
  - Lorsque le système fermé subit une transformation cyclique : l'état final (F) est identique à l'état initial (I) $\Rightarrow \Delta E_{tot} = 0$
  - Lorsque le système est au repos $(\Delta E_K = 0)$ et soumis à un potentiel extérieur dont les variations sont négligeables $(\Delta E_{p\,ext} = 0) \Rightarrow \Delta E_{Macro} = 0 \Leftrightarrow \Delta E_{tot} = \Delta U$. Le premier principe s'écrit alors : $\Delta U = W + Q$.

e) Capacité thermique à volume constant

La capacité thermique à volume constant $\mathscr{C}_V$ est, par définition : $\mathscr{C}_V = \left(\dfrac{\partial U}{\partial T}\right)_V$ (unité J.K^{-1}). On utilise plus souvent :

- la capacité thermique massique $c_V = \dfrac{\mathscr{C}_V}{m}$ (unité J. kg^{-1}.K^{-1}) où m est la masse du système ;
- la capacité thermique molaire $C_V = \dfrac{\mathscr{C}_V}{m} M$ (unité J. mol^{-1}.K^{-1}) où M est la masse molaire.

f) Énergie interne de quelques systèmes simples

Système	Énergie interne molaire U_M	Capacité thermique molaire à volume constant C_V
Gaz parfait	U_M ne dépend que de la température $U_M(T)$ (1re loi de Joule)	$C_V(T)$ $\mathrm{d}U_M(T) = C_V(T)\mathrm{d}T$
Gaz parfait monoatomique	$U_M = \frac{3}{2}\mathrm{R}T$	$C_V = \frac{3}{2}\mathrm{R}$
Gaz parfait diatomique (températures ordinaires)	$U_M = \frac{5}{2}\mathrm{R}T$	$C_V = \frac{5}{2}\mathrm{R}$
Gaz parfait (zone restreinte de *T*)	$U_M = C_V T + U_0$ (U_0 constante)	C_V constante $C_V > \frac{3}{2}\mathrm{R}$
Phase condensée incompressible indilatable	$\mathrm{d}U_M(T) = C_V(T)\mathrm{d}T$	$C_V(T)$
Solide (températures ordinaires)	$U_M = 3\mathrm{R}T$	$C_V = 3\mathrm{R}$

3. EN PRATIQUE...

- Un corps solide incompressible et indilatable de masse $m = 1$ kg de capacité thermique massique supposée indépendante de la température $c_V = 460\ \mathrm{J.kg^{-1}.K^{-1}}$ en mouvement de translation dans le champ de pesanteur reçoit du milieu extérieur un travail de 21 J, fournit au milieu extérieur un transfert thermique de 28 J alors que sa vitesse varie de $2\ \mathrm{m.s^{-1}}$ à $5\ \mathrm{m.s^{-1}}$ tandis que son altitude diminue de 3 m. L'accélération de la pesanteur est $\mathrm{g} = 10\ \mathrm{m.s^{-1}}$.

Déterminons la variation de température du solide

→ *Système* : le corps solide, c'est un système fermé.

État initial (I) : vitesse $\mathrm{v_I} = 2\ \mathrm{m.s^{-1}}$ et altitude $\mathrm{z_I}$; température T_I

État final (F) : vitesse $\mathrm{v_F} = 5\ \mathrm{m.s^{-1}}$ et altitude $\mathrm{z_F} = \mathrm{z_F} - 3$; température T_F

→ Énergie échangée : travail $W = 21$ J ; transfert thermique $Q = -28$ J.

→ Variation d'énergie macroscopique : $\Delta E_{\mathrm{Macro}} = \Delta E_K + \Delta E_{p\,\mathrm{ext}}$

- variation de l'énergie cinétique macroscopique : $\Delta E_K = \frac{1}{2}m\left(v_F^2 - v_I^2\right) = 10{,}5$ J ;
- variation de l'énergie potentielle due aux forces extérieures conservatives, dans ce cas les forces de pesanteur, par suite $E_{p\,\mathrm{ext}} = mgz \Rightarrow \Delta E_{p\,\mathrm{ext}} = mg(z_\mathrm{F} - z_\mathrm{I}) = -30$ J.

→ Le premier principe, pour cette transformation, est donné par :

$$\Delta E_{\mathrm{tot}} = \Delta E_K + \Delta E_{p\,\mathrm{ext}} + \Delta U = W + Q$$

Par suite, la variation d'énergie interne est $\Delta U = W + Q - \Delta E_K - \Delta E_{p\,\mathrm{ext}} = 12{,}5$ J.

→ Le solide étant incompressible et indilatable et sa capacité thermique étant indépendante de la température, la variation d'énergie interne ΔU du solide est $\Delta U = mc_V(T_\mathrm{F} - T_\mathrm{I})$.

La variation de température du solide est donc :

$$\Delta T = T_\mathrm{F} - T_\mathrm{I} = \frac{\Delta U}{mc_V} = \frac{12{,}5}{1 \times 460} = 2{,}7.10^{-2}\ \mathrm{K} = 27\ \mathrm{mK}.$$

Il y a échauffement du corps solide dû aux frottements.

- Considérons une mole de gaz parfait monoatomique enfermée dans un cylindre fermé par un piston sans masse et sans frottement. Le piston, de surface $A = 1$ dm^2, est libre de se déplacer verticalement. Le cylindre et le piston sont calorifugés. L'accélération de la pesanteur est $g = 10$ m.s^{-1}.

Le système est en contact avec l'atmosphère à la pression $p_0 = 10^5$ Pa.
Le système, dans l'état initial (I), est à l'équilibre thermodynamique à la température $T_I = 300$ K.
Une masse $M_0 = 10$ kg est alors posée sur le piston. Au bout d'un certain temps, le gaz atteint l'état d'équilibre thermodynamique (F).
Déterminons l'état final (F) du gaz : (p_F, T_F, V_F).
→ *Système* : gaz (système fermé)
→ *État initial* (I) : $T_I = 300$ K

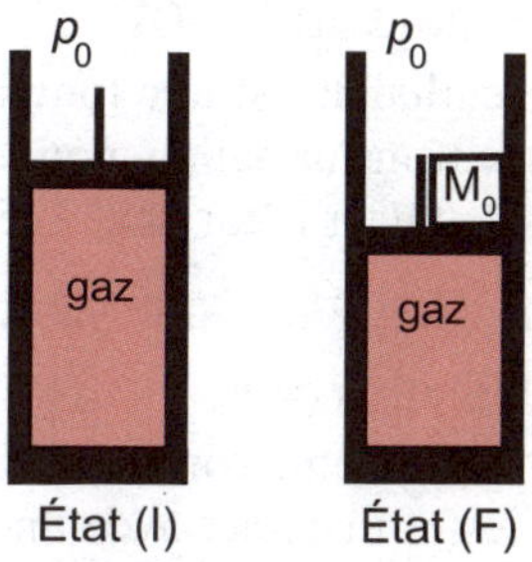

L'équilibre mécanique du piston entraine : $p_I = p_0 = 10^5$ Pa.
Utilisons l'équation d'état pour obtenir le volume initial du gaz :

$$V_I = n\frac{RT_I}{P_I} = 1 \times \frac{8,32 \times 300}{10^5} = 2,5.10^{-2} \text{ m}^3.$$

→ Quand la masse est posée que le piston, la pression extérieure devient :

$$p_{ext} = p_0 + \frac{M_0 g}{A} = 10^5 + \frac{10 \times 10}{10^{-2}} = 1,1.10^5 \text{ Pa}.$$

→ La transformation subie par le système est
- adiabatique, car les parois sont calorifugées ;
- monobare, car la pression extérieure est constante et égale à $p_{ext} = 1,1.10^5$ Pa.

→ *État final* (F) ; il y a 3 inconnues p_F, T_F, V_F et trois relations :
- l'équilibre mécanique du piston : $p_F = p_{ext} = 1,1.10^5$ Pa ;
- l'équation d'état $p_F V_F = RT_F$;
- l'expression du premier principe :

Le système étant au repos, le premier principe s'écrit : $\Delta U = W + Q$
La transformation étant adiabatique : $Q = 0 \Rightarrow \Delta U = W$
Le gaz est monoatomique $\Rightarrow \Delta U = \frac{3R}{2}(T_F - T_I)$, car il n'y a qu'une mole.
Le travail lors de cette transformation (monobare à p_{ext}) est $W = -p_{ext}(V_F - V_I)$

$$\Rightarrow \frac{3R}{2}(T_F - T_I) = -p_{ext}(V_F - V_I) = -p_{ext}R\left(\frac{T_F}{p_F}\right) + p_{ext}V_I = -RT_F + p_{ext}V_I$$

L'état final (F) est défini par :
- la pression finale : $p_F = 1,1.10^5$ Pa ;
- la température finale : $T_F = \frac{3}{5}T_I + \frac{2p_{ext}V_I}{5R} = 312$ K ;
- le volume final : $V_F = \frac{RT_F}{P_F} = 2,36.10^{-2}$ m^3.

Le gaz a subi une compression adiabatique, ce qui conduit à son échauffement, car en recevant du travail de l'extérieur, son énergie interne augmente.

21 Enthalpie

1. EN QUELQUES MOTS...

L'enthalpie est une fonction d'état qui est bien adaptée pour décrire des systèmes soumis à une transformation monobare où le système est en équilibre avec l'atmosphère dans l'état initial et dans l'état final. L'exemple de la calorimétrie est développé.

2. CE QU'IL FAUT RETENIR...

a) Définition de l'enthalpie

- Le système considéré est au repos ; il n'est sensible qu'aux forces de pression. Ce système est en contact avec une atmosphère à la pression p_0, le système étant en équilibre avec l'atmosphère dans l'état initial (I) et dans l'état final (F).

État initial (I) : pression $p_I = p_0$, volume V_I

État final (F) : pression $p_F = p_0$, volume V_F

- Le système subit une transformation monobare à la pression extérieure p_0.

Le travail échangé avec le milieu extérieur est : $W = -p_0(V_F - V_I)$

Le transfert thermique avec le milieu extérieur est appelé Q.

- Appliquons le premier principe à ce système (fiche 20) :

$$\Delta U = U_F - U_I = Q - p_0(V_F - V_I)$$

$$p_0 = p_I = p_F \Rightarrow U_F - U_I = Q - (p_F V_F - p_I V_I) \Leftrightarrow (U_F + p_F V_F) - (U_I + p_I V_I) = Q$$

$$\Leftrightarrow \Delta H = H_F - H_I = Q \text{ avec}$$

$\boxed{H = U + pV}$	H : enthalpie (J)	p : pression du système (Pa)
	U : énergie interne (J)	V : volume du système (m^3)

L'enthalpie H est une grandeur extensive et une fonction d'état, car sa variation ne dépend que de l'état initial et de l'état final.

b) Expression particulière du premier principe

Un système fermé subit une transformation monobare entre deux états d'équilibre (I) et (F), le système étant en équilibre avec l'atmosphère dans l'état initial et dans l'état final ($p_F = p_I = p_0$). Le travail reçu par le système est la somme du travail des forces de pression et du travail W' des autres forces non conservatives.

La variation d'enthalpie du système lors de cette transformation est la somme du transfert thermique Q et du travail W' des autres forces non conservatives reçus par le système :

$$\Delta H = H_F - H_I = Q + W'.$$

c) Capacité thermique à pression constante

Elle est notée $\mathscr{C}_p$ (unité $J.K^{-1}$) ; c'est la dérivée de l'enthalpie par rapport à la température à pression constante : $\mathscr{C}_p = \left(\frac{\partial H}{\partial T}\right)_p$.

d) Enthalpie de quelques systèmes simples

- Phases condensées incompressibles et indilatables (solide ou liquide)

Les capacités thermiques à pression constante et à volume constant sont les mêmes : $\mathscr{C}_p \approx \mathscr{C}_V = \mathscr{C}$.

Par suite, pour une transformation infinitésimale $\mathrm{d}H = \mathscr{C}(\mathrm{T})\,\mathrm{d}T$, car $\mathscr{C}$ ne dépend que de T.

- Gaz parfaits

Système	Enthalpie molaire H_M	Capacité thermique molaire à pression constante C_p
Gaz parfait	H_M ne dépend que de la température $H_M(T)$ (2e loi de Joule)	$C_P(T)$ $\mathrm{d}H_M = C_P(T)\,\mathrm{d}T$
Gaz parfait monoatomique	$H_M = U_M + pV = U_M + \mathrm{R}T = \frac{5}{2}\mathrm{R}T$	$C_p = \frac{5}{2}R$
Gaz parfait diatomique (températures ordinaires)	$H_M = \frac{7}{2}\mathrm{R}T$	$C_p = \frac{7}{2}\mathrm{R}$
Gaz parfait diatomique (zone restreinte de *T*)	$H_M = C_pT + H_0$ (H_0 constante)	C_p est constante

Les capacités thermiques molaires à pression constante et à volume constant d'un gaz parfait sont reliées par la relation de Mayer : $C_p - C_V = \mathrm{R}$. En posant $\gamma = \frac{C_p}{C_V}$, $C_V = \frac{\mathrm{R}}{\gamma - 1}$.

3. EN PRATIQUE...

Prenons l'exemple d'une mesure de calorimétrie. Considérons un calorimètre adiabatique fermé par un couvercle dont l'intérieur est à la pression atmosphérique p_0. La capacité thermique du calorimètre et de ses accessoires est $\mathrm{C}_0 = 150\ \mathrm{JK}^{-1}$. Initialement, le calorimètre contient une masse $m_1 = 200$ g de liquide de capacité thermique massique $c_1 = 2850\ \mathrm{J\ kg^{-1}\ K^{-1}}$ à la température $T_1 = 20$°C. On y plonge rapidement un bloc de cuivre de masse $m_2 = 250$ g et de capacité thermique massique c_2 pris initialement à la température $T_2 = 80$ °C. Dans l'état final, l'ensemble contenu dans le calorimètre est à la température $T_\mathrm{F} = 27{,}2$ °C. Les solides et les liquides seront supposés incompressibles et indilatables, de capacité thermique massique indépendante de la température.

Déterminons la capacité thermique massique c_2 du bloc de cuivre.

- *Système* : masse m_1 de liquide + calorimètre et accessoires + bloc de cuivre de masse m_2.
- *État initial* : masse m_1 de liquide + calorimètre et accessoires à T_1, à la pression $p_\mathrm{I} = p_0$
  masse m_2 de cuivre à T_2, à la pression $p_\mathrm{I} = p_0$
- *État final* : masse m_1 de liquide + calorimètre + masse m_2 de cuivre à T_F, à la pression $p_\mathrm{F} = p_0$.
- La transformation est monobare à la pression p_0 et adiabatique (calorimètre adiabatique).
- Le 1er principe appliqué à cette transformation monobare avec $p_\mathrm{I} = p_\mathrm{F} = p_0$ s'écrit :

$$\Delta H = Q + W' \text{ or } \begin{cases} W' = 0 : \text{pas de travail autre que celui des forces de pression} \\ Q = 0 : \text{transformation adiabatique} \end{cases} \Rightarrow \quad \Delta H = 0$$

L'*enthalpie H* étant une *fonction d'état*, on peut choisir le chemin entre (I) et (F) pour calculer sa variation. *Choisissons* le chemin fictif suivant :

masse m_1 de liquide + calorimètre à $T_1, p_0 \xrightarrow[1]{}$ masse m_1 de liquide + calorimètre à T_F, p_0

masse m_2 de cuivre à $T_2, p_0 \xrightarrow[2]{}$ masse m_2 de cuivre à T_F, p_0

La variation d'enthalpie pour la transformation 1 est : $\Delta H_1 = (m_1c_1 + \mathrm{C}_0)(T_\mathrm{F} - T_1)$.

La variation d'enthalpie pour la transformation 2 est : $\Delta H_2 = m_2c_2(T_\mathrm{F} - T_2)$.

L'enthalpie étant une grandeur extensive, $\Delta H = \Delta H_1 + \Delta H_2$

$$\Rightarrow (m_1c_1 + \mathrm{C}_0)(T_\mathrm{F} - T_1) + m_2c_2(T_\mathrm{F} - T_2) = 0 \Leftrightarrow c_2 = \frac{(m_1c_1 + \mathrm{C}_0)(T_F - T_1)}{m_2(T_2 - T_F)} = 390\ \mathrm{J.kg^{-1}.K^{-1}}.$$

22 Second Principe

1. EN QUELQUES MOTS...

Le second principe est un principe d'évolution ; il permet de prévoir si une transformation est possible ou non.

2. CE QU'IL FAUT RETENIR...

Considérons un système fermé comprenant N particules.

a) Thermostat (ou source de chaleur)

Un thermostat est un système fermé n'échangeant aucun travail avec l'extérieur, mais échangeant de l'énergie sous forme de transfert thermique, sans que sa température ne varie.

Un système en équilibre avec un thermostat est à la même température que celui-ci.

b) Transformation irréversible, transformation réversible

- Une transformation spontanée est irréversible : par exemple, le transfert thermique passe naturellement d'un corps chaud vers un corps froid ; par contre le transfert thermique spontané d'un corps froid vers un corps chaud n'est jamais observé.
  Les causes d'irréversibilité sont le transfert thermique, les frottements, les inhomogénéités de température, de masse volumique ou de pression, les phénomènes de mélange.
- Une transformation réversible est une succession continue d'états d'équilibre pour le système étudié et le milieu extérieur avec lequel il interagit. La transformation inverse de l'état final (F) à l'état initial (I) passe par les mêmes états d'équilibre pour le système et le milieu extérieur que la transformation de (I) à (F). Elle est nécessairement quasi-statique.
  Une transformation quasi-statique n'est pas nécessairement réversible. Un piston présentant des frottements et déplacé très lentement donne lieu à une transformation irréversible.

c) Second principe pour un système fermé

- Pour tout système fermé, il existe une fonction d'état S extensive, non conservative, appelée entropie, telle que sa variation lors d'une transformation entre deux états d'équilibre est la somme de l'entropie échangée $S_{\text{éch}}$ avec le milieu extérieur et de l'entropie créée $S_{\text{créée}}$ dans le système. L'entropie créée $S_{\text{créée}}$ est nécessairement positive ou nulle.

$$\boxed{\Delta S = S_{\text{éch}} + S_{\text{créée}}}$$

ΔS : variation d'entropie lors de la transformation (en $J.K^{-1}$)

$S_{\text{éch}}$: entropie échangée avec le milieu extérieur(en $J.K^{-1}$)

$S_{\text{créée}}$: entropie créée dans le système : $\begin{cases} \text{transformation irréversible } S_{\text{créée}} > 0 \\ \text{transformation réversible } S_{\text{créée}} = 0 \end{cases}$

- Entropie échangée

Transformation	Transfert thermique Q reçu du milieu extérieur	Entropie échangée $S_{\text{éch}}$
adiabatique	$Q = 0$	$S_{\text{éch}} = 0$
monotherme	milieu extérieur : thermostat à la température T_{ext} (K)	$S_{\text{éch}} = \dfrac{Q}{T_{\text{ext}}}$

L'entropie échangée $S_{\text{éch}}$, comme l'entropie créée $S_{\text{créée}}$, n'est pas une fonction d'état.

- Le second principe est une équation de bilan d'une grandeur extensive, l'entropie, dans laquelle il existe un terme de création d'entropie, qui traduit le sens d'évolution du système.
- Système isolé : $Q - 0 \Rightarrow S_{éch} = 0 \Leftrightarrow \Delta S = S_{créée} \geq 0$.
  L'entropie d'un système isolé ne peut que croître.
- Transformation isotherme réversible : c'est une suite d'états d'équilibre entre l'état initial (I) et l'état final (F), par suite la température T et l'entropie S du système sont définies en tout point de la transformation, la température T_0 du système étant constante. Dans le diagramme entropique T en fonction de S, la transformation est représentée par une droite parallèle à l'axe S. $S_{créée} = 0 \Rightarrow Q = T_0 \Delta S$. L'aire sous la courbe (partie rougie) représente le transfert thermique. Cette aire est algébrique ; elle est négative si elle est parcourue dans le sens trigonométrique.

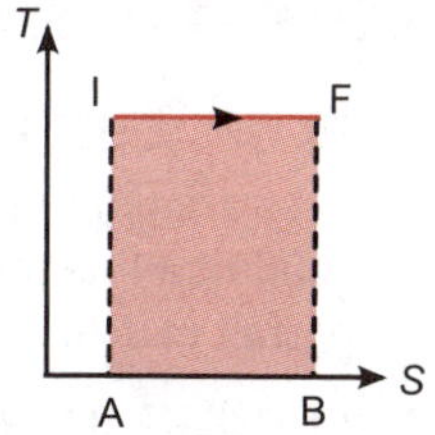

d) Interprétation microscopique de l'entropie

L'entropie d'un système macroscopique permet de mesurer son degré de désordre. En effet, le système sera d'autant plus désordonné (et donc son entropie d'autant plus élevée) que le nombre d'états microscopiques accessibles sera grand.

3. EN PRATIQUE…

Une masse $m = 1$ g de gaz (vapeur d'eau) est enfermée dans un cylindre fermé par un piston mobile sans masse et sans frottement. L'ensemble est en contact avec l'atmosphère à la pression $p_0 = 10^5$ Pa. Initialement, la vapeur d'eau est à la température $T_I = 200$ °C. L'ensemble est placé dans un thermostat à la température $T_0 = 100$ °C et atteint l'état d'équilibre final (p_F, T_F, V_F). Les tables thermodynamiques de la vapeur d'eau sont :

Température T	Volume massique v	Enthalpie massique h	Entropie massique s
100 °C	1,75 $m^3.kg^{-1}$	2681 $kJ.kg^{-1}$	7,41 $kJ.K^{-1}.kg^{-1}$
200 °C	2,49 $m^3.kg^{-1}$	2875 $kJ.kg^{-1}$	7,85 $kJ.K^{-1}.kg^{-1}$

Calculons l'entropie créée $S_{créée}$ lors de cette transformation.

- Le *système* utilisé est le gaz.
- La *transformation* est monobare à la pression p_0 et monotherme à la température T_0.
- *État initial* : $T_I = 200$ °C = 473 K ; l'équilibre mécanique du piston implique $p_I = p_0 = 10^5$ Pa.

Le volume initial est obtenu à l'aide du volume massique à 200 °C : $V_I = m\, v(200) = 2{,}49.10^{-3}$ m³.

- *État final* : l'équilibre mécanique du piston implique : $p_F = p_0 = 10^5$ Pa

L'équilibre thermique avec le thermostat donne : $T_F = T_0 = 100$ °C = 373 K

Le volume final est obtenu à l'aide du volume massique à 100 °C : $V_F = m\, v(100) = 1{,}75.10^{-3}$ m³.

- D'après le *second principe* : $\Delta S = \dfrac{Q}{T_0} + S_{créée}$, $\Leftrightarrow S_{créée} = \Delta S - \dfrac{Q}{T_0}$ où Q est le transfert thermique échangé par le gaz avec l'extérieur lors de cette transformation.

- La variation d'entropie se calcule à partir des tables : $\Delta S = m(s(100) - s(200))$
  $\Delta S = -0{,}44$ J.K^{-1} ; $\Delta S < 0$ car le gaz est plus ordonné dans l'état final que dans l'état initial.
- Pour obtenir Q, le *premier principe* est utilisé.
  La transformation étant monobare avec $p_I = p_F = p_0$, il s'écrit en utilisant l'enthalpie (fiche 21) : $\Delta H = Q$, car seulement travail des forces de pression.
  $\Delta H = m(h(100) - h(200)) \Rightarrow Q = \Delta H = -194$ J ; Q est cédé par le gaz au thermostat.
- La température étant en K, $S_{créée} = 0{,}08$ J.K^{-1} ; l'entropie créée est bien positive en accord avec le second principe. La transformation est irréversible.

23 Identité thermodynamique

1. EN QUELQUES MOTS...

Les variations des fonctions d'état sont calculées en choisissant des chemins réversibles. Cela conduit à l'identité thermodynamique qui permet d'obtenir l'expression de l'entropie du gaz parfait et de la phase condensée.

2. CE QU'IL FAUT RETENIR...

Considérons un système au repos, en l'absence de champ extérieur et soumis uniquement à des forces de pression. Il est défini par son volume V, sa pression p et sa température T.

a) Choix de la transformation

La variation d'une fonction d'état dépend uniquement de l'état initial (I) et de l'état final (F) ; il est donc possible de choisir le chemin suivi entre (I) et (F) pour obtenir cette variation. La transformation choisie est une transformation infinitésimale réversible.

b) Expression des deux principes

- Pour exprimer les deux principes, les notations utilisées sont :
  - Les fonctions d'état sont des différentielles totales ; par exemple la variation de l'énergie interne lors d'une transformation infinitésimale est notée $\mathrm{d}U$.
  - Les grandeurs dépendant du chemin suivi sont des formes différentielles ; par exemple le transfert thermique lors d'une transformation infinitésimale est noté δQ.
- Premier principe : $\mathrm{d}U = \delta W + \delta Q$

La transformation étant réversible, donc nécessairement quasistatique, le travail échangé est : $\delta W = -p\,\mathrm{d}V$.

- Second principe : La transformation étant réversible, il n'y a pas d'entropie créée

$$\delta S_{\text{créée}} = 0 \text{ et } \delta S_{\text{éch}} = \frac{\delta Q}{T_{\text{ext}}} = \frac{\delta Q}{T} \text{ (à chaque instant } T_{\text{ext}} = T) \Rightarrow \mathrm{d}S = \frac{\delta Q}{T}.$$

- Toutes les grandeurs utilisées sont celles du système.

c) Identité thermodynamique

- L'identité thermodynamique est obtenue en éliminant δQ :

$$\boxed{\mathrm{d}U = T\mathrm{d}S - p\mathrm{d}V}$$

U : énergie interne (J)	p : pression (Pa)
T : température (K)	V : volume (m^3)
S : entropie ($J.K^{-1}$)	

- Les variables naturelles décrivant l'énergie interne sont donc l'entropie S et le volume V.
- Elle peut être généralisée au cas où d'autres formes de travaux W_{autre} existent. L'identité thermodynamique devient alors : $\mathrm{d}U = T\mathrm{d}S - p\mathrm{d}V + \delta W_{\text{autre}}$.

d) Conséquences

- L'énergie interne U étant une fonction d'état, $\mathrm{d}U$ est une différentielle totale :
  - dérivées premières : température thermodynamique $T = \left(\frac{\partial U}{\partial S}\right)_V$; pression : $p = -\left(\frac{\partial U}{\partial V}\right)_S$
  - L'énergie interne U étant une différentielle totale, les dérivées secondes vérifient la relation de Maxwell : $\left(\frac{\partial}{\partial V}\left(\frac{\partial U}{\partial S}\right)_V\right)_S = \left(\frac{\partial}{\partial S}\left(\frac{\partial U}{\partial V}\right)_S\right)_V \Leftrightarrow \left(\frac{\partial T}{\partial V}\right)_S = -\left(\frac{\partial p}{\partial S}\right)_V$.

• Différentielle de l'entropie : de l'égalité précédente, on obtient : $dS = \frac{dU}{T} + \frac{p}{T}dV$ (1)

Cette relation donne l'entropie en fonction de l'énergie interne U et du volume V.

Une autre expression de la différentielle de S est obtenue en utilisant l'enthalpie : $H = U + pV$;

la différentielle $dH = dU + pdV + Vdp$ est reportée dans (1) $\Rightarrow$ $dS = \frac{dH}{T} - \frac{V}{T}dp$ (2)

dS est une différentielle totale $\Rightarrow \frac{1}{T} = \left(\frac{\partial S}{\partial U}\right)_V$; $\frac{p}{T} = \left(\frac{\partial S}{\partial V}\right)_U$; $\left(\frac{\partial}{\partial V}\left(\frac{1}{T}\right)\right)_U = -\left(\frac{\partial}{\partial U}\left(\frac{p}{T}\right)\right)_V$.

La connaissance de l'entropie S en fonction de ses variables naturelles permet d'obtenir toutes les informations sur le système : équation d'état, énergie interne.

3. EN PRATIQUE...

• Exprimons l'*entropie d'un gaz parfait*

Considérons n moles de gaz parfait de capacité thermique molaire à volume constant C_v et à pression constante C_p. L'équation d'état du gaz parfait est : $pV = n\,RT$.

→ en fonction de T et de V : $S(T,V)$. Utilisons l'expression (1).

La différentielle de l'énergie interne est $dU = nC_v(T)\,dT$ (fiche 20). En utilisant l'équation d'état, dS devient : $dS = \frac{dU}{T} + \frac{p}{T}dV = n\frac{C_V(T)}{T}dT + \frac{p}{T}dV = n\frac{C_V(T)}{T}dT + nR\frac{dV}{V}$.

Le premier terme ne dépend que de la température, le second terme que du volume, ce qui donne en intégrant entre l'état (T_0, V_0) et l'état (T,V) :

$$S(T,V) = S(T_0,V_0) + n\int_{T_0}^{T}\frac{C_V(T)}{T}dT + nR\int_{V_0}^{V}\frac{dV}{V}.$$

Dans une gamme de températures restreintes, C_V peut être supposée constante ; l'entropie devient alors : $S(T,V) - S(T_0,V_0) = nC_V \ln\left(\frac{T}{T_0}\right) + nR\ln\left(\frac{V}{V_0}\right)$

→ en fonction de T et de p : $S(T, p)$. Utilisons l'expression (2).

La différentielle de l'enthalpie est : $dH = nC_p\,dT$ où C_p est supposée indépendante de la température. L'expression de dS devient : $dS = \frac{dH}{T} - \frac{p}{T}dV = nC_p\frac{dT}{T} - nR\frac{dp}{p}$.

En intégrant entre l'état (T_0, p_0) et l'état (T, p), l'expression devient :

$$S(T,p) - S(T_0,p_0) = nC_p \ln\left(\frac{T}{T_0}\right) - nR\ln\left(\frac{p}{p_0}\right).$$

• Exprimons l'*entropie d'un corps condensé incompressible et indilatable.*

L'équation d'état d'un corps condensé incompressible et indilatable est : $V = V_0$ où V_0 est une constante (fiche 18), donc $dV = 0$. De plus, la différentielle de l'énergie interne est $dU = nC\,dT$, où n est le nombre de moles et C la capacité thermique molaire supposée indépendante de la température (fiche 20). L'expression (1) de dS devient : $dS = nC\frac{dT}{T}$

L'entropie ne dépend donc que de la température.

En intégrant entre T_0 et T, on obtient : $S(T) - S(T_0) = nC\ln\left(\frac{T}{T_0}\right)$.

24 Contact thermique

1. EN QUELQUES MOTS...

Le contact thermique est la mise en contact d'un système avec un thermostat. Le bilan entropique du contact thermique montre qu'il est possible d'approximer cette transformation par une transformation réversible nécessitant un opérateur extérieur.

2. CE QU'IL FAUT RETENIR...

Considérons un solide incompressible et indilatable de masse m et de capacité thermique massique c indépendante de la température. Les seules forces extérieures sont les forces de pression.

La température initiale du solide est T_I. Ce solide est mis en contact avec un thermostat à la température T_0 et atteint l'état d'équilibre à la température T_F.

- Le système étudié est le solide ; c'est un système fermé.
- Il subit une transformation monotherme, car elle a lieu en contact avec un thermostat à la température T_0.
- Le solide étant incompressible et indilatable, la température T suffit pour décrire l'état du système.

État initial (I) : T_I

État final (F) : $T_F = T_0$, car le système est en équilibre avec le thermostat à la température T_0.

- Le second principe conduit au bilan entropique : $\Delta S = S_{\text{éch}} + S_{\text{créée}} \Leftrightarrow S_{\text{créée}} = \Delta S - S_{\text{éch}}$
  - Exprimons la variation d'entropie S : $\Delta S = S(T_F) - S(T_I) = mc\ln\left(\dfrac{T_F}{T_I}\right)$ (fiche 23).
  - Exprimons l'entropie échangée $S_{\text{éch}}$: la transformation étant monotherme, $S_{\text{éch}} = \dfrac{Q}{T_{\text{ext}}} = \dfrac{Q}{T_0}$

    où Q est le transfert thermique reçu par le système.

Le premier principe permet de déterminer Q : $\Delta U = W + Q$.

Le solide étant incompressible et indilatable, le travail des forces de pression est nul : $W = 0$

$$\Rightarrow \Delta U = Q \Leftrightarrow Q = \Delta U = mc(T_F - T_I) \text{ (fiche 20).}$$

L'entropie créée $S_{\text{créée}}$ dans le système s'exprime donc : $S_{\text{créée}} = mc\left\{\ln\left(\dfrac{T_0}{T_I}\right) - \left(\dfrac{T_0 - T_I}{T_0}\right)\right\}$.

Introduisons la variable réduite positive $x = \dfrac{T_I}{T_0}$.

$\Rightarrow \quad S_{\text{créée}} = mc(-\ln x + (x-1))$.

Traçons les fonctions $y = x - 1$ (en rouge) et $y = \ln(x)$ (en noir) sur le même graphe. La courbe $y = \ln(x)$ est toujours en dessous ou tangente à la droite $y = x - 1$.

$\Rightarrow \; x - 1 \geq \ln(x)$.

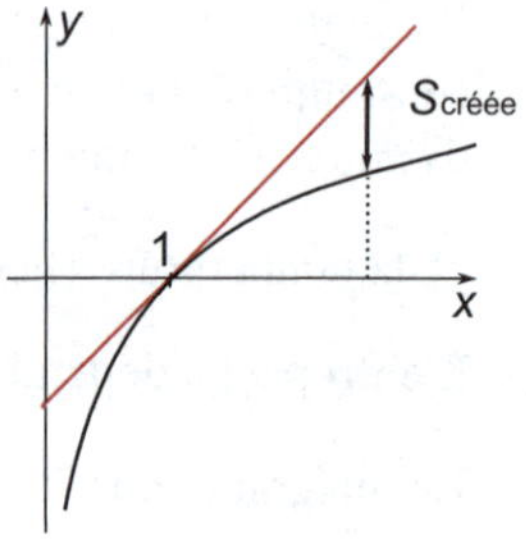

- Lors du contact thermique, l'entropie créée $S_{créée}$ est toujours positive ou nulle. L'expérience prouve que cette transformation est toujours réalisable, ce que confirme bien le second principe.
  - Discutons d'abord le cas $S_{créée} = 0$ obtenu lorsque $T_I = T_0$: la transformation est alors réversible. Le transfert thermique a lieu sans que la température du système ne varie. Un exemple est le thermostat, qui fonctionne de façon réversible.
  - Quand $T_I \neq T_0$, $S_{créée} > 0$: la transformation est irréversible. Sur le graphe, on constate que l'entropie créée augmente quand $|T_I - T_0|$ augmente.
- Utilisons cette propriété :

Considérons deux transformations différentes entre l'état initial (I) et l'état final (F).
Prenons l'exemple suivant : $mc = 10$ kJ.K^{-1}.

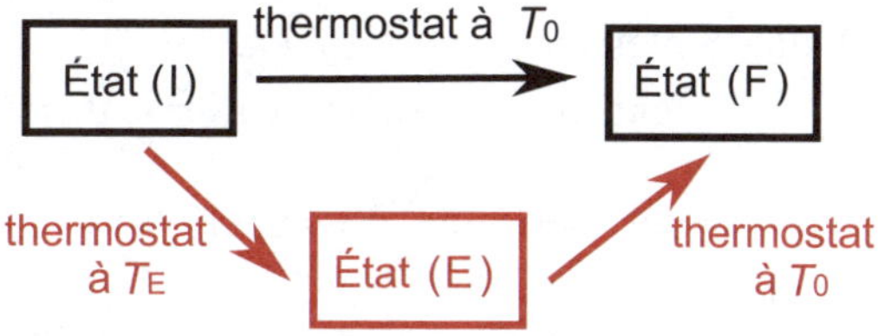

- Transformation 1 (en noir) :

Le solide à la température $T_I = 400$ K est mis en contact thermique avec le thermostat à la température $T_0 = 300$ K.

Le calcul précédent donne : $S_{créée}(\text{transformation 1}) = mc\left\{\ln\left(\frac{T_0}{T_I}\right) - \left(\frac{T_0 - T_I}{T_0}\right)\right\} = 450$ J.K^{1}.

- Transformation 2 (en rouge) : Elle est formée d'une suite de 2 transformations :
  - le solide à la température T_I est d'abord mis en contact thermique avec un thermostat à la température $T_E = 350$ K ; il atteint l'état d'équilibre (E), à la température T_E.
  - Le solide est ensuite mis en contact avec le thermostat à la température $T_0 = 300$ K.

L'entropie créée étant extensive, $S_{créée}(\text{transformation 2}) = S_{créée}((I)\rightarrow(E)) + S_{créée}((E)\rightarrow(F))$.

Or $S_{créée}((I)\rightarrow(E)) = mc\left\{\ln\left(\frac{T_E}{T_I}\right) - \left(\frac{T_E - T_I}{T_E}\right)\right\} = 93$ J.K^{-1}

et $S_{créée}((E)\rightarrow(F)) = mc\left\{\ln\left(\frac{T_0}{T_E}\right) - \left(\frac{T_0 - T_E}{T_0}\right)\right\} = 125$ J.K^{-1}

$\Rightarrow$ $S_{créée}(\text{transformation 2}) = 218$ J.K^{-1}.

L'entropie créée dépend du chemin suivi et est plus petite lors de la transformation 2 que lors de la transformation 1.

- De façon générale, on montre que l'entropie créée peut être rendue aussi petite que l'on veut en utilisant un nombre de plus en plus élevé de thermostats intermédiaires, conduisant ainsi à une transformation réversible.

3. EN PRATIQUE...

Une mole de gaz parfait monoatomique est contenue dans un cylindre rigide fermé par un piston mobile supposé sans masse et sans frottement.

L'ensemble est en contact avec l'atmosphère considérée comme un thermostat à la température $T_0 = 300$ K et comme un réservoir de pression à la pression $p_0 = 10^5$ Pa.

Initialement, le piston est maintenu par une cale ; le gaz est dans l'état (I) :
$p_I = 0{,}5\,.10^5$ Pa, T_I, V_I.

- *Transformation* (1) : on enlève la cale et on attend l'état d'équilibre final (F).

→ Le système utilisé est le gaz. Le milieu extérieur est l'atmosphère, le cylindre et le piston.

→ Le gaz subit une transformation monobare (contact avec une atmosphère à la pression p_0) et monotherme (contact avec un thermostat à la température T_0).

→ État initial (piston bloqué) : pression $p_I = 0{,}5\,.10^5$ Pa,

température (équilibre avec le thermostat) $T_I = T_0 = 300$ K

volume $V_I = \dfrac{RT_I}{p_I} = 49{,}9.10^{-3}$ m^3.

→ État final : $p_F = p_0$ (équilibre avec l'atmosphère) $\Rightarrow$ $p_F = 10^5$ Pa

$T_F = T_0$ (équilibre avec le thermostat) $\Rightarrow$ $T_F = 300$ K

volume : $V_F = \dfrac{RT_F}{p_F} = 24{,}9.10^{-3}$ m^3.

→ Écrivons le 2nd principe : $\Delta S = \dfrac{Q}{T_0} + S_{\text{créée}}$ car la transformation est monotherme à T_0.

→ Déterminons le transfert thermique Q à l'aide du 1er principe : $\Delta U = W + Q$

$$\Delta U = C_V\,(T_F - T_I).\ \text{Or } T_I = T_F = T_0 \Rightarrow \Delta U = 0 \Rightarrow W + Q = 0 \Leftrightarrow Q = -W.$$

La transformation est monobare à p_0 $\Rightarrow$ $W = -p_0(V_F - V_I)$

$\Rightarrow$ $Q = p_0(V_F - V_I) = -\ 2{,}49$ kJ.

→ Déterminons la variation d'entropie :

$$\Delta S = C_p \ln\left(\frac{T_F}{T_I}\right) - R\ln\left(\frac{p_F}{p_I}\right) = -R\ln\left(\frac{p_F}{p_I}\right) = -5{,}76\ \text{J.K}^{-1}.$$

$\Delta S < 0$, cela confirme bien que le système est plus « ordonné » après compression.

→ Déterminons l'entropie créée lors de la transformation (1) : $S_{\text{créée}} = \Delta S - \dfrac{Q}{T_0} = 2{,}5\ J.K^{-1}$.

L'entropie créée est bien positive, en accord avec le second principe.
Cette transformation spontanée est irréversible, car le gaz subit une discontinuité de pression lorsque la cale est enlevée.

- *Transformation* (2) : transformation isotherme entre l'état (I) et le même état final (F).

→ Le système utilisé est le gaz.

La transformation étant isotherme, la température du système reste constante pendant la transformation ; celle-ci est donc quasistatique. *Un opérateur doit déplacer très lentement le piston.* Le milieu extérieur est formé de l'atmosphère, du cylindre, du piston et de l'opérateur.

→ L'énergie U et l'entropie S étant des fonctions d'état, leurs variations ne dépendent pas du chemin suivi entre (I) et (F)

$$\Rightarrow \begin{cases} \Delta U = 0 \\ \Delta S = -\mathrm{R} \ln\left(\dfrac{p_F}{p_I}\right) \end{cases}.$$

→ Déterminons le transfert thermique Q' à l'aide du 1er principe : $\Delta U = W' + Q'$.

La transformation étant quasistatique, la pression p du système est connue en tout point de la transformation et telle que $p_{\text{ext}} = p$ avec $p = \dfrac{\mathrm{R}T_0}{V}$.

Le travail W reçu par le gaz s'écrit donc :

$$W' = -\int_{V_I}^{V_F} p\,\mathrm{d}V = -\mathrm{R}T_0 \int_{V_I}^{V_F} \frac{\mathrm{d}V}{V} = -\mathrm{R}T_0 \ln\left(\frac{V_F}{V_I}\right) = 1{,}73 \text{ kJ}$$

$$\Rightarrow Q' = -W' = -\ 1{,}73 \text{ kJ}$$

Le travail et le transfert thermique dépendent du chemin suivi entre (I) et (F).

→ Déterminons l'entropie créée lors de la transformation (2) :

$$S'_{\text{créée}} = \Delta S - \frac{Q'}{T_0} = -R \ln\left(\frac{p_{\mathrm{F}}}{p_{\mathrm{I}}}\right) - \frac{1}{T_0}\left(RT_0 \ln\left(\frac{V_{\mathrm{F}}}{V_{\mathrm{I}}}\right)\right),$$

$$\text{or} \quad \frac{p_{\mathrm{F}}}{p_{\mathrm{I}}} = \frac{V_{\mathrm{I}}}{V_{\mathrm{F}}} \quad \Rightarrow \quad S'_{\text{créée}} = 0.$$

La transformation est réversible, car le transfert thermique a lieu à la température du système et qu'il n'y a pas d'autres causes d'irréversibilité (piston sans frottement).

L'entropie créée, comme l'entropie échangée, dépend du chemin suivi entre (I) et (F).

→ Déterminons le travail W_{op} *fourni par l'opérateur.*

Le travail fourni par le milieu extérieur au système est égal à la somme du travail W_{atm} *fourni par l'atmosphère* et du travail W_{op} *fourni par l'opérateur.*

Le travail W' *reçu par le gaz* est donc :

$$W' = W_{atm} + W_{op} \quad \Rightarrow \quad W_{op} = W' - W_{atm}$$

$$\text{Or } W_{atm} = -p_0(V_{\mathrm{F}} - V_{\mathrm{I}}) \Rightarrow W_{op} = W' - W_{atm} = -\ 0{,}76 \text{ kJ}.$$

L'opérateur reçoit du travail du gaz, car il maintient le piston afin que celui-ci se déplace lentement.

25 Détentes de gaz

1. EN QUELQUES MOTS...

Les détentes de Joule-Gay Lussac et de Joule-Kelvin de gaz sont des exemples de transformations irréversibles, qui ne peuvent pas être approximées par une transformation réversible. La détente de Joule-Kelvin est utilisée pour liquéfier certains gaz.

2. CE QU'IL FAUT RETENIR...

a) Détente de Joule-Gay Lussac

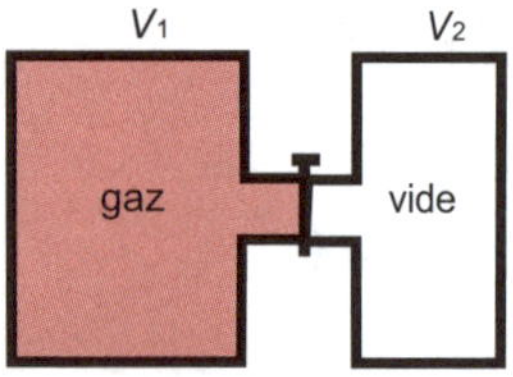

Un récipient à parois fixes, rigides et calorifugées est formé de deux compartiments de volumes V_1 et V_2. Un robinet permet de mettre en communication les deux compartiments. Initialement (état (I)), le robinet est fermé. n moles de gaz parfait à la température T_I occupent le volume V_1 et le volume V_2 est vide. Initialement, le robinet est ouvert ; le gaz subit une détente dans le vide et atteint l'état d'équilibre final (F).

- Le système étudié est l'ensemble formé par le gaz et le vide ; c'est un système fermé.

Il subit une transformation isochore (parois fixes et rigides) et adiabatique (parois calorifugées).

– État initial (I) : gaz parfait à T_I, V_1 et p_I (avec $p_I V_1 = n\mathrm{R}T_I$) + vide

– État final (F) : gaz parfait à T_F, p_F et $V_F = V_1 + V_2$.

- Déterminons l'état final à l'aide du premier principe appliqué au système : $\Delta U = W + Q$

$$\left.\begin{array}{l}\text{- transformation isochore } \Rightarrow W = 0 \\ \text{- transformation adiabatique } \Rightarrow Q = 0\end{array}\right\} \Rightarrow \Delta U = 0.$$

La détente de Joule-Gay Lussac est isoénergétique : $U(\mathrm{I}) = U(\mathrm{F})$.

L'énergie interne étant extensive, $\Delta U = \Delta U_{\text{gaz}} + \Delta U_{\text{vide}}$ avec $\Delta U_{\text{vide}} = 0$.

Pour un gaz parfait, l'énergie interne ne dépend que de la température, par suite $T_F = T_I$.

- L'entropie créée $S_{\text{créée}}$ dans le système (gaz parfait) est donnée par : $S_{\text{créée}} = \Delta S - S_{\text{éch}}$

$$\text{or } \left\{\begin{array}{l}\Delta S = nC_V \ln\left(\dfrac{T_F}{T_I}\right) + n\mathrm{R}\ln\left(\dfrac{V_F}{V_I}\right) = n\mathrm{R}\ln\left(\dfrac{V_1+V_2}{V_1}\right) \\ \text{la transformation étant adiabatique, } S_{\text{éch}} = 0\end{array}\right. \Rightarrow S_{\text{créée}} = n\mathrm{R}\ln\left(\dfrac{V_1+V_2}{V_1}\right)$$

Comme $V_1 + V_2 > V_1$, $S_{\text{créée}} > 0$. La détente de Joule-Gay Lussac est irréversible.

Or, $S_{\text{créée}} = \Delta S \Rightarrow$ L'entropie créée est la même pour toutes les transformations entre l'état initial et l'état final. Cette transformation est donc intrinsèquement irréversible.

C'est une détente dans le vide, donc il y a toujours une inhomogénéité de densité particulaire due à la discontinuité de pression ; c'est elle qui est la cause de l'irréversibilité.

b) Détente de Joule-Kelvin

Considérons l'écoulement à travers un milieu poreux d'un gaz parfait de masse molaire M dans une conduite cylindrique horizontale rigide, calorifugée.

Le régime est stationnaire. L'écoulement est suffisamment lent pour que la pression et la température soient homogènes à l'entrée (p_e et T_e) et à la sortie (p_s et T_s) du milieu poreux avec $p_s < p_e$. De plus, la vitesse d'ensemble du fluide est négligeable en tous ces points.

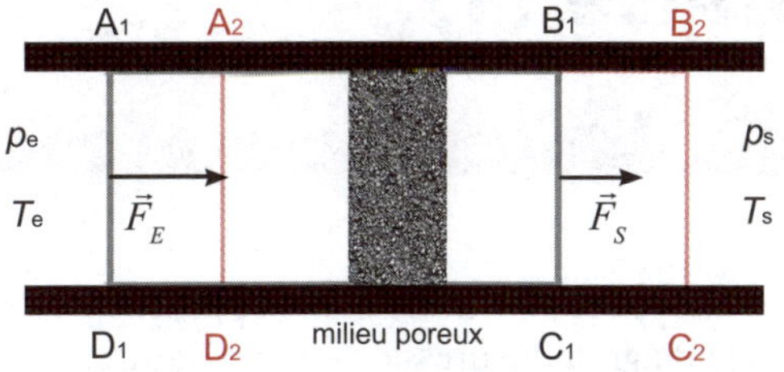

• Pour définir le système, nous suivrons une masse de gaz dans son mouvement entre les instants t_1 et t_2. À l'instant t_1, cette masse de gaz est en $A_1B_1C_1D_1$. À l'instant t_2, cette masse de gaz est en $A_2B_2C_2D_2$. C'est un système fermé.
Le système subit une transformation adiabatique (conduite calorifugée) entre l'instant t_1 et l'instant t_2.

• Appliquons le 1er principe à ce système pour la transformation entre t_1 et t_2 : $\Delta E_{\text{tot}} = W + Q$

– Exprimons la variation d'énergie totale ΔE_{tot} : $\Delta E_{\text{tot}} = \Delta U + \Delta E_{\text{Macro}} = \Delta U + \Delta E_{\text{K}} + \Delta E_{\text{pext}}$

▷ conduite horizontale dans le champ de pesanteur $\Rightarrow \Delta E_{\text{pext}} = 0$
▷ vitesse du fluide négligeable $\Rightarrow \Delta E_{\text{K}} = 0$
$\Rightarrow \quad \Delta U = U(t_2) - U(t_1)$

$U(t_1) = m_e u_e + \mathcal{U}(t_1)$
- à travers A_1D_1 : masse entrante m_e, énergie interne massique entrante u_e
- $m_e u_e$: énergie interne dans le volume $A_1A_2D_2D_1$
- $\mathcal{U}(t_1)$: énergie interne dans le volume $A_2B_1C_1D_2$

$U(t_2) = \mathcal{U}(t_2) + m_s u_s$
- à travers B_1C_1 : masse sortante m_s, énergie interne massique sortante u_s
- $m_s u_s$: énergie interne dans le volume $B_1B_2C_2C_1$
- $\mathcal{U}(t_2)$: énergie interne dans le volume $A_2B_1C_1D_2$

Le régime étant stationnaire, l'énergie interne et la masse dans le volume $A_2B_1C_1D_2$ sont indépendantes du temps $\Rightarrow \mathcal{U}(t_1) = \mathcal{U}(t_2)$ et $m_e = m_s = m \Rightarrow \Delta U = U(t_2) - U(t_1) = m(u_s - u_e)$

• Exprimons le transfert thermique Q reçu entre t_1 et t_2 : $Q = 0$ (transformation adiabatique).

• Exprimons le travail W reçu entre t_1 et t_2 : la conduite étant rigide, W correspond uniquement au travail des forces de pression liées à l'écoulement $\Rightarrow W = W_e + W_s$:

▷ À l'entrée : W_e est le travail de la force de pression $\vec{F}_e$ entre t_1 et t_2. Cette force entraîne le déplacement du gaz, le travail fourni au système est positif : $W_e = p_e V_e m_e = p_e V_e m$.

▷ À la sortie : W_s est le travail de la force de pression $\vec{F}_s$ entre t_1 et t_2. Cette force s'oppose au déplacement du gaz, le travail fourni au système est négatif : $W_s = -p_s V_s m_s = -p_s V_s m$.

V_e et V_s sont respectivement les volumes massiques entrant et sortant.

Le 1er principe s'écrit donc : $m(u_s - u_e) = m(p_e V_e - p_s V_s) \Leftrightarrow u_s + p_s V_s = u_e + p_e V_e$.

Utilisons l'enthalpie massique $h = u + pV$, le premier principe donne : $h_s = h_e$.

La détente de Joule-Thomson est isenthalpique.

Le gaz étant parfait, l'enthalpie ne dépend que de la température (fiche 21) $\Rightarrow T_s = T_e$.

• En utilisant le même raisonnement, le second principe donne : $m(s_s - s_e) = S_{\text{créée}}$

où s_e et s_s sont les entropies massiques respectivement entrante et sortante.

$$\text{Or } s_s - s_e = \frac{C_p}{M}\ln\left(\frac{T_s}{T_e}\right) - \frac{\text{R}}{M}\ln\left(\frac{p_s}{p_e}\right) \text{ (fiche 24)} \Rightarrow S_{\text{créée}} = -\frac{m}{M}\text{R}\ln\left(\frac{p_s}{p_e}\right).$$

Lors d'une détente, $p_s = p_e \Rightarrow S_{\text{créée}} > 0$

La détente de Joule-Thomson est irréversible. L'irréversibilité a pour cause les frottements du gaz dans le milieu poreux. Le second principe interdit la transformation inverse.

26 Transition de phase (1)

1. EN QUELQUES MOTS...

Les transitions de phase d'un corps pur sont développées au travers d'une approche descriptive introduisant le diagramme de Clapeyron et le diagramme pression – température.

2. CE QU'IL FAUT RETENIR...

Le système est une masse m d'un corps pur enfermé dans un récipient muni d'un piston.

a) Différentes transitions d'un corps pur

- Toute partie d'un système thermodynamique, dont les variables d'états intensives sont continues est appelée phase. De plus, les phases sont supposées homogènes.
- Pour les corps purs les plus simples, les phases ainsi que les différentes transitions sont représentées ci-dessous.

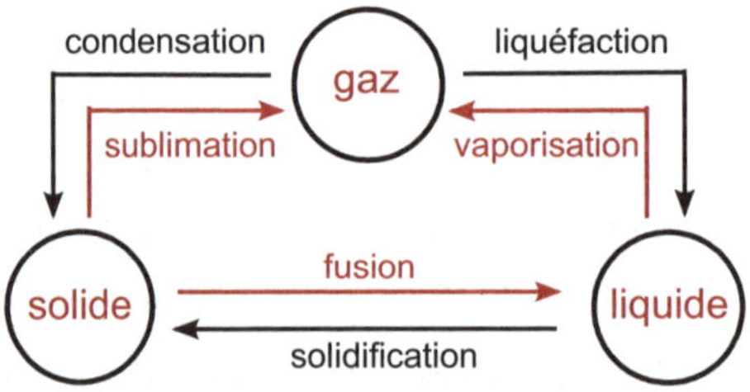

- La variance d'un système, notée v_{int}, est le nombre de variables intensives décrivant le système

$$v_{int} = c + 2 - f$$

| v_{int} : variance
| c : nombre de constituants
| f : nombre de phases

D'où le nombre de variables nécessaires pour décrire un corps pur :
- sous une phase : $c = 1, f = 1, v_{int} = 2$; deux variables sont nécessaires
- sous deux phases : $c = 1$, f = 2, $v_{int} = 1$; une seule variable suffit
- sous trois phases : $c = 1$, f = 3, $v_{int} = 0$; toutes les variables sont fixées

- À pression atmosphérique p_0, chauffons lentement de la glace ($T = -18$ °C). En fonction du temps t, d'abord la température croît, puis atteint un palier où la glace fond. Puis, le système étant liquide, la température est à nouveau croissante, jusqu'à un deuxième palier où l'eau se vaporise.

Sur un palier, deux phases du corps pur coexistent, une seule variable suffit à définir un système diphasique. Il existe une relation $p = f(T)$.

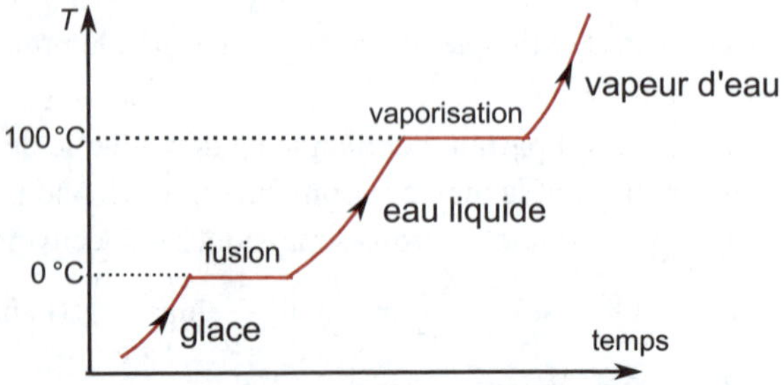

- Pour décrire complètement un corps pur sous deux phases, il est nécessaire, en plus de la température, de connaître la répartition de la masse entre les deux phases, par exemple la masse d'une des phases.

b) Diagramme pression - température

- Dans le diagramme pression – température, trois courbes $p = f(T)$ correspondent à l'équilibre sous deux phases :

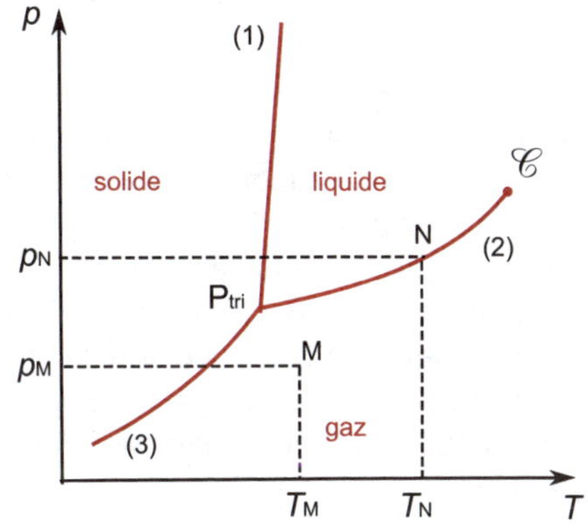

→ solide-liquide : (1) appelée courbe de fusion ;
→ liquide-vapeur : (2) appelée courbe de vaporisation ;
→ solide-gaz : (3) appelée courbe de sublimation.

- Un point sur l'une de ses courbes, comme N, correspond à tous les états liquide – gaz à la température T_N ayant toutes les compositions possibles en gaz.
- Ces trois courbes ont un point commun P_{tri} appelé point triple, correspondant à l'équilibre des trois phases solide – liquide – gaz.

Pour le dioxyde de carbone, la pression du point triple est 5,17 bar = 5,17 10^5 Pa et sa température 216 K.

- Un point en dehors de ces courbes, comme M, représente un seul état (T_M, p_M) : le corps pur est sous une seule phase.
- La courbe de vaporisation se termine en un point $\mathscr{C}$ appelé point critique.

Le point critique du dioxyde de carbone correspond à une pression de 73,8 bar et à une température de 304 K.

- Pour la plupart des corps, les pentes des courbes de fusion, de vaporisation et de sublimation sont positives.
- Étudions le cas particulier de l'eau

Eau	Pression	Température
Point triple	0,006 bar	273,16 K
Point critique	221 bar	647,3 K

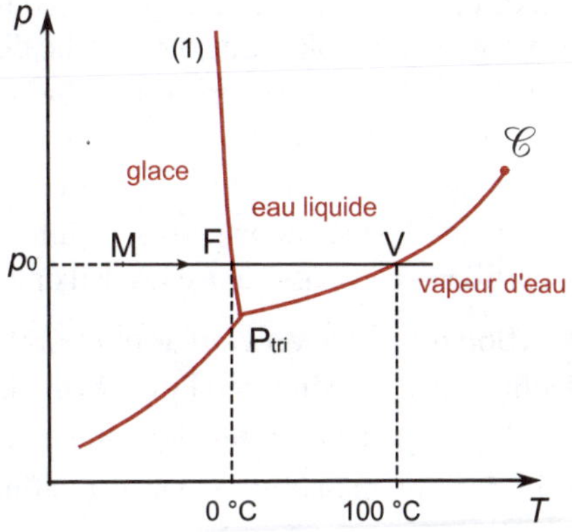

→ La courbe de fusion a une pente négative. Lorsque de la glace initialement à la pression atmosphérique est comprimée, elle fond.

→ La transformation décrite au paragraphe a) est tracée sur la figure, les points F et V correspondent aux deux paliers observés.

c) Diagramme de Clapeyron de la transition liquide-gaz

- Le diagramme de Clapeyron représente la pression p en fonction du volume massique v.

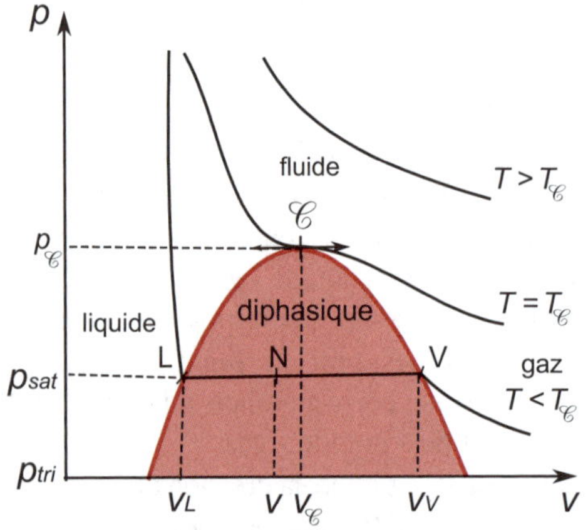

- Les isothermes obtenues, soit par compression isotherme du gaz, soit par détente isotherme du liquide sont tracées dans ce diagramme. Ces deux transformations étant quasistatiques, les différents états intermédiaires de celles-ci peuvent être représentés.

→ $T < T_{\mathscr{C}}$: lors de la compression du gaz, d'abord, la pression augmente, puis devient constante à partir du point V qui correspond à l'apparition de la première goutte de liquide. La pression reste constante de V à L, point où la dernière goutte de liquide disparaît. Ensuite, la pression augmente à nouveau, le système est alors monophasique à l'état liquide.

→ $T > T_{\mathscr{C}}$: lors de la compression du gaz, la pression est toujours croissante. Le système est monophasique dans l'état fluide.

→ $T = T_{\mathscr{C}}$: lors de la compression du gaz, la pression est toujours croissante, mais présente un point d'inflexion ($\left(\dfrac{\partial p}{\partial v}\right)_T = 0$) avec une tangente horizontale ($\left(\dfrac{\partial^2 p}{\partial v^2}\right)_T = 0$) au point critique $\mathscr{C}$.

La compressibilité isotherme est infinie au point critique.

- Le lieu des points V est appelé courbe de rosée. Le lieu des points L est appelée courbe d'ébullition, car lors de la détente du liquide, il y apparition, en L, de la première bulle de gaz. La réunion de ces deux courbes est appelée courbe de saturation ; celle-ci sépare la région diphasique de la région monophasique. La courbe de saturation présente un maximum au point critique.
- Sur le palier LV, le système est diphasique à la pression p_{sat} appelée pression de vapeur saturante. Il est constitué de deux phases :

– une phase formée de liquide saturant de volume massique v_L (celui du point L) ;

– une phase formée de vapeur saturante de volume massique v_V (celui du point V).

La répartition de la masse entre les deux phases varie quand le point N décrit le palier de V à L.

d) Fraction massique en vapeur d'un état diphasique

Définissons, au point N, la masse m_L du liquide saturant de volume massique v_L et la masse m_V de la vapeur saturante de volume massique v_V.

- La fraction massique en gaz est définie par :

$$x_V = \frac{m_V}{m}$$

x_V : fraction massique en gaz (sans dimension)
m_V : masse de la phase gaz (kg)
m : masse de corps pur (kg)

- Les deux phases étant disjointes, le volume V du système est la somme des volumes de chacune des phases : $V = m_L v_L + m_V v_V$

  De plus, $m = m_L + m_V$.

Ces deux équations donnent la fraction massique en vapeur : $x_V = \dfrac{v - v_L}{v_V - v_L}$

et la fraction massique en liquide : $x_L = 1 - x_V = \dfrac{v_V - v}{v_V - v_L}$

À partir du diagramme de Clapeyron : $v - v_L = \text{LN}$ et $v_V - v_L = \text{LV} \Rightarrow x_V = \dfrac{\text{LN}}{\text{LV}}$ et $x_L = \dfrac{\text{NV}}{\text{LV}}$.

Ces relations constituent le théorème des moments (ou règle du levier).

3. EN PRATIQUE...

Une chaudière est constituée d'une enceinte fermée, indéformable, de volume $V = 0{,}1\ \text{m}^3$. Elle contient une masse $m = 585$ g d'eau (masse molaire $M = 18\ \text{g.mol}^{-1}$) à la température $T_0 = 100\ °\text{C}$.

La vapeur d'eau est assimilée à un gaz parfait (GP). L'eau liquide est supposée incompressible et indilatable de masse volumique $\rho = 10^3\ \text{kg.m}^{-3}$.

La pression de vapeur saturante de l'eau à 100 °C est $p_{\text{sat}}(100\ °\text{C}) = 1\ \text{bar} = 10^5$ Pa.

Caractérisons l'état de l'eau contenue dans la chaudière.

Le système considéré est la masse m d'eau contenue dans la chaudière, correspondant à un nombre de moles $n = \dfrac{m}{M} = \dfrac{585}{18} = 32{,}5$ mol. Son volume massique est $v = \dfrac{V}{m} = \dfrac{100.10^{-3}}{0{,}585} = 0{,}17\ \text{m}^3.\text{kg}^{-1}$.

→ *Première méthode* : cette méthode est valable dans tous les cas : tables thermodynamiques ou modèles approchés. Dans le diagramme de Clapeyron, traçons l'isotherme de l'eau à $T_0 = 373$ K.

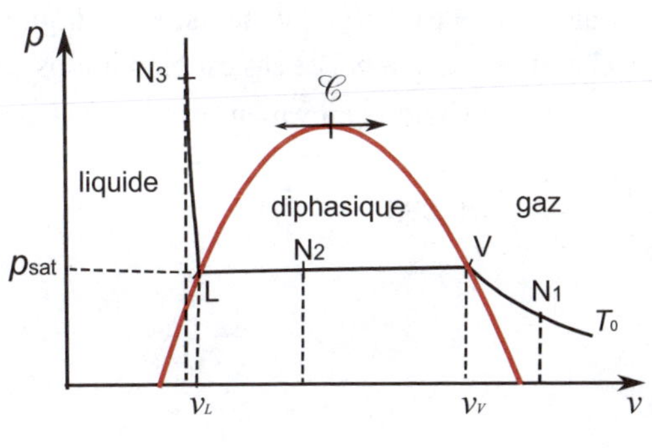

Cette isotherme est formée de 3 parties :

- celle dans la phase gaz (par exemple $\text{N}_1) \Rightarrow v \geq v_V$
- celle dans la région diphasique (par exemple $\text{N}_2) \Rightarrow v_L \leq v \leq v_V$
- celle dans la phase liquide (par exemple $\text{N}_3) \Rightarrow v \geq v_V$

Il est nécessaire de connaître v_L et v_V. Déterminons-les à partir des modèles :

- le volume massique du liquide incompressible et indilatable $v_L = \dfrac{1}{\rho} = 10^{-3}\ \text{m}^3.\text{kg}^{-1}$;

• le volume massique du gaz, supposé parfait : $v_V = \dfrac{RT_0}{Mp_{sat}} = \dfrac{8,31\times 373}{0,018\times 10^5} = 1,72 \text{ m}^3.\text{kg}^{-1}$

Or le volume massique de l'eau est $v = 0,17$ m^3.kg^{-1} $\Rightarrow$ $v_L \leq v \leq v_V$

L'eau, à la température $T_0 = 100$ °C, est diphasique ; sa fraction massique en vapeur est :

$x_V = \dfrac{v - v_L}{v_V - v_L} \simeq \dfrac{v}{v_V} = \dfrac{0,17}{1,72} = 0,098$ et sa pression $p = p_{sat} = 1$ bar.

→ *Seconde méthode* : cette méthode est utilisée quand chaque phase est modélisée.
Le système peut être dans trois états : gazeux, liquide – gaz, liquide.
Examinons chacun des trois cas :

• *système gazeux* :
Sa pression est donnée par l'équation d'état du GP : $p = \dfrac{nRT_0}{V} = 10^6$ Pa = 10 bar.
La pression du gaz est supérieure à la pression de vapeur saturante à T_0 (1 bar) : d'après le diagramme de Clapeyron (p,v), ce cas est impossible.

• *système diphasique liquide – gaz* :
Le gaz est sous forme de vapeur saturante à la pression $p_{sat}(T_0) = 1$ bar = 10^5 Pa.

En négligeant le volume du liquide, le nombre de moles d'eau vapeur est : $n_V = \dfrac{p_{sat}(T_0)V}{RT_0}$

soit $n_V = 3{,}2$ mol. *Ce nombre est inférieur au nombre de moles n d'eau. L'hypothèse est donc correcte.*
La masse d'eau liquide est : $m_L = m - m_V = (n - n_V)\, M = 525$ g. L'eau liquide occupe un volume de 0,525 L qui est petit par rapport à 100 L. L'approximation faite est bien vérifiée.

• *système liquide* :
Il n'est pas nécessaire d'étudier ce cas, puisqu'un seul état est possible. Vérifions néanmoins que ce cas est bien impossible.
Si l'eau est liquide, la masse d'eau liquide est alors $m_L = \rho V = 100$ kg ; la masse de liquide est alors plus grande que la masse d'eau dans la chaudière : $m_L > m$; ce cas est bien impossible.
L'eau à la température T_0 est diphasique ; sa fraction massique en vapeur est :

$$x_V = \frac{m_V}{m} = \frac{n_V M}{nM} = \frac{3,2}{32,5} = 0,098 .$$

27 Transition de phase (2)

1. EN QUELQUES MOTS...

À partir de l'exemple de l'équilibre liquide-vapeur d'un corps pur, sont développées les méthodes d'étude des systèmes diphasiques.

2. CE QU'IL FAUT RETENIR...

Le système est une masse m d'un corps pur enfermé dans un récipient muni d'un piston.

a) Équilibre liquide vapeur

Considérons une masse m d'un corps pur dans un état diphasique à la température T.

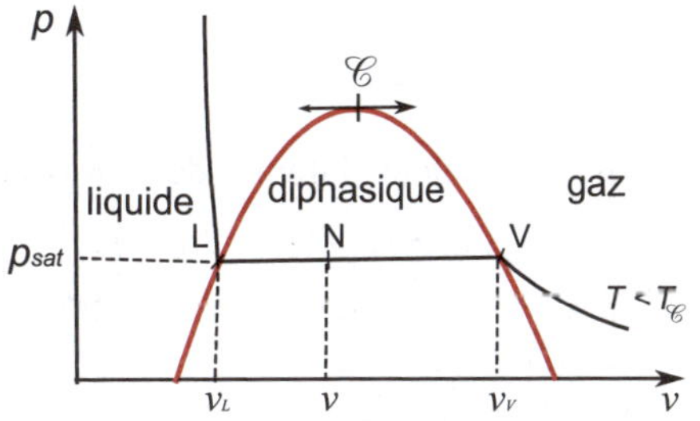

• Fonctions d'état du système diphasique liquide-gaz

→ Définissons les fonctions d'état massiques, à la température T d'équilibre, pour les deux phases en présence :

Fonctions d'état	Unité	Liquide saturant	Vapeur saturante
Énergie interne massique	$J.kg^{-1}$	u_L	u_V
Enthalpie massique	$J.kg^{-1}$	h_L	h_V
Entropie massique	$J.kg^{-1}.K^{-1}$	s_L	s_V

L'entropie massique varie comme le désordre, d'où $s_L < s_V$;

→ Les deux phases sont disjointes et les fonctions d'état U, H, S sont extensives. Par suite, x_V étant la fraction massique en vapeur, les fonctions d'état massiques du corps pur sont données par :

- énergie libre massique : $u = x_V u_V + (1 - x_V) u_L$;
- enthalpie massique : $h = x_V h_V + (1 - x_V) h_L$;
- entropie massique : $s = x_V s_V + (1 - x_V) s_L$.

• Chaleur latente massique L_V de vaporisation d'un corps pur

→ Définition : c'est le transfert thermique nécessaire pour réaliser, de façon réversible à pression et température constantes, la transition de l'unité de masse du corps pur de la phase liquide à la phase gazeuse.

→ Conséquences : considérons le système formé de l'unité de masse du corps pur.

Son état initial (I) est : système monophasique liquide à la pression p et à la température T.

Son état initial (F) est : système monophasique gaz à la pression p et à la température T.

La température et la pression du système étant constantes durant la transformation, celle-ci est isobare et isotherme.

– Le premier principe donne la variation d'enthalpie $\Delta h = Q$ où Q est le transfert thermique échangé. Par définition, Q est la chaleur latente massique de vaporisation.

Par suite, la variation d'enthalpie massique de vaporisation est : $\boxed{h_V(T) - h_L(T) = L_V(T)}$.

– L'entropie créée est nulle : $S_{\text{créée}} = 0$, car la transformation est réversible.

L'entropie échangée est $S_{\text{éch}} = \dfrac{Q}{T}$, la température T étant la température de vaporisation ($T_{\text{ext}} = T$).

Le second principe donne la variation d'entropie massique de vaporisation :

$$\boxed{s_V(T) - s_L(T) = \frac{L_V(T)}{T}}$$

→ Signe des chaleurs latentes de vaporisation L_V et de liquéfaction L_L

$$s_V(T) > s_L(T) \;\Rightarrow\; L_V(T) > 0 \;\text{ et }\; L_L(T) = T\,(s_L(T) - s_V(T)) = -L_V(T)$$

La vaporisation est une transformation endothermique, la liquéfaction une transformation exothermique.

La chaleur latente de vaporisation décroît avec la température et s'annule au point critique. Pour l'eau, à $T = 373$ K, $L_V = 2\,250$ kJ.kg^{-1}.

- Relation de Clapeyron : elle permet d'exprimer la chaleur latente massique à une température T

$$\boxed{L_V(T) = T(v_V - v_L)\left(\frac{\mathrm{d}p}{\mathrm{d}T}\right)_{\text{vap}}}$$

L_V : chaleur latente massique de vaporisation à la température T (J.kg^{-1})
T : température de vaporisation (K)
$v_V - v_L$: variation de volume massique lors de vaporisation à la température T (m^3.kg^{-1})
$\left(\dfrac{\mathrm{d}p}{\mathrm{d}T}\right)_{\text{vap}}$: pente de la courbe de vaporisation à la température T (Pa.K^{-1})

- Le volume massique de la vapeur est toujours plus grand que celui du liquide. Comme L_v et T sont positives, la pente de la courbe de vaporisation est toujours positive.

b) Discussion du diagramme *p–T*

- La chaleur latente massique de fusion à la température T est : $L_f = T(s_L - s_S)$ où s_S est l'entropie massique du solide saturant à la température T.

La chaleur latente massique de sublimation L_s est : $L_s = T(s_V - s_S)$.

Comme $s_S < s_L < s_V$, $L_f > 0$ et $L_s > 0$.

Pour l'eau : $L_f(273\text{ K}) = 334$ kJ.kg^{-1} et $L_s(273\text{ K}) = 2\,830$ kJ.kg^{-1}.

- La pente de la courbe de fusion a le même signe que $(v_L - v_S)$.

→ Pour la plupart des corps, $v_L > v_S$, le solide « tombe » dans le liquide. La pente de la courbe de fusion est alors positive.

→ Dans le cas de l'eau, la glace flotte sur l'eau liquide, donc $v_L < v_S$. La pente de la courbe de fusion est alors négative.

- Comme la courbe de vaporisation, la courbe de sublimation a toujours une pente positive.

3. EN PRATIQUE...

L'eau liquide et la glace sont supposées incompressibles et indilatables ; les capacités thermiques de la glace $c_g = 2{,}10$ kJ.kg^{-1}.K^{-1} et de l'eau liquide $c_e = 4{,}18$ kJ.kg^{-1}.K^{-1} sont supposées constantes.

La vapeur d'eau est assimilée à un gaz parfait (GP) de capacité thermique molaire à volume constant indépendante de la température $C_V = 33{,}3$ J.mol^{-1}K^{-1}.

La masse volumique de l'eau liquide est $\rho = 10^3$ kg.m^{-3} et sa masse molaire $M = 18$ g.mol^{-1}.
La pression de vapeur saturante de l'eau à 200 °C est $p_{\text{sat}}(200\text{ °C}) = 16$ bar.

La chaleur latente massique de vaporisation de l'eau, $L_v = 2300$ kJ.kg^{-1}, est supposée indépendante de la température.

- Une chaudière contenant $n = 32{,}5$ mol d'eau est constituée d'une enceinte fermée, indéformable, de volume $V = 0{,}1$ m^3. Dans l'état initial (I), l'eau, à la température $T_0 = 100$ °C, est dans un état diphasique, la fraction massique en vapeur $x_V = 0{,}098$.

→ Représentons l'état initial dans le diagramme de Clapeyron.

Ce diagramme représente la pression en fonction du volume massique.
La courbe d'ébullition est donnée par : $v_L = \dfrac{1}{\rho}$ = constante : c'est une droite parallèle à l'axe p.

La courbe de rosée est : $v_V = \dfrac{\mathrm{R}T}{Mp}$, car $p_{\text{sat}}(T) = p$; cette courbe est une hyperbole.

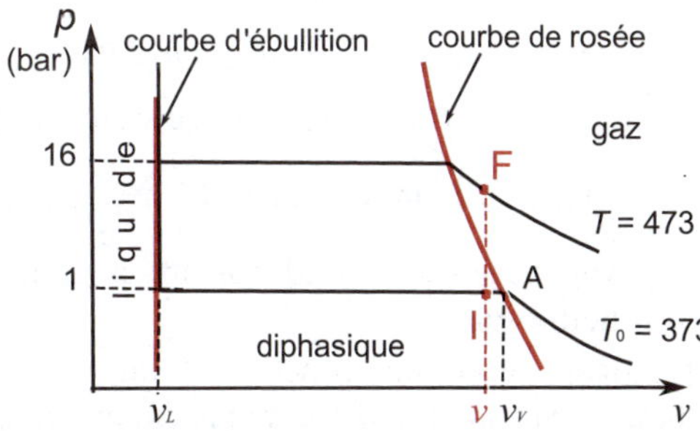

Le point I représentant l'état initial est à l'abscisse v sur le palier de l'isotherme $T_0 = 373$ K.

→ La chaudière est alors mise en contact avec un thermostat à la température $T_{\text{th}} = 200$ °C. Déterminons l'entropie créée lors de cette transformation.

- Le système étudié est la masse m d'eau.
- La transformation subie par l'eau est monotherme (température extérieure constante) et isochore.
- Déterminons l'état final (F) : le système est à l'équilibre avec le thermostat : $T_{\text{F}} = T_{\text{th}} = 200$ °C.

Pour déterminer si le système est monophasique ou diphasique, procédons par hypothèse (fiche 26) ; supposons l'eau sous forme de gaz. Sa pression est alors : $p = \dfrac{n\mathrm{R}T}{V} = 12{,}8\ 10^5$ Pa.

Cette valeur étant inférieure à la pression $p_{\text{sat}}(200) = 16$ bar, *l'hypothèse est correcte.*

Dans *l'état final* (F), le système est *monophasique* : *gaz* à $p_{\text{F}} = 12{,}8\ 10^5$ Pa et $T_{\text{F}} = 200$ °C.

Dans le diagramme de Clapeyron, le point F est sur l'isotherme $T = 473$ K à l'abscisse v.

On ne peut pas représenter la transformation dans le diagramme de Clapeyron, car les états intermédiaires ne sont pas des états d'équilibre (transformation brutale non quasistatique).

– Déterminons le transfert thermique Q échangé, en appliquant le 1er principe à l'eau :

$$\Delta U = W + Q.$$

La transformation est isochore, le travail échangé est nul : $W = 0$.
L'énergie interne étant une fonction d'état, sa variation ΔU ne dépend pas du chemin suivi. On choisit le chemin suivant de l'état (I) à l'état (F) :

n_L moles d'eau liquide saturant $T_0, p_{sat}(100)$	$\xrightarrow[1]{}$	eau vapeur saturante $T_0, p_{sat}(100)$ (point A)	$\xrightarrow[2]{}$	eau gaz T_F, p_F
n_V moles d'eau vapeur saturante $T_0, p_{sat}(100)$	$\xrightarrow[3]{}$	eau gaz T_F, p_F		

La transformation 1 est réversible, isotherme et isobare sur le palier de transition de phase ; la variation d'enthalpie de I → A est reliée à la chaleur latente massique de vaporisation L_v :

$$\Delta H_1 = n_L M L_v. \quad \text{Or } H = U + pV \quad \Rightarrow \quad \Delta U_1 = n_L M L_V - n_L M p_{sat}(T_0)[v_V(T_0) - v_L(T_0)].$$

Transformations 2 et 3 : échauffement isochore du gaz (GP) :

$$\Delta U_2 = n_L C_V (T_F - T_0) \text{ et } \Delta U_3 = n_V C_V (T_F - T_0) \text{ (fiche 20).}$$

D'où $\Delta U = \Delta U_1 + \Delta U_2 + \Delta U_3 = n_L M L_V - n_L M p_{sat}(T_0)[v_V(T_0) - v_L(T_0)] + nC_V(T_F - T_0)$

Le transfert thermique reçu par le système est $Q = \Delta U$.

Or $v_L(T_0) = 10^{-3}$ m^3.kg^{-1} et $v_V(T_0) = 1{,}72$ m^3.kg^{-1}, ainsi $Q = 1{,}3$ MJ.

– Appliquons le second principe à l'eau : $\Delta S = \dfrac{Q}{T_{th}} + S_{créée}$ où T_{th} est la température du thermostat.

L'entropie étant une fonction d'état, la variation d'entropie ΔS au cours de cette transformation est calculée sur le même chemin que la variation d'énergie interne.

Transformation 1 : réversible, isobare et isotherme à la température T_0 : $\Delta S_1 = \dfrac{n_L M L_v}{T_0}$

Transformations 2 et 3 : échauffement isochore du gaz :

$$\Delta S_2 = n_L C_V \ln\left(\frac{T_F}{T_0}\right) \text{et } \Delta S_3 = n_V C_V \ln\left(\frac{T_F}{T_0}\right)$$

Doù $\Delta S = \Delta S_1 + \Delta S_2 + \Delta S_3 = \dfrac{n_L M L_v}{T_0} + nC_V \ln\left(\dfrac{T_F}{T_0}\right)$; $\Delta S = 2{,}92$ kJ.K^{-1}.

Par suite, l'entropie créée est $S_{créée} = \Delta S - \dfrac{Q}{T_{th}} = 321$ kJ.K^{-1}.

$S_{créée} > 0$ en accord avec le 2nd principe.
La transformation est irréversible, le transfert thermique avec le thermostat en est la cause.

- Un calorimètre adiabatique de capacité thermique négligeable est en contact avec une atmosphère à la pression atmosphérique p_0. Initialement, ce calorimètre contient une masse m_0 = 250 g d'eau liquide et une masse m = 40 g de glace en équilibre thermique.

On chauffe lentement l'ensemble avec une résistance électrique alimentée par un courant d'intensité I_0 = 0,85 A, sous une tension U_0 = 220 V. La température de l'eau du calorimètre atteint la valeur T_F = 28,8 °C au bout d'une durée d'alimentation de la résistance Δt = 260 s.

Déterminons la chaleur latente de fusion de la glace L_f.

→ système utilisé : masse m_0 d'eau liquide et masse m de glace

→ État (I) : l'eau liquide et la glace étant en coexistence à la pression atmosphérique p_0, la température du système est la température T_{fus} à p_0, donc $T_I = T_{fus}$ = 0 °C = 273 K et $p_I = p_0$.

État (F) : La masse $m_0 + m$ est liquide à la température T_F = 28,8 °C et à la pression $p_F = p_0$.

→ La transformation est adiabatique et monobare à la pression p_0.

→ Comme $p_I = p_F = p_0$, le premier principe s'écrit : $\Delta H = W_{autre}$

W_{autre} est le travail électrique fourni au système : $W_{autre} = U_0 I_0 \, \Delta t$.

La variation d'enthalpie est calculée en utilisant le chemin suivant :

$$\begin{array}{ccccc} \text{masse m de glace} & \xrightarrow{1} & \text{eau liquide saturant} & \xrightarrow{2} & \text{eau liquide} \\ T_I = T_{fus}, p_0 & & T_{fus}, p_0 & & T_F, p_0 \\ \text{masse } m_0 \text{ d'eau liquide saturant} & \xrightarrow{3} & \text{eau liquide} & & \\ T_I = T_{fus}, p_0 & & T_F, p_0 & & \end{array}$$

La transformation 1 est une fusion réversible isotherme et isobare : $\Delta H_1 = m\, L_f$.

Transformations 2 et 3 : échauffement du liquide : $\Delta H_2 = m\, c_e(T_F - T_I)$ et $\Delta H_3 = m_0\, c_e(T_F - T_I)$

Par suite, $\Delta H = \Delta H_1 + \Delta H_2 + \Delta H_3 = m\, L_f + (m + m_0)\, c_e(T_F - T_I)$.

Le 1er principe s'écrit alors : $m\, L_f + (m + m_0)\, c_e(T_F - T_I) = U_0 I_0\, \Delta t$.

La chaleur latente de fusion à 273 K est : $L_f = \dfrac{U_0 I_0 \Delta t - (m + m_0) c_e (T_F - T_I)}{m}$.

D'où : L_f = 343 kJ. kg^{-1} ; cette valeur est cohérente avec la valeur tabulée : L_f = 334 kJ. kg^{-1}.

28 Machines thermiques

1. EN QUELQUES MOTS...

Les machines thermiques étudiées dans cette fiche sont utilisées dans de nombreux domaines : automobiles, centrales électriques, installations frigorifiques, pompes à chaleur...

2. CE QU'IL FAUT RETENIR...

a) Les différentes machines thermiques

- Définition : Les machines thermiques dithermes fonctionnent de façon cyclique, échangeant du travail W avec le milieu extérieur et du transfert thermique avec deux thermostats appelés source froide et source chaude. Le transfert thermique est Q_C avec une source chaude à la température T_C et Q_F avec une source froide à la température T_F ($T_C > T_F$).

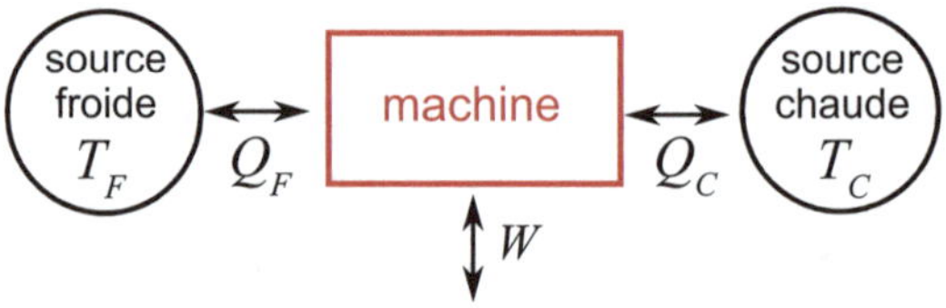

- Application des deux principes

Le système étudié est la machine.

Le premier principe appliqué à la machine donne la variation d'énergie interne ΔU lors d'un cycle : $\Delta U = W + Q_C + Q_F$, or la transformation étant cyclique, l'état initial est identique à l'état final, $\Delta U = 0$, d'où la relation : $W + Q_C + Q_F = 0$.

Le second principe appliqué à la machine donne la variation d'entropie ΔS lors d'un cycle : $\Delta S = S_{\text{éch}} + S_{\text{créée}}$ où $\Delta S = 0$ (transformation cyclique), l'entropie créée $S_{\text{créée}} \geq 0$ et l'entropie échangée $S_{\text{éch}} = \dfrac{Q_C}{T_C} + \dfrac{Q_F}{T_F}$, ce qui conduit à l'inégalité de Clausius :

$$\frac{Q_C}{T_C} + \frac{Q_F}{T_F} \leq 0$$

Q_C : transfert thermique reçu de la source chaude (J)
Q_F : transfert thermique reçu de la source froide (J)
T_F : température de la source froide (K)
T_C : température de la source chaude (K)

L'égalité correspond à une transformation réversible.

- Diagramme de Raveau

Un cycle est représenté par un point dans le diagramme de Raveau Q_C en fonction de Q_F.

- La droite (1) d'équation $\dfrac{Q_C}{T_C} + \dfrac{Q_F}{T_F} = 0$ correspond aux cycles réversibles. L'inégalité de Clausius définit la région correspondant aux cycles possibles dans le diagramme de Raveau $\Rightarrow$ la partie grisée du diagramme représente les cycles interdits par le second principe.

– La droite (2) d'équation $Q_C + Q_F = 0$ sépare le plan en deux zones correspondant à $W < 0$ au-dessus de cette droite et $W > 0$ au-dessous.

Ces droites et les axes déterminent dans le diagramme de Raveau les zones I, II, III et IV conduisant à deux types de machines :

→ La machine est un moteur si elle fournit du travail au milieu extérieur, par suite $W < 0$ ou $Q_C + Q_F > 0$.

Les moteurs possibles sont dans la zone I.

→ Les zones II, III et IV correspondent au fonctionnement des machines en récepteur, c'est-à-dire qu'elles reçoivent du travail du milieu extérieur, donc $W > 0$.

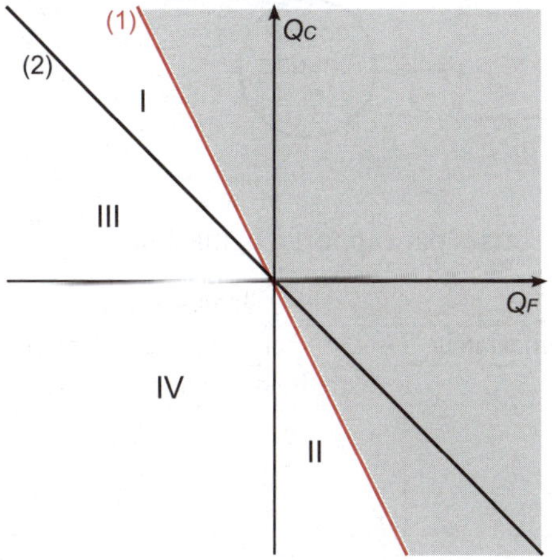

Considérons la zone III : elle correspond à $Q_C > 0$, $Q_F < 0$ et $W > 0$: le transfert thermique a lieu de la source chaude vers la source froide, via la machine qui reçoit du travail. Cette zone ne présente pas d'intérêt pratique, car le transfert thermique a lieu spontanément de la source chaude à la source froide sans avoir à fournir de travail. La zone IV ne présente pas non plus d'intérêt pratique.

Seule la zone II présente un intérêt pratique, car $Q_C < 0$, $Q_F > 0$ et $W > 0$, le travail fourni permet le transfert thermique de la source froide à la source chaude.

b) Moteur

- La machine fournit du travail au milieu extérieur ($W < 0$), reçoit du transfert thermique de la source chaude ($Q_C > 0$) et en cède à la source froide ($Q_F < 0$).

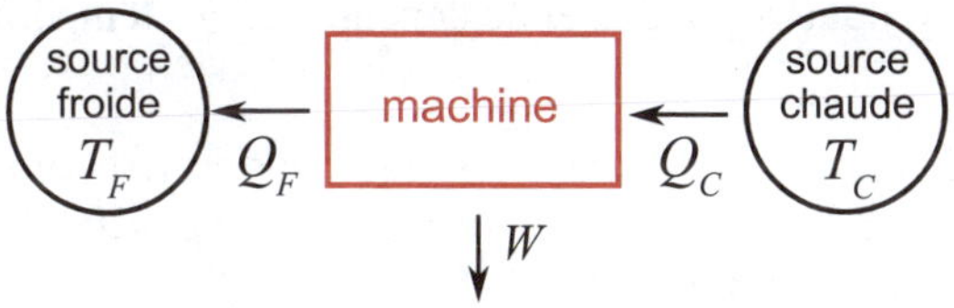

Le système étudié est la machine.

- Le rendement η d'un moteur est le rapport de ce que l'on gagne (le travail fourni à l'extérieur, $-W$) à ce que l'on dépense (le transfert thermique fourni par la source chaude, Q_C) :

$$\eta = \frac{-W}{Q_C}.$$

Le premier principe donne : $\eta = 1 + \frac{Q_F}{Q_C}$ et l'inégalité de Clausius donne : $\frac{Q_F}{Q_C} \leq -\frac{T_F}{T_C}$ car $Q_C > 0$.

$$\eta = \frac{-W}{Q_C} \leq 1 - \frac{T_F}{T_C}$$

η : rendement : nombre sans dimension, positif et toujours inférieur à 1
W : travail reçu par la machine (J)
Q_C : transfert thermique fourni par la source chaude (J)
T_F : température de la source froide (K)
T_C : température de la source chaude (K)

Le rendement maximum ou rendement de Carnot $\eta_{max} = 1 - \frac{T_F}{T_C}$ correspond à une transformation cyclique réversible. Il ne dépend que des températures des deux sources.
Par exemple, le rendement du moteur à combustion interne d'une automobile est de l'ordre de 0,33, c'est-à-dire qu'un tiers de l'énergie fournie par le carburant est transformée en énergie utile pour déplacer le véhicule, le reste étant dissipé dans l'atmosphère qui est la source froide.

c) Récepteurs : réfrigérateur et pompe à chaleur

La machine reçoit du transfert thermique de la source froide ($Q_F > 0$), en cède à la source chaude ($Q_C < 0$) et reçoit du travail du milieu extérieur ($W > 0$).

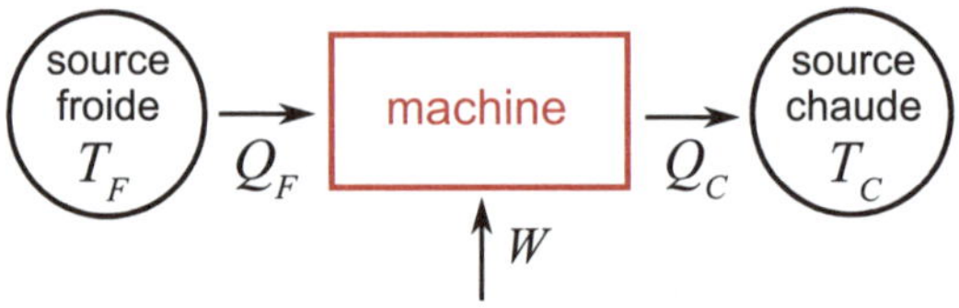

Le travail et les transferts thermiques sont algébrisés par rapport à la machine.

	Réfrigérateur	**Pompe à chaleur**
Système étudié	source froide : intérieur du réfrigérateur	source chaude, intérieur d'une maison
Autre source	source chaude : atmosphère	source froide : atmosphère ou sol
Efficacité	$e_R = \frac{Q_F}{W} \leq \frac{T_F}{T_C - T_F}$	$e_P = \frac{-Q_C}{W} \leq \frac{T_C}{T_C - T_F}$
Efficacité maximum	$e_{R_{max}} = \frac{T_F}{T_C - T_F}$	$e_{P_{max}} = \frac{T_C}{T_C - T_F}$

Dans les deux cas, l'efficacité peut être supérieure à 1. L'efficacité maximum correspond à une transformation cyclique réversible et ne dépend que des températures des deux sources.

3. EN PRATIQUE...

• Une centrale nucléaire est un moteur thermique ditherme cyclique installé au bord d'un fleuve servant de source froide dont la température est $T_F = 20$ °C. La source chaude est le cœur du réacteur à la température $T_C = 425$ °C.
La centrale fournit une puissance mécanique $P_m = 1\,000$ MW $= 10^9$ W.
Le rendement de la centrale est $\eta = 0,34$.
→ Calculons le rendement d'une machine thermique ditherme cyclique réversible fonctionnant entre ces deux sources.
La transformation cyclique étant réversible, le rendement est le rendement maximum de Carnot : $\eta_{max} = 1 - \frac{T_F}{T_C}$; $\eta_{max} = 1 - \frac{293}{698} = 0,58$ (les températures sont en K).
La machine réelle a un rendement plus faible, ce qui est cohérent avec le second principe ; la transformation est donc irréversible.
→ Calculons l'entropie créée par seconde par cette centrale.
La puissance mécanique P_m est le travail fourni pendant l'unité de temps.
Pendant l'unité de temps, la machine reçoit le travail $P_W = -P_m$ et échange les transferts thermiques P_C avec la source chaude et P_F avec la source froide.

Le second principe donne l'entropie créée par unité de temps $\sigma_{\text{créée}}$: $\sigma_{\text{créée}} + \dfrac{P_C}{T_C} + \dfrac{P_F}{T_F} = 0$

Le rendement est donné par : $\eta = -\dfrac{P_W}{P_C} = \dfrac{P_m}{P_C}$ d'où $P_C = \dfrac{P_m}{\eta} = 2\,940$ MW

Le premier principe donne : $P_C + P_F - P_m = 0$ d'où $P_F = P_m - P_C = -1\,940$ MW.

$$\sigma_{\text{créée}} = -\frac{P_C}{T_C} - \frac{P_F}{T_F} = -\frac{2940}{698} - \frac{-1940}{293} = 2{,}4 \text{ MW.K}^{-1}.$$

L'entropie créée par unité de temps est positive et la transformation cyclique irréversible.

• Pour fabriquer, à la pression atmosphérique, une masse $m = 4$ kg de glace à la température finale $T_f = 0$ °C à partir d'eau liquide à la température initiale $T_i = 0$ °C, on utilise un réfrigérateur. La température du milieu extérieur est $T_0 = 17$ °C.

La chaleur latente massique de fusion de la glace à $T_i = 0$ °C est $L_f = 336$ kJ.kg^{-1}.

Déterminons le travail minimum $W_{\min}$ qu'il faut fournir au réfrigérateur pour fabriquer la masse m de glace.

→ L'intérieur du réfrigérateur est la source froide à la température $T_F = T_f$.

La source chaude est le milieu extérieur : $T_C = T_0$.

La machine fonctionne en récepteur de façon cyclique entre ces deux sources.

→ L'efficacité du réfrigérateur est : $e_R = \dfrac{Q_F}{W}$, où Q_F est le transfert thermique fourni par la source froide à la machine ($Q_F > 0$) et W le travail reçu par la machine ($W > 0$). Or, l'efficacité est toujours inférieure à une valeur maximale $e_{R_{\max}} = \dfrac{T_F}{T_C - T_F}$.

Par suite : $\dfrac{Q_F}{W} \leq e_{R_{\max}}$ ou $W \geq \dfrac{Q_F}{e_{R_{\max}}}$; il y a donc un travail minimum $W_{\min} = \dfrac{Q_F}{e_{R_{\max}}}$ à fournir pour extraire le transfert thermique Q_F de la source froide, correspondant à une machine fonctionnant suivant un cycle réversible.

→ Calculons le transfert thermique Q_F.

- Le système étudié est la masse m d'eau dans le réfrigérateur.
- État initial : eau liquide à la pression P_{atm} et à la température $T_i = 0$ °C
- État final : glace à la pression P_{atm} et à la température $T_f = 0$ °C.
- La transformation dans le réfrigérateur est monobare à la pression atmosphérique, le système étant en équilibre avec l'atmosphère dans l'état initial et dans l'état final.
- Le premier principe s'écrit : $\Delta H = Q$, où ΔH est la variation d'enthalpie et Q le transfert thermique reçu par la masse m d'eau lors de la transformation ; comme il n'y pas de travail autre que celui des forces de pression, le travail W' est nul (fiche 21).
- L'enthalpie étant une fonction d'état, le chemin choisi pour calculer la variation d'enthalpie est la solidification réversible de l'eau liquide à 0 °C et à P_{atm} :

masse m d'eau liquide à P_{atm} et à $T_i = 0$°C → masse m de glace à P_{atm} et à $T_f = 0$ °C

d'où $\Delta H = m\, L_s$ où L_s est la chaleur latente massique de solidification.

Or $L_s = -L_f$ où L_f est la chaleur latente massique de fusion. ⇒ $Q = -m\, L_f$.

Le transfert thermique de la source froide à la machine est donc : $Q_F = -Q = m\, L_f$.

→ Le travail minimum nécessaire pour fabriquer la masse m de glace est :

$$W_{\min} = \frac{mL_f\left(T_0 - T_f\right)}{T_f} = 84 \text{ kJ}.$$

29 Conduction thermique

1. EN QUELQUES MOTS...

La conduction thermique est un phénomène de transport par transfert thermique. Ses principales propriétés sont décrites et comparées à celle de la conduction électrique.

2. CE QU'IL FAUT RETENIR...

a) Conduction thermique ou diffusion thermique

- Le système étudié est hors équilibre thermodynamique. Dans ce système, il existe des inhomogénéités de température qui entraînent un transfert thermique d'énergie, sans transport macroscopique de matière : c'est la conduction thermique.
  Dans les fluides, la conduction thermique est très souvent masquée par la convection, qui s'accompagne de mouvements macroscopiques de matière.
- Nous ne considérerons que des écarts faibles à l'état d'équilibre thermodynamique, décrits par la thermodynamique linéaire hors équilibre.

b) Conductivité thermique

- La densité de courant thermique $\vec{j}_{\text{th}}$ est le transfert thermique traversant l'unité de surface par unité de temps.

$$\delta Q = \vec{j}_{\text{th}} \cdot \vec{n}\, \mathrm{d}A\mathrm{d}t$$

δQ : transfert thermique traversant la surface (J)
$\mathrm{d}A$: surface (m^2) ; $\mathrm{d}t$: intervalle de temps (s)
$\vec{n}$: vecteur unitaire normal à la surface
$\vec{j}_{th}$: densité de courant thermique ($\mathrm{W.m^{-2}}$)

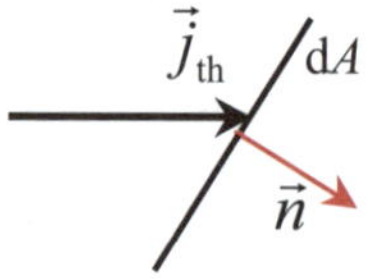

- Loi de Fourier

Définition : un déséquilibre thermique entraîne une densité de courant thermique qui tend à réduire le déséquilibre qui lui donne naissance et dont l'importance est proportionnelle à la grandeur du déséquilibre tant que celui-ci n'est pas trop important ; la loi de Fourier de la conduction thermique s'écrit ainsi :

$$\boxed{\vec{j}_{th} = -K_T \overrightarrow{\text{grad}}\, T}$$

K_T : conductivité thermique ($\mathrm{W.m^{-1}.K^{-1}}$)
$\vec{j}_{th}$: densité de courant thermique ($\mathrm{W.m^{-2}}$)
T : température (K)

À une dimension, selon x, cette loi s'écrit : $j_{th}(x,t) = -K_T \dfrac{\partial T(x,t)}{\partial x}$

– La conductivité thermique K_T est positive, d'où le signe "–" dans la loi de Fourier.
– La densité de courant thermique est orientée dans le sens des températures décroissantes.
– Cette loi phénoménologique est linéaire et vérifie le second principe.

La valeur de K_T est donnée pour quelques matériaux à température et pression ambiantes :

Matériau	air	eau	cuivre	acier	verre	béton	laine de verre
K_T ($\mathrm{W.m^{-1}.K^{-1}}$)	0,026	0,6	390	16	1,2	0,9	0,04

Les métaux sont de bons conducteurs thermiques, les isolants et les gaz en sont de mauvais.

c) Équation de la diffusion thermique (ou équation de la chaleur)

Considérons une barre métallique isotrope et homogène, de section A, de masse volumique ρ, de capacité thermique massique c et de conductivité thermique K_T, supposées indépendants de la température. Cette barre est calorifugée sur son pourtour.

Le rayon de la barre étant petit devant sa longueur, nous utiliserons un modèle unidimensionnel dans la direction x.

- Le système utilisé est une tranche de barre comprise entre x et $x + \mathrm{d}x$.

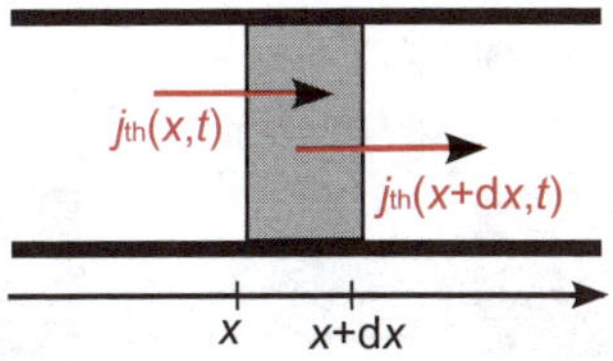

L'épaisseur dx est choisie petite par rapport aux variations macroscopiques suivant x, mais grande devant les tailles microscopiques. Ainsi, les variables thermodynamiques peuvent être définies dans la tranche : en x et à l'instant t, on définit la température $T(x,t)$ et l'énergie interne $U(x,t)$.

La transformation correspond à l'évolution de la barre entre les instants t et $t + \mathrm{d}t$.

- Effectuons le bilan énergétique (premier principe) dans ce système entre t et $t + \mathrm{d}t$:

$$U(x,t+\mathrm{d}t)-U(x,t)=\mathrm{d}U(x,t)=\delta W+\delta Q$$

→ Le solide étant incompressible et indilatable,

▷ $\mathrm{d}U(x,t)=\rho A\mathrm{d}x c\,\mathrm{d}T$ où dT est la variation de température dans la tranche pendant la durée dt.

▷ le travail des forces de pression est nul : $\delta W = 0$.

→ Le pourtour de la barre étant calorifugé, le transfert thermique δQ est formé de deux termes :

$\delta Q=\delta Q_e-\delta Q_s$

- $\delta Q_e = j_{th}(x,t)\,A\mathrm{d}t$: énergie entrante à l'abscisse x pendant dt
- $\delta Q_s = j_{th}(x+\mathrm{d}x,t)\,A\mathrm{d}t$: énergie sortante à l'abscisse x + dx pendant dt

ce qui donne : $\rho A\mathrm{d}x c\, dT=(j_{\mathrm{th}}(x,t)-j_{\mathrm{th}}(x+\mathrm{d}x,t))\,A\mathrm{d}t$.

La température étant uniforme dans le système, $\mathrm{d}T=\dfrac{\partial T}{\partial t}\mathrm{d}t$; d'où $\rho c\dfrac{\partial T(x,t)}{\partial t}=-\dfrac{\partial j_{\mathrm{th}}(x,t)}{\partial x}$

- Avec la loi de Fourier, $j_{\mathrm{th}}(x,t)=-K_T\dfrac{\partial T(x,t)}{\partial x}$ cela donne l'équation de diffusion thermique :

$$\rho c\frac{\partial T(x,t)}{\partial t}=K_T\frac{\partial^2 T(x,t)}{\partial x^2}$$

ρ : masse volumique (kg.m^{-3})
c : capacité thermique massique (J. kg^{-1}.K^{-1})
K_T : conductivité thermique (W m^{-1} K^{-1})
$T(x,t)$: température (en K) à l'abscisse x et à l'instant t

→ Cette équation aux dérivées partielles est linéaire du second ordre par rapport à x et du premier ordre par rapport au temps. Par suite, si $T(x,t)$ est solution de cette équation, $T(-x,t)$ l'est aussi. Par contre, si $T(x,t)$ est solution de cette équation, $T(x,-t)$ ne l'est pas, ce qui traduit l'irréversibilité de l'évolution de la température dans le temps.

La conduction thermique est un phénomène irréversible.

→ Pour résoudre cette équation, les conditions initiales $T(x,0)$ et les conditions aux limites sont nécessaires. Dans un modèle unidimensionnel, les conditions aux limites sont :

Condition aux limites	Expression
Surface en contact avec un thermostat à T_0	Température de la surface T_0
Surface calorifugée	Densité de courant thermique nulle en tout point de la surface calorifugée
Contact entre deux matériaux	Egalité de la densité de courant thermique et égalité des températures à l'interface

d) Régime permanent dans un système unidimensionnel : barre

En régime permanent, la température et la densité de courant thermique ne dépendent pas du temps. Par suite, la solution recherchée de l'équation est de la forme : $T(x)$.

→ L'équation de la diffusion thermique devient : $\frac{d^2T}{dx^2} = 0$; en intégrant ⇒ $\frac{dT}{dx} = B$

⇒ $T(x) = Bx + D$ où B et D sont des constantes.

Le gradient de température est constant en régime permanent.

→ À partir de la loi de Fourier, la densité de courant thermique est : $j_{th}(x) = -K_T \frac{dT}{dx} = -K_T B$.

La densité de courant thermique est la même en tout point de la barre.

Barre calorifugée en régime permanent	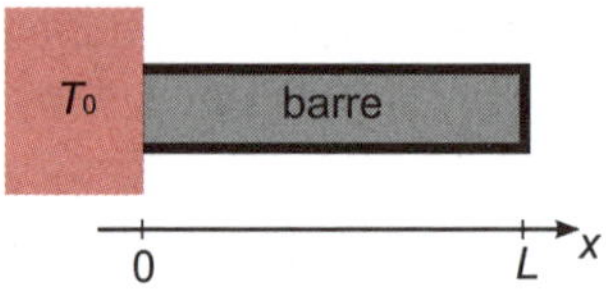	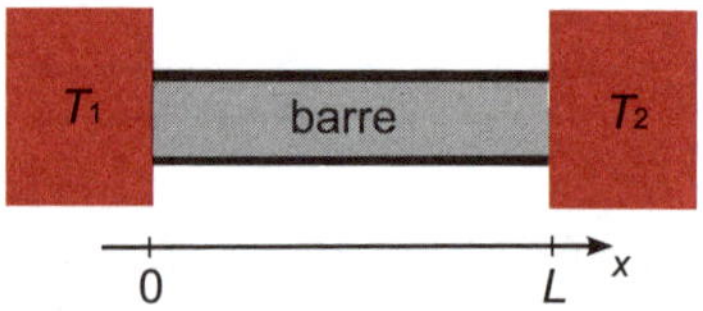
Mise en contact de la barre avec	un thermostat à T_0 en $x = 0$	deux thermostats, un à T_1 en $x = 0$ et l'autre à T_2 en $x = L$ ($T_1 > T_2$)
Température $T(x) = Bx + D$ avec les conditions aux limites	$T(0) = T_0$ et $j_{th}(L) = 0$ $\Rightarrow D = T_0$ et $B = 0$ $\Leftrightarrow T(x) = T_0$ Température uniforme : c'est un état d'équilibre thermodynamique	$T(0) = T_1$ et $T(L) = T_2$ $\Rightarrow D = T_1$ et $B = \frac{T_2 - T_1}{L}$ $\Leftrightarrow T(x) = \frac{T_2 - T_1}{L} x + T_1$ gradient de température constant
Densité de courant thermique	$j_{th}(x) = 0$ nulle en tout point de la barre	$j_{th}(x) = -K_T \frac{T_2 - T_1}{L}$

Introduisons le temps τ_d de diffusion thermique et utilisons les variables sans dimension x' et t' telles que $x = Lx'$ et $t = \tau_d t'$. L'équation de diffusion devient $\rho c \frac{\partial T}{\tau_d \partial t'} = K_T \frac{\partial^2 T}{L^2 \partial x'^2}$.

Quand les deux dérivées partielles sont du même ordre de grandeur, cela donne τ_d :

$\tau_d = \frac{\rho c L^2}{K_T} = \frac{L^2}{D_T}$ où D_T est la diffusivité thermique donnée par : $D_T = \frac{K_T}{\rho c}$ (unité $m^2.s^{-1}$).

Pour une barre en aluminium de longueur 1 m avec $c = 0{,}90$ kJ.K^{-1}.kg^{-1},
$\rho = 2{,}4.10^3$ kg.m^{-3}, $K_T = 200$ W.m^{-1}.K^{-1} : $D_T = 2{,}1\ 10^{-4}$ m^2.s^{-1} ⇒ $\tau_d = 4\,800$ s $= 1{,}33$ h.

Cela donne une idée du temps nécessaire pour atteindre l'équilibre thermique (quelques τ_d).

3. EN PRATIQUE…

- Considérons un récipient de forme cubique en polystyrène, muni d'un couvercle également en polystyrène, de conductivité thermique $K_T = 0{,}01$ W m^{-1} K^{-1}. Le contenu du récipient est à la pression atmosphérique p_0. La température extérieure est $T_{ext} = 313$ K.

Initialement, le récipient contient un mélange eau – glace, la masse de glace étant $m = 1$ kg. Chaque face du récipient a une épaisseur $e = 1$ cm et une surface $A = 200$ cm^2.

→ Déterminons la puissance thermique P_{th} reçue par le mélange eau – glace en régime permanent.

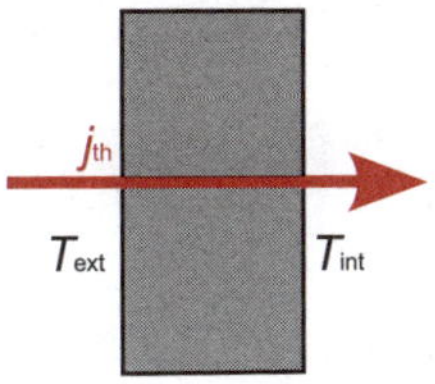

Le mélange eau – glace, à la pression atmosphérique, est à $T_{int} = 273$ K.
À travers la paroi en polystyrène, il y a une densité de courant thermique :

$$j_{th} = -K_T \frac{T_{ext} - T_{int}}{e}, \text{ d'où } P_{th} = j_{th} \times 6A = -6AK_T \frac{T_{ext} - T_{int}}{e},$$

car le cube a 6 faces. Par suite, $P_{th} = 4{,}8$ W.

→ Déterminons le temps τ au bout duquel toute la glace aura fondu. La chaleur latente massique de fusion de la glace à 0 °C est $L_f = 335$ kJ kg^{-1}.

- Système utilisé : masse m de glace ;
- État initial : masse m de glace $T_I = 273$ K, $p_I = p_0$;
- État final : masse m d'eau liquide $T_F = 273$ K, $p_F = p_0$;
- Transformation : monobare à p_0.

Appliquons le premier principe à ce système. Comme $p_I = p_F = p_0$, $\Delta H = Q$, où Q est le transfert thermique reçu par la glace pendant le temps τ, soit $Q = P_{th}\tau$.

Or $\Delta H = m\,L_f$ (fiche 27) $\Rightarrow \tau = \dfrac{mL_f}{P_{th}} = 1{,}4 \cdot 10^4 s = 3{,}9\,\text{h}$.

Ces emballages sont utilisés pour le transport de crèmes glacées (contenant beaucoup d'eau).

• Considérons une baie vitrée en régime permanent. Deux types de baie sont étudiés :

→ Un *simple vitrage* est constitué d'une vitre d'épaisseur $d = 3$ mm et de conductivité thermique $K_V = 1{,}0$ W.m^{-1}.K^{-1}.

La température extérieure est $T_{ext} = -29$ °C et la température intérieure $T_{int} = 19$ °C.

Déterminons la puissance thermique cédée à l'extérieur par unité de surface.

La puissance thermique surfacique est la densité de courant thermique :

$$j_{th} = -K_V \frac{T_{ext} - T_{int}}{d} = 16 \text{ kW.m}^{-2}.$$

→ Un double vitrage est constitué de deux vitres identiques à la vitre précédente séparées par une couche d'air d'épaisseur $D = 7{,}5$ cm, de conductivité thermique $K_{air} = 0{,}026$ W.m^{-1}.K^{-1}.

Déterminons la puissance thermique j_{th} cédée à l'extérieur par unité de surface.

Les conditions aux limites sont : la température est T_1 à l'interface verre-air et T_2 à l'interface air-verre. La densité de courant thermique est identique dans les deux vitres et l'air :

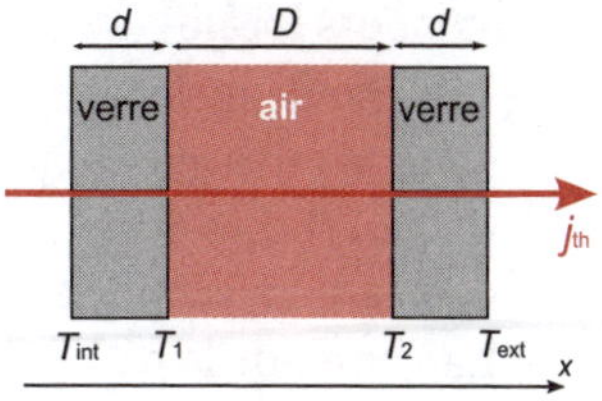

$$\Rightarrow j_{th} = -K_V \frac{T_1 - T_{int}}{d} = K_{air} \frac{T_2 - T_1}{D} = K_v \frac{T_{ext} - T_2}{d}$$

$$\Leftrightarrow T_{int} - T_1 = j_{th} \frac{d}{K_V} \; ; \; T_1 - T_2 = j_{th} \frac{D}{K_{air}} \text{ et } T_2 - T_{ext} = j_{th} \frac{d}{K_V}$$

$$\text{Or } T_{int} - T_{ext} = (T_{int} - T_1) + (T_1 - T_2) + (T_2 - T_{ext})$$

$$\Rightarrow j_{th} = \frac{T_{int} - T_{ext}}{2\dfrac{d}{K_V} + \dfrac{D}{K_{air}}} = 17 \text{ W.m}^{-2}.$$

Ce double vitrage permet de diviser par 10^3 la puissance thermique cédée à l'extérieur.

30 La mécanique des fluides

1. EN QUELQUES MOTS...

Le modèle continu permettant de décrire les fluides est développé, ainsi que les différentes représentations.

2. CE QU'IL FAUT RETENIR...

a) Définition d'un fluide

- Définition macroscopique : un fluide ne peut résister à une force de cisaillement (effort tangentiel), aussi faible soit-elle, sans subir un mouvement, à condition qu'elle agisse suffisamment longtemps. Le fluide n'a pas de forme propre. Exemple : liquide, gaz.
- Différence solide-fluide : sous l'effet d'un cisaillement, un solide subit une déformation finie (ou casse). Un fluide au repos ne peut supporter un effort tangentiel, il se met en mouvement.
- Différence liquide-gaz : le gaz n'a pas de volume propre (il occupe tout le volume offert).

b) Modèle continu du fluide

- Trois échelles de longueur sont définies :
  - L_1 microscopique : typiquement la distance moyenne parcourue entre deux chocs successifs.
  - L_2 mésoscopique : dans le volume L_2^3, il y a suffisamment de particules pour que l'équilibre thermodynamique soit atteint, on peut donc définir les grandeurs locales qui sont constantes dans ce volume.
  - L_3 macroscopique : échelle sur laquelle les grandeurs locales varient.

Le modèle continu du fluide s'applique si $L_1 << L_2 << L_3$.

- Dans le modèle continu, le fluide est constitué de particules fluides qui sont, par définition, de taille L_2. L'échelle L_2 est assimilée aux grandeurs infinitésimales.

Pour un fluide contenu dans un récipient de taille 10 cm, L_2 est de l'ordre du µm. Dans l'étude des phénomènes atmosphériques, L_2 est de l'ordre du *m*, voir du km dans la haute atmosphère.
On fait, de plus, l'hypothèse d'individualité de la particule fluide par rapport aux particules voisines : entre les instants t et $t + \mathrm{d}t$, les molécules contenues dans l'enveloppe imaginaire fermée qui limite la particule fluide sont toujours les mêmes. En fait, il y a des échanges, mais la zone d'échange entre particules fluides est typiquement de l'ordre de L_1.
C'est un modèle plausible ; il n'est justifié que par les prédictions qu'il permet d'obtenir.

c) Grandeurs locales

- Les grandeurs locales sont définies à l'échelle de L_2 en un point $\vec{r}$ et à l'instant t.
- Dans le cadre du modèle continu, toutes les grandeurs utilisées sont des grandeurs intensives (fiche 17). Les densités locales volumiques sont associées aux variables extensives correspondantes, par exemple à la masse est associée la masse volumique ρ.
- La vitesse de la particule fluide $\vec{v}$ est la vitesse moyenne de l'ensemble des molécules contenues dans la particule fluide, c'est donc la vitesse d'ensemble de la particule fluide.

d) Représentations

- Représentation lagrangienne

Dans un référentiel donné, le mouvement individuel de chaque particule fluide est étudié dans le temps, ce qui définit la trajectoire de la particule fluide. Pour la visualiser, une goutte de colorant est déposée dans le fluide et une photo est prise pendant un temps long.

Le mouvement du fluide est décrit par l'ensemble des trajectoires de chacune de ses particules. Ceci nécessite de connaître la position et la vitesse de chaque particule fluide à l'instant $t = 0$.

- Représentation eulérienne : c'est la représentation utilisée en mécanique des fluides.

Dans un référentiel donné, le fluide est à chaque instant considéré dans son ensemble. En chaque point $\vec{r}$ de l'espace, l'évolution des grandeurs locales au cours du temps est étudiée. Les coordonnées d'espace et le temps sont donc des variables indépendantes.

Cette représentation est une théorie de champ.

Le système est donc défini par des champs : le champ de pression $p(\vec{r},t)$, le champ de température $T(\vec{r},t)$, le champ de masse volumique $\rho(\vec{r},t)$, le champ de vitesse $\vec{v}(\vec{r},t)$.

À l'instant t, les lignes de courant sont, par définition, les lignes de champ de vitesse. Pour les visualiser, un nombre suffisant de gouttes de colorant est déposé dans le fluide et une photo est prise pendant un temps de pause très bref.

Le long d'une ligne de courant, toutes les particules fluides sont différentes. Les lignes de courant changent à chaque instant et sont différentes des trajectoires dans le cas général.

Lorsque l'écoulement est stationnaire (dans un référentiel donné), toutes les grandeurs ne dépendent pas explicitement du temps. Par suite les lignes de courant sont les mêmes à tous les instants. Les lignes de courant et les trajectoires définissent le même réseau de courbes.

e) Forces appliquées à une particule fluide

- Forces volumiques : ce sont des forces à longue portée, proportionnelles au volume de la particule fluide, par exemple la gravité.
- Forces surfaciques : ce sont des forces de contact liées à l'interaction au niveau des surfaces limitant les particules fluides ; elles sont proportionnelles à un élément de surface de la particule fluide. Par exemple, les forces normales sont les forces de pression, les forces tangentielles sont liées aux phénomènes de frottement (viscosité) dans le fluide.
- Les forces d'interaction à moyenne portée telles que les forces d'attraction newtonienne entre particules fluides sont négligées.

f) Dérivée particulaire en représentation eulérienne

Les lois de la mécanique ou de la thermodynamique s'appliquent à des systèmes fermés. En mécanique des fluides, le système utilisé est une particule fluide.

En représentation eulérienne, à l'instant t et à un instant $t + dt$, il y a deux particules fluides différentes au point M. Il est donc nécessaire de suivre dans son mouvement la particule fluide située au point M à l'instant t. Cela conduit à l'introduction de la dérivée particulaire, définie, pour une grandeur scalaire $p(\vec{r},t)$, par :

$$\frac{\mathrm{D}p}{\mathrm{D}t} = \left(\frac{\partial}{\partial t} + \vec{v}\cdot\overrightarrow{\mathrm{grad}}\right)p$$

$\frac{\partial p}{\partial t}$: dérivée temporelle liée au caractère non permanent de p

$\left(\vec{v}\cdot\overrightarrow{\mathrm{grad}}\right)p$: dérivée convective liée au caractère non uniforme de p

3. EN PRATIQUE...

Déterminons le champ d'accélération $\vec{a}(\vec{r},t)$ en représentation eulérienne

La dérivée particulaire pour chaque composante de la vitesse $\vec{v}(\vec{r},t)$ donne les composantes du champ d'accélération qui s'écrit : $\vec{a}(\vec{r},t) = \frac{\mathrm{D}\vec{v}}{\mathrm{D}t} = \left(\frac{\partial}{\partial t} + \vec{v}\cdot\overrightarrow{\mathrm{grad}}\right)\vec{v}$.

31 Statique des fluides

1. EN QUELQUES MOTS...

La statique des fluides est l'étude des fluides au repos sous l'effet de forces extérieures. Parmi ses applications, citons le baromètre, le densitomètre, l'écluse, le siphon, la presse hydraulique.

2. CE QU'IL FAUT RETENIR...

Considérons un fluide au repos dans le référentiel terrestre supposé galiléen. Le fluide est étudié en représentation eulérienne. Le champ de vitesse est nul en tout point.

a) Bilan des forces de pression sur une particule fluide cubique

Considérons une particule fluide cubique au point (x, y, z) de volume $\mathrm{d}x\mathrm{d}y\mathrm{d}z$. Le fluide étant au repos, seules les forces surfaciques dues à la pression agissent sur la particule fluide.

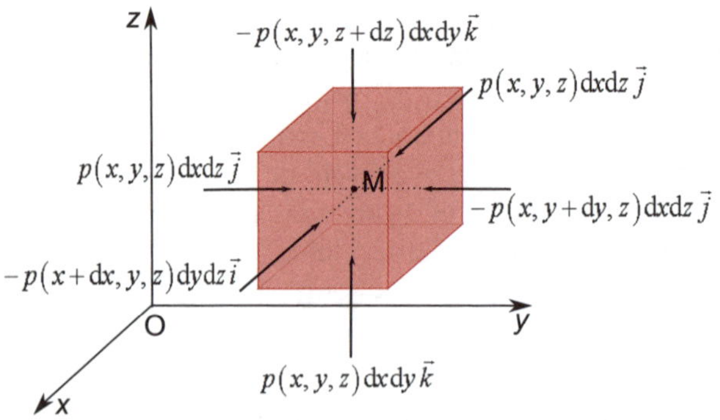

Les forces de pression sont normales aux six faces et dirigées vers l'intérieur du cube.

Leur résultante est :

$$\mathrm{d}\vec{F} = \mathrm{d}F_x\vec{i} + \mathrm{d}F_y\vec{j} + \mathrm{d}F_z\vec{k}.$$

→ Suivant l'axe Ox : $\mathrm{d}F_x$ comporte deux termes : la force de pression normale à la face à l'abscisse x et la force de pression normale à la face à l'abscisse $x + dx$, l'aire de ces deux faces étant identique et égale à $dy\,dz$,

$$\mathrm{d}F_x = \big(p(x,y,z) - p(x+\mathrm{d}x,y,z)\big)\mathrm{d}y\mathrm{d}z.$$

→ Suivant l'axe Oy : en utilisant les faces d'ordonnée y et y+ dy, d'aire $\mathrm{d}x\,\mathrm{d}z$, on obtient :

$$\mathrm{d}F_y = \big(p(x,y,z) - p(x,y+\mathrm{d}y,z)\big)\mathrm{d}x\mathrm{d}z.$$

→ Suivant l'axe Oz : de même, $\mathrm{d}F_z = \big(p(x,y,z) - p(x,y,z+\mathrm{d}z)\big)\mathrm{d}x\mathrm{d}y$.

En effectuant un développement limité, $p(x+\mathrm{d}x,y,z) - p(x,y,z) = \dfrac{\partial p}{\partial x}\mathrm{d}x$.

La résultante de la force de pression est : $\mathrm{d}\vec{F} = -\left(\dfrac{\partial p}{\partial x}\vec{i} + \dfrac{\partial p}{\partial y}\vec{j} + \dfrac{\partial p}{\partial x}\vec{k}\right)\mathrm{d}x\mathrm{d}y\mathrm{d}z$.

Comme $\mathrm{d}x\mathrm{d}y\mathrm{d}z = \mathrm{d}\mathcal{V}$ est le volume de la particule fluide, la résultante des forces de pression sur la particule fluide est équivalente à une force volumique : $\mathrm{d}\vec{F} = -\overrightarrow{\mathrm{grad}}\,p\ \mathrm{d}\mathcal{V}$.

b) Relation fondamentale de la statique des fluides

Le fluide est soumis en chacun de ses points M à des forces volumiques $\vec{F}_V(\mathrm{M})$.

La particule fluide au point M, de volume $d\mathcal{V}$, est soumise :

- à la résultante des forces de pression donnée par : $d\vec{F}(M) = -\overrightarrow{\mathrm{grad}}\, p(M)\; d\mathcal{V}$;
- aux forces volumiques : $d\vec{F}_V(\mathrm{M}) = \vec{f}_V(\mathrm{M})d\mathcal{V}$ où $\vec{f}_V(\mathrm{M})$ est la densité volumique de forces.

Le système étant au repos, $d\vec{F}(\mathrm{M}) + d\vec{F}_V(\mathrm{M}) = \vec{0}$, d'où la relation :

$$\overrightarrow{\mathrm{grad}}\, p(\mathrm{M}) = \vec{f}_V(\mathrm{M})$$

p(M) : pression au point M (Pa)

$\vec{f}_V(\mathrm{M})$: densité volumique de forces au point M ($\mathrm{N.m^{-3}}$)

c) Statique des fluides dans le champ de pesanteur

La densité volumique de forces de pesanteur est donnée par : $\vec{f}_V = \rho\vec{g}$, ρ étant la masse volumique et $\vec{g}$ l'accélération de la pesanteur ; d'où $\overrightarrow{\mathrm{grad}}\, p = \rho\vec{g}$.

L'axe $O\vec{z}$ étant vertical et orienté vers les altitudes croissantes, on a : $\vec{g} = -g\vec{k}$.

En projetant sur les 3 axes, cela donne : $\dfrac{\partial p}{\partial x} = 0$; $\dfrac{\partial p}{\partial y} = 0$; $\dfrac{\partial p}{\partial z} = -\rho g$ ⇒ la pression p est indépendante de x et de y ; elle ne dépend que de z : $p(z)$. Il en est de même pour ρ : $\rho(z)$.

$$dp(z) = -\rho(z)\, g dz$$

$p(z)$: pression à l'altitude z (Pa)

$\rho(z)$: masse volumique à l'altitude z ($\mathrm{kg.m^{-3}}$)

g : accélération de la pesanteur ($\mathrm{m.s^{-2}}$)

→ Si la pression est connue en un point du fluide, elle est alors définie en tout point.

→ Si d$z > 0$, alors d$p < 0$; la pression diminue quand l'altitude augmente.

→ Au sein d'un fluide au repos, les isobares (surface d'égale pression) sont des plans horizontaux.

d) Statique des fluides incompressibles homogènes dans le champ de pesanteur

Considérons un fluide incompressible (liquide) à la température T_0 constante.

La masse volumique ρ est alors une constante ρ_0.

Connaissant à l'altitude $z = 0$, la pression $p(0) = p_0$, l'intégration donne : $p(z) = p_0 - \rho g z$.

→ La pression augmente avec la profondeur. Ainsi, dans l'eau (ρ = 1 000 $\mathrm{kg.m^{-3}}$), pour une profondeur de 10 m (z = – 10 m), la différence de pression est : $p(z) - p_0 \cong 10^5$ Pa.

→ La surface libre d'un liquide est horizontale (expérience des vases communicants).

→ Les différences de pression peuvent être mesurées par des hauteurs équivalentes de liquide.

→ Théorème de Pascal : Si une variation de pression est appliquée en un point du liquide, elle se transmet intégralement à tous les points du liquide.

→ L'interface entre deux liquides de masses volumiques différentes est horizontal. La pression est continue à l'interface des deux liquides.

e) Poussée d'Archimède

Considérons un volume V à l'intérieur d'un fluide au repos dans le champ de pesanteur.

→ Le volume V est occupé par du fluide (cas (a) et (b), surface en rouge).

Les forces agissant sur ce volume V de fluide sont :

– son poids $\vec{P}$ appliqué au centre de gravité C

– les forces de pression exercées par le fluide extérieur dont la résultante est $\vec{\Pi}$; celle-ci est non nulle car la pression n'est pas uniforme dans le fluide.

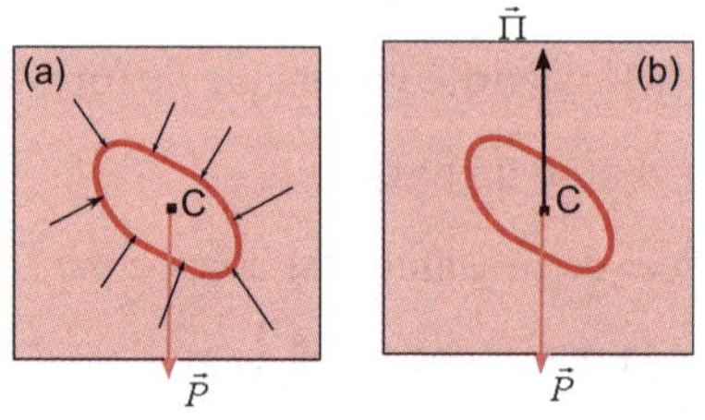

À l'équilibre, les deux forces se compensent : $\vec{\Pi} = -\vec{P}$. Le point d'application de la résultante $\vec{\Pi}$ est au centre C de gravité du volume de liquide.

→ Le volume V est occupé par un solide (solide grisé en (c)).

Les forces de pression exercées par le fluide sur le solide sont identiques à celles s'exerçant quand le volume est rempli de fluide.

Leur résultante est $\vec{\Pi}$ appliquée au point C, appelé centre de poussée. Celui-ci est en général différent du centre de gravité G du solide.

Le fluide occupant le volume du corps est appelé fluide déplacé.

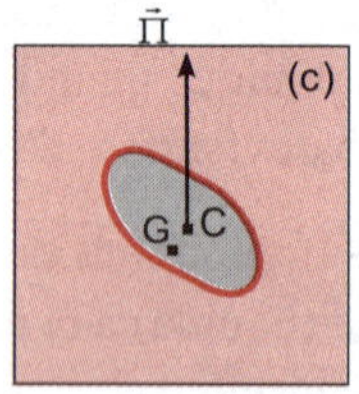

Théorème d'Archimède : Les forces de pression exercées par un fluide au repos dans le champ de pesanteur sur un corps immergé en son sein ont une résultante appelée poussée d'Archimède $\vec{\Pi}$, opposée au poids du fluide déplacé et appliquée au centre de poussée C qui est le centre de gravité du fluide déplacé.

$$\boxed{\vec{\Pi} = \rho_f g V \vec{k}}$$

$\vec{\Pi}$: poussée d'Archimède appliquée au centre de poussée C (N)
ρ_f : masse volumique du fluide déplacé (kg.m^{-3})
g : accélération de la pesanteur (m.s^{-2})
V : volume du corps immergé (m^3)
$\vec{k}$: vecteur unitaire suivant l'axe $O\vec{z}$ vertical ascendant

3. EN PRATIQUE...

Données : accélération de la pesanteur : $g = 9{,}8$ m.s^{-2} ;
Constante des gaz parfaits : R = 8,31 J.mol^{-1}.K^{-1} ; masse molaire de l'air : $M_{air} = 29$ g.mol^{-1}.
Les gaz utilisés sont parfaits (GP). Les liquides utilisés sont homogènes et incompressibles ;
Masse volumique de l'eau $\rho_{eau} = 10^3$ kg.m^{-3}.

• Considérons un tube en U ouvert à ses deux extrémités, et placé dans l'atmosphère à la pression atmosphérique p_0. Ce tube est vertical et placé dans le champ de pesanteur $\vec{g}$. Sa section est s = 1 cm^2. Le tube contient du mercure de masse volumique $\rho_{Hg} = 1{,}36\ 10^4$ kg.m^{-3}. Dans la branche de droite, on verse un volume d'eau V = 80 cm^3.

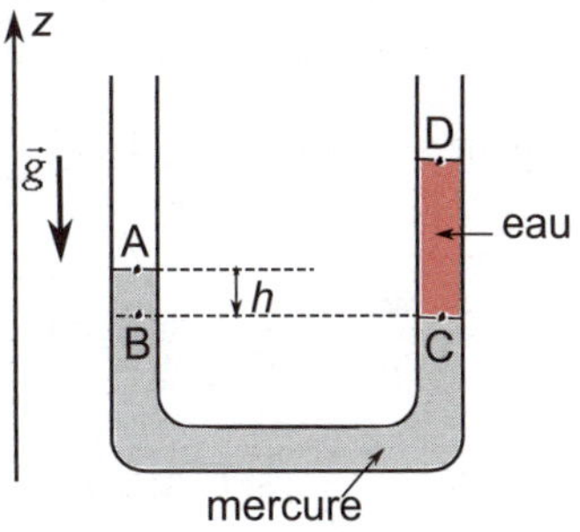

Déterminons la dénivellation h entre la surface libre du mercure et l'interface eau-mercure.
La continuité de la pression à l'interface mercure-air et eau-air donne : $p_A = p_D = p_0$. Dans le champ de pesanteur, les isobares sont les plans horizontaux $\Leftrightarrow p_B = p_C$.

Les liquides étant incompressibles, la relation fondamentale de la statique des fluides donne pour le mercure entre A et B : $p_B = p_0 + \rho_{Hg} g h$ et pour l'eau entre D et C : $p_C = p_0 + \rho_{eau} g H_{eau}$ avec la hauteur d'eau : $H_{eau} = \dfrac{V}{s} = 80$ cm.

$$\Rightarrow \rho_{Hg} g h = \rho_{eau} g H_{eau} \Leftrightarrow h = \frac{\rho_{eau}}{\rho_{Hg}} H_{eau} = 5{,}9 \text{ cm}.$$

• Considérons trois récipients cylindriques, dont le fond a la même aire A, posés sur une table horizontale dans l'atmosphère à la pression atmosphérique p_0. Ils sont remplis, tous les trois, d'eau jusqu'à la même hauteur h.
Déterminons la force de pression exercée par le fond du récipient sur le fluide dans les 3 cas.

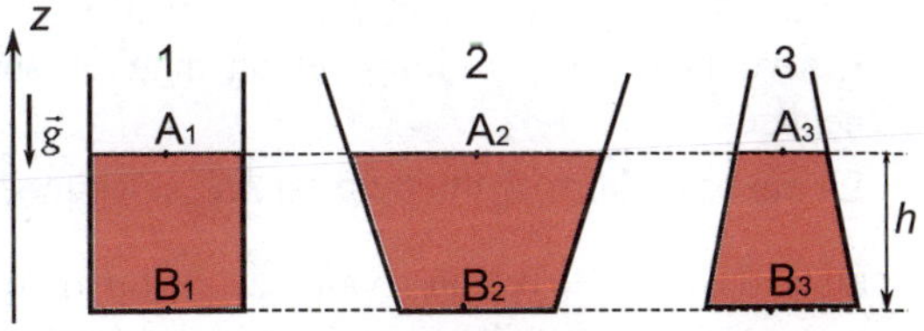

Les surfaces libres des trois récipients se trouvent dans le même plan horizontal ; par suite les pressions aux points A_1, A_2 et A_3 sont identiques et égales à p_0. Les trois points B_1, B_2 et B_3 sont dans le même plan horizontal à la pression $p = p_0 + \rho_{eau} g h$, l'eau étant incompressible.
La force de pression exercée par le fond du récipient sur le fluide est verticale, dirigée vers l'intérieur de l'eau et de module $F = pA$; cette force est identique dans les trois cas et ne dépend pas de la forme du récipient.

• Supposons l'atmosphère isotherme. La température de l'air, assimilé à un gaz parfait, est uniforme et égale $T_0 = 293$ K. Au niveau du sol ($z = 0$), la pression est $p_0 = 1013$ hPa. On supposera l'accélération de la pesanteur g constante. L'axe $\vec{Oz}$ est vertical ascendant.
Établissons la loi de variation de la pression p en fonction de l'altitude z.
Dans le champ de pesanteur, la pression p et la masse volumique ρ ne dépendent que de z.
Utilisons la relation fondamentale de la statique des fluides : $dp(z) = -\rho(z)\,g\,dz$
À une altitude z, p et ρ sont reliées par l'équation d'état du gaz parfait :

pour une mole : $pV_m = RT_0$, où V_m est le volume molaire. Comme $V_m = \frac{M}{\rho}$, $\rho = \frac{M}{RT_0}p$

Doù : $\frac{dp}{p} = -\frac{Mg}{RT_0}dz$; en intégrant et en utilisant $p(0) = p_0$, $p(z) = p_0 e^{-\frac{Mgz}{RT_0}} = p_0 e^{-\frac{z}{H}}$,

où $H = \frac{RT_0}{Mg}$ est la hauteur caractéristique de l'atmosphère isotherme : $H = 8{,}5$ km.

Il est raisonnable de considérer uniforme la pression de l'atmosphère dans une pièce, ainsi que la pression d'un gaz dans un récipient de l'ordre de quelques m^3.

• Un ballon-sonde est constitué d'une enveloppe souple fermée et d'une nacelle contenant le matériel d'observation. La masse de l'enveloppe et du matériel embarqué est $M = 250$ kg.
Le ballon-sonde est amarré au sol. L'enveloppe est remplie d'hélium à la température $T_0 = 290$ K et à la pression $p_0 = 10^5$ Pa (température et pression au niveau du sol). Son volume est $V = 300\ m^3$.
Les volumes de l'enveloppe et du matériel sont négligés.
La masse molaire de l'hélium est $M_{He} = 4\ g.mol^{-1}$.

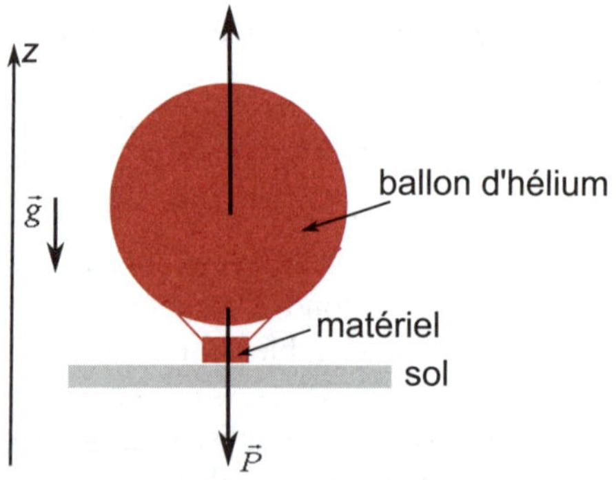

Déterminons si le ballon-sonde décolle lorsqu'on lâche les amarres.
Le système est le ballon-sonde et le matériel.
Les forces s'appliquant sur le système sont :

- Son poids : $\vec{P} = -(M + \rho_{He}V)g\vec{k}$ où $\rho_{He}V$ est la masse d'hélium contenue dans l'enveloppe.
- La poussée d'Archimède : $\vec{\Pi} = \rho_{air}Vg\vec{k}$ où $\rho_{air}V$ est la masse de l'air déplacé.

La résultante des forces sur le ballon-sonde est : $\vec{R} = \vec{P} + \vec{\Pi} = \left[(\rho_{air} - \rho_{He})V - M\right]g\vec{k}$.

Pour que le ballon décolle, la résultante doit être ascensionnelle $\Rightarrow (\rho_{air} - \rho_{He})V - M > 0$

Au sol : $\rho_{He} = \frac{M_{He}p_0}{RT_0} = 0{,}166\ kg.m^{-3}$ et $\rho_{air} = \frac{M_{air}p_0}{RT_0} = 1{,}203\ kg.m^{-3}$ (hélium et air GP)

$\Rightarrow (\rho_{air} - \rho_{He})V - M = 61{,}1\ kg > 0$. Le ballon décolle lorsqu'on lâche les amarres.

32 Écoulement parfait

1. EN QUELQUES MOTS...

Dans les écoulements parfaits, les phénomènes dissipatifs sont négligés. Ces écoulements vérifient l'équation d'Euler. Celle-ci conduit, dans certains cas, à une équation de conservation (relation de Bernoulli) permettant de nombreuses applications.

2. CE QU'IL FAUT RETENIR...

Considérons un écoulement fluide dans le référentiel terrestre supposé galiléen. Cet écoulement est décrit en représentation eulérienne.

a) Bilan de la masse

- La densité de courant massique $\vec{j}_m$ est la masse traversant l'unité de surface par unité de temps.

$\delta m = \vec{j}_m \cdot \vec{n} dS \ \delta t$	δm : masse traversant la surface (kg) dS : surface (m^2) ; δt : intervalle de temps (s) $\vec{n}$: vecteur unitaire normal à la surface $\vec{j}_m$: densité de courant massique (kg.s^{-1}.m^{-2})

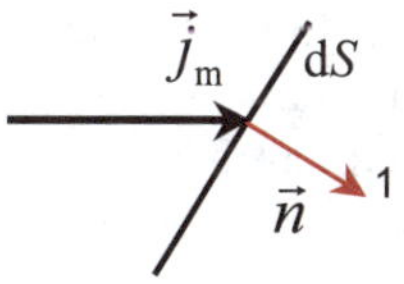

Considérons une surface dS fixe dans le référentiel terrestre, centrée sur le point M.

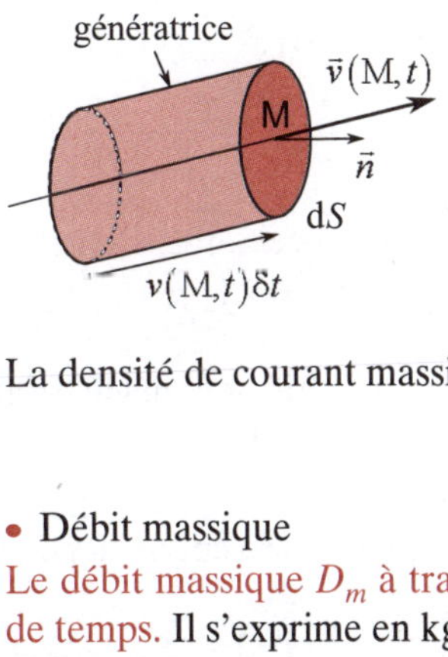

La masse δm traversant la surface dS pendant le temps δt est la masse des particules fluides occupant, à l'instant t, le cylindre de base dS et de génératrice parallèle à la vitesse $\vec{v}(\mathrm{M},t)$; la longueur du cylindre est $v(\mathrm{M},t)\delta t$. En introduisant la masse volumique $\rho(\mathrm{M},t)$:

$\delta m = \rho(\mathrm{M},t)\vec{v}(\mathrm{M},t)\cdot\vec{n}\ \mathrm{d}S\ \delta t$.

La densité de courant massique, au point M, à l'instant t, est :

$$\vec{j}_m(M,t) = \rho(\mathrm{M},t)\vec{v}(\mathrm{M},t).$$

- Débit massique

Le débit massique D_m à travers une surface S est la masse traversant cette surface par unité de temps. Il s'exprime en kg.s^{-1}.

En sommant les débits massiques élémentaires $\mathrm{d}D_m = \rho(\mathrm{M},t)\vec{v}(\mathrm{M},t).\vec{n}\mathrm{d}S$ sur la surface S, le débit massique D_m à travers une surface S est donné par :

$$D_m = \iint_S \rho(\mathrm{M},t)\vec{v}(\mathrm{M},t).\vec{n}\mathrm{d}S.$$

- Bilan de masse en représentation eulérienne

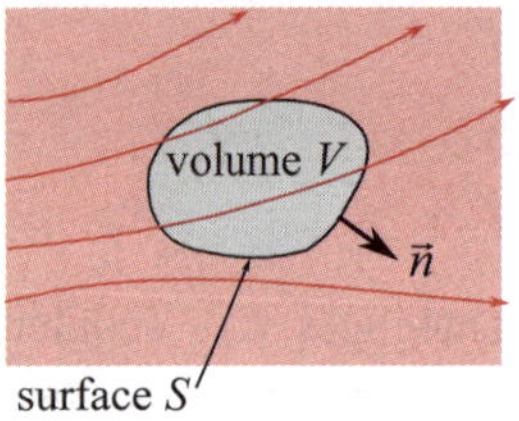

Considérons un volume V fixe dans le référentiel terrestre, limité par une surface S fermée. Par convention, la normale est orientée vers l'extérieur. Dans l'écoulement, il n'y a aucune source de masse.

→ Forme intégrale de la conservation de la masse

Dans le volume V, considérons un volume fixe dτ autour du point M. Dans ce volume dτ, la masse contenue, à l'instant t, est $\mathrm{d}m(t) = \rho(\mathrm{M},t)\mathrm{d}\tau$; par suite, la variation de masse, entre les instants t et $t + \delta t$, dans dτ, est :

$$\mathrm{d}m(t+\delta t) - \mathrm{d}m(t) = (\rho(\mathrm{M},t+\delta t) - \rho(\mathrm{M},t))\mathrm{d}\tau = \frac{\partial \rho(\mathrm{M},t)}{\partial t}\mathrm{d}\tau\,\delta t.$$

Le fluide s'écoulant au cours du temps, de la masse entre et sort du volume V fixe. Entre les instants t et $t + \delta t$, la somme de la variation de la masse dans le volume V et de la masse sortant à travers la surface S est nulle :

$$\iiint_{\text{volume } V} \frac{\partial \rho(\mathrm{M},t)}{\partial t}\mathrm{d}\tau\,\delta t + \oiint_{\text{surface } S} \rho(\mathrm{M},t)\vec{v}(\mathrm{M},t)\vec{n}.\mathrm{d}S\,\delta t = 0.$$

→ Équation locale de la conservation de la masse

En divisant par δt et en utilisant le théorème d'Ostrogradski (Annexe B) :

$$\iiint_{\text{volume} V} \left(\frac{\partial \rho(\mathrm{M},t)}{\partial t} + \mathrm{div}(\rho(\mathrm{M},t)\vec{v}(\mathrm{M},t))\right)\mathrm{d}\tau = 0.$$

Cette relation est vérifiée pour tout volume V ; d'où : $\dfrac{\partial \rho(\mathrm{M},t)}{\partial t} + \mathrm{div}(\rho(\mathrm{M},t)\vec{v}(\mathrm{M},t)) = 0$

b) Définitions

→ Un écoulement parfait est un écoulement où les phénomènes dissipatifs sont négligeables :

- Absence de frottements liés à la viscosité : les seules forces surfaciques sont les forces pressantes
- Absence de transfert thermique d'un point à l'autre du fluide.

→ Un écoulement est permanent ou stationnaire si les champs qui le décrivent ne dépendent pas explicitement du temps.

c) Équation d'Euler décrivant un écoulement parfait

→ Soit un écoulement parfait dans le champ de pesanteur.

Considérons le système formé par une particule fluide de volume dτ ; sa masse est ρdτ.

Ce système est soumis aux forces extérieures suivantes :

- forces de pression sur sa surface, forces équivalentes à la force volumique $-\overrightarrow{\mathrm{grad}}\,p\ \mathrm{d}\tau$ (fiche 30) ;
- force volumique de pesanteur $\rho\vec{g}\,\mathrm{d}\tau$.

La relation fondamentale de la dynamique donne : $\rho\mathrm{d}\tau \dfrac{\mathrm{D}\vec{v}}{\mathrm{D}t} = \rho\vec{g}\,\mathrm{d}\tau - \overrightarrow{\mathrm{grad}}\,p\,\mathrm{d}\tau$.

En utilisant l'expression de la dérivée particulaire, on obtient l'équation d'Euler :

$$\rho\left[\frac{\partial \vec{v}}{\partial t} + \left(\vec{v}.\overrightarrow{\mathrm{grad}}\right)\vec{v}\right] = \rho\vec{g} - \overrightarrow{\mathrm{grad}}\,p$$. Cette équation est non linéaire.

→ L'équation d'Euler couple les variables locales de vitesse $\vec{v}(\mathrm{M},t)$, de pression $p(\mathrm{M},t)$ et de masse volumique $\rho(\mathrm{M},t)$. Ce sont donc 5 variables scalaires qui décrivent l'écoulement parfait. Il est donc nécessaire d'avoir 5 équations pour résoudre le problème. L'équation d'Euler, qui est vectorielle, en fournit trois ; l'équation locale de conservation de la masse en fournit une. Une équation supplémentaire décrivant les propriétés du fluide est nécessaire, par exemple, si le fluide est incompressible et homogène, la masse volumique est alors constante et connue.

d) Relation de Bernoulli

Considérons un écoulement parfait permanent d'un fluide incompressible homogène ($\rho = \rho_0$).

L'écoulement étant permanent, il n'y a pas de dépendance explicite en temps : $\dfrac{\partial \vec{v}}{\partial t} = \vec{0}$.

L'équation d'Euler s'écrit :

$$\overrightarrow{\text{grad}}\left(\frac{v^2}{2}\right) + \overrightarrow{\text{rot}}\,\vec{v} \wedge \vec{v} = \vec{g} - \frac{\overrightarrow{\text{grad}}\,p}{\rho_0} \quad \text{en utilisant} \quad (\vec{v}.\overrightarrow{\text{grad}})\vec{v} = \overrightarrow{\text{grad}}\left(\frac{v^2}{2}\right) + \overrightarrow{\text{rot}}\,\vec{v} \wedge \vec{v}.$$

Considérons une ligne de courant (L). Elle ne varie pas au cours du temps, car l'écoulement est permanent. Intégrons l'équation d'Euler entre deux points A et B de cette ligne de courant. Soit $\mathrm{d}\vec{l}$ l'élément de ligne de courant en M :

$$\int_A^B \left(\overrightarrow{\text{grad}}\left(\frac{v^2}{2}\right) + \overrightarrow{\text{rot}}\,\vec{v} \wedge \vec{v}\right) \cdot \mathrm{d}\vec{l} = \int_A^B \left(\vec{g} - \frac{\overrightarrow{\text{grad}}\,p}{\rho_0}\right) \cdot \mathrm{d}\vec{l}.$$

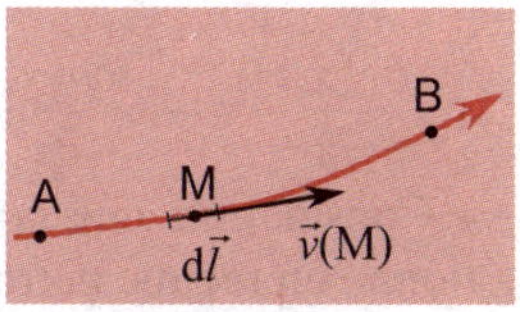

Comme $\mathrm{d}\vec{l}$ est parallèle à la vitesse, $(\overrightarrow{\text{rot}}\,\vec{v} \wedge \vec{v}) \cdot \mathrm{d}\vec{l} = 0$.

De plus, la force de pesanteur dérive d'un potentiel, $V = \rho_0 g z$ ($O\vec{z}$ orienté suivant la verticale ascendante) ; par suite $\vec{g} = -\overrightarrow{\text{grad}}(gz)$. ρ_0 étant constante, l'expression devient :

$$\int_A^B \overrightarrow{\text{grad}}\left(\frac{v^2}{2} + gz + \frac{p}{\rho_0}\right) \cdot \mathrm{d}\vec{l} = 0 \Leftrightarrow \left[\frac{v^2}{2} + gz + \frac{p}{\rho_0}\right]_A^B = 0.$$

A et B étant deux points d'une ligne de courant,

$$\boxed{\frac{v_A^2}{2} + gz_A + \frac{p_A}{\rho_0} = \frac{v_B^2}{2} + gz_B + \frac{p_B}{\rho_0}}$$

v : vitesse (m.s^{-1})
g : accélération de la pesanteur (m.s^{-2})
z : altitude (m)
p : pression (Pa)
ρ_0 : masse volumique du fluide incompressible (kg.m^{-3})

C'est la relation de Bernoulli qui exprime la conservation de l'énergie massique le long d'une ligne de courant.

3. EN PRATIQUE...

- Considérons un écoulement parfait dans un milieu unidimensionnel suivant x. Il est défini par les champs de vitesse $v(x,t)$, de pression $p(x,t)$ et de masse volumique $\rho(x,t)$.

Supposons que ces grandeurs s'écartent peu de celles du fluide au repos. À l'équilibre, la pression est p_0 et la masse volumique ρ_0. Les forces de pesanteur seront négligées.

→ Déterminons l'équation d'Euler au premier ordre par rapport aux perturbations.

Les champs peuvent alors s'écrire : $\rho(x,t)=\rho_0+\delta\rho(x,t)$, $p(x,t)=p_0+\delta p(x,t)$ avec les écarts $\delta p(x,t) \ll p_0$, $\delta\rho(x,t) \ll \rho_0$ et la vitesse $v(x,t)$ faible devant la vitesse caractéristique dans le fluide (vitesse du son, fiche 60).

L'équation d'Euler à une dimension est : $\rho(x,t)\left[\dfrac{\partial v(x,t)}{\partial t}+v(x,t)\dfrac{\partial v(x,t)}{\partial t}\right]=-\dfrac{\partial p(x,t)}{\partial x}$

$\Rightarrow$ en introduisant les écarts : $(\rho_0+\delta\rho(x,t))\left[\dfrac{\partial v(x,t)}{\partial t}+v(x,t)\dfrac{\partial v(x,t)}{\partial t}\right]=-\dfrac{\partial(p_0+\delta p(x,t))}{\partial x}$.

Conservons uniquement le premier ordre en $\delta p(x,t)$, ou $\delta\rho(x,t)$ ou $v(x,t)$ pour chaque terme.

Les termes $\delta\rho(x,t)\dfrac{\partial v(x,t)}{\partial t}$ et $v(x,t)\dfrac{\partial v(x,t)}{\partial t}$ sont du second ordre, par suite

$\rho_0\dfrac{\partial v(x,t)}{\partial t}=-\dfrac{\partial \delta p(x,t)}{\partial x}$; l'équation obtenue est linéaire.

- Considérons une pompe refoulante placée dans une nappe d'eau souterraine. Elle fonctionne en régime permanent. Le débit volumique de la pompe est $D = 80$ m^3.h^{-1}. La pression au niveau de la pompe dans l'eau est $p_A = 20$ atm. L'eau est refoulée dans un bassin à la pression atmosphérique $p_0 = 1$ atm $= 10^5$ Pa ; celui-ci se trouve à une hauteur h au-dessus du niveau de la nappe d'eau.

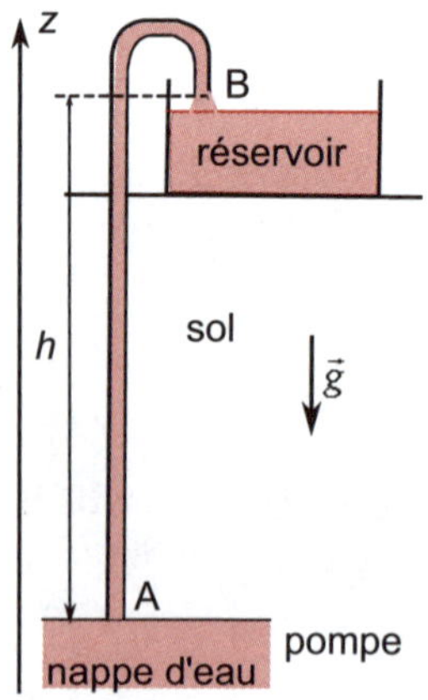

L'eau est incompressible et a une masse volumique $\rho_0 = 10^3$ kg.m^{-3}.

Le rayon r de la canalisation refoulant l'eau est constant ($r = 5$ cm).

L'écoulement est parfait et supposé unidimensionnel suivant l'axe de la canalisation. La vitesse est supposée la même en tout point d'une section droite normale à l'axe.

→ Déterminons la vitesse v_B de l'eau en sortie de la canalisation.

L'écoulement étant permanent, le débit massique est constant.

En sortie : $D_m=\rho_0 v\pi r^2$, or $D_m=\rho_0 D$

Par suite, $v_B=\dfrac{D}{\pi r^2}$ est suivant $O\vec{z}$; $v_B = 2{,}83$ m s^{-1}.

→ Déterminons la hauteur h.

L'écoulement étant parfait et l'eau incompressible, appliquons la relation de Bernoulli le long de l'axe de la canalisation qui est une ligne de courant par symétrie. Les points A et B appartiennent à cette ligne de courant, d'où :

$$\frac{v_A^2}{2} + gz_A + \frac{p_A}{\rho_0} = \frac{v_B^2}{2} + gz_B + \frac{p_B}{\rho_0} \text{ avec } z_B = z_A + h.$$

Le débit étant constant, il est le même à travers toute section droite : $D_m = \rho_0 v_A \pi r^2 = \rho_0 v_B \pi r^2$.
La section du tuyau étant constante et l'eau incompressible, $v_A = v_B$.

$$\Rightarrow \quad h = \frac{p_A - p_B}{\rho_0 g} = 194 \text{ m}.$$

• Considérons l'écoulement parfait, en régime permanent, d'un fluide incompressible de masse volumique ρ_0, dans un tuyau horizontal. L'écoulement s'effectue dans le champ de pesanteur. Le tuyau de section S possède un pincement de section s. L'écoulement est supposé unidimensionnel suivant l'axe du tuyau. La vitesse est supposée la même en tout point d'une section droite.

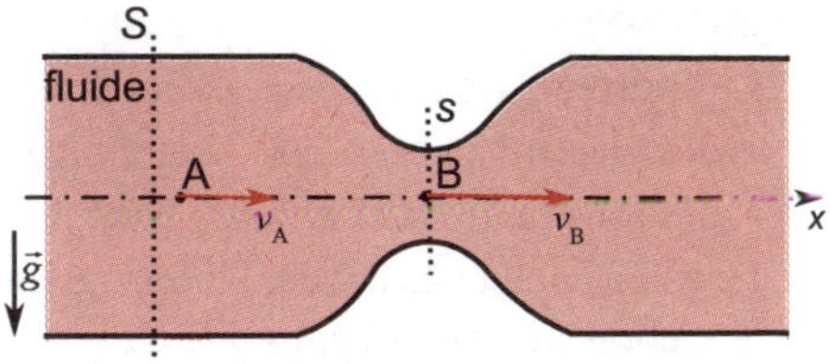

→ Déterminons la vitesse v_B dans le pincement en fonction de la vitesse v_A dans le tuyau.
La conservation du débit massique entraîne :

$$D_m = \rho_0 v_A S = \rho_0 v_B s, \text{ d'où } v_B = v_A \frac{S}{s}.$$

La vitesse est plus élevée dans le pincement que dans le tuyau.

→ Déterminons la pression p_B dans le pincement en fonction de la pression p_A dans le tuyau.
L'écoulement étant parfait et l'eau incompressible, appliquons la relation de Bernoulli le long de l'axe de la canalisation qui est, par symétrie, une ligne de courant. Le tuyau étant horizontal,

$$\frac{v_A^2}{2} + \frac{p_A}{\rho_0} = \frac{v_B^2}{2} + \frac{p_B}{\rho_0} \Leftrightarrow p_B = p_A + \rho_0 \frac{v_A^2 - v_B^2}{2} = p_A + \rho_0 \frac{v_A^2}{2}\left(1 - \frac{S^2}{s^2}\right).$$

Comme $v_B > v_A$, $p_B < p_A$: il y a une dépression dans le pincement, c'est l'effet Venturi.
Cet effet est utilisé, par exemple, pour améliorer l'aérodynamisme des voitures et pour profiler les ailes d'avion.

33 Intensité et tension en électrocinétique

1. EN QUELQUES MOTS...

L'électrocinétique est la partie de l'électromagnétisme traitée en utilisant des courants et des tensions. Un courant électrique correspond à un déplacement ordonné de charges électriques appelées « porteurs de charge ». L'intensité correspond au débit de ces charges dans un matériau conducteur. La tension aux bornes d'un composant électrique est une différence de potentiel entre deux points.

2. CE QU'IL FAUT RETENIR...

a) Intensité

Les porteurs de charges peuvent être:

- des électrons libres dans les métaux ;
- des ions (cations et anions) dans les solutions électrolytiques.

Dans un circuit électrique, l'intensité mesure le nombre de « porteurs de charges » qui traversent la section S du circuit par unité de temps.

L'intensité du courant correspond au débit de charges.

$$i = \frac{\mathrm{d}q}{\mathrm{d}t}$$

i : intensité du courant (A)

dq : charge élémentaire électrique traversant la section S d'un circuit (C)

dt : temps pendant lequel la surface S est parcourue par la quantité de charge dq (s)

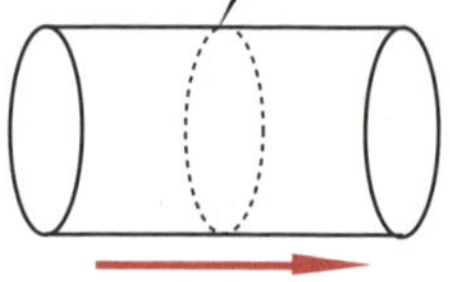

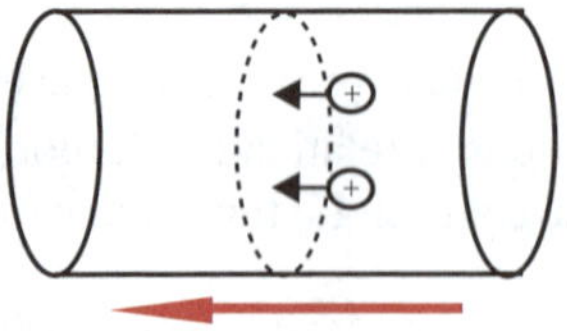

Le courant est une grandeur algébrique : il peut être positif ou négatif.

Par convention, le courant circule dans le sens du déplacement des charges positives.

Dans un circuit électrique, on fixe le sens d'orientation du courant. Le courant circule de la borne + vers la borne – à l'extérieur du générateur, ce qui correspond à $I > 0$.

L'intensité du courant se mesure avec un ampèremètre, branché en série, dont le symbole est :

La valeur affichée se donne en Ampère, noté A, en hommage à André-Marie Ampère (1775 – 1836). Les valeurs peuvent varier de quelques milliampères à quelques ampères.

b) Tension

Dans un circuit électrique, le générateur est responsable de la mise en mouvement des porteurs de charges. L'énergie potentielle d'un porteur de charge à la sortie d'un générateur est très grande, mais diminue au fur et à mesure du circuit électrique, étant convertie en énergie thermique.

Au lieu de parler d'énergie en chaque point du circuit électrique, la notion de potentiel électrique, noté V, est introduite (fiche 44). Il n'est pas possible de mesurer le potentiel en un point. En revanche, une différence de potentiel entre deux points peut l'être.

Considérons les points A et B, placés de part et d'autre d'un composant électrique. La tension u_{AB} est égale à la différence de potentiel (ddp) entre les points A et B : $\boxed{u_{AB} = V_A - V_B}$

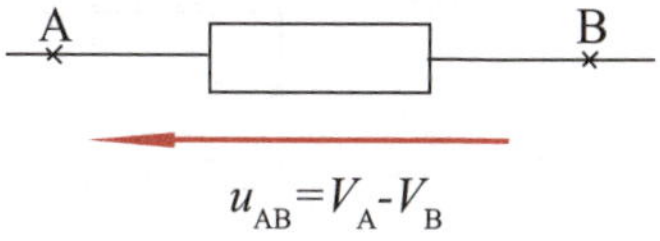

On représente la tension u_{AB} par une flèche, orientée de B vers A.

Dans un circuit électrique, la tension se mesure avec un voltmètre, branché en dérivation, dont le symbole est :

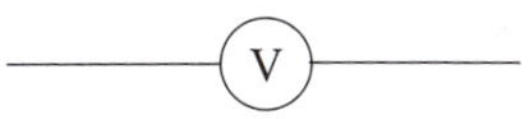

Il est possible de visualiser les variations d'une tension à l'aide d'un oscilloscope. La valeur affichée se donne en Volt, noté V, en hommage à Alessandro Volta (1745-1827), qui réalisa de nombreux travaux sur l'électricité et inventa la première pile (1800).

Les valeurs peuvent être égales à quelques volts aux bornes d'une pile neuve, à quelques millions de volt entre les deux extrémités d'un éclair. Dans une maison, la tension au secteur fournie par EDF vaut 230 V.

c) Approximation des Régimes Quasi Stationnaire : A.R.Q.S

Comme la lumière dans un milieu transparent, les courants et les tensions électriques sont des grandeurs qui se propagent (ondes). L'intensité du courant varie donc en fonction du temps et des coordonnées d'espace. Sa vitesse de propagation est de l'ordre de la vitesse, c, de la lumière. Le temps de propagation du courant dans un circuit de longueur L, noté τ *(tau)*, est donc $\tau = \frac{L}{c}$. Il faut le comparer au temps caractéristique du système, noté T (période du courant, temps de réponse…). Les phénomènes de propagation sont négligeables si $\boxed{\tau \ll T}$: l'Approximation des Régimes Quasi Stationnaires, dite A.R.Q.S., est alors vérifiée. L'intensité et la tension ne dépendent ainsi que du temps.

Dans la suite, nous nous placerons toujours dans le cadre de l'A.R.Q.S..

Outre les régimes transitoires, nous nous intéresserons à deux régimes permanents :

Régime	Propriétés	Notation
Régime continu	L'intensité et la tension sont constantes.	en majuscule : - intensité I - tension U
Régime sinusoïdal permanent	L'intensité et la tension sont des fonctions périodiques sinusoïdales : $i(t) = I_0 cos(\omega t)$; $u(t) = U_0 cos(\omega t)$ I_0 : amplitude (A) U_0 : amplitude (V) ω : pulsation (rad.s^{-1})	en minuscule - intensité $i(t)$ - tension $u(t)$

d) Lois vérifiées par l'intensité et la tension

Loi d'unicité de l'intensité	**Loi d'unicité des tensions**
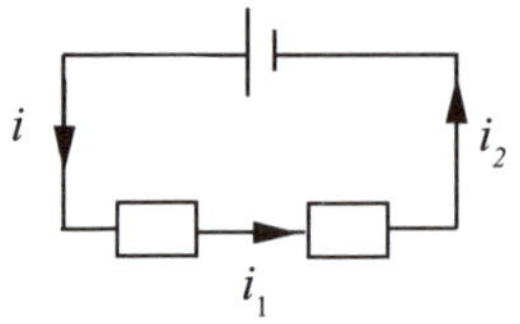 L'intensité est la même en tout point d'un circuit en série : $i = i_1 = i_2$	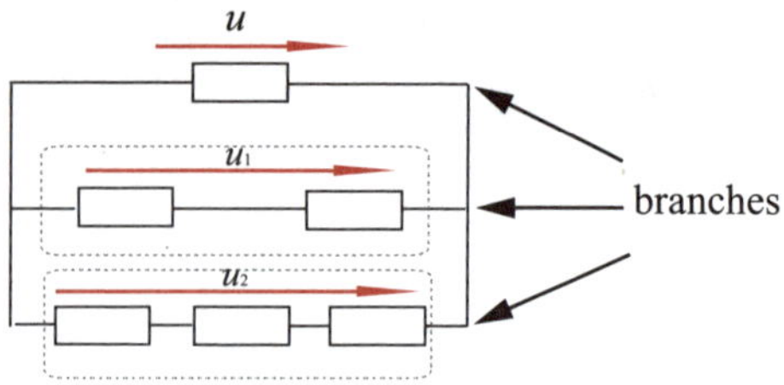 Les tensions aux bornes de branches parallèles sont égales : $u = u_1 = u_2$

Lois de Kirchhoff

Loi des nœuds	**Loi des mailles ou loi d'additivité des tensions**
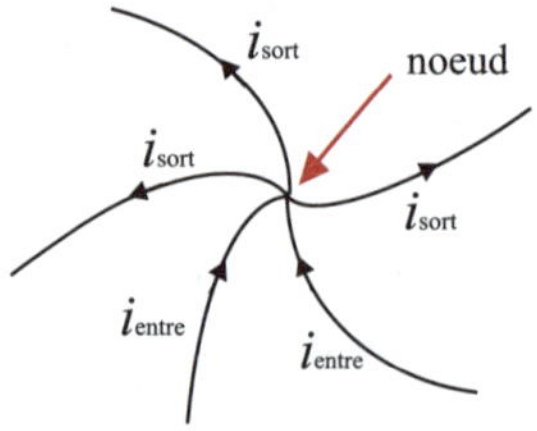 La somme des courants qui entrent par un nœud est égale à la somme des courants qui en sortent : $\sum i_{entre} = \sum i_{sort}$ Cela traduit la conservation de la charge.	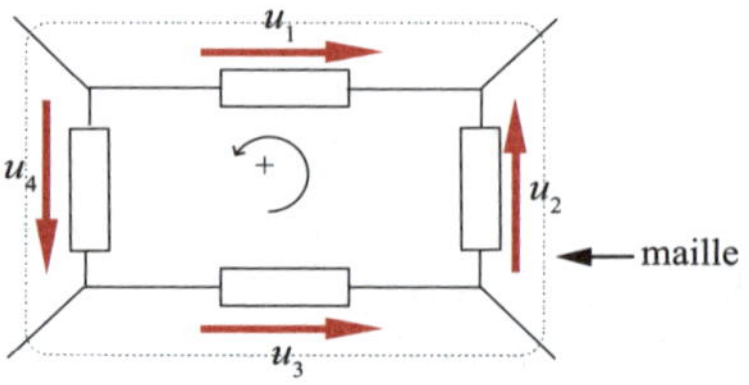 Dans une maille orientée, la somme des tensions est nulle : $\sum_{maille} \varepsilon_i u_i = 0$ avec $\varepsilon_i = +1$ si la tension est orientée dans le sens de la maille $\varepsilon_i = -1$ si la tension est orientée dans le contraire de la maille. On peut donc écrire : $-u_1 + u_4 + u_3 + u_2 = 0$

3. EN PRATIQUE...

- Un fil électrique en cuivre, de section droite S = 1,0 mm^2, est parcouru par un courant d'intensité constante I = 5,0 A durant 10 heures. La quantité d'électricité circulant dans le fil électrique est : $|q| = I\Delta t = 5{,}0 \times 10 \times 60 \times 60 = 1{,}8 \times 10^5\,\text{C}$

Dans les métaux, les porteurs de charges sont les électrons libres, de charge négative égale à –e. Ainsi, $q = -1{,}8.10^5 C$. Le nombre « N » d'électrons libres s'étant déplacés est donc :

$$N = \frac{q}{-e} = \frac{-1{,}8.10^5}{-1{,}6.10^{-19}} \Leftrightarrow N = 1{,}7 \times 10^{22} \text{ électrons}$$

- Étudions le sens de déplacement des porteurs de charge dans les deux cas représentés ci-dessous :

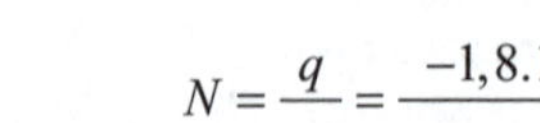

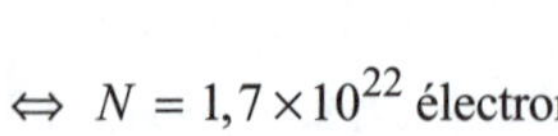

$I = -4\ \text{A} < 0 \Rightarrow$ Le courant va de B vers A. Les porteurs de charges sont les électrons libres. Ils se déplacent en sens inverse, soit de A vers B.

$I = 7\ \text{A} > 0 \Rightarrow$ Le courant va de B vers A. Les électrons libres se déplacent en sens inverse, soit de A vers B.

- Le courant délivré par EDF est alternatif de fréquence $f = 50$ Hz. Il peut s'écrire : $i(t) = I_0 cos(\omega t)$

→ Calculons la période T et la pulsation ω du courant :

$$T = \frac{1}{f} \Leftrightarrow T = \frac{1}{50} = 2{,}0 \times 10^{-2}\text{s et } \omega = \frac{2\pi}{T} \Leftrightarrow \omega = \frac{2\pi}{2{,}0 \times 10^{-2}} = 3{,}1 \times 10^{2}\,\text{rad.s}^{-1}$$

→ Regardons s'il est possible d'utiliser l'A.R.Q.S. au sein d'une maison ayant une installation électrique de longueur L.

L'onde se propage environ à la vitesse $v = 2{,}0.10^{5}$ km.s^{-1}. Son temps de propagation τ dans les fils électriques s'exprime donc : $\tau = \frac{L}{v}$. Le temps caractéristique du circuit est la période T du courant calculée précédemment. On peut se placer dans l'A.R.Q.S. lorsque $T \gg \tau$

$$\Leftrightarrow T \gg \frac{L}{v} \Leftrightarrow L \ll vT \Leftrightarrow L \ll 2{,}0.10^{8} \times 2{,}0.10^{-2} \Leftrightarrow L \ll 4{,}0 \times 10^{6}\,\text{m}.$$

La longueur des fils électriques étant bien inférieure à 4 000 km, on peut considérer le courant quasi-stationnaire dans une maison ou même un réseau électrique local.

- Une portion de circuit électrique est représentée ci-contre. Cherchons une relation entre les divers courants.

La loi des nœuds s'applique :

$$\left.\begin{aligned} &- \text{nœud A : } i_1 + i_2 = i_3 \\ &- \text{nœud B : } i_4 + i_3 = i_5 \end{aligned}\right\} \Rightarrow i_1 + i_2 + i_4 = i_5$$

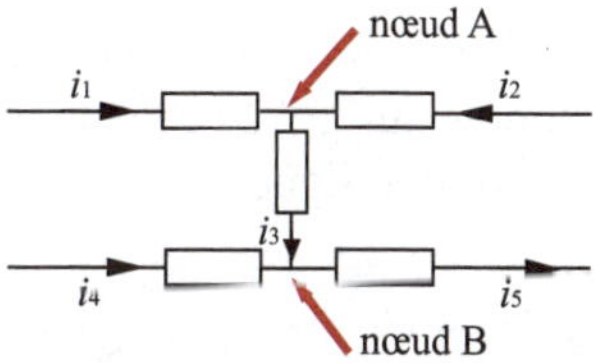

- Considérons le circuit ci-contre comportant deux mailles. Dans chaque maille, il faut choisir un sens de façon arbitraire afin d'appliquer la loi des mailles.

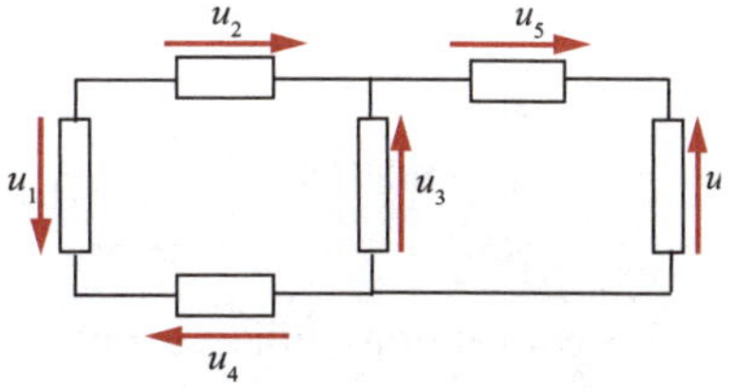

Maille 1	Maille 2
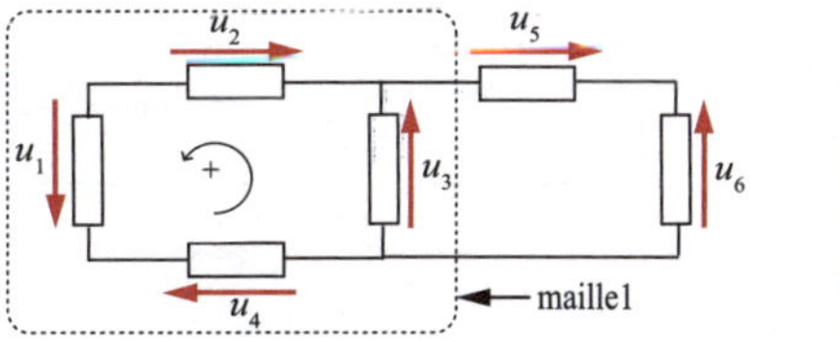 $-u_4 + u_3 - u_2 + u_1 = 0$	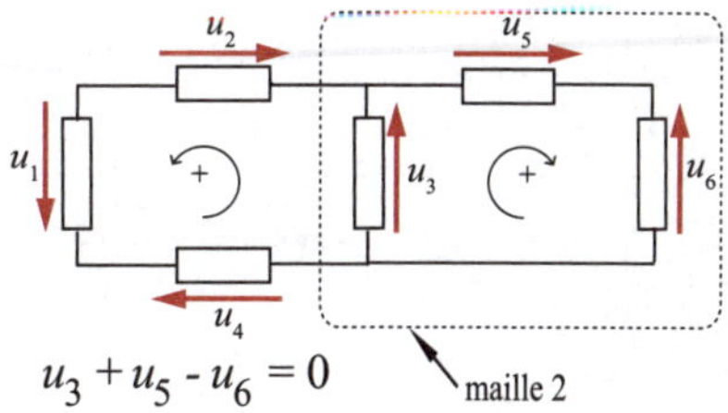 $u_3 + u_5 - u_6 = 0$

34 Puissance instantanée

1. EN QUELQUES MOTS...

Un dipôle électrocinétique comporte une borne d'entrée et une borne de sortie. On distingue deux types de dipôles : les récepteurs et les générateurs.

- Un récepteur transforme de l'énergie électrique en une autre énergie (thermique, mécanique, lumineuse...).
- Un générateur transforme une énergie chimique, lumineuse (ou autre) en énergie électrique.

Pour les différencier, on regarde le signe de la puissance électrique.

2. CE QU'IL FAUT RETENIR...

- Considérons un circuit comportant des générateurs et des récepteurs. Pour un de ces dipôles, la puissance électrique instantanée, notée p, est définie comme le travail électrique échangé pendant une unité de temps (fiche 7).

La puissance instantanée est égale au produit de la tension aux bornes du dipôle et de l'intensité du courant qui le traverse :

$$p(t) = u(t)\,i(t)$$

$p(t)$: Puissance électrique instantanée en Watt (W)
$u(t)$: Tension aux bornes du dipôle en Volt (V)
$i(t)$: Intensité du courant parcourant le dipôle en Ampère (A)

- Comme en thermodynamique, la puissance reçue par le dipôle est comptée positivement, tandis que celle cédée au milieu extérieur est négative. Il est possible de classer les dipôles suivant le signe de la puissance :

	Dipôle récepteur	Dipôle générateur
Puissance	Puissance reçue par le dipôle	Puissance cédée au reste du circuit
	Transforme de l'énergie électrique en une autre forme d'énergie	Transforme une énergie non électrique en énergie électrique
Exemples	- moteur - lampe - conducteur ohmique - diode	- générateur basse fréquence G.B.F. - pile

Les conventions utilisées sont :

Convention récepteur	Convention générateur
Les flèches représentant u et i sont en sens inverse 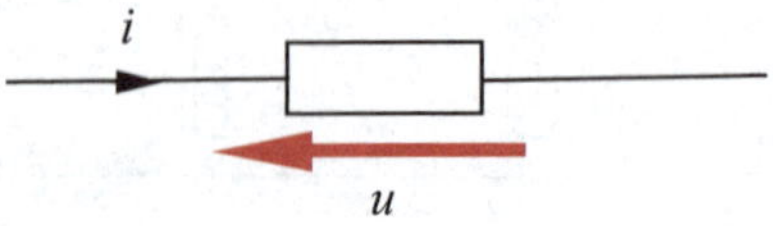	Les flèches représentant u et i sont dans le même sens 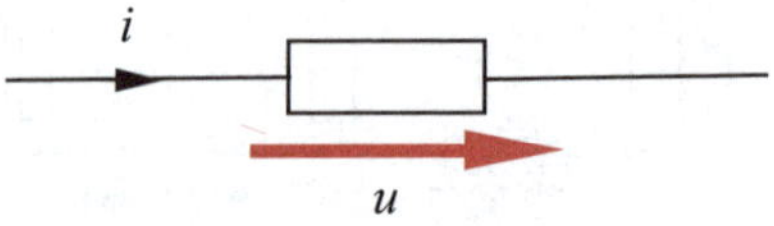

En convention récepteur,

Signe de la puissance instantanée	Positive $p(t) > 0$	Négative $p(t) < 0$
Type de dipôle	Le dipôle est un récepteur	Le dipôle est un générateur

3. EN PRATIQUE...

Plaçons-nous en régime continu. La tension et l'intensité sont constantes. La puissance électrique est donc aussi une constante.
Examinons le comportement du dipôle utilisé.

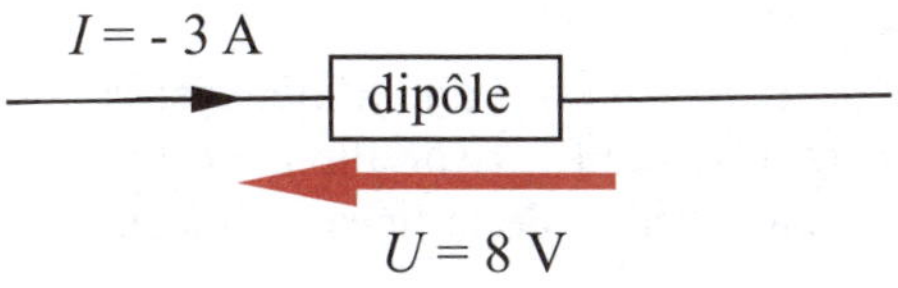

Le dipôle ci-contre est représenté en convention récepteur : la flèche de l'intensité et de la tension sont en sens contraire.

Calculons la puissance électrique :

$$P = UI$$
$$P = 8 \times (-3)$$
$$P = -24 \text{ W}$$

En convention récepteur, la puissance est négative.
Le dipôle considéré est donc un générateur, il fournit de l'énergie au reste du circuit.

En revanche, dans ce cas, le dipôle est en convention générateur : les flèches de tension et d'intensité sont dans le même sens.

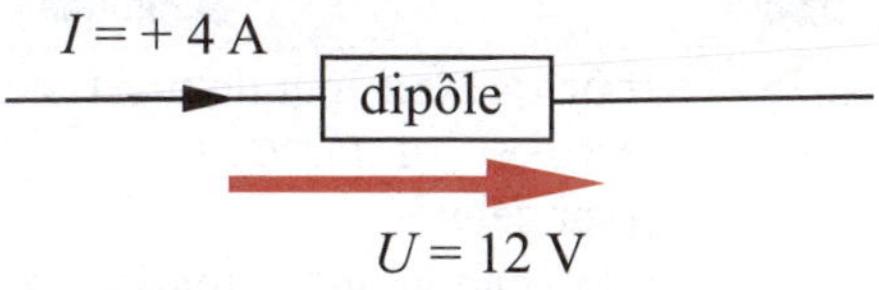

Calculons la puissance électrique :

$$P = UI$$
$$P = 12 \times 4$$
$$P = 48 \text{ W}$$

En convention générateur, la puissance est positive.
Le dipôle considéré ici est donc un générateur.

35 Dipôles électrocinétiques

1. EN QUELQUES MOTS...

Un dipôle est un composant comportant deux bornes, placé dans un circuit électrique. Dans l'A.R.Q.S. (Approximation du régime quasi-stationnaire), ces dipôles peuvent être qualifiés d'actifs ou de passifs, de linéaires ou non-linéaires, symétriques ou non-symétriques. Pour cela, il faut étudier leur caractéristique courant – tension.

2. CE QU'IL FAUT RETENIR...

a) Caractéristique statique courant-tension

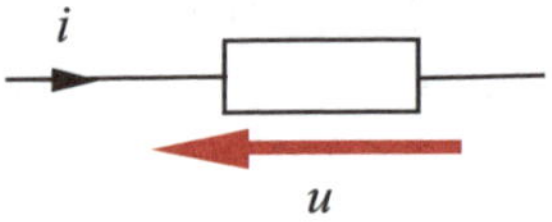

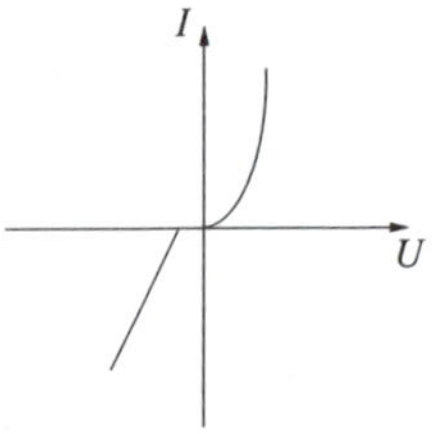

La caractéristique courant - tension d'un dipôle est la courbe, en régime continu, représentant les variations de l'intensité I parcourant le dipôle en fonction de la tension U à ses bornes, soit $I = f(U)$.

– Un dipôle est linéaire lorsqu'il existe une relation affine ou une équation différentielle linéaire à coefficients constants entre l'intensité et la tension.

– Un dipôle est passif lorsque sa caractéristique courant – tension passe par l'origine, alors qu'il est actif si sa caractéristique ne passe pas par l'origine.

– Un dipôle est dit symétrique si sa caractéristique courant – tension est symétrique par rapport à O ; si ce n'est pas le cas, le dipôle est qualifié de non-symétrique.

- Les générateurs de courant et de tension ont des caractéristiques courant – tension statiques.

Dipôle	Définition		Caractéristique
Générateur de tension (modèle de Thévenin) - linéaire - actif - non-symétrique	Lorsque le générateur est idéal, la tension délivrée est constante : $U = E$ quel que soit le courant débité. Un générateur de tension réel délivre une tension $U = E - rI$. U : tension délivrée par le générateur en V E : force électromotrice (f.e.m.) en V r : résistance interne en Ω I : intensité du courant en A		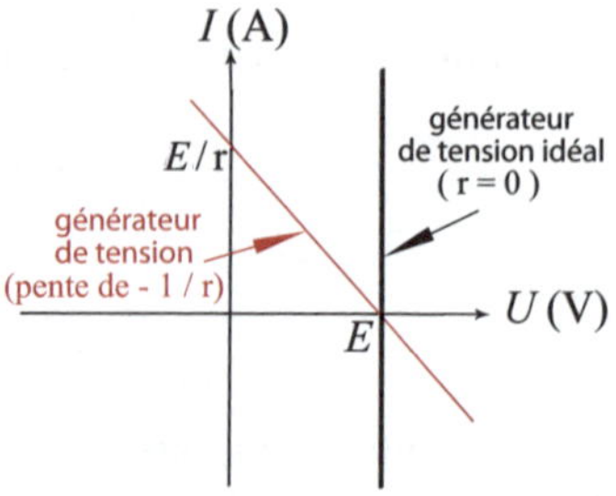
	Générateur de tension idéal :	Générateur de tension réel :	
	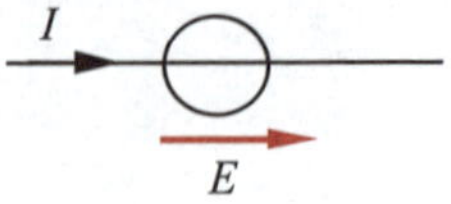	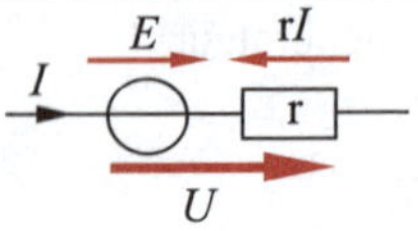	

Dipôle	Définition	Caractéristique
Générateur de courant (modèle de Norton) - linéaire - actif - non-symétrique	Lorsque le générateur est idéal, le courant délivré est constant : $I = I_0$ quelle que soit la tension à ses bornes. Un générateur de courant réel délivre un courant tel que $I = I_0 - \frac{U}{r}$ — I_0 : courant de court – circuit en A Générateur de courant : 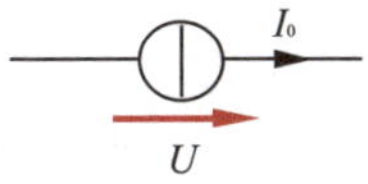 Générateur de courant réel : 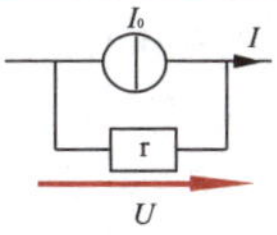	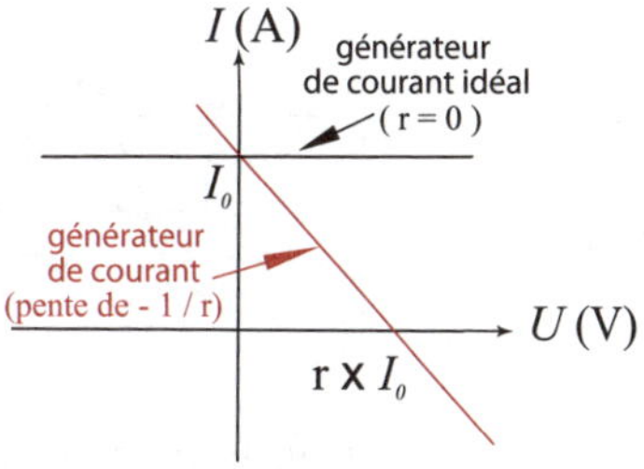

• Étudions les divers dipôles récepteurs les plus utilisés en électrocinétique.

Dipôle	Définition et Schéma	Caractéristique courant tension
Conducteur ohmique noté : R unité : Ohm (Ω) - linéaire - passif - symétrique	Composant qui s'oppose à la circulation du courant électrique Le passage du courant entraîne un échauffement de ce dipôle appelé l'effet Joule. 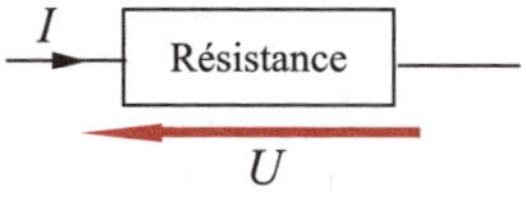	Loi d'Ohm : $u = Ri$ 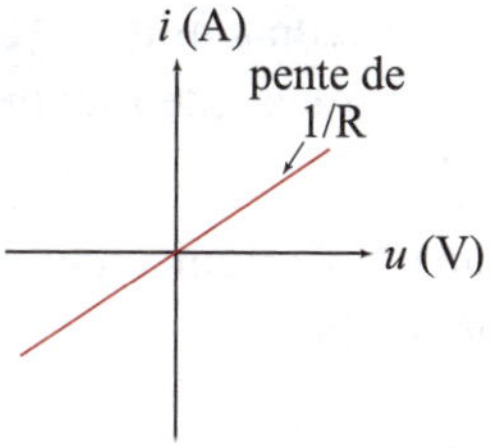 u : Tension aux bornes de la résistance (V) i : Intensité qui parcourt la résistance (A) R : Résistance (Ω)
Electrolyseur - non- linéaire - passif - symétrique	Permet de réaliser des réactions chimiques en utilisant l'énergie électrique. 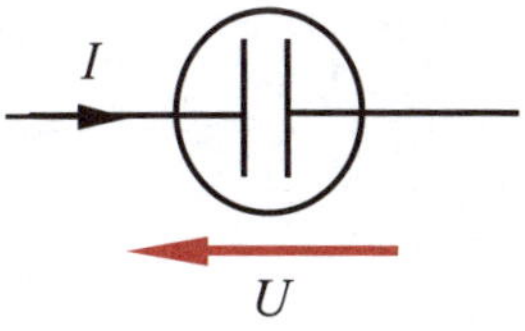	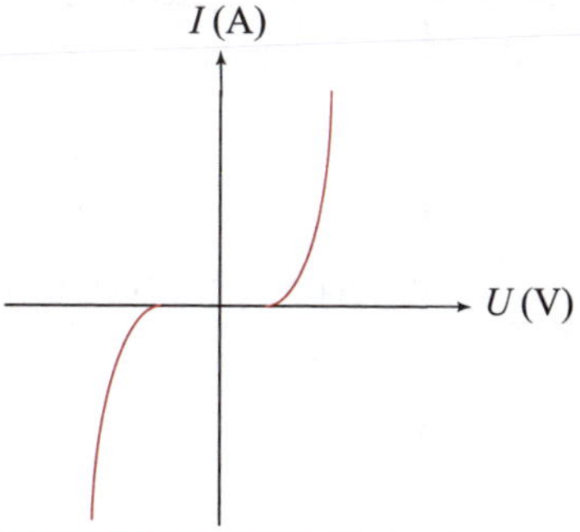

Dipôle	Définition et Schéma	Caractéristique courant tension
Diode à jonction - non-linéaire - passif - non symé- trique	Ne laisse passer le courant que dans un sens. 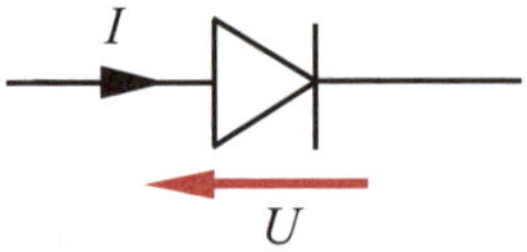	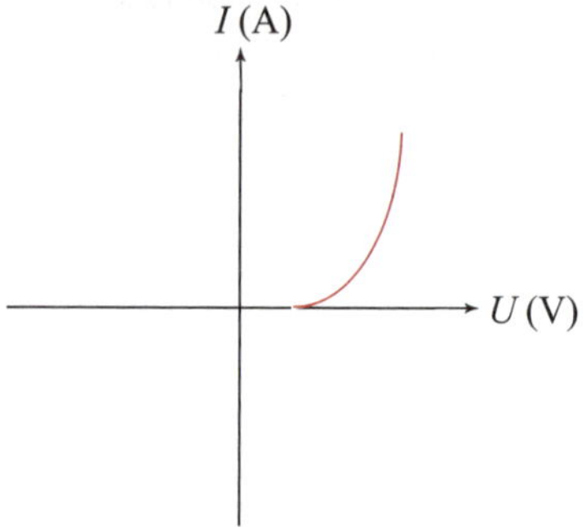
Condensateur noté : C unité : Farad (F) - linéaire - passif	Constitué de deux plaques métalliques séparées par un isolant. 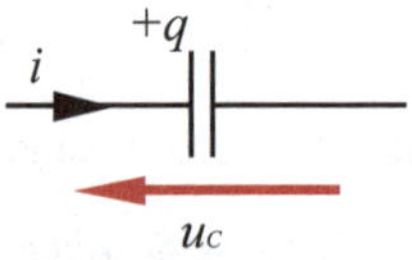 $q = Cu_C \Rightarrow i = C\frac{du_C}{dt}$ q : Charge du condensateur (C) C : Capacité du condensateur (F) (fiche 48)	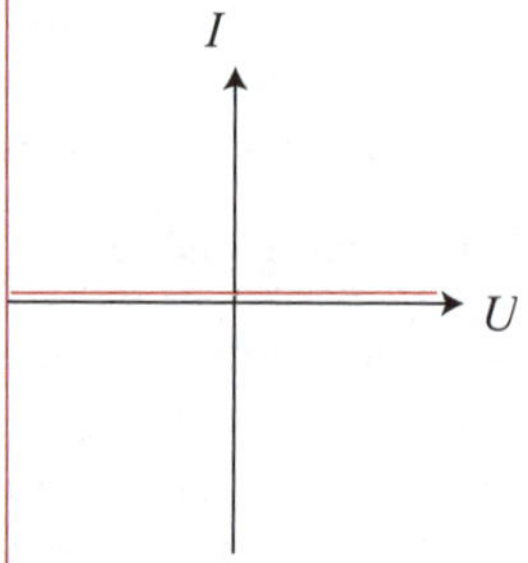 Le courant est nul quelle que soit la tension constante à ses bornes. $I = 0$ Le condensateur se comporte comme un circuit ouvert
Inductance notée : L unité : Henry (H) - linéaire - passif	Constitué d'un enroulement de fil en forme de spires. 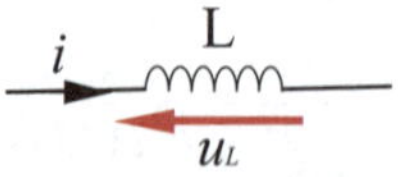 $u_L = L\frac{di}{dt}$ L : Inductance (H) (fiche 56)	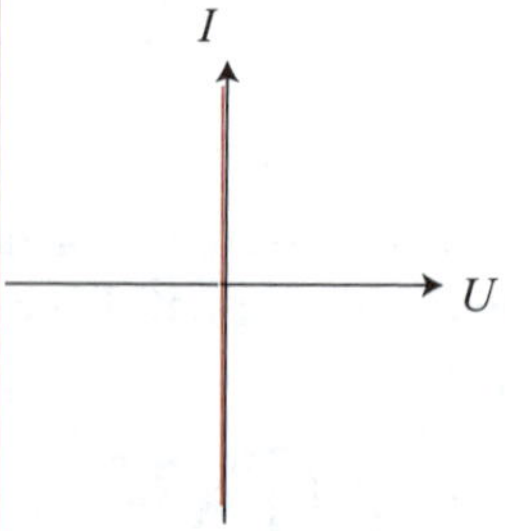 La tension à ses bornes est nulle quel que soit le courant constant la traversant $U = 0$ L'inductance se comporte comme un fil.

b) Caractéristique dynamique courant-tension

La caractéristique dynamique est obtenue en régime variable. Lorsque le signal est sinusoïdal de pulsation ω, la réponse des dipôles dépend de la fréquence. Cette notion est illustrée à l'aide du condensateur et de l'inductance en régime sinusoïdal. Quand $\omega \to 0$, la caractéristique dynamique tend vers la caractéristique statique.

	Condensateur	**Inductance**
Expression de la tension et du courant sinusoïdaux	$u_c(t) = U_m \cos(\omega t)$ $i(t) = C\dfrac{du_C(t)}{dt} = -C\omega U_m \sin(\omega t)$	$i(t) = I_m \cos(\omega t)$ $u_L(t) = L\dfrac{di(t)}{dt} = -L\omega I_m \sin(\omega t)$
Caractéristique dynamique	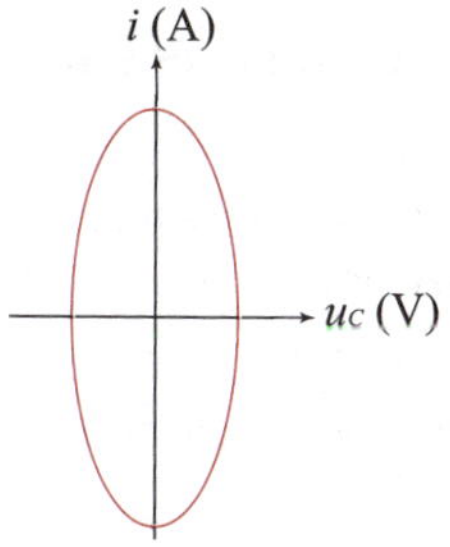	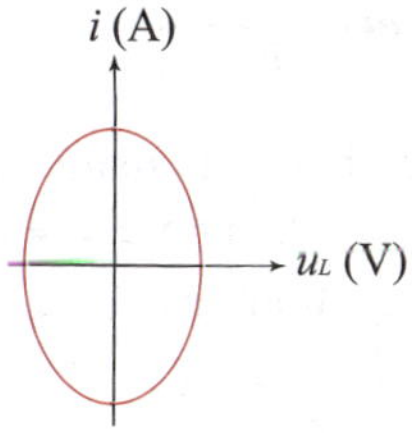
Comportement lorsque $\omega \to 0$	Le condensateur se comporte comme un circuit ouvert 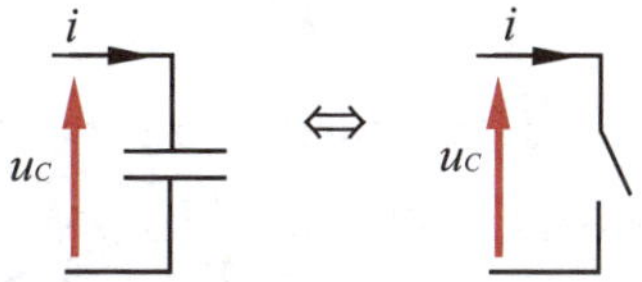	L'inductance se comporte comme un fil 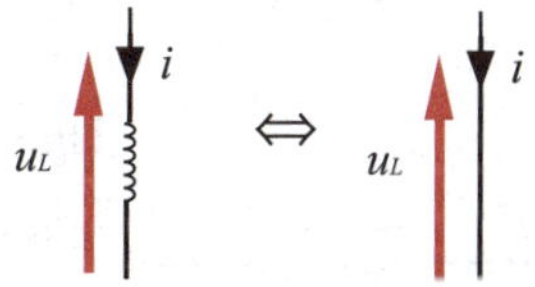
Comportement lorsque $\omega \to \infty$	Le condensateur se comporte comme un fil 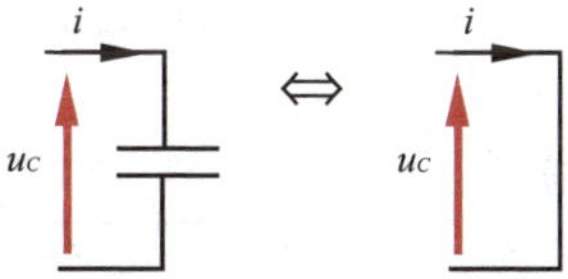	L'inductance se comporte comme un circuit ouvert 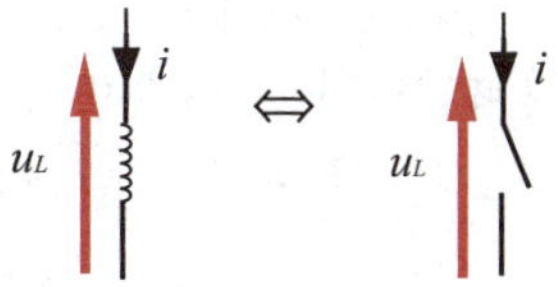

3. EN PRATIQUE...

- Étudions différentes associations de conducteurs ohmiques.

– Cherchons la valeur de la résistance équivalente à une association de résistances montées en série. Dans ce montage, chacune des résistances est parcourue par le même courant i.

D'après la loi d'additivité des tensions, $u = u_1 + u_2 + \ldots + u_n$

En utilisant la loi d'Ohm, on peut écrire :

$$u = (R_1 i) + (R_2 i) + \ldots + (R_n i)$$

$$u = (R_1 + R_2 + \ldots + R_n) i$$

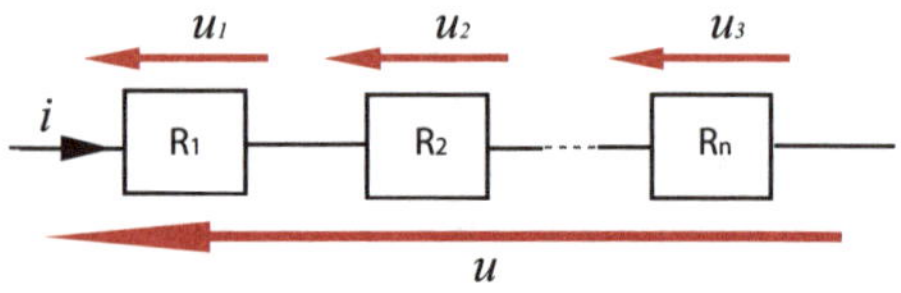

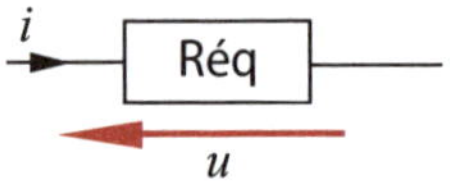

Une association de résistances montées en série peut être remplacée par une seule résistance de valeur $R_{eq} = \sum_k R_k$.

→ De la même manière, cherchons la valeur de la résistance équivalente, notée R_{eq}, à une association de résistances montées en parallèle. D'après la loi des nœuds, $i = i_1 + i_2 + \ldots + i_n$. La tension aux bornes de chacune des résistances est la même, notée u.

En utilisant la loi d'Ohm, la relation devient :

$$\frac{u}{R_{eq}} = \frac{u}{R_1} + \frac{u}{R_2} + \ldots + \frac{u}{R_n} = u\left(\frac{1}{R_1} + \frac{1}{R_2} + \ldots + \frac{1}{R_n}\right).$$

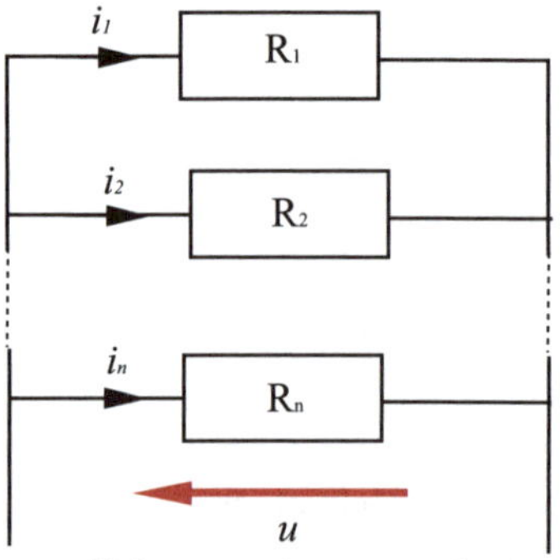

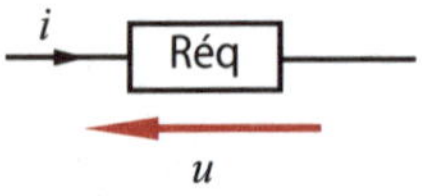

Une association de résistances en parallèle peut être remplacée par une seule résistance telle que $\frac{1}{R_{eq}} = \sum_k \frac{1}{R_k}$. En utilisant la conductance $G = \frac{1}{R}$, la relation devient : $G_{eq} = \sum_k G_k$.

- Considérons deux générateurs de tension montés en série.

D'après la loi d'additivité des tensions,

$$U = (E_1 - r_1 I) + (E_2 - r_2 I)$$

$$U = (E_1 + E_2) - (r_1 + r_2) I$$

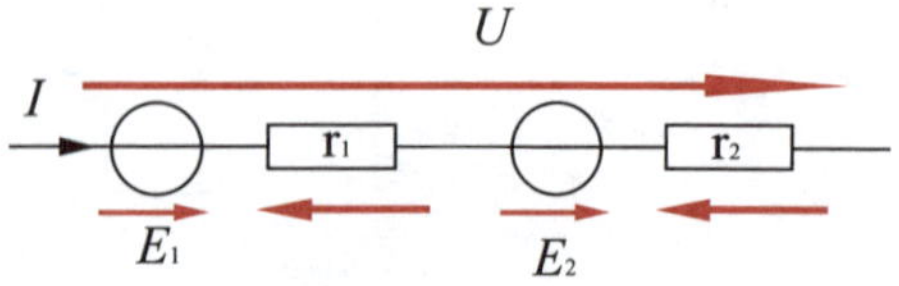

Il est donc possible d'assimiler cette association à un seul générateur de tension, avec :

$$\begin{cases} E = E_1 + E_2 \\ r = r_1 + r_2 \end{cases}$$

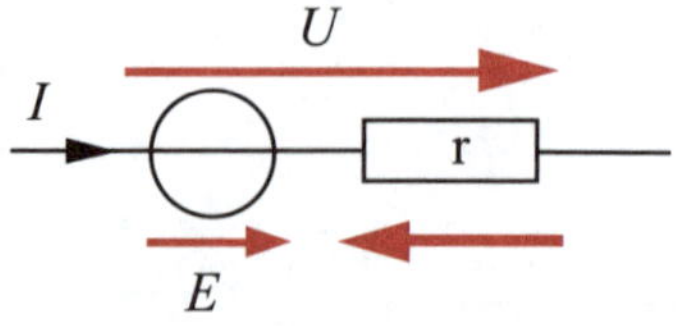

- Considérons deux générateurs de courant montés en parallèle. Cherchons le générateur de courant équivalent.

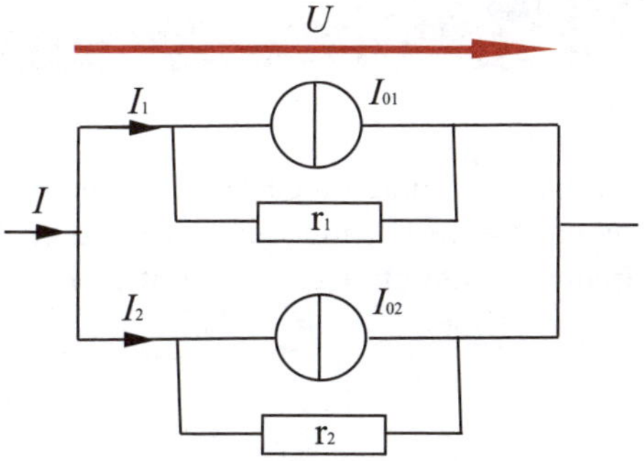

D'après la loi des nœuds, $I = I_1 + I_2$. En remplaçant par le modèle de Norton, on obtient :

$$I = \left(I_{01} - \frac{U}{r_1}\right) + \left(I_{02} - \frac{U}{r_2}\right)$$

$$I = (I_{01} + I_{02}) - U\left(\frac{1}{r_1} + \frac{1}{r_2}\right)$$

Le générateur de Norton correspondant est donc tel que : $\begin{cases} I_0 = I_{01} + I_{02} \\ \dfrac{1}{r} = \dfrac{1}{r_1} + \dfrac{1}{r_2} \end{cases}$.

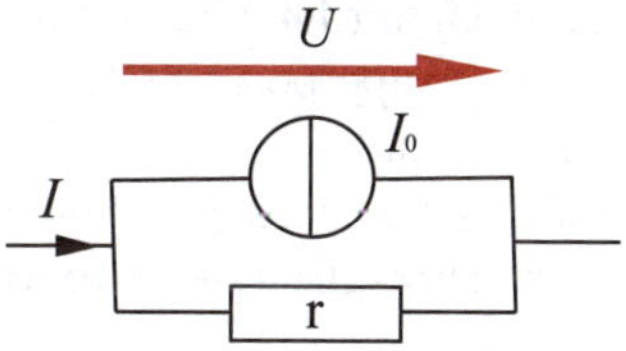

36 Réseaux linéaires en régime continu

1. EN QUELQUES MOTS...

Beaucoup de circuits électriques ne comportent que des dipôles linéaires. En régime continu, plusieurs lois ou théorèmes permettent de connaître la tension aux bornes d'un dipôle, l'intensité qui le parcourt ou de simplifier le circuit. Ces lois et théorèmes sont dérivés des lois des nœuds et des mailles de Kirchhoff.

2. CE QU'IL FAUT RETENIR...

a) Théorème de superposition

Lorsqu'un circuit linéaire comporte plusieurs sources libres de courant et/ou de tension, le théorème de superposition permet de calculer simplement le courant ou la tension dans une portion de circuit.

Considérons une branche d'un circuit électrique comprenant plusieurs sources libres et des dipôles linéaires. Éteignons toutes les sources libres du circuit à l'exception d'une seule, la source k :

- Le courant dans la branche du circuit est I_k.
- La tension aux bornes de cette branche est U_k.

Réalisons cette manipulation pour chacune des sources libres du circuit.

Le théorème de superposition donne alors le courant I dans la branche de circuit considérée et la tension U aux bornes de la branche :
$$\begin{cases} I = \sum_k I_k \\ U = \sum_k U_k \end{cases}$$

Ainsi, le courant (ou la tension) dans la branche de circuit est égal à la somme algébrique des courants (ou des tensions) obtenus en faisant agir chacune des sources libres du circuit, les autres étant éteintes.

Les schémas suivants montrent comment éteindre une source libre :

Éteindre une source de tension revient à la remplacer par un fil :

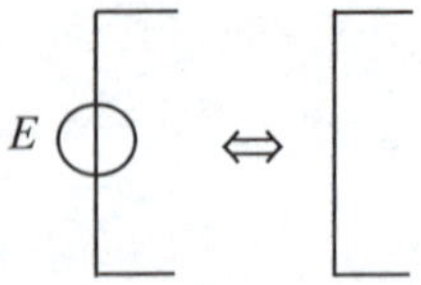

Éteindre une source de courant revient à la remplacer par un circuit ouvert :

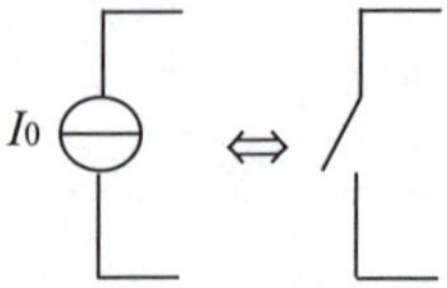

b) Théorème de Thévenin

Considérons un circuit linéaire qui alimente par les bornes A et B, un dipôle D. Le théorème de Thévenin permet de remplacer ce circuit linéaire par un générateur de tension idéal de f.é.m. E_{th} en série avec une résistance R_{th}.

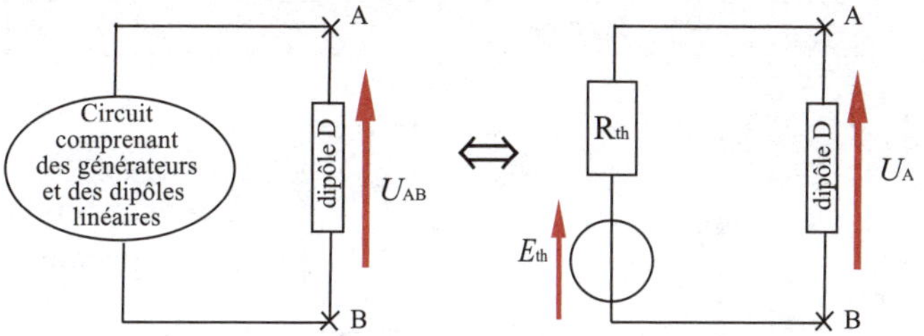

– La f.é.m. E_{th} du générateur de Thévenin est égale à la différence de potentiel U_{AB} entre A et B lorsque le dipôle D est débranché.
– La résistance de Thévenin R_{th} est égale à la résistance mesurée entre A et B lorsque le dipôle D est débranché et que les générateurs sont éteints et remplacés par leurs résistances internes.

c) Théorème de Millman

Ce théorème permet de calculer le potentiel en un point d'un circuit. Considérons le nœud A du circuit ci-dessous, de potentiel V_A.

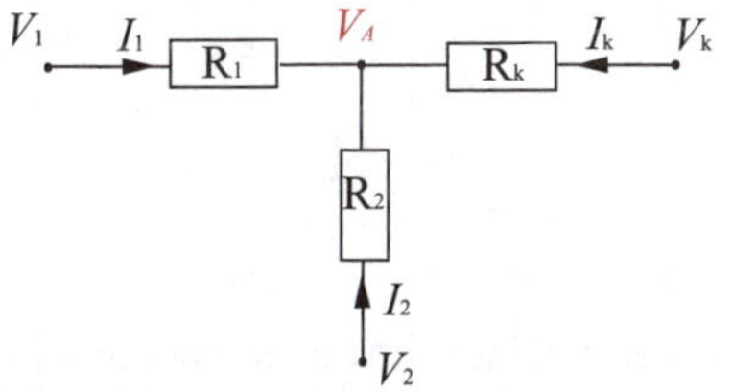

Écrivons la loi des nœuds et la loi des mailles :

$$\begin{cases} I_1 + I_2 + ... + I_k = 0 \\ V_1 - V_A = R_1 I_1 \\ V_2 - V_A = R_2 I_2 \\ V_k - V_A = R_k I_k \end{cases}$$

En éliminant les courants, on peut déduire le potentiel au point A : $V_A = \dfrac{\sum \dfrac{V_k}{R_k}}{\sum \dfrac{1}{R_k}}$

d) Quelques circuits équivalents

Nom	Schéma	Relation	
Diviseur de tension	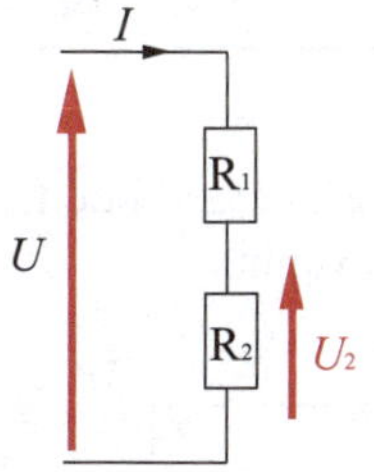	$\begin{cases} U = (R_1 + R_2) I \\ U_2 = R_2 I \end{cases}$ $\Rightarrow U_2 = \dfrac{R_2}{R_1 + R_2} U$	
Diviseur de courant	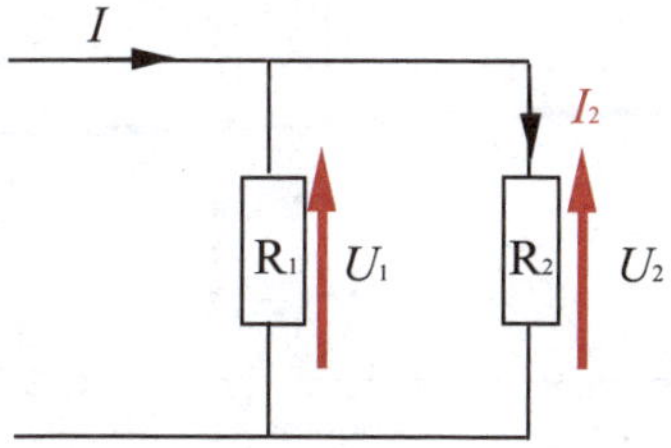	$\begin{cases} U = R_2 I_2 \\ U = R_1 I_1 \\ I = I_1 + I_2 \end{cases}$ $\Rightarrow I_2 = \dfrac{G_2}{G_1 + G_2} I$	G : conductance en Siemens (S) : $G = \dfrac{1}{R}$

Nom	Schéma	Relation
Passage du modèle de Thévenin à celui de Norton	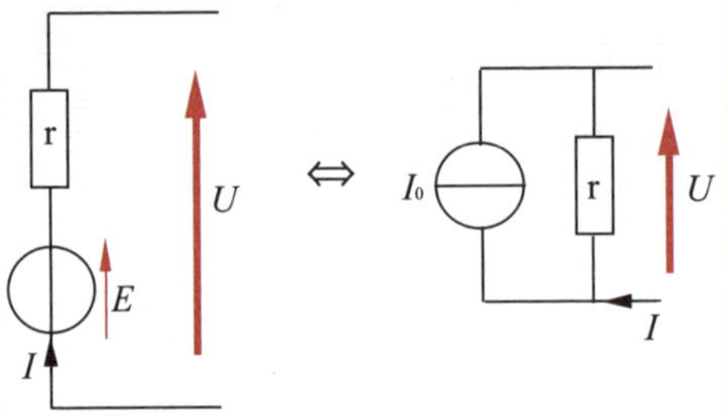	Les deux représentations sont équivalentes avec $E = rI_0$

3. EN PRATIQUE…

• À l'aide du théorème de Millman, écrivons l'expression du potentiel au point N.

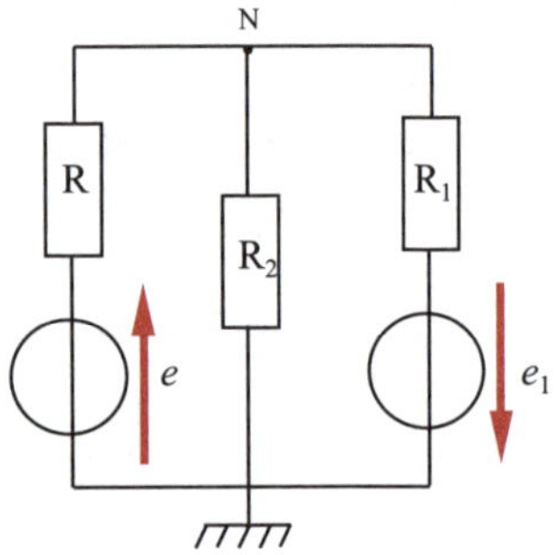

$$V_N = \frac{\frac{e}{R} + \frac{0}{R_2} - \frac{e_1}{R_1}}{\frac{1}{R} + \frac{1}{R_2} + \frac{1}{R_1}} = \frac{\frac{e}{R} - \frac{e_1}{R_1}}{\frac{1}{R} + \frac{1}{R_2} + \frac{1}{R_1}}$$

• Cherchons un circuit équivalent au circuit ci-dessous. Pour cela, utilisons le passage du modèle de Thévenin à celui de Norton.

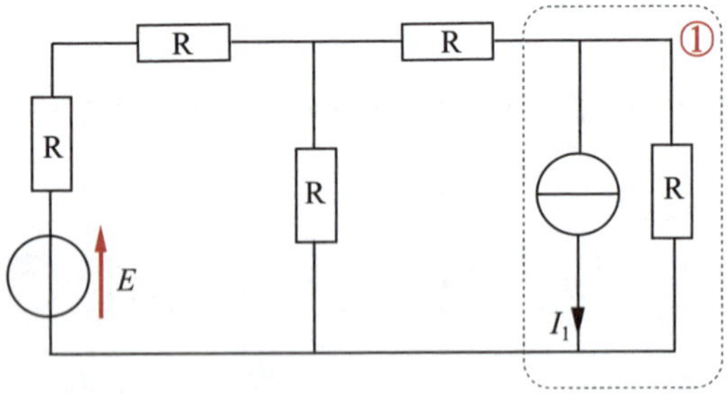

La zone ① est équivalente à un générateur de Thévenin de f.é.m. $e_1 = RI_1$ et de résistance R. Remplaçons la zone ① par ce générateur Thévenin.

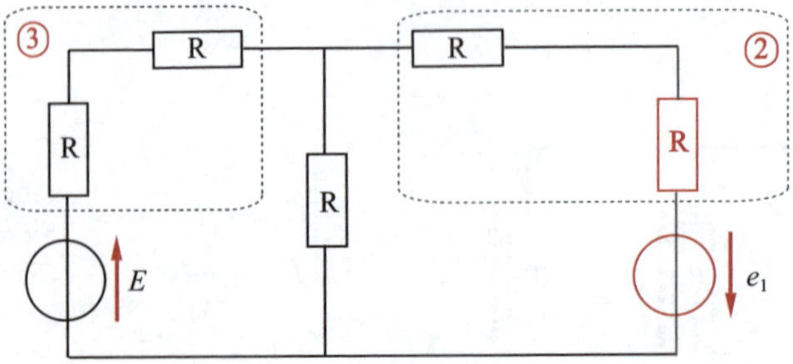

Les deux résistances R en série des zones ② et ③ sont équivalentes à une résistance de valeur 2R.

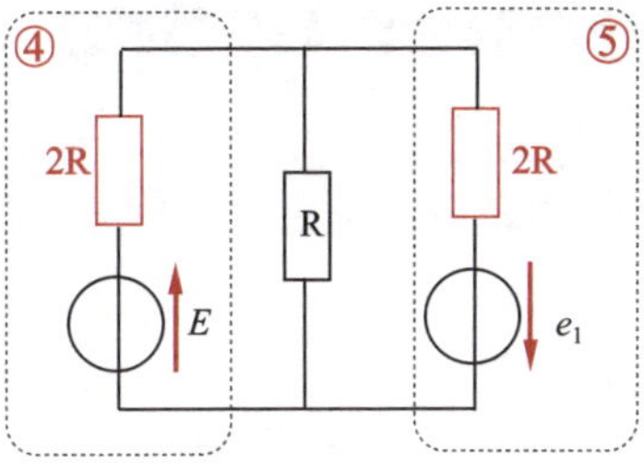

Les générateurs des zones ④ et ⑤ sont en parallèles. Pour simplifier le circuit, transformons les en générateurs de Norton, avec :

$$I_3 = \frac{E}{2R} \text{ et } I_2 = \frac{e_1}{2R}$$

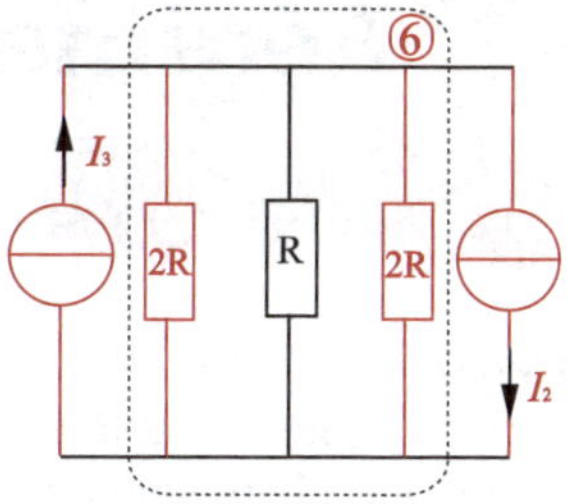

La zone ⑥ est formée de trois résistances en parallèle. La résistance équivalente est :

$$\frac{1}{R_{eq}} = \frac{1}{2R} + \frac{1}{R} + \frac{1}{2R}$$

$$\Leftrightarrow \quad R_{eq} = \frac{R}{2}$$

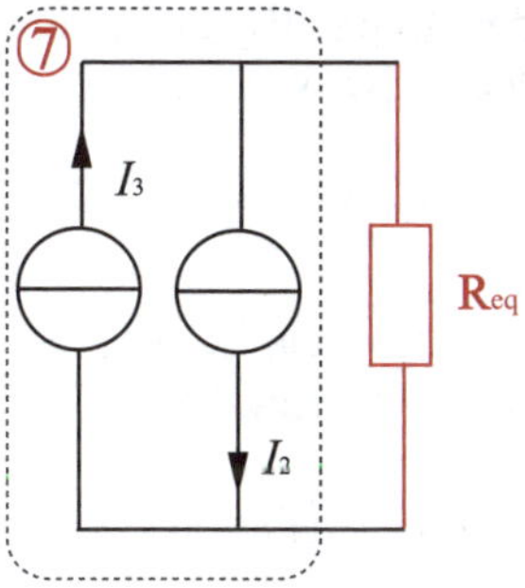

La zone ⑦ possède deux générateurs de courant en parallèle. Le générateur de courant équivalent est : $I_4 = I_3 - I_2$.

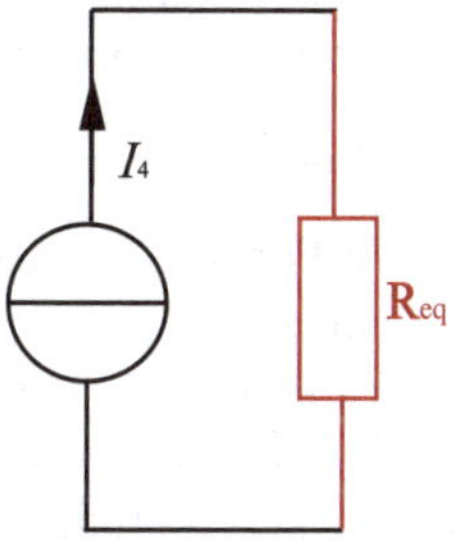

• Considérons le circuit ci-contre, comprenant un générateur de courant et un générateur de tension. Utilisons le théorème de superposition afin de déterminer le courant I circulant dans la résistance R.

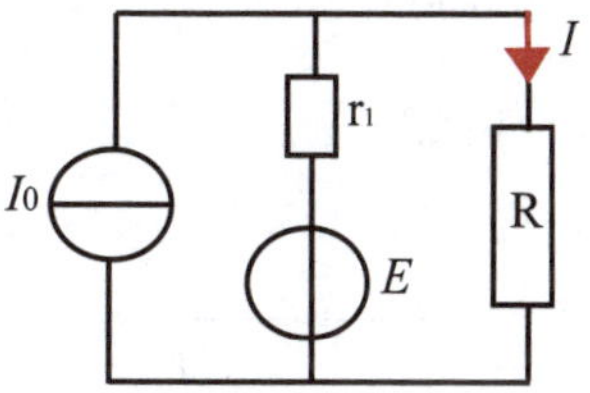

Éteignons les sources tour à tour. D'après le théorème de superposition, $I = I_1 + I_2$ avec I_1 et I_2 définis comme sur les schémas ci- dessous.

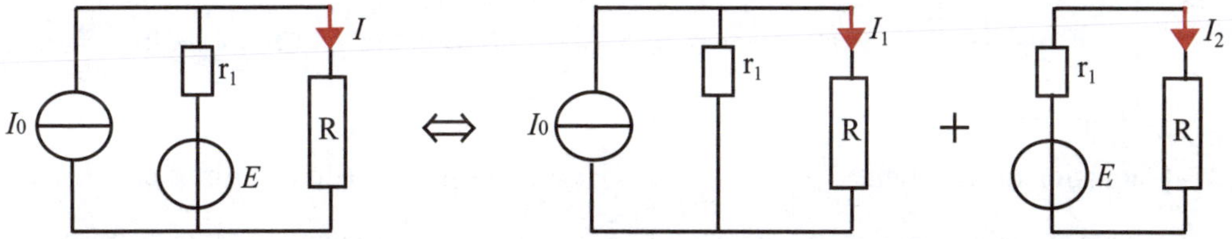

– Pour déterminer I_1, on utilise le diviseur de courant, $I_1 = \dfrac{\dfrac{1}{R}}{\dfrac{1}{r_1} + \dfrac{1}{R}} I_0 = \dfrac{r_1}{r_1 + R} I_0$.

– La tension aux bornes du générateur est égale à la tension aux bornes de la résistance :

$$E - r_1 I_2 = R I_2 \Leftrightarrow I_2 = \frac{E}{R + r_1}.$$

Le courant circulant dans la résistance R vaut donc, $I = I_1 + I_2 = \dfrac{r_1}{r_1 + R} I_0 + \dfrac{E}{R + r_1}$.

37 Régimes libres du premier ordre

1. EN QUELQUES MOTS...

Lors de la mise sous tension constante d'un circuit, le courant et la tension évoluent dans le temps : c'est le régime libre. Il est composé, au départ, d'une variation temporelle de ces deux grandeurs : c'est le régime transitoire. Il est suivi d'un régime permanent, où les grandeurs sont constantes. L'étude du régime libre des circuits RC ou RL conduit à une équation différentielle du premier ordre où seulement des dérivées premières interviennent.

2. CE QU'IL FAUT RETENIR...

a) Forme de l'excitation

Un générateur de tension impose une tension au circuit sous la forme d'un échelon de tension : la tension passe brutalement de 0 à la valeur constante E à l'instant $t = 0$.

Il s'agit d'étudier la réponse du circuit à cette excitation en résolvant l'équation différentielle vérifiée par le courant ou la tension.

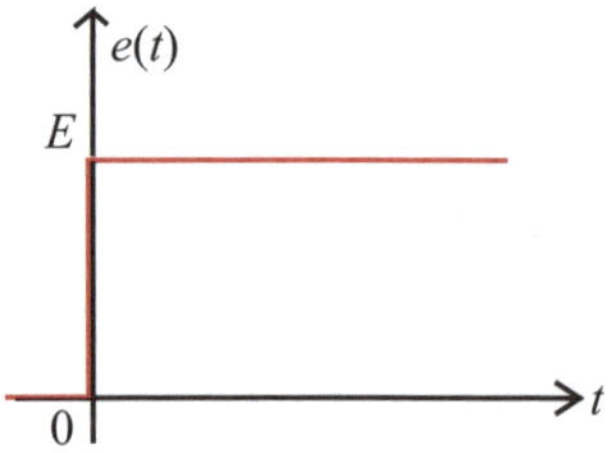

b) Circuit RC :

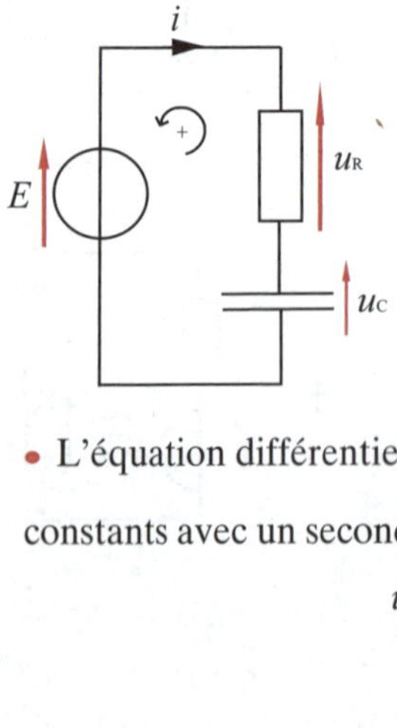

• Pour connaître l'évolution de la tension aux bornes d'un condensateur soumis à un échelon de tension, écrivons l'équation différentielle vérifiée par $u_C(t)$; le condensateur se charge.

La loi des mailles $\Rightarrow u_C(t) + u_R(t) - E = 0$.

La loi d'ohm $\Rightarrow u_C + Ri = E$.

Or $i = \dfrac{dq}{dt} \Rightarrow u_C + R\dfrac{dq}{dt} = E$. Comme $q = Cu_C$, $u_C + RC\dfrac{du_C}{dt} = E$

• L'équation différentielle $\dfrac{du_C(t)}{dt} + \dfrac{1}{RC}u_C(t) = \dfrac{E}{RC}$ est linéaire du 1er ordre à coefficients constants avec un second membre non nul. La solution de cette équation est de la forme :

$$u_c(t) = \underbrace{u_{c1}(t)}_{\text{solution de l'équation sans second membre}} + \underbrace{u_{c2}(t)}_{\text{solution particulière}}$$

– Cherchons $u_{c1}(t)$, solution de l'équation $\dfrac{du_{C1}(t)}{dt} + \dfrac{1}{RC}u_{C1}(t) = 0$

$$\frac{du_{C1}(t)}{dt} = -\frac{1}{RC}u_{C1}(t) \Leftrightarrow \frac{du_{C1}(t)}{u_{C1}(t)} = -\frac{1}{RC}dt \Leftrightarrow d(\ln(u_{C1})) = -\frac{1}{RC}dt$$

$\Leftrightarrow \ln(u_{C1}) = -\dfrac{1}{RC}t + A$ avec A constant. $\Leftrightarrow u_{C1}(t) = Be^{-\frac{1}{RC}t}$ avec B constant.

– Cherchons la solution particulière $u_{c2}(t)$ de la même forme que l'excitation $u_{c2}(t) = U$

En reportant dans l'équation différentielle : $\dfrac{dU}{dt} + \dfrac{1}{RC}U = \dfrac{E}{RC} \Leftrightarrow \dfrac{1}{RC}U = \dfrac{E}{RC} \Rightarrow U = E$.

La solution de l'équation est donc : $u_C(t) = Be^{-\frac{1}{RC}t} + E$.

Le condensateur est déchargé à $t = 0 \Rightarrow$ La condition initiale est :

$u_C(t=0) = 0 \Leftrightarrow u_C(t=0) = B + E = 0 \Leftrightarrow B = -E$.

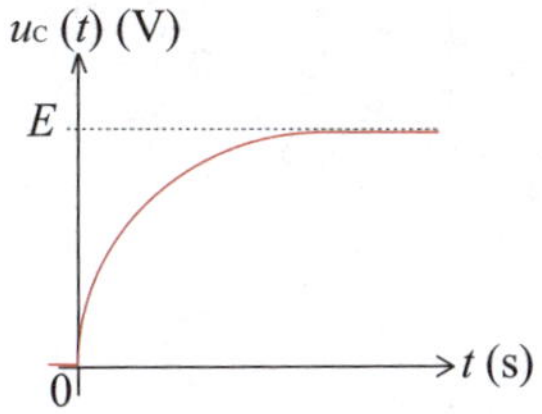

La solution de l'équation différentielle s'écrit :

$$u_C(t) = -Ee^{-\frac{1}{RC}t} + E \Leftrightarrow u_C(t) = E\left(1 - e^{-\frac{t}{RC}}\right) \text{ avec } \begin{cases} u_C(t = 0^-) = 0 \\ u_C(t = 0^+) = 0 \end{cases}.$$

La tension aux bornes du condensateur est continue.

• L'expression de l'intensité du courant dans le circuit peut se déterminer à partir de $u_C(t)$:

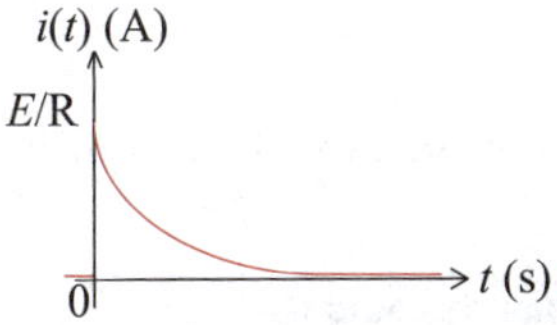

$$i(t) = \frac{dq(t)}{dt} = C\frac{du_C(t)}{dt} \Leftrightarrow i(t) = \frac{E}{R}e^{-\frac{t}{RC}} \text{ avec } \begin{cases} i(t = 0^-) = 0 \\ i(t = 0^+) = \dfrac{E}{R} \end{cases}$$

L'intensité du courant traversant le condensateur est discontinue.

• Le condensateur emmagasine de l'énergie électrique au cours du temps. L'énergie emmagasinée sous forme électrique, notée $E_{él}$ en Joule (J), s'écrit :

$$E_{él} = \int_0^t P_{él}\,dt = \int_0^t u_C i\,dt = \int_0^t u_C C\frac{du_C}{dt}dt = \int_0^t \frac{d\left(\frac{1}{2}Cu_C^2\right)}{dt}dt = \frac{1}{2}Cu_C^2$$

• Les principaux résultats pour un circuit RC sont regroupés dans ce tableau, aussi bien concernant la charge que la décharge du condensateur.

	Charge du condensateur		**Décharge du condensateur**	
Schéma et mise en équation	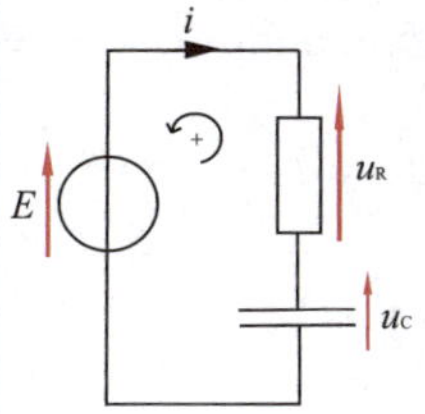	$u_C(t) + u_R(t) - E = 0$ $\Leftrightarrow$ $u_C + RC\dfrac{du_C}{dt} = E$	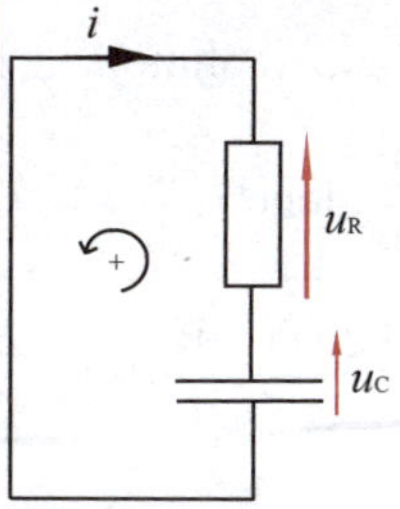	$u_C(t) + u_R(t) = 0$ $\Leftrightarrow$ $u_C + RC\dfrac{du_C}{dt} = 0$
Équation différentielle	$\dfrac{du_c(t)}{dt} + \dfrac{1}{RC}u_c(t) = \dfrac{E}{RC}$ Équation du 1er ordre à coefficients constants avec second membre non nul		$\dfrac{du_C(t)}{dt} + \dfrac{1}{RC}u_C(t) = 0$ Équation du 1er ordre à coefficients constants avec second membre nul	

	Charge du condensateur		Décharge du condensateur	
Condition initiale	$u_C(t)=0$		$u_C(t)=E$	
Solution de l'équation différentielle	$u_C(t)=E\left(1-e^{-\frac{t}{RC}}\right)$		$u_C(t)=Ee^{-\frac{t}{RC}}$	
Allure de la tension aux bornes du condensateur	$u_C(t)$	$i(t)=\frac{E}{R}e^{-\frac{t}{RC}}$	$u_C(t)$	$i(t)=-\frac{E}{R}e^{-\frac{t}{RC}}$
	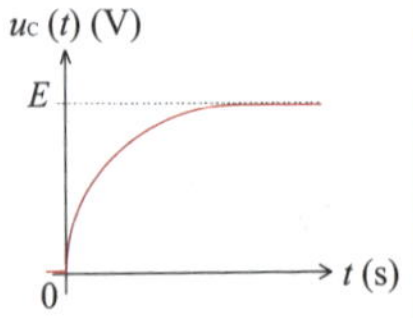	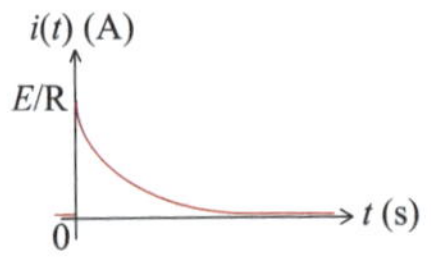	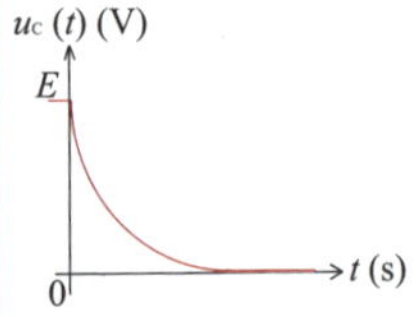	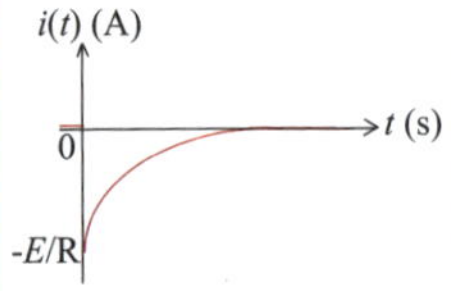
	La tension aux bornes du condensateur est continue tandis que l'intensité le traversant est discontinue			

c) Circuit RL

Les principaux résultats pour un circuit RL sont regroupés dans ce tableau, aussi bien concernant l'établissement du courant que sa rupture.

	Installation du courant	Rupture de courant
Schéma	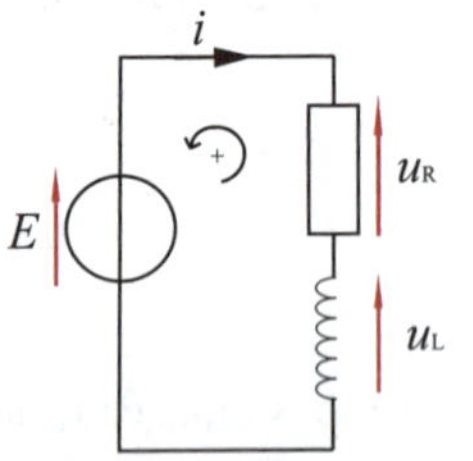	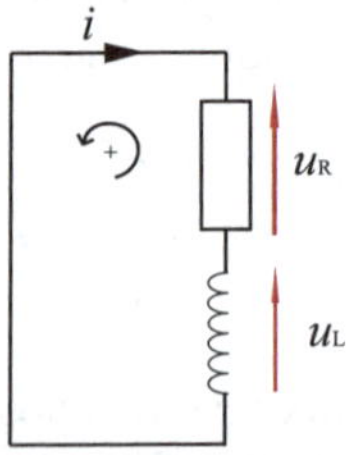
Mise en équation	D'après la loi des mailles, $u_L(t)+u_R(t)-E=0$ D'après la loi d'ohm, $u_L+Ri=E$ $u_L=L\frac{di}{dt}$ donc $L\frac{di}{dt}+Ri=E$	D'après la loi des mailles, $u_L(t)+u_R(t)=0$ D'après la loi d'ohm, $u_L+Ri=0$ $u_L=L\frac{di}{dt}$ donc $L\frac{di}{dt}+Ri=0$
Équation différentielle	$\frac{di(t)}{dt}+\frac{R}{L}i(t)=\frac{E}{L}$ Équation du 1er ordre à coefficients constants avec second membre non nul	$\frac{di(t)}{dt}+\frac{R}{L}i(t)=0$ Équation du 1er ordre à coefficients constants avec second membre nul
Condition initiale	$i(t)=0$	$i(t)=I_0$

	Installation du courant		Rupture de courant	
Solution de l'équation différentielle	$i(t)=\frac{E}{\mathrm{R}}\left(1-\mathrm{e}^{-\frac{\mathrm{R}}{\mathrm{L}}t}\right)$		$i(t)=\frac{E}{\mathrm{R}}\mathrm{e}^{-\frac{\mathrm{R}}{\mathrm{L}}t}$	
Allure de l'intensité traversant la bobine	$i(t)$	$u_\mathrm{L}(t)=E\mathrm{e}^{-\frac{\mathrm{R}}{\mathrm{L}}t}$	$i(t)$	$u_\mathrm{L}(t)=-\mathrm{R}I_0\mathrm{e}^{-\frac{\mathrm{R}}{\mathrm{L}}t}$
	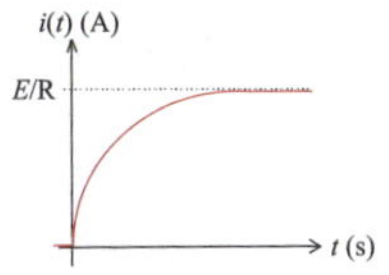	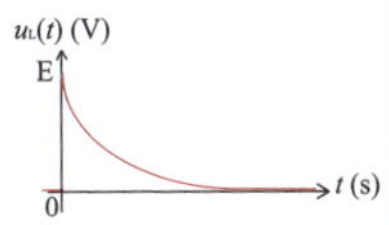	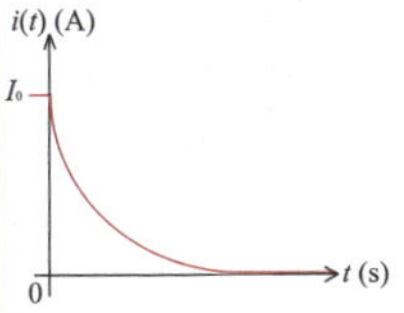	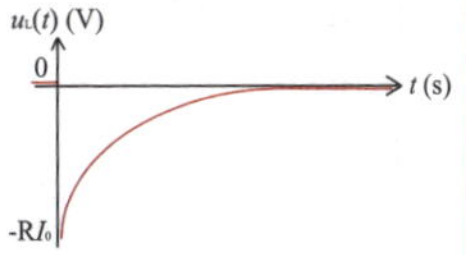
	L'intensité du courant à travers l'inductance est continue tandis que la tension à ses bornes est discontinue.			
Énergie stockée dans l'inductance	Énergie magnétique en Joule (J) : $E_{\mathrm{mag}}(t)=\frac{1}{2}\mathrm{L}i^2(t)$			

d) La constante de temps

La constante de temps, notée τ (*tau*), caractérise la rapidité de l'établissement du régime permanent. Plus sa valeur est petite, plus le régime transitoire est court et le régime permanent atteint rapidement. On considère qu'au bout de 5τ, le régime permanent est atteint.

La constante de temps peut être déterminée de trois manières :

Par le calcul		**Par la méthode des 63% de la valeur maximale atteinte**	**Par la méthode de la tangente à l'origine**
Circuit RC :	Circuit RL :	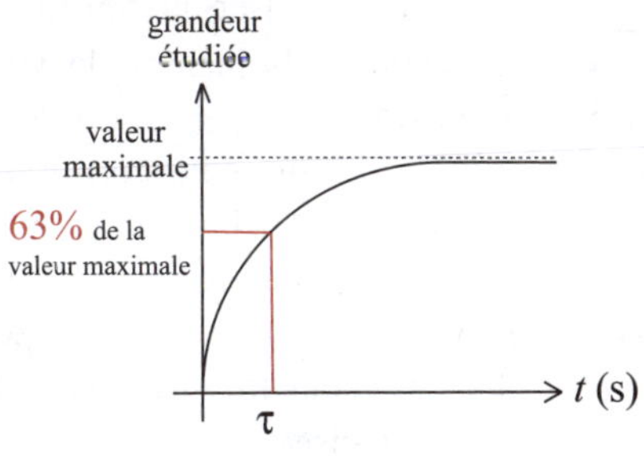	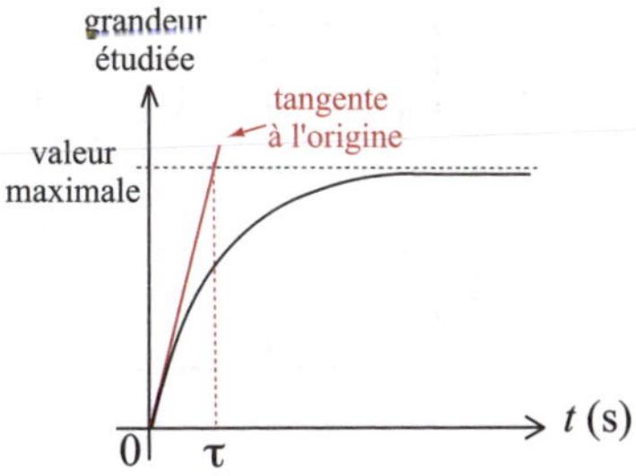
$\tau=\mathrm{RC}$	$\tau=\frac{\mathrm{L}}{\mathrm{R}}$		

3. EN PRATIQUE...

Considérons un circuit comprenant une inductance L = 50 mH en parallèle avec une résistance $\mathrm{R}=15\ \Omega$ alimentée par une source de courant d'intensité I_0. À l'instant t = 0, l'interrupteur est ouvert, isolant le circuit RL de la source de courant. La rupture du courant dans l'inductance est étudiée.

→ Déterminons la tension $u_\mathrm{L}(t)$ aux bornes de l'inductance

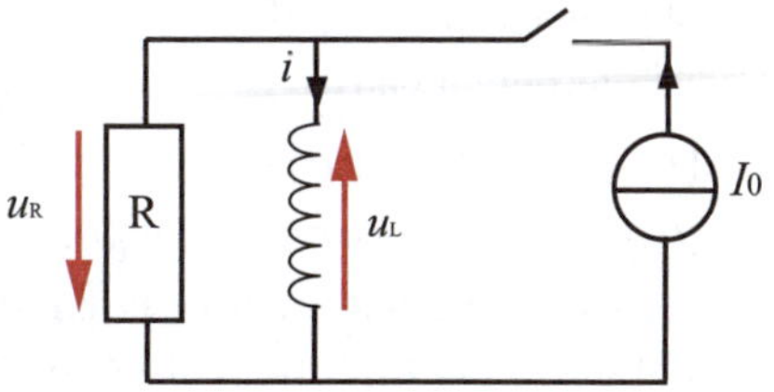

• Pour cela, établissons l'équation différentielle vérifiée par $u_L(t)$.
D'après la loi des mailles, $u_L(t)+u_R(t)=0 \Leftrightarrow u_L(t)+Ri(t)=0$.

Dérivons l'équation par rapport au temps : $\dfrac{du_L(t)}{dt}+R\dfrac{di(t)}{dt}=0 \Leftrightarrow \dfrac{du_L(t)}{dt}+\dfrac{R}{L}u_L(t)=0$.

L'équation différentielle vérifiée par $u_L(t)$ est du premier ordre à coefficients constants, avec un second membre nul.

• La solution de cette équation est de la forme $u_L(t)=Be^{-\frac{R}{L}t}$.

La constante B est déterminée grâce à la condition initiale. À $t=0$, l'inductance étant équivalente à un fil, $i(0)=I_0$, or $u_L(t)+Ri(t)=0 \Leftrightarrow u_L(0)+Ri(0)=0 \Rightarrow u_L(t=0)=-RI_0$.
Par suite, $u_L(t=0)=-RI_0=B$.
La tension aux bornes de la bobine s'écrit :

$$u_L(t)=-RI_0e^{-\frac{R}{L}t} \quad \text{avec} \quad \begin{cases} u_L(t=0^-)=0 \\ u_L(t=0^+)=-RI_0 \end{cases}$$

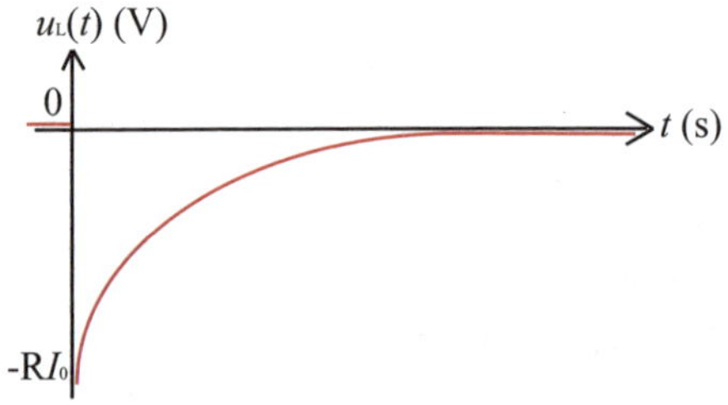

La tension aux bornes de la bobine est discontinue.

→ Visualisons la tension $u_L(t)$ aux bornes de l'inductance et celle $u_R(t)$ aux bornes de la résistance au cours du temps à l'aide d'un oscilloscope.

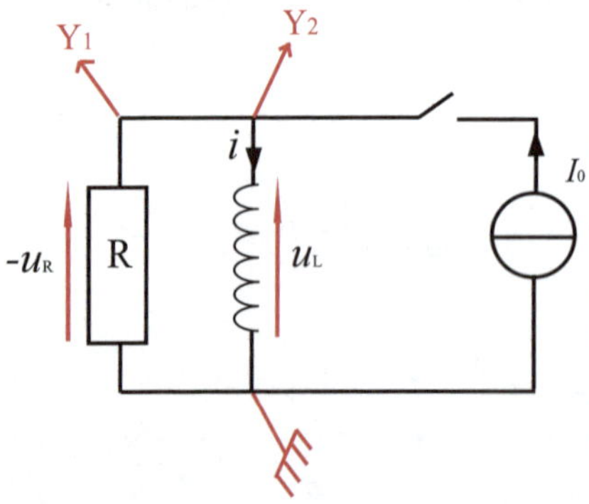

– La masse commune aux deux voies de l'oscilloscope est indiquée sur le schéma.

– Pour visualiser la tension $u_L(t)$ aux bornes de l'inductance, branchons la voie 2 comme indiquée sur le schéma.

– Pour visualiser la tension $u_R(t)$ aux bornes de la résistance, branchons la voie 1 comme indiquée sur le schéma ; dans ce cas, $-u_R(t)$ est mesurée. À l'aide d'une fonction de l'oscilloscope permettant de multiplier la valeur mesurée par – 1, la tension $u_R(t)$ est alors visualisée.

L'oscillogramme observé est reporté ci-contre.
La tension aux bornes de la résistance $u_R(t)$ et l'intensité du courant dans le circuit $i(t)$ sont liées par la loi d'Ohm : $u_R(t)=Ri(t)$. Les variations du courant $i(t)$ sont identiques à celles de $u_R(t)$.

Cet oscillogramme montre la continuité du courant lors de la rupture ; par contre la tension aux bornes de l'inductance génère une surtension.

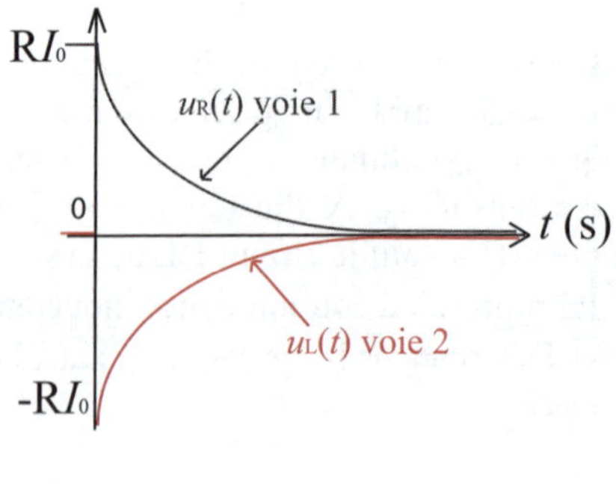

38 Régimes libres du deuxième ordre

1. EN QUELQUES MOTS...

Le régime libre du second ordre est illustré par la décharge d'un condensateur dans une inductance et une résistance. La charge du condensateur vérifie une équation différentielle linéaire du deuxième ordre semblable à celle rencontrée en mécanique, ce qui conduit à une analogie électromécanique.

2. CE QU'IL FAUT RETENIR...

a) Équation différentielle

Considérons un circuit comprenant un condensateur, une inductance et une résistance en série. Initialement, le condensateur est chargé (charge q_0).

Pour étudier la décharge du condensateur, utilisons la loi d'additivité des tensions $u_C(t)+u_R(t)+u_L(t)=0$. À partir de la loi d'Ohm et de la relation liant la tension aux bornes de l'inductance et l'intensité du courant, cette relation devient : $u_C + Ri + L\frac{di}{dt} = 0$.

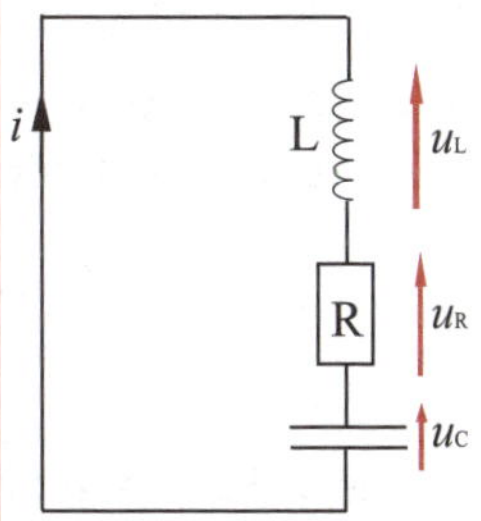

Pour alléger la notation, la dépendance en temps est omise.

$$i = \frac{dq}{dt} \text{ et } q = Cu_C \Rightarrow L\frac{d^2q}{dt^2} + R\frac{dq}{dt} + \frac{q}{C} = 0 \text{ avec les conditions initiales : } \begin{cases} q(t=0) = q_0 \\ i(t=0) = 0 \end{cases}$$

L'équation différentielle vérifiée par la charge du condensateur est du deuxième ordre à coefficients constants avec un second membre nul.

b) Analogie électromécanique

Dans un circuit RLC, l'équation vérifiée par la charge q du condensateur et celle établie en mécanique pour l'oscillateur linéaire amorti (fiche 14) sont semblables. Il est possible d'établir une analogie entre les grandeurs utilisées.

Grandeurs électriques		Grandeurs mécaniques	
Équation différentielle vérifiée par q :	$L\frac{d^2q}{dt^2} + R\frac{dq}{dt} + \frac{1}{C}q = 0$	Équation différentielle vérifiée par x :	$m\frac{d^2x}{dt^2} + f\frac{dx}{dt} + kx = 0$
Conditions initiales $\begin{cases} q(t=0) = q_0 \\ i(t=0) = 0 \end{cases}$		Conditions initiales $\begin{cases} x(t=0) = x_0 \\ v(t=0) = 0 \end{cases}$	
Charge du condensateur	q en C	Élongation de la masse	x en m
Intensité du courant	$i = \frac{dq}{dt}$ en A	Vitesse de la masse	$\dot{x} = \frac{dx}{dt}$ en m.s^{-1}
Inductance propre	L en H	Masse	m en kg

Grandeurs électriques		Grandeurs mécaniques	
Résistance du circuit	R en Ω	Coefficient de frottement	f en N.s.m^{-1}
Capacité du condensateur	$\frac{1}{C}$ en F^{-1}	Constante de raideur	k en kg.N.m^{-1}
Pulsation propre	$\omega_0 = \frac{1}{\sqrt{LC}}$	Pulsation propre	$\omega_0 = \sqrt{\frac{k}{m}}$
Énergie magnétique	$E_{mag} = \frac{1}{2}Li^2$	Énergie cinétique	$E_c = \frac{1}{2}mv^2$
Énergie électrique	$E_{él} = \frac{1}{2C}q^2$	Énergie potentielle élastique	$E_p = \frac{1}{2}kx^2$

c) Les différents régimes libres

- L'équation différentielle vérifiée par la tension aux bornes du condensateur est donnée, en posant $\lambda = \frac{R}{2L}$ et $\omega_0^2 = \frac{1}{LC}$, par : $\frac{d^2u_C}{dt^2} + 2\lambda\frac{du_C}{dt} + \omega_0^2 u_C = 0$

  avec les conditions initiales $\begin{cases} u_c(t=0) = \frac{q_0}{C} = E \\ i(t=0) = 0 \end{cases}$

L'équation caractéristique est donnée par : $r^2 + 2\lambda r + \omega_0^2 = 0$ avec $\Delta' = \lambda^2 - \omega_0^2$ ou

$\Delta' = \frac{R^2}{4L^2} - \frac{1}{LC} = \frac{1}{4L^2}\left(R^2 - \frac{4L}{C}\right) = \frac{1}{4L^2}\left(R^2 - R_c^2\right)$ avec la résistance critique $R_c = 2\sqrt{\frac{L}{C}}$.

Régime	Apériodique	Critique	Pseudo - périodique
Signe du discriminant	$\Delta' > 0$	$\Delta' = 0$	$\Delta' < 0$
Résistance R	$R > R_c$	$R = R_c$	$R < R_c$
Racines	$\begin{cases} r_1 = -\lambda - \sqrt{\Delta'} \\ r_2 = -\lambda + \sqrt{\Delta'} \end{cases}$	Racine double $r = -\lambda$	$\begin{cases} r_1 = -\lambda - j\omega \\ r_2 = -\lambda + j\omega \end{cases}$ avec $\omega^2 = -\Delta' = \omega_0^2 - \lambda^2$
Solution	$u_C(t) = Ae^{r_1 t} + Be^{r_2 t}$	$u_C(t) = (At + B)e^{-\lambda t}$	Voir ci-dessous
Amortissement	fort	critique	faible
Tension u_C en fonction du temps	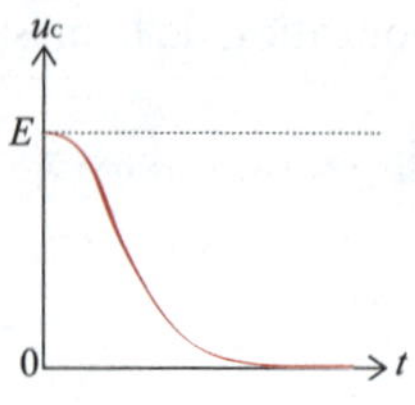	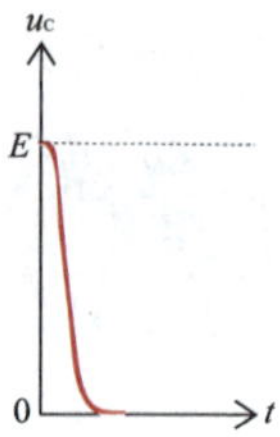	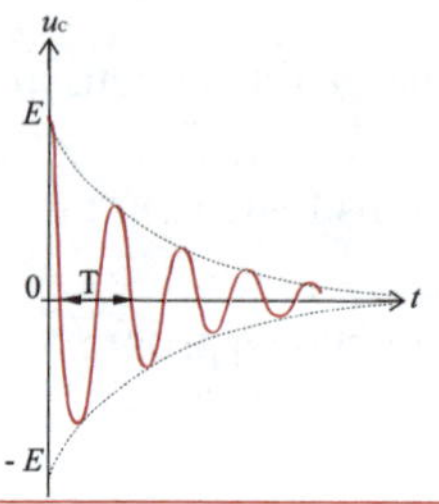

- Régime pseudopériodique $R < R_c$

La solution s'écrit : $u_C(t) = [A\cos(\omega t) + B\sin(\omega t)]e^{-\lambda t}$

Les coefficients A et B sont déterminés à partir des conditions initiales.

Cette solution est pseudo-périodique de pseudo-période $T = \dfrac{2\pi}{\omega} = \dfrac{2\pi}{\sqrt{\omega_0^2 - \lambda^2}}$

Quand l'amortissement est nul ou très faible, la pseudo-période T est égale à la période propre $T_0 = 2\pi\sqrt{LC}$. Quand l'amortissement augmente, la pseudo période augmente.

Le décrément logarithmique (fiche 14) est défini par $\delta = \text{Ln}\left(\dfrac{u_C(t)}{u_C(t+T)}\right)$

En utilisant l'analogie électromécanique : $\delta = \lambda T$.

3. EN PRATIQUE...

- Considérons la décharge d'un condensateur de capacité C = 1 µF dans un circuit série formé d'une inductance L = 10 mH et d'une résistance R = 10 Ω

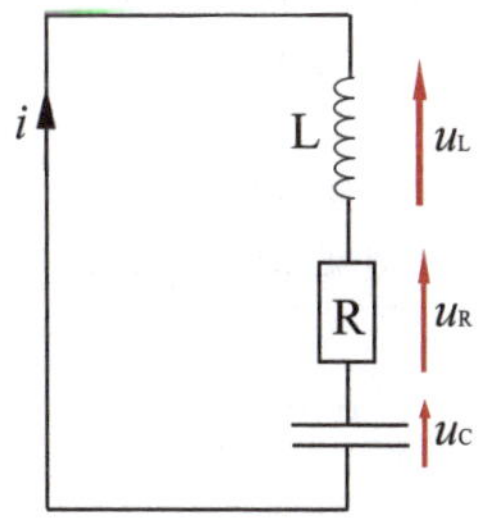

→ Déterminons la période propre T_0 de ce circuit :

$$T_0 = 2\pi\sqrt{LC} = 2 \times 3{,}14 \times \sqrt{10^{-2} \times 10^{-6}} = 6{,}28.10^{-4}\,\text{s} = 0{,}628\ \text{ms}.$$

→ Déterminons le régime de la décharge.

Pour cela, calculons la résistance critique :

$$R_c = 2\sqrt{\frac{L}{C}} = 2\sqrt{\frac{10^{-2}}{10^{-6}}} = 2\sqrt{10^4} = 200\ \Omega.$$

$R < R_c \Rightarrow$ le régime est pseudopériodique avec $\lambda = \dfrac{R}{2L} = \dfrac{10}{2 \times 10^{-2}} = 5.10^2\ \text{s}^{-1}$.

La pseudo-période T est : $T = \dfrac{2\pi}{\omega} = \dfrac{2\pi}{\sqrt{\omega_0^2 - \lambda^2}} = 0{,}629$ ms. Elle est très voisine de la période propre.

Le décrément logarithmique est : $\delta = \lambda T = 0{,}03$.

→ Effectuons le bilan énergétique lors de la décharge du condensateur

Utilisons la relation : $u_C + Ri + L\dfrac{di}{dt} = 0$.

Multiplions cette relation par le courant $i \Rightarrow u_C i + Ri^2 + Li\dfrac{di}{dt} = 0$.

$$i = C\frac{du_C}{dt} \Rightarrow Cu_C\frac{du_C}{dt} + Ri^2 + Li\frac{di}{dt} = 0 \Leftrightarrow \frac{C}{2}\frac{du_C^2}{dt} + Ri^2 + \frac{L}{2}\frac{di^2}{dt} = 0.$$

En introduisant l'énergie magnétique $E_{mag} = \dfrac{1}{2}Li^2$ stockée dans l'inductance et l'énergie électrique $E_{él} = \dfrac{C}{2}u_c^2$ stockée dans le condensateur, le bilan énergétique est :

$$\frac{d}{dt}\left(E_{él} + E_{mag}\right) + Ri^2 = 0.$$

Traçons l'énergie magnétique E_{mag}, l'énergie électrique $E_{él}$ et l'énergie totale $E_{tot} = E_{él} + E_{mag}$.

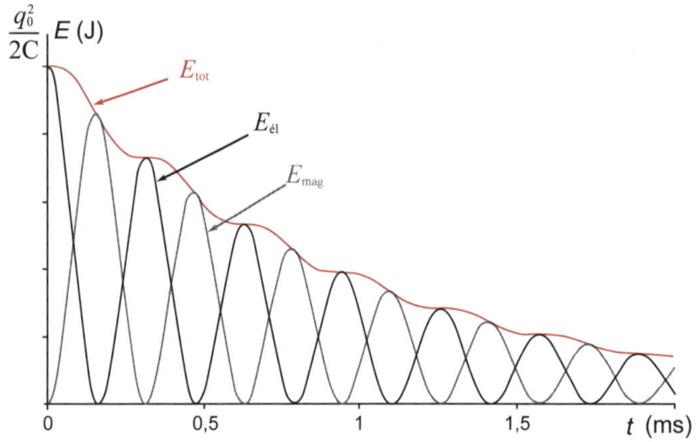

L'énergie totale est échangée entre le condensateur et l'inductance. La pseudo-période de ces échanges est la moitié de la pseudo-période de la tension $u_C(t)$. Ri^2 est la puissance dissipée par effet joule dans la résistance. L'amortissement de l'énergie totale est dû à la dissipation dans la résistance R.

• Étudions la charge du condensateur de capacité C à travers une bobine d'inductance L et une résistance R à l'aide d'un générateur de tension continue de fem E (schéma ci-contre).
Le circuit est fermé à $t = 0$.
L'équation différentielle vérifiée par $u_C(t)$ est :

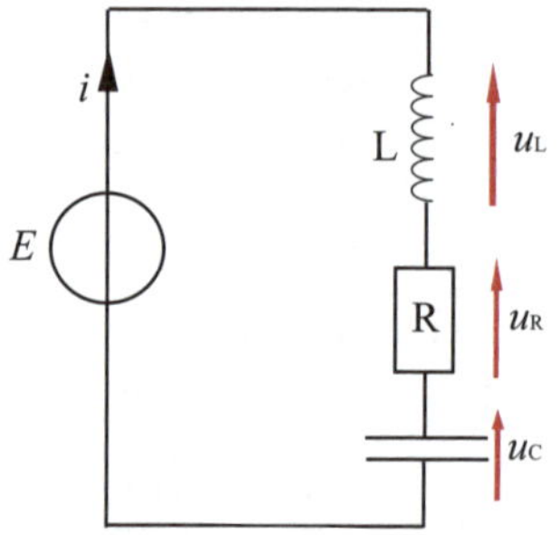

$$\text{LC}\frac{d^2u_C}{dt^2} + \frac{R}{L}\frac{du_C}{dt} + u_C = E \quad \text{avec} \begin{cases} u_C(0) = 0 \\ \dfrac{du_C}{dt}(0) = 0 \end{cases}$$

car à $t = 0$, le condensateur est déchargé et aucun courant ne circule dans le circuit.

Cette équation est du second ordre à coefficients constants avec second membre constant. Pour résoudre une telle équation, il faut :
- résoudre l'équation homogène sans second membre : $u_{C1}(t)$
- trouver une solution particulière $u_{C2}(t)$ de l'équation avec second membre

La solution de l'équation de l'équation avec second membre est : $u_C(t) = u_{C1}(t) + u_{C2}(t)$.
Cherchons la solution particulière de la même forme que l'excitation, c'est-à-dire constante :

$$u_{C2}(t) = U \Rightarrow \text{LC}\frac{d^2U}{dt^2} + \frac{R}{L}\frac{dU}{dt} + U = E \quad \Leftrightarrow \quad U = E.$$

Trois régimes sont observés suivant l'expression de $u_{C1}(t)$. Les constantes A et B sont obtenues grâce aux conditions initiales.

Par exemple, en régime apériodique, la solution s'écrit : $u_C(t) = Ae^{r_1t} + Be^{r_2t} + E$.

Les constantes A et B vérifient : $\begin{cases} u_C(0) = 0 \Leftrightarrow A + B + E = 0 \\ \dfrac{du_C}{dt}(0) = 0 \Leftrightarrow Ar_1 + Br_2 + E = 0 \end{cases}$

Dans les régimes critique et pseudo-périodique, $\lambda = \dfrac{R}{2L}$.

Régime apériodique	Régime critique	Régime pseudo-périodique
$u_C(t) = A\ e^{r_1 t} + B\ e^{r_2 t} + E$	$u_C(t) = (At + B)e^{-\lambda t} + E$	$u_C(t) = [A\cos(\omega t) + B\sin(\omega t)]e^{-\lambda t} + E$
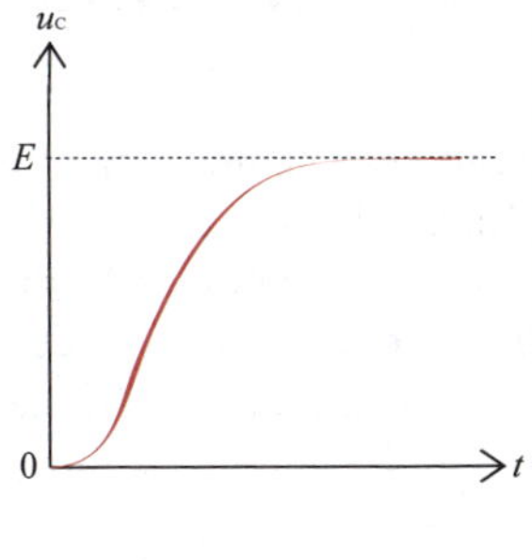	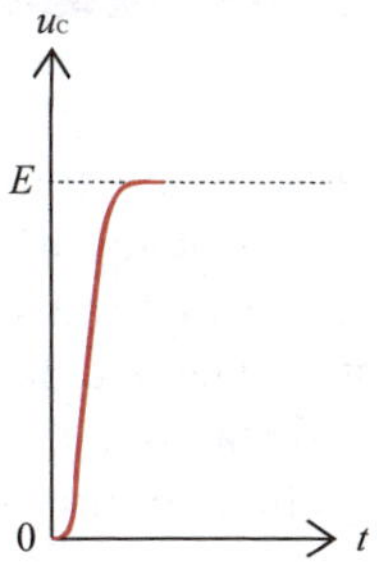	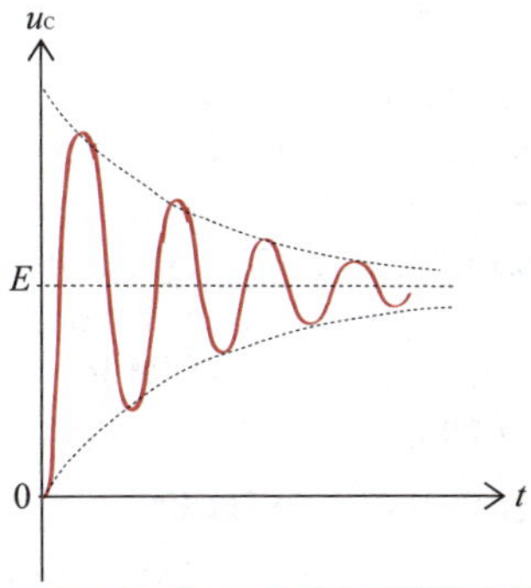

39 Régime sinusoïdal forcé

1. EN QUELQUES MOTS...

Dans le cadre de l'A.R.Q.S., les propriétés des circuits formés de dipôles linéaires sont étudiées lorsqu'on leur applique un signal (tension ou courant) sinusoïdal. À la mise en route du générateur sinusoïdal, il y a, d'abord, des phénomènes transitoires rapides que nous n'étudierons pas, puis le circuit répond de façon sinusoïdale à la même pulsation que le générateur : c'est le régime sinusoïdal forcé. L'utilisation de la notation complexe permettant l'introduction de l'impédance complexe facilite la résolution des problèmes.

2. CE QU'IL FAUT RETENIR...

a) Dipôles linéaires en régime sinusoïdal forcé :

Un courant sinusoïdal d'amplitude I_m et de pulsation ω donné par $i(t) = I_m \cos(\omega t)$ traverse :

- une résistance R

La loi d'Ohm donne : $u_R(t) = Ri(t) \Rightarrow u_R(t) = RI_m \cos(\omega t)$.

La tension aux bornes de la résistance est, à chaque instant, proportionnelle au courant.

- un condensateur C

La relation entre $u_C(t)$ et $i(t)$ est : $i = C\dfrac{du_C}{dt}$

$$\Rightarrow u_C(t) = \frac{1}{C}\int i\,dt = \frac{I_m}{C\omega}\sin\omega t = \frac{I_m}{C\omega}\cos\left(\omega t - \frac{\pi}{2}\right).$$

La tension $u_C(t)$ est en retard de $\dfrac{\pi}{2}$ par rapport au courant $i(t)$.

- une inductance L

La relation entre $u_L(t)$ et $i(t)$ est : $u_L = L\dfrac{di}{dt} \Rightarrow u_L(t) = -L\omega I_m \sin\omega t = L\omega I_m \cos\left(\omega t + \dfrac{\pi}{2}\right).$

La tension $u_L(t)$ est en avance de $\dfrac{\pi}{2}$ par rapport au courant $i(t)$.

Dans le cas du condensateur et de l'inductance, il n'y a plus proportionnalité entre le courant $i(t)$ et la tension $u(t)$. Par suite, dans un circuit comportant des condensateurs et des inductances, il existe un déphasage φ de la tension par rapport au courant.

b) Loi d'Ohm complexe

- Pour résoudre simplement le problème, la notation complexe est utilisée (annexe C) :

Notation réelle	Notation complexe
$i(t) = I_m \cos(\omega t)$	$\underline{i}(t) = \underline{I}\, e^{j\omega t}$ avec l'amplitude complexe $\underline{I} = I_m$
$u(t) = U_m \cos(\omega t + \varphi)$ $\varphi > 0$: tension en avance ; $\varphi < 0$: tension en retard	$\underline{u}(t) = \underline{U}\, e^{j\omega t}$ avec l'amplitude complexe $\underline{U} = U_m e^{j\varphi}$

- Écrivons la tension complexe aux bornes :

– du condensateur : $\underline{u}_C(t) = \dfrac{I_m}{C\omega} e^{j\left(\omega t - \frac{\pi}{2}\right)} = \dfrac{e^{-j\frac{\pi}{2}}}{C\omega} I_m e^{j\omega t} = \dfrac{1}{jC\omega}\underline{i}(t)$

– d'une inductance : $\underline{u}_L(t) = -L\omega I_m e^{j\left(\omega t + \frac{\pi}{2}\right)} = L\omega e^{j\frac{\pi}{2}} I_m e^{j\omega t} = jL\omega\,\underline{i}(t)$.

Il y a donc proportionnalité entre la tension complexe $\underline{u}(t)$ et l'intensité complexe $\underline{i}(t)$.

- La loi d'Ohm complexe, en convention récepteur, s'écrit :

$\boxed{\underline{u}(t) = \underline{Z}\,\underline{i}(t)}$	$\underline{u}(t)$: tension complexe aux bornes du dipôle $\underline{i}(t)$: intensité complexe traversant le dipôle $\underline{Z}$: impédance complexe du dipôle

c) Impédance complexe

Comme $\underline{Z} = \frac{\underline{u}(t)}{\underline{i}(t)} = \frac{\underline{U}}{\underline{I}}$, l'impédance complexe $\underline{Z}$ d'un dipôle est le rapport de l'amplitude complexe $\underline{U}$ de la tension complexe aux bornes du dipôle à l'amplitude complexe $\underline{I}$ de l'intensité complexe du courant qui le traverse.

L'impédance complexe s'écrit : $\underline{Z} = |\underline{Z}|e^{j\mathrm{Arg}(\underline{Z})}$.

Le module $|\underline{Z}|$ de l'impédance complexe est noté Z et appelé impédance : son argument $\arg(|\underline{Z}|)$ est souvent noté φ.

Le tableau regroupe les valeurs pour les dipôles linéaires élémentaires :

Dipôle	Résistance R	Condensateur C	Inductance L
Impédance complexe $\underline{Z}$	$\underline{Z} = R$	$\underline{Z} = \frac{1}{jC\omega}$	$\underline{Z} = jL\omega$
Impédance Z	$Z = \lvert\underline{Z}\rvert = R$	$Z = \lvert\underline{Z}\rvert = \frac{1}{C\omega}$	$Z = \lvert\underline{Z}\rvert = L\omega$
Argument de Z : φ	$\varphi = 0$	$\varphi = -\frac{\pi}{2}$	$\varphi = \frac{\pi}{2}$

d) Lois de Kirchhoff

Ces lois (fiche 33) s'écrivent en utilisant les tensions complexes et les courants complexes. Par exemple, la loi des mailles s'écrit, en fonction des tensions complexes :

$$\underline{u}_{AD}(t) = \underline{u}_{AB}(t) + \underline{u}_{BC}(t) + \underline{u}_{CD}(t)$$

Toutes les tensions étant à la même pulsation, elle s'écrit aussi en fonction des amplitudes complexes des tensions :

$$\underline{U}_{AD} = \underline{U}_{AB} + \underline{U}_{BC} + \underline{U}_{CD} \Rightarrow \underline{Z}_{AD} = \underline{Z}_{AB} + \underline{Z}_{BC} + \underline{Z}_{CD}$$

L'impédance complexe d'un ensemble de dipôles placés en série est la somme des impédances complexes de chacun des dipôles.

e) Représentation de Fresnel

L'amplitude complexe $\underline{I}$ de l'intensité du courant le traversant est : $\underline{I} = I_m$. Pour chaque dipôle, l'amplitude complexe $\underline{U}$ de la tension à ses bornes est reportée dans le tableau ci-dessous :

Dipôle	Résistance R	Condensateur C	Inductance L
amplitude complexe $\underline{U}$	RI_m	$\frac{I_m}{jC\omega} = -\frac{j}{C\omega}I_m$	$jL\omega I_m$

Représentons, dans le plan complexe, l'amplitude complexe $\underline{I}$ de l'intensité et celle $\underline{U}$ de la tension (Annexe C) :

	Résistance	**Condensateur**	**Inductance**
Représentation de Fresnel	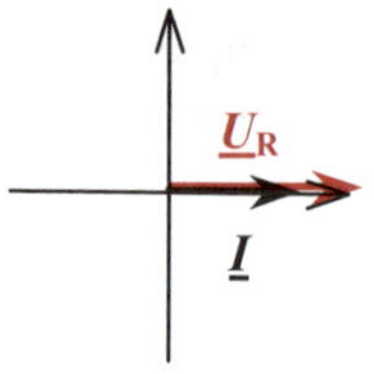	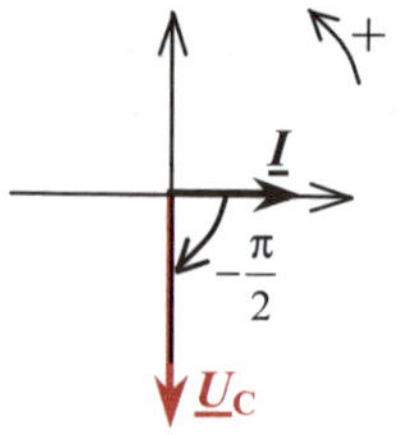	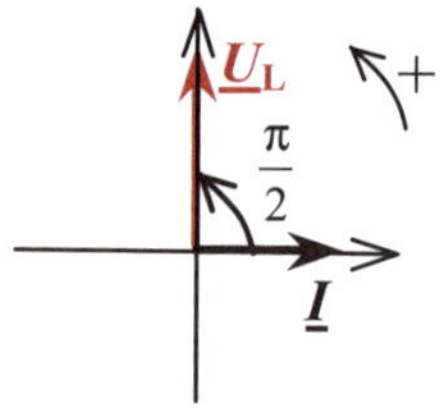
	$i(t)$ et $u_R(t)$ sont en phase.	$u_C(t)$ est en retard par rapport au courant $i(t)$ de $\frac{\pi}{2}$.	$u_L(t)$ est en avance par rapport au courant $i(t)$ de $\frac{\pi}{2}$.

3. EN PRATIQUE...

- Un dipôle constitué d'une résistance R = 1 000 Ω en série avec un condensateur C = 1 μF est parcouru par un courant sinusoïdal d'amplitude $I_m = 10$ mA et de pulsation $\omega = 800$ rad.s^{-1}.

→ Déterminons la tension $u(t)$ aux bornes de ce dipôle.

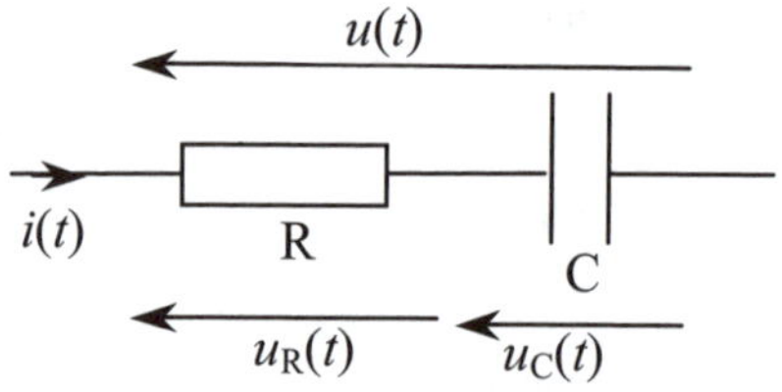

Le courant est : $i(t) = I_m \cos(\omega t)$.

Sur le schéma, portons les différentes tensions. Pour résoudre le problème, passons en notation complexe.

Les différentes amplitudes complexes sont portées sur le schéma ci-dessous.

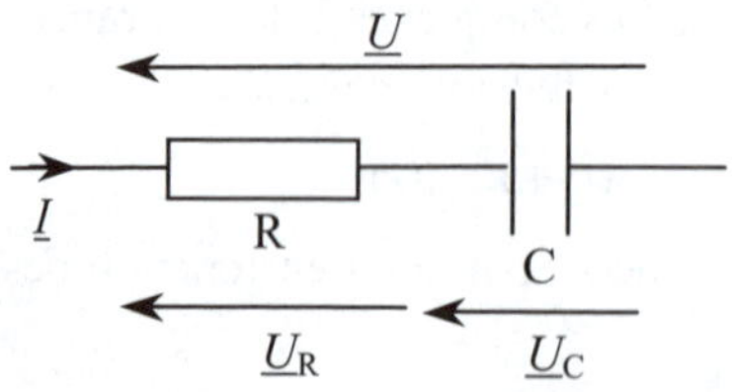

La loi d'additivité des tensions complexes donne en amplitudes complexes : $\underline{U} = \underline{U}_R + \underline{U}_C$

En appliquant la loi d'Ohm complexe à chaque élément, on obtient :

$$\underline{U} = R\underline{I} - j\frac{\underline{I}}{C\omega} = \left(R - j\frac{1}{C\omega}\right)\underline{I} = Ze^{i\varphi}\,\underline{I}$$

L'impédance complexe du dipôle est la somme des impédances complexes de chaque élément.

Les expressions de Z et de φ sont :

$$Z = \sqrt{R^2 + \left(\frac{1}{C\omega}\right)^2} = 1\,600\ \Omega \text{ et } \tan\varphi = -\frac{1}{RC\omega} \Rightarrow \varphi = -51{,}3°.$$

À cette amplitude complexe $\underline{U}$ est associé le signal complexe $\underline{u}(t)$:

$$\underline{u}(t)=\underline{U}e^{j\omega t}=Z\underline{I}e^{j\varphi}e^{j\omega t} \text{ ; or } \underline{I}=I_m \Rightarrow \underline{u}(t)=ZI_m e^{j(\omega t+\varphi)}$$

La tension $u(t)$ aux bornes du dipôle est : $u(t)=\mathcal{R}e(\underline{u}(t)) \Rightarrow u(t)=ZI_m\cos(\omega t+\varphi)$

La tension $u(t)$ a une amplitude $U_m=\frac{I_m}{C\omega}\sqrt{1+R^2C^2\omega^2}$; elle est en retard ($\varphi<0$) par rapport au courant $i(t)$.

→ Traçons la représentation de Fresnel

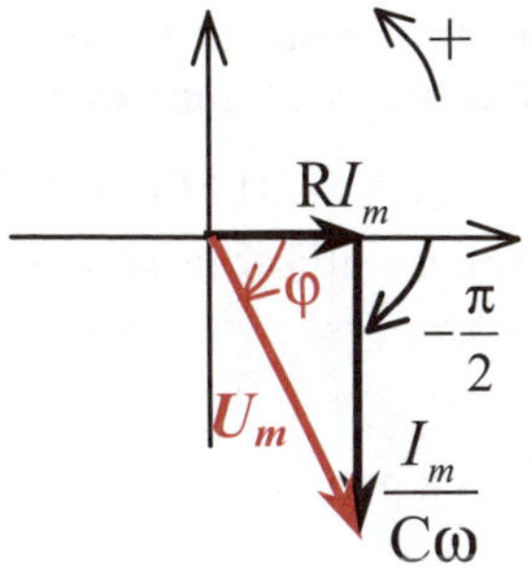

Représentons les amplitudes complexes :

- $\underline{U}_R$: vecteur de longueur RI_m suivant l'axe réel
- $\underline{U}_C$: vecteur de longueur $\frac{I_m}{C\omega}$ faisant un angle $-\frac{\pi}{2}$ avec l'axe réel

Le vecteur correspondant à $\underline{U}$ s'obtient en sommant ces deux vecteurs ; il a une longueur U_m donnée par le théorème de Pythagore :

$$U_m=I_m\sqrt{R^2+\left(\frac{1}{C\omega}\right)^2}.$$

Donnons la longueur des différents vecteurs : $RI_m=10$ V, $\frac{I_m}{C\omega}=12{,}5$ V et $U_m=16$ V.

Il n'y a pas additivité de l'amplitude des tensions.

- Cherchons l'impédance complexe d'une résistance R et d'un condensateur en parallèle.

La loi des nœuds en notation complexe au point A donne :

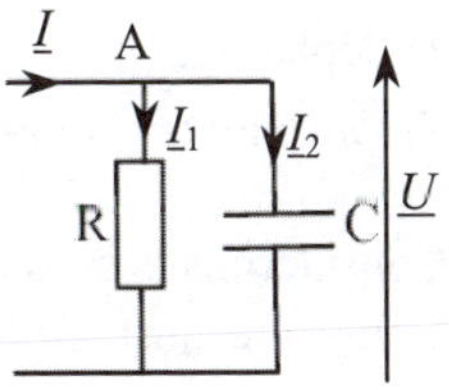

$$\underline{I}=\underline{I}_1+\underline{I}_2$$

En utilisant la loi d'Ohm complexe dans chaque branche, cette expression devient : $\underline{I}=\frac{\underline{U}}{R}+\frac{\underline{U}}{\frac{1}{jC\omega}}$

Or $\underline{I}=\frac{\underline{U}}{\underline{Z}}$ avec l'impédance complexe $\underline{Z}$:

$$\frac{1}{\underline{Z}}=\frac{1}{R}+jC\omega \quad \Leftrightarrow \quad \underline{Z}=\frac{R}{1+jRC\omega}.$$

Par suite l'impédance est : $Z=|\underline{Z}|=\sqrt{\frac{R^2}{1+R^2C^2\omega^2}}$ et l'argument : $\varphi=-\text{Arc}\tan(RC\omega)$

Si deux dipôles (ou plus) sont branchés en parallèle, on ajoute les inverses de leurs impédances complexes, pour trouver l'inverse de l'impédance complexe équivalente.

40 Puissance en régime sinusoïdal

1. EN QUELQUES MOTS...

En régime sinusoïdal forcé, l'intensité et la tension varient au cours du temps. Les multimètres mesurent les tensions et les intensités efficaces. Ces notions d'intensité et de tension efficaces sont utilisées pour obtenir la puissance moyenne dissipée dans un dipôle.

2. CE QU'IL FAUT RETENIR...

a) Valeurs efficaces de grandeurs périodiques

- L'intensité efficace se note I_{eff} et s'exprime en Ampère.

– La période étant T, l'intensité efficace est donnée par :

$$I_{eff} = \sqrt{\frac{1}{T}\int_0^T i^2(t)\,dt}$$

– Si le courant est sinusoïdal, l'intensité s'écrit $i(t) = I_{max}\cos(\omega t)$.

La valeur efficace vaut $I_{eff} = \frac{I_{max}}{\sqrt{2}}$. Ainsi, l'intensité s'écrit : $i(t) = I_{eff}\sqrt{2}\cos(\omega t)$.

- De même, la tension efficace d'une tension sinusoïdale $u(t) = U_{max}\cos(\omega t + \varphi)$ a une valeur efficace $U_{eff} = \frac{U_{max}}{\sqrt{2}}$. La tension s'écrit alors : $u(t) = U_{eff}\sqrt{2}\cos(\omega t + \varphi)$, où φ est le déphasage de la tension par rapport à l'intensité.

b) Puissance instantanée en régime sinusoïdal

- Considérons le dipôle ci-contre en convention récepteur.

La puissance instantanée dissipée par ce dipôle est égale au produit de l'intensité $i(t)$ et de la tension $u(t)$ (fiche 34) :

$p(t) = i(t)u(t)$.

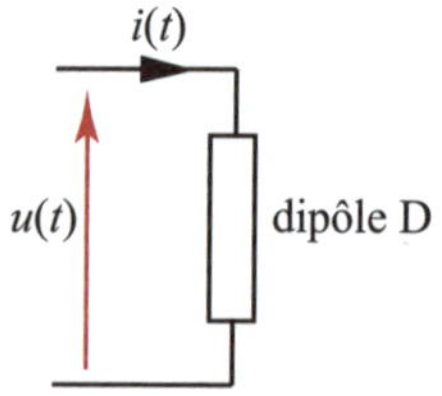

- Pour un courant et une tension sinusoïdaux de fréquence f,

$\begin{cases} i(t) = I_{eff}\sqrt{2}\cos(\omega t) \\ u(t) = U_{eff}\sqrt{2}\cos(\omega t + \varphi) \end{cases}$, elle s'exprime par :

$$p(t) = i(t)u(t) = 2I_{eff}U_{eff}\cos(\omega t)\cos(\omega t + \varphi) \Leftrightarrow p(t) = I_{eff}U_{eff}\left[\cos(2\omega t + \varphi) + \cos(\varphi)\right].$$

La puissance instantanée $p(t)$ est une fonction sinusoïdale de fréquence $2f$.

c) Puissance moyenne en régime sinusoïdal

• La puissance moyenne, notée P_{moy}, en W, est la moyenne sur une période T de la puissance instantanée.

$$P_{moy} = \frac{1}{T}\int_0^T p(t)\,dt = \frac{1}{T}\int_0^T i(t)u(t)\,dt$$

• Dans le cas d'un régime sinusoïdal, $P_{moy} = \frac{1}{T}\int_0^T I_{eff}U_{eff}\,[\cos(2\omega t+\varphi)+\cos(\varphi)]dt$

$$P_{moy} = I_{eff}U_{eff}\cos\varphi$$

φ : déphasage de la tension par rapport à l'intensité

P_{moy} : puissance moyenne ou active (W) dissipée dans le dipôle.

I_{eff} : intensité efficace traversant le dipôle (A)

U_{eff} : tension efficace aux bornes du dipôle (V)

$\cos\varphi$ est appelé facteur de puissance du dipôle et est compris entre 0 et 1.
La puissance active est celle mesurée par les distributeurs d'électricité, qui impose un facteur de puissance supérieur à 0,93.

3. EN PRATIQUE...

• Calculons l'intensité efficace d'un signal sinusoïdal de la forme $i(t) = I_{max}\cos(\omega t)$:

$$I_{eff} = \sqrt{\frac{1}{T}\int_0^T i^2(t)\,dt} = \sqrt{\frac{1}{T}\int_0^T I_{max}^2\cos^2(\omega t)\,dt}.$$

Or, $\cos(2a) = 2\cos^2(a)-1$, ainsi $\cos^2(a) = \frac{\cos(2a)+1}{2}$

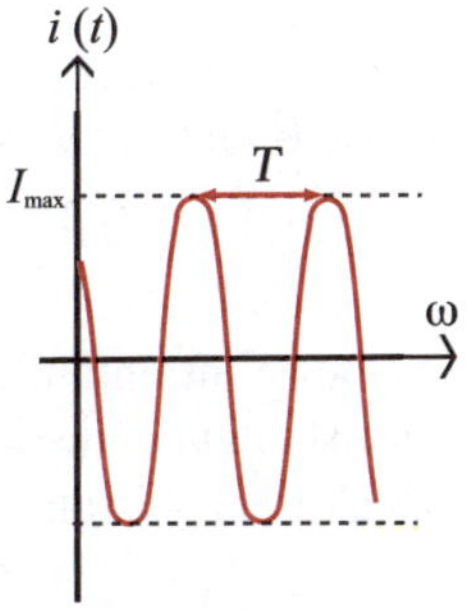

$$I_{eff} = \sqrt{\frac{1}{T}\int_0^T I_{max}^2\,\frac{\cos^2(2(\omega t))+1}{2}\,dt} \Leftrightarrow I_{eff}^2 = \frac{1}{T}\int_0^T I_{max}^2\,\frac{\cos^2(2(\omega t))}{2}\,dt + \frac{1}{T}\int_0^T \frac{I_{max}^2}{2}\,dt$$

$$I_{eff}^2 = \frac{1}{T}I_{max}^2\underbrace{\left[\frac{\sin(2\omega T)}{2\omega}\right]_0^T}_{0} + \frac{1}{T}\frac{I_{max}^2}{2}T \Leftrightarrow I_{eff}^2 = \frac{I_{max}^2}{2}.$$

• Calculons la puissance instantanée et la puissance moyenne de divers dipôles.
  – Pour une résistance R, $i(t)$ et $u(t)$ sont en phase $\varphi = 0$ (fiche 39), la puissance instantanée est donnée par $p_R(t) = 2RI_{eff}^2\cos^2(\omega t)$, elle est toujours positive, la résistance étant un dipôle passif.

$\cos\varphi = 1 \Rightarrow$ La puissance active est $P_{moy} = U_{eff}I_{eff} = RI_{eff}^2$.

– Pour une inductance L, la tension est

$u_L(t) = -L\omega I_{eff}\sqrt{2}\sin\omega t$, elle est en avance sur $i(t)$ de $\frac{\pi}{2}$ (fiche 39). La puissance instantanée est donnée par :

$p_L(t) = -2L\omega I_{eff}^2\cos(\omega t)\sin(\omega t) = -L\omega I_{eff}^2\sin(2\omega t)$.

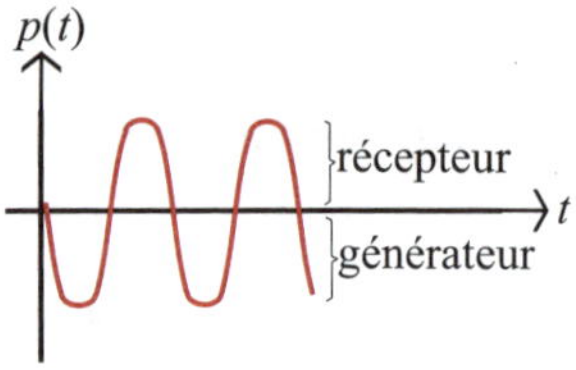

L'inductance est alternativement récepteur $(p(t) > 0)$ et générateur $(p(t) < 0)$.

La puissance moyenne est : $P_{moy} = 0$.

– Pour un condensateur, $\varphi = -\frac{\pi}{2} \Leftrightarrow \cos\varphi = 0 \Rightarrow P_{moy} = 0$, comme pour l'inductance.

• Une plaque signalétique d'un moteur indique : 50 Hz 230 V 9,0 A $\cos\varphi = 0{,}87$ 1 500 W

Calculons la puissance moyenne ou active du moteur :
Les indications données pour la tension et l'intensité sont des valeurs efficaces. Donc,

$$P_{moy} = U_{eff}I_{eff}\cos\varphi \Leftrightarrow P_{moy} = 230 \times 9{,}0 \times 0{,}87 = 1{,}8.10^3\ \text{W}$$

• Calculons la puissance totale dissipée dans le dipôle formé d'une résistance R en série avec un condensateur C.

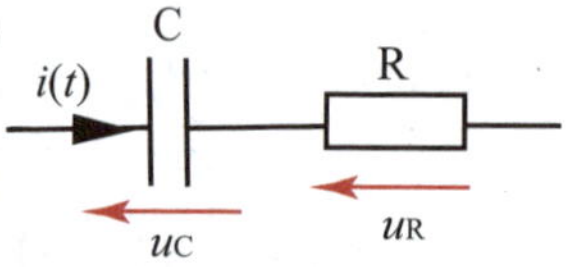

$p(t) = [u_C(t) + u_R(t)]i(t) = u_C(t)i(t) + u_R(t)i(t) = p_C(t) + p_R(t)$

La puissance instantanée totale dissipée par les deux dipôles est égale à la somme des puissances instantanées dissipées par chaque élément.

→ Calculons la puissance moyenne dissipée par cette association de dipôles :

$$P_{moy} = \frac{1}{T}\int_0^T p(t)dt = \frac{1}{T}\int_0^T [p_C(t) + p_R(t)]dt = \underbrace{\frac{1}{T}\int_0^T p_C(t)dt}_{0} + \frac{1}{T}\int_0^T p_R(t)dt = P_{moyR}$$

La puissance moyenne est uniquement dissipée dans la résistance.

41 Résonances

1. EN QUELQUES MOTS...

En régime sinusoïdal forcé, dans un circuit RLC série, pour une certaine valeur de pulsation, nommée pulsation de résonance, l'amplitude de l'intensité est maximum. Ce phénomène s'appelle la résonance en intensité. L'amplitude de la tension aux bornes du condensateur présente aussi un phénomène de résonance si la résistance R est inférieure à une valeur dépendant des caractéristiques propres du circuit LC. C'est le phénomène de résonance en tension qui est l'analogue de la résonance en élongation d'un oscillateur harmonique mécanique (fiche 15).

2. CE QU'IL FAUT RETENIR...

Considérons le circuit RLC comportant en série une résistance R, une inductance L et une capacité C, alimenté par un générateur de tension sinusoïdale : $e(t) = E_m \cos \omega t$.

a) Impédance complexe du circuit RLC série

L'impédance complexe du dipôle série est la somme des impédances complexes de chaque élément (fiche 39) :

$$\underline{Z} = R + \frac{1}{jC\omega} + jL\omega = R + j\left(L\omega - \frac{1}{C\omega}\right).$$

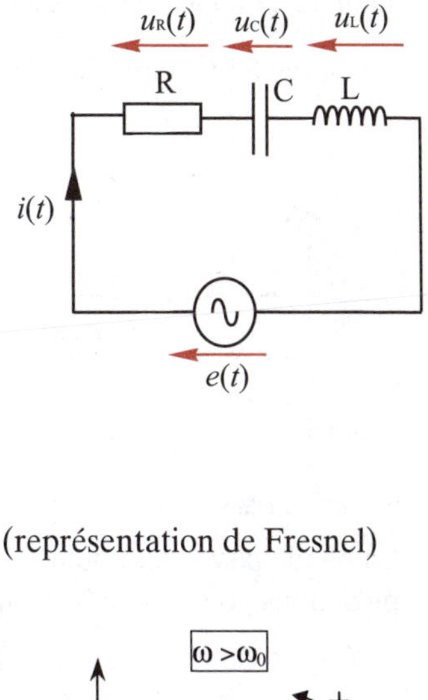

Son module, l'impédance, est donné par :

$$Z = \sqrt{R^2 + \left(L\omega - \frac{1}{C\omega}\right)^2}$$

Cette impédance passe par un minimum pour une pulsation ω_0 vérifiant

$$L\omega_0 - \frac{1}{C\omega_0} = 0 \Leftrightarrow \omega_0 = \frac{1}{\sqrt{LC}}.$$

C'est la pulsation propre du dipôle RLC.

Représentons l'impédance complexe dans le plan complexe (représentation de Fresnel)

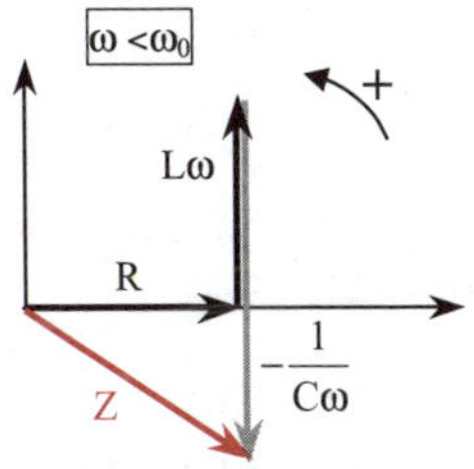

L'effet capacitif l'emporte sur l'effet inductif.

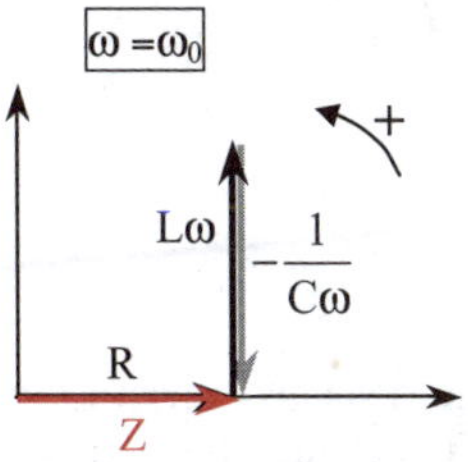

Les effets capacitif et inductif se compensent $\Rightarrow$ $\underline{Z} = R$

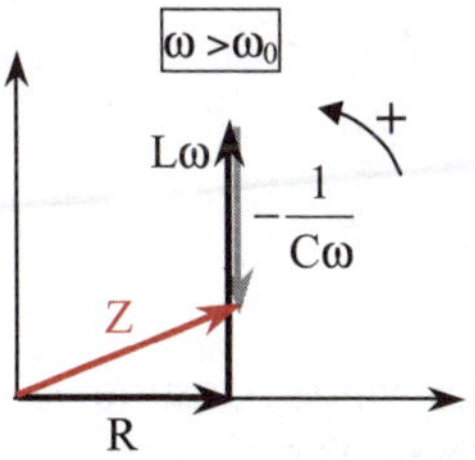

L'effet inductif l'emporte sur l'effet capacitif.

b) Résonance en intensité

- Écrivons la loi d'Ohm complexe avec les amplitudes complexes : $\underline{E} = \underline{Z}\,\underline{I}$ avec $\underline{E} = E_m$.

Introduisons la pulsation réduite $x = \dfrac{\omega}{\omega_0}$ et le facteur de qualité (sans dimension)

$$Q = \frac{L\omega_0}{R} = \frac{1}{RC\omega_0}.$$

L'amplitude complexe du courant s'écrit :

$$\underline{I} = \frac{\underline{E}}{R + j\left(L\omega - \dfrac{1}{C\omega}\right)} = \frac{\underline{E}}{R + j\left(QR\dfrac{\omega}{\omega_0} - QR\dfrac{\omega_0}{\omega}\right)} \Leftrightarrow \underline{I} = \frac{E_m}{R\left[1 + jQ\left(x - \dfrac{1}{x}\right)\right]}$$

- Par suite, le module $|\underline{I}|$ et le déphasage du courant $i(t)$ par rapport à la tension $e(t)$ sont :

$$|\underline{I}| = I_m = \frac{E_m}{R\sqrt{1 + Q^2\left(x - \dfrac{1}{x}\right)^2}} \quad \text{et} \quad \varphi = \text{Arc}\tan\left(-Q\left(x - \frac{1}{x}\right)\right).$$

- L'amplitude de l'intensité dépend de la pulsation ω imposée. L'impédance étant minimum pour $\omega = \omega_0$, l'amplitude du courant $I_m(\omega)$ passe par un maximum : c'est la résonance en intensité.
La pulsation de résonance en intensité ω_R correspondant au maximum I_{max} de l'amplitude de l'intensité est la pulsation propre ω_0 du dipôle RLC série. Ce maximum vaut $I_{max} = \dfrac{E_m}{R}$.

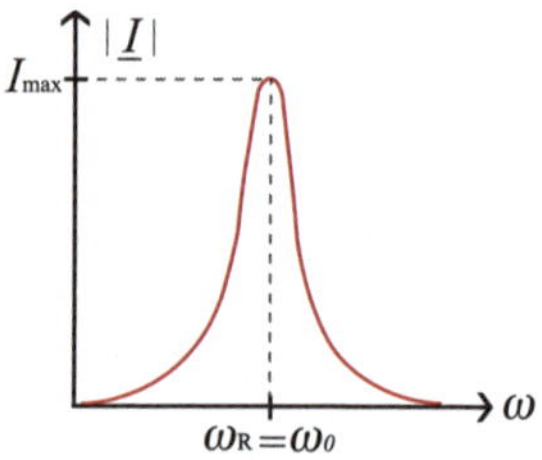

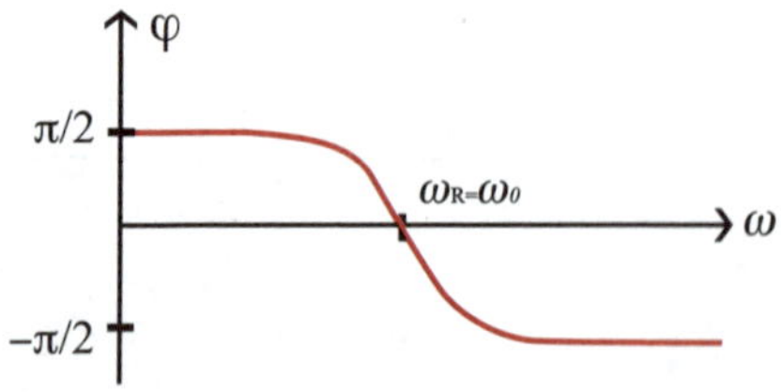

À la pulsation de résonance, le courant $i(t)$ et la tension $e(t)$ sont en phase.
Quand $\omega < \omega_0$, le courant $i(t)$ est en avance sur la tension $e(t)$, l'effet capacitif étant prédominant.
Par contre, quand $\omega > \omega_0$, le courant $i(t)$ est en retard sur la tension $e(t)$, l'effet inductif l'emportant.

- Bande passante

La bande passante, notée $\Delta\omega$, en rad.s^{-1}, correspond aux pulsations pour lesquelles l'amplitude de l'intensité $I_m(\omega)$ est supérieure ou égale à $\dfrac{I_{max}}{\sqrt{2}}$.

$$\Rightarrow \quad \frac{\Delta\omega}{\omega_0} = \frac{R}{L\omega_0} = \frac{1}{Q}.$$

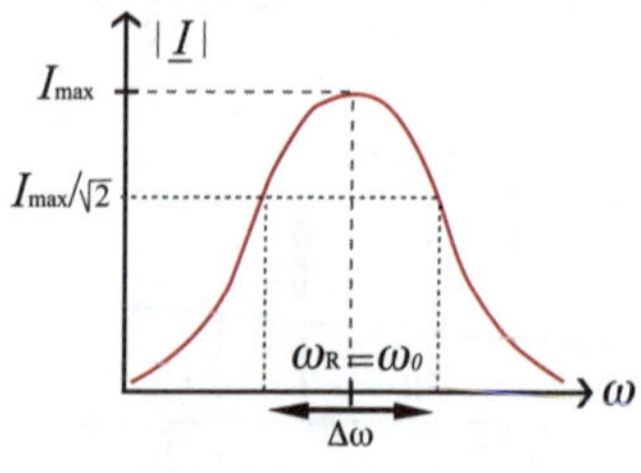

La bande passante ne dépend que des caractéristiques propres du circuit RLC.
Quand la résistance R est faible, le facteur de qualité Q est grand, la bande passante étroite et la résonance en intensité aiguë.
Par contre, lorsque la résistance est élevée, le facteur de qualité Q est faible, la bande passante large et la résonance floue.

c) Résonance en tension

En utilisant la loi d'Ohm complexe, l'amplitude complexe de la tension $u_C(t)$ aux bornes du condensateur s'exprime en fonction de l'amplitude complexe du courant $i(t)$: $\underline{U_C} = \frac{1}{jC\omega}\underline{I}$.

En utilisant l'expression de $\underline{I}$ du b) : $\underline{U_C} = \frac{E_m}{1 - LC\omega^2 + jRC\omega}$

En fonction des grandeurs sans dimension x et Q : $\boxed{\underline{U_C} = \frac{E_m}{1 - x^2 + j\frac{x}{Q}}}$.

- L'amplitude de la tension $u_C(t)$ est donnée par :

$$U_{Cm} = |\underline{U_C}| = \frac{E_m}{\sqrt{\left(1 - x^2\right)^2 + \left(\frac{x}{Q}\right)^2}}.$$

Elle est proportionnelle à l'amplitude de la charge du condensateur. L'analogie électromécanique (fiche 39) montre que la résonance en charge est équivalente à la résonance en élongation rencontrée en mécanique (fiche 15).

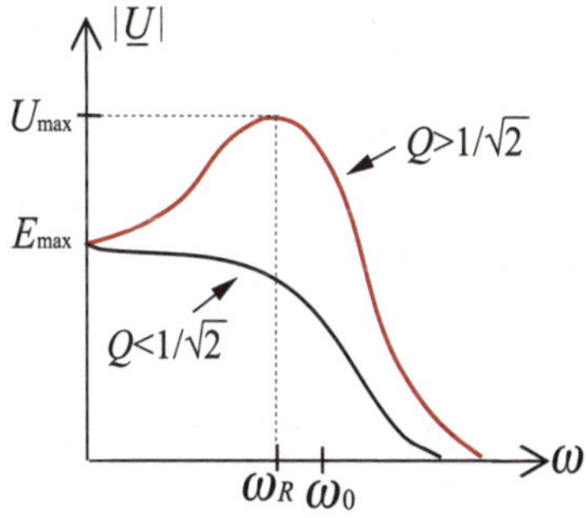

Q	Résistance R	Pulsation de résonance ω_R
$Q > \frac{1}{\sqrt{2}} = 0,707$	$R < \sqrt{\frac{2L}{C}}$	$\omega_R = \omega_0\sqrt{1 - \frac{1}{2Q^2}}$
$Q \le 0,707$	$R \ge \sqrt{\frac{2L}{C}}$	$\omega_R = 0$

– Lorsque le facteur de qualité Q est élevé ($Q > 10$), $\omega_R \simeq \omega_0$.
– Quand Q diminue, la pulsation de résonance ω_R diminue ($\omega_R < \omega_0$).
– Quand $Q \le 0,707$, il n'y a plus résonance en tension.

• L'argument de la tension $u_C(t)$ est $\varphi = Arc\tan\left(\dfrac{x}{Q(x^2-1)}\right)$

C'est le déphasage de la tension $u_C(t)$ aux bornes du condensateur par rapport à la tension $e(t)$.

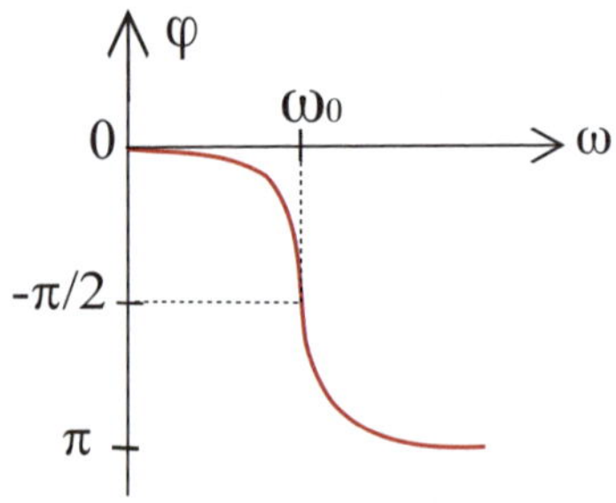

Le déphasage varie entre 0 et $-\pi$.
Quand la pulsation tend vers zéro, l'inductance est équivalente à un fil et le condensateur à un circuit ouvert (fiche 36). Aucun courant ne circule dans le circuit (voir b)). Par suite, la tension aux bornes du condensateur $u_C(t)$ est égale à la tension $e(t)$ appliquée au circuit ; les tensions $u_C(t)$ et $e(t)$ sont donc en phase.

3. EN PRATIQUE...

• Déterminons l'amplitude U_{Cm} de la tension $u_C(t)$ aux bornes du condensateur à la pulsation propre ω_0.

L'amplitude complexe est :

$$\underline{U}_C(\omega_0) = \frac{\underline{I}(\omega_0)}{jC\omega_0} \text{ or } \underline{I}(\omega_0) = \frac{E_m}{R} \Rightarrow \underline{U}_C(\omega_0) = \frac{E_m}{RC\omega_0}e^{-j\frac{\pi}{2}} = QE_m e^{-j\frac{\pi}{2}}$$

$$\Rightarrow \text{signal complexe } \underline{u}_C(t) = QE_m e^{j\left(\omega t - \frac{\pi}{2}\right)} \Rightarrow u_C(t) = \mathscr{R}e(\underline{u}_C(t)) = QE_m\cos\left(\omega t - \frac{\pi}{2}\right).$$

Par suite $U_{Cm} = QE_m$.

Il existe une surtension aux bornes du condensateur à la pulsation ω_0 si $Q > 1$. Si le facteur de qualité est élevé, la surtension peut être importante, ce qui peut endommager le condensateur.

• Considérons le circuit série formé d'une capacité C = 20μF et d'une bobine modélisée par une inductance L et une résistance R en série. Ce circuit est alimenté par une tension sinusoïdale $e(t) = E_m\cos\omega t$.

→ Un oscilloscope permet de visualiser les tensions $u_C(t) = E_m\cos(\omega t + \varphi)$ aux bornes du condensateur et $e(t)$. À la pulsation $\omega = 250$ rad.s^{-1}, on mesure : $E_m = 1$ V, $U_{Cm} = 1{,}6$ V ; de plus, $u_C(t)$ est en retard de 40° par rapport à $e(t)$.

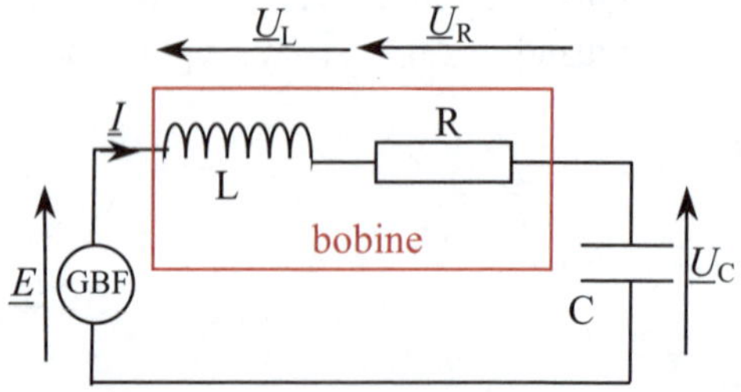

→ Déterminons l'inductance L et la résistance R de la bobine.

Le déphasage de $u_C(t)$ par rapport à $e(t)$ est $\varphi = -40°$, la pulsation est inférieure à la pulsation propre ω_0 du circuit. L'effet capacitif est donc prédominant.

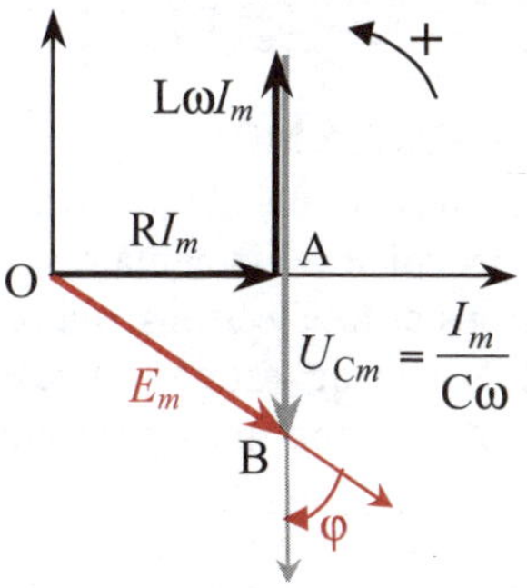

Exprimons les amplitudes complexes $\underline{U}_R$, $\underline{U}_L$ et $\underline{U}_C$ en fonction de l'amplitude complexe du courant (fiche 39) :

$$\underline{U}_R = R\underline{I} \ (1), \ \underline{U}_L = jL\omega\underline{I} \ (2), \ \underline{U}_C = -j\frac{\underline{I}}{C\omega}$$

Loi des mailles (fiche 40) ⇒ $\underline{E} = \underline{U}_R + \underline{U}_L + \underline{U}_C$

Traçons la représentation de Fresnel de ces amplitudes complexes en plaçant celle du courant suivant l'axe réel. Le déphasage φ est représenté sur le diagramme.

U_{Cm} ⇒ L'amplitude I_m du courant est : $I_m = C\omega U_{Cm} = 8$ mA

Dans le triangle rectangle OAB,

$$\widehat{(BO,BA)} = |\varphi| \Rightarrow \begin{cases} OA = OB\sin\varphi \Leftrightarrow RI_m = E_m \sin\varphi \\ BA = OB\cos\varphi \Leftrightarrow \left(\dfrac{I_m}{C\omega} - L\omega I_m\right) = E_m\cos\varphi \end{cases}$$

$$\Leftrightarrow \ R = \frac{E_m \sin\varphi}{I_m} = 108\ \Omega \ \text{ et } L = \frac{1}{C\omega^2} - \frac{E_m\cos\varphi}{\omega I_m} = 0{,}55\ \text{H}.$$

→ Caractérisons la résonance en intensité et la résonance en tension de ce circuit.

Déterminons la pulsation propre $\omega_0 = \dfrac{1}{\sqrt{LC}} = 302$ rad.s^{-1} et le facteur de qualité :

$$Q = \frac{L\omega_0}{R} = 1{,}54.$$

- Résonance en intensité : elle a lieu à la pulsation propre $\omega_0 = 302$ rad.s^{-1}.

  La bande passante $\Delta\omega = \dfrac{\omega_0}{Q} = 196$ rad.s^{-1} est large : la résonance est floue.
- Résonance en tension : comme $Q > 0{,}707$, la résonance en tension est observée.

Déterminons la fréquence de résonance : $\omega_R = \omega_0\sqrt{1 - \dfrac{1}{2Q^2}} = 238$ rad.s^{-1}

La fréquence de résonance est plus faible que la pulsation propre.

42 Loi de Coulomb

1. QUELQUES MOTS...

D'un point de vue microscopique, la matière est composée d'atomes eux-mêmes composés de particulaires élémentaires. On entend ici par « particules élémentaires » les protons, les neutrons et les électrons, qui seront les seules « particules élémentaires » considérées par la suite. L'atome, qui est un édifice électriquement neutre, est constitué d'un noyau (proton + neutrons) et d'électrons qui « gravitent » autour du noyau (modèle de Bohr) (*Chimie Générale* fiche 33).

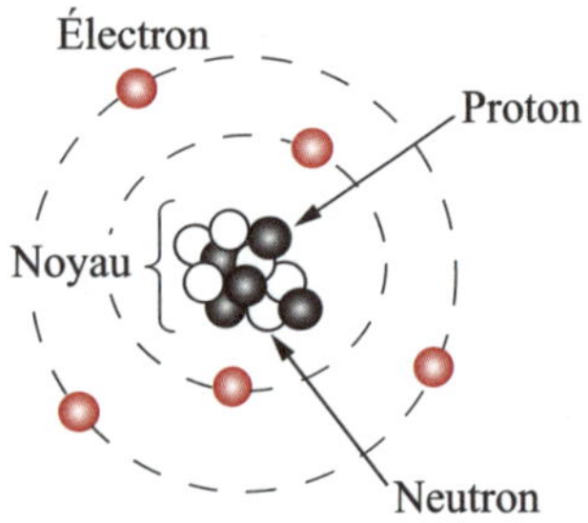

Seuls le proton et l'électron possèdent une charge électrique (ou charge électrique élémentaire), le neutron est non chargé. La charge électrique négative de l'électron est notée –e, et la charge électrique positive du proton, notée +e. Les 2 charges sont égales mais de signes opposés. La valeur de la charge électrique élémentaire, notée e, est environ égale à : e = $1{,}602.10^{-19}$C (unité le Coulomb, noté C).

Expérimentalement, il a été observé que les charges électriques de même signe se repoussent alors que celles de signes opposés s'attirent.

2. CE QU'IL FAUT RETENIR...

a) Conducteur et isolants

Selon la capacité de la matière à conduire l'électricité, il est possible de la classer en deux grandes catégories : les conducteurs et les isolants. Un matériau capable de conduire l'électricité est un matériau conducteur, en revanche lorsqu'il ne conduit pas l'électricité c'est un isolant. Un isolant se distingue d'un conducteur par le fait que ses électrons périphériques sont fortement liés au noyau (fort potentiel d'ionisation), contrairement à ceux des conducteurs qui sont libres de se déplacer dans le matériau (sous l'effet d'un champ électrique). Dans le cas des conducteurs, les électrons participant à la conduction du courant électrique sont appelés électrons de conduction.

Il existe une troisième classe de matériaux, dont la physique ne sera pas abordée par la suite : les semi-conducteurs.

b) Invariance et principe de conservation des charges électriques

Contrairement à d'autres grandeurs physiques comme la vitesse ou la force, la charge électrique élémentaire est un invariant, c'est-à-dire que sa valeur reste inchangée quel que soit le référentiel d'étude. Cette propriété amène à énoncer le principe de conservation des charges électriques : la quantité de charges électriques produites au cours de n'importe quelle transformation est nulle (autant de charges positives que de charges négatives).

c) Loi de Coulomb

Soient deux charges ponctuelles q_1 et q_2, placées dans le vide de permittivité électrique ε_0 à une distance r l'une de l'autre. Pour l'exemple, on choisit arbitrairement de prendre q_1 et q_2 positives, mais le raisonnement est identique quel que soit le signe des deux charges.

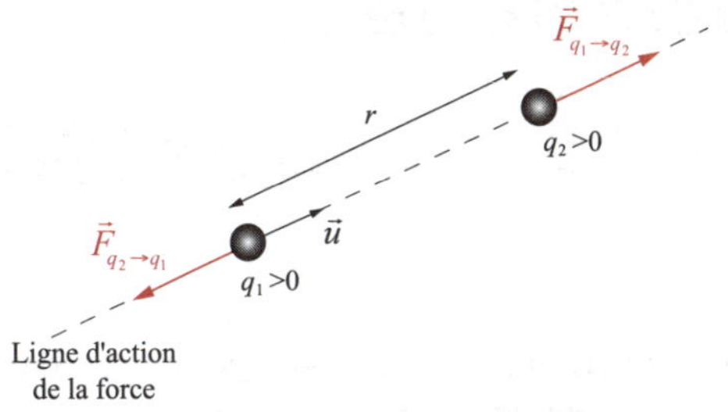

La charge q_1 exerce sur la charge q_2 une force électrostatique, notée $\vec{F}_{q_1 \to q_2}$, dirigée suivant le vecteur unitaire $\vec{u}$ (vecteur unitaire porté par la ligne d'action de la force électrostatique dirigé de q_1 vers q_2). Au même instant, la charge q_2 exerce sur la charge q_1 une force électrostatique, notée $\vec{F}_{q_2 \to q_1}$, dirigée en sens inverse de $\vec{F}_{q_1 \to q_2}$.

Les 2 forces sont égales et opposées conformément à la 3e loi de Newton (principe des actions réciproques). On montre que la force exercée entre les 2 charges est proportionnelle au produit des charges et inversement proportionnelle au carré de leur distance. La valeur approchée de la constante de proportionnalité K est d'environ : $K \approx 9.10^9\,\text{m.F}^{-1}$. On pose généralement : $K = \dfrac{1}{4\pi\varepsilon_0}$ (ce qui permet de définir ε_0). La loi de Coulomb s'écrit alors :

$$\vec{F}_{q_1 \to q_2} = \frac{1}{4\pi\varepsilon_0}\frac{q_1 q_2}{r^2}\vec{u} = -\vec{F}_{q_2 \to q_1}$$

$\vec{F}_{q_1 \to q_2}$: force électrostatique de q_1 sur q_2 (N)
q_1 , q_2 : charges électriques (C)
ε_0 : permittivité électrique du vide (F.m^{-1})
($\varepsilon_0 = 8{,}854.10^{-12}\,\text{F.m}^{-1}$)
r : distance entre q_1 et q_2 (m)
$\vec{u}$: vecteur unitaire porté par la ligne d'action de la force électrostatique

Lorsque les charges sont de même signe alors la force électrostatique est répulsive, si elles sont de signes opposés alors la force électrostatique est attractive.

Lorsque le milieu considéré n'est pas le vide, il suffit d'introduire la permittivité du milieu considéré, notée ε, à la place de la permittivité électrique du vide dans la loi de Coulomb. On pose généralement : $\varepsilon = \varepsilon_0\,\varepsilon_r$, où ε_r est la permittivité relative du milieu considéré (grandeur sans dimension). Pour l'air $\varepsilon_r = 1{,}00058$, de sorte que l'électrostatique étudiée dans l'air se confond pratiquement avec l'électrostatique étudiée dans le vide.
Par la suite, nous traiterons uniquement l'électrostatique et la magnétostatique dans le vide.

3. EN PRATIQUE...

Traçons la norme de la force électrostatique en fonction de la distance r entre 2 charges ponctuelles q_1 et q_2. On choisit : $q_1 = q_2 = 1{,}6.10^{-19}$ C

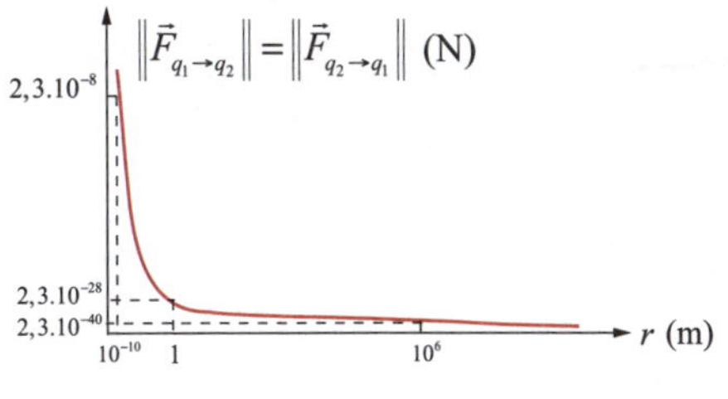

La force électrostatique décroît en « $\dfrac{1}{r^2}$ », c'est une force dont la portée varie de l'Angstrom (10^{-10} m) jusqu'à théoriquement l'infini.

43 Champ électrostatique

1. EN QUELQUES MOTS...

Toute charge électrique « perturbe » l'espace environnant en créant en tout point de l'espace un champ appelé champ électrique. Lorsque la distribution de charges est indépendante du temps (régime permanent) alors le champ créé est appelé champ électrostatique (unité le Volt par mètre, noté $V.m^{-1}$).

2. CE QU'IL FAUT RETENIR...

a) Champ électrostatique créé par une charge ponctuelle

Par définition, si une charge ponctuelle q est placée en un point P de l'espace où règne un champ électrostatique, noté $\vec{E}_{(P)}$, alors la charge est soumise à une force électrostatique, notée $\vec{F}$, telle que : $\boxed{\vec{F} = q\,\vec{E}_{(P)}}$.

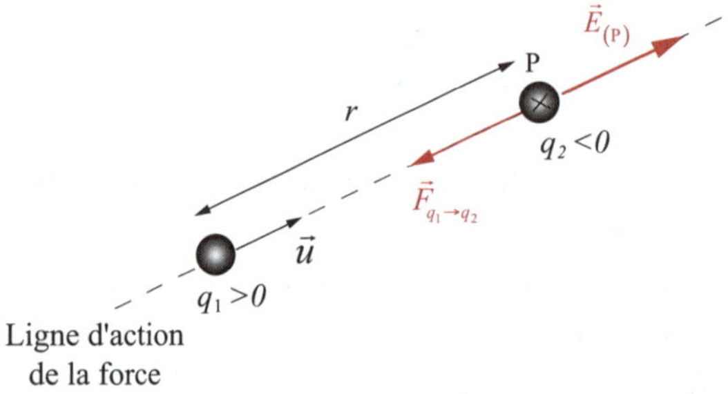

L'expression du champ électrostatique créé par une charge ponctuelle q_1 en un point P de l'espace où se trouve une charge q_2, est établie à partir de la notion de force électrostatique. Prenons deux charges ponctuelles q_1 et q_2, placées dans le vide de permittivité électrique ε_0 à une distance r l'une de l'autre, telle que : $q_1 > 0$ et $q_2 < 0$ (le choix du signe des charges est arbitraire).

La charge q_1 exerce sur la charge q_2 une force électrostatique, notée $\vec{F}_{q_1 \to q_2}$, dirigée en sens inverse du vecteur unitaire $\vec{u}$ (vecteur unitaire porté par la ligne d'action de la force électrostatique et dirigé de q_1 vers q_2), tel que : $\vec{F}_{q_1 \to q_2} = q_2 \dfrac{1}{4\pi\,\varepsilon_0} \dfrac{q_1}{r^2}\vec{u}$. En identifiant cette relation avec la relation générale donnant la force électrostatique, $\vec{F}$, agissant sur une charge q, placée en un point P de l'espace, en fonction du champ électrostatique $\vec{E}_{(P)}$: $\vec{F} = q\,\vec{E}_{(P)}$, on obtient : $\vec{E} = \dfrac{1}{4\pi\,\varepsilon_0} \dfrac{q_1}{r^2}\vec{u}$, où $\vec{E}$ est le champ électrostatique créé par la charge q_1 à l'endroit où se trouve la charge q_2.

D'une manière générale, le champ électrostatique créé par une charge ponctuelle q en un point P de l'espace à la distance r de q est :

$$\vec{E}_{(P)} = \frac{1}{4\pi \varepsilon_0} \frac{q}{r^2} \vec{u}$$

$\vec{E}_{(P)}$: champ électrostatique créé par une charge ponctuelle q à la distance r de q (V.m^{-1})
q : charge électrique (C)
ε_0 : permittivité électrique du vide (F.m^{-1})
r : distance entre q et P (m)
$\vec{u}$: vecteur unitaire porté par la ligne d'action de la force électrostatique

- Propriétés :
  - Le champ électrostatique créé par une charge ponctuelle q en un point P de l'espace, à la distance r de la charge, est inversement proportionnel au carré de la distance entre q et P.
  - Il est porté par la droite passant par q et P, on dit alors que le champ électrostatique est radial.
  - Le champ électrostatique est non défini au point où se trouve la charge ponctuelle q, car lorsque $r \to 0$, alors $\vec{E}_{(r\to 0)} \to \infty$.

b) Champ électrostatique créé par une distribution de charges ponctuelles

Si on dispose en n points M_i de l'espace une charge ponctuelle q_i, celles-ci vont créer en un point P, distant de r_i de chaque point M_i, un champ électrostatique résultant tel que :

$$\vec{E}_{(P)} = \sum_{i=1}^{n} \vec{E}_i \, .$$

Le champ électrostatique total est la somme vectorielle des champs $\vec{E}_i$ créés en P par les différentes charges q_i : c'est le principe de superposition. Ainsi :

$$\vec{E}_{(P)} = \frac{1}{4\,\pi\,\varepsilon_0} \sum_{i=1}^{n} \frac{q_i}{r_i^2} \vec{u}_i .$$

c) Champ électrostatique créé par une distribution continue de charges

À l'échelle macroscopique, les particules chargées sont très nombreuses et forment une sorte de « continuum de gaz électrique », ce qui permet d'introduire la notion de densité de charges.

- Distribution linéique de charges (méthode)

Dans le cas d'une distribution linéique de charges, les charges ponctuelles sont réparties sur une courbe $(\mathscr{C})$ (sur le schéma les charges sont choisies positives de façon arbitraire).

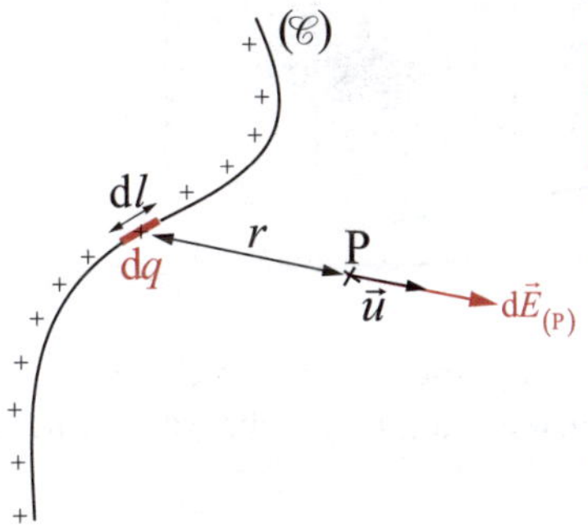

La répartition linéique des charges est caractérisée en chaque point de $(\mathscr{C})$, par la densité linéique de charge, notée λ, telle que : $\lambda = \dfrac{dq}{dl}$, où dq est la charge élémentaire contenue sur l'élément de longueur dl. En un point P de l'espace, situé à la distance r de la courbe $(\mathscr{C})$, l'élément de longueur dl portant la charge élémentaire dq crée un champ électrostatique élémentaire, noté $d\vec{E}_{(P)}$, tel que : $d\vec{E}_{(P)} = \dfrac{1}{4\pi\varepsilon_0}\dfrac{dq}{r^2}\vec{u} = \dfrac{1}{4\pi\varepsilon_0}\dfrac{\lambda dl}{r^2}\vec{u}$ (l'orientation du vecteur unitaire $\vec{u}$ est arbitraire).

Le champ électrostatique total est alors obtenu par intégration du champ électrostatique élémentaire précédent, tel que :

$$\vec{E}_{(\mathrm{P})} = \int_{(\mathscr{C})} \frac{1}{4\pi\,\varepsilon_0}\,\frac{\lambda \mathrm{d}l}{r^2}\,\vec{u}$$

$\vec{E}_{(\mathrm{P})}$: champ électrostatique créé par une densité de charge linéique à la distance r (V.m^{-1})
λ : densité linéique de charge (C.m^{-1})
dl : élément de longueur contenant la charge élémentaire dq (m)
ε_0 : permittivité électrique du vide (F.m^{-1})
r : distance entre dl et le point P (point où le champ est mesuré) (m)
$\vec{u}$: vecteur unitaire porté par la ligne d'action de la force électrostatique

En pratique il faudra projeter chaque vecteur $\mathrm{d}\vec{E}$ suivant la direction du champ résultant avant d'intégrer.

- Distribution surfacique de charges et distribution volumique de charges (résultats)

Distribution surfacique de charges	**Distribution volumique de charges**
Densité surfacique de charge : $\sigma = \dfrac{\mathrm{d}q}{\mathrm{d}S}$	Densité volumique de charge : $\rho = \dfrac{\mathrm{d}q}{\mathrm{d}\mathscr{V}}$
Expression du champ électrostatique : $\vec{E}_{(\mathrm{P})} = \iint_{(S)} \frac{1}{4\pi\,\varepsilon_0}\,\frac{\sigma \mathrm{d}S}{r^2}\,\vec{u}$	Expression du champ électrostatique : $\vec{E}_{(\mathrm{P})} = \iiint_{(\mathscr{V})} \frac{1}{4\pi\,\varepsilon_0}\,\frac{\rho \mathrm{d}\mathscr{V}}{r^2}\,\vec{u}$
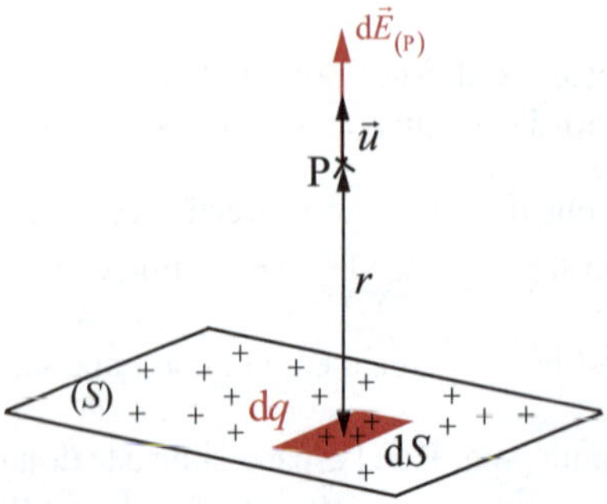	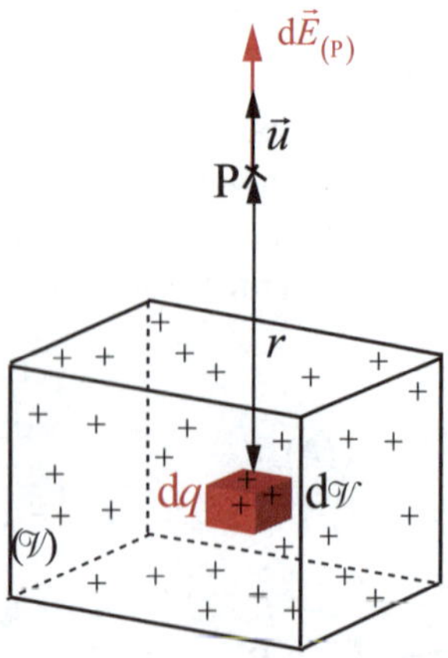

3. EN PRATIQUE...

On se propose de calculer le champ électrostatique créé en un point P situé à une distance R d'un fil rectiligne infini, placé dans le vide, portant une densité linéique de charge uniforme telle que : $\lambda > 0$.

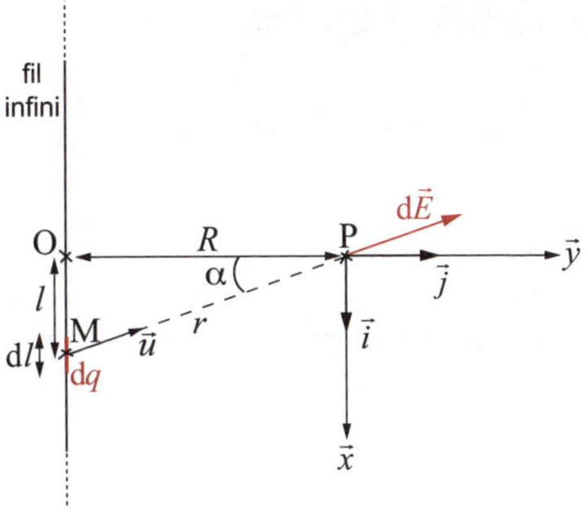

On choisit un point M quelconque sur le fil auquel correspond un élément de longueur dl. Cet élément de longueur « porte » une charge élémentaire dq, telle que : $dq = \lambda dl$. La charge dq crée alors en P, à la distance r de dl, un champ électrostatique élémentaire tel que :

$$d\vec{E}_{(P)} = \frac{1}{4\pi\varepsilon_0}\frac{dq}{r^2}\vec{u} = \frac{1}{4\pi\varepsilon_0}\frac{\lambda dl}{r^2}\vec{u} \qquad (1)$$

La distance R étant fixée, la valeur du champ électrostatique dépend uniquement du paramètre angulaire α défini par $\alpha = \left(\widehat{\overrightarrow{OP},\overrightarrow{PM}}\right)$.

Il faut donc exprimer toutes les variables du problème, c'est-à-dire r et dl, en fonction de α.

→ Exprimons r en fonction de α : on a : $\cos\alpha = \frac{R}{r}$, d'où : $r = \frac{R}{\cos\alpha}$

→ Exprimons dl en fonction de α :

On commence par écrire l'expression de l en fonction de α, d'où : $l = R\tan\alpha$.

Pour obtenir l'expression de dl en fonction de α, on écrit la différentielle de l par rapport à α que l'on assimile au déplacement élémentaire dl, soit : $dl = \frac{R}{\cos^2\alpha}d\alpha = dl$.

D'après (1) le champ élémentaire $d\vec{E}_{(P)}$ s'écrit alors :

$$d\vec{E}_{(P)} = \frac{1}{4\pi\varepsilon_0}\frac{\lambda}{R}d\alpha\,\vec{u}. \qquad (2)$$

Avant d'obtenir par intégration l'expression du champ résultant en P, il est nécessaire de projeter au préalable la relation (2) qui est une relation vectorielle sur les axes P$\vec{x}$ et P$\vec{y}$ afin d'obtenir deux relations scalaires que l'on pourra intégrer. On remarque que pour des raisons de symétrie, la composante du champ électrostatique total sur l'axe P$\vec{x}$ est nulle.

Projetons le champ élémentaire sur l'axe P$\vec{y}$: $\Rightarrow dE_{(P)} = \frac{1}{4\pi\varepsilon_0}\frac{\lambda}{R}\cos\alpha\, d\alpha$

Intégration du champ élémentaire $d\vec{E}_{(P)}$ sur tout le fil (c'est-à-dire pour $-\frac{\pi}{2} \leq \alpha \leq +\frac{\pi}{2}$) :

$$E_{(P)} = \frac{1}{4\pi\varepsilon_0}\frac{\lambda}{R}\int_{-\frac{\pi}{2}}^{+\frac{\pi}{2}}\cos\alpha\, d\alpha = \frac{1}{4\pi\varepsilon_0}\frac{\lambda}{R}[\sin\alpha]_{-\frac{\pi}{2}}^{+\frac{\pi}{2}}$$

$$E_{(P)} = \frac{1}{2\pi\varepsilon_0}\frac{\lambda}{R}.$$

Le champ total créé par un fil infini en un point P de l'espace à la distance R du fil infini est donc : $\vec{E}_{(P)} = \frac{1}{2\pi\varepsilon_0}\frac{\lambda}{R}\vec{j}$.

44 Potentiel électrostatique

1. EN QUELQUES MOTS...

De la même manière qu'il est possible d'affecter à chaque point de l'espace une grandeur vectorielle qui est le champ électrostatique, il est également possible de lui affecter une grandeur scalaire que l'on appelle potentiel électrostatique (ou plus simplement potentiel), noté V (unité le Volt, noté V).

2. CE QU'IL FAUT RETENIR...

a) Potentiel électrostatique créé par une charge ponctuelle

L'expression du potentiel électrostatique créé par une charge ponctuelle q en un point P de l'espace à la distance r de la charge est donnée par : $V_{(\mathrm{P})} = \dfrac{1}{4\pi\varepsilon_0}\dfrac{q}{r} + \mathrm{cste}$.

Le potentiel électrostatique est une fonction scalaire définie à une constante près. La convention classique pour déterminer cette constante est de prendre le potentiel nul à l'infini (sous la condition qu'il n'y ait pas de charge à l'infini), d'où :

$$V_{(\mathrm{P})} = \frac{1}{4\pi\varepsilon_0}\frac{q}{r}$$

$V_{(\mathrm{P})}$: potentiel électrostatique créé par une charge ponctuelle q à la distance r de q (V)
q : charge électrique (C)
r : distance entre q et le point P (point où le potentiel est mesuré) (m)
ε_0 : permittivité électrique du vide ($\mathrm{F.m^{-1}}$)

Comme pour le champ électrostatique, le potentiel électrostatique est non défini au point où se trouve la charge ponctuelle q, car lorsque $r \to 0$, alors $V_{(r\to 0)} \to \infty$.

b) Potentiel électrostatique créé par une distribution de charges ponctuelles

Lorsque l'on place en n points M_i de l'espace une charge ponctuelle q_i fixe, le potentiel électrostatique créé par ces charges en un point quelconque P de l'espace est la somme algébrique des potentiels créés par chacune de ces charges, tel que :

$V_{(\mathrm{P})} = \dfrac{1}{4\pi\varepsilon_0}\displaystyle\sum_{i=1}^{n}\dfrac{q_i}{r_i}$, où r_i est la distance entre le point M_i et le point P.

c) Potentiel électrostatique créé par une distribution continue de charges

De façon similaire à ce qui a été fait pour le champ électrostatique dans le cas d'une distribution continue de charges, on peut déterminer le potentiel créé par cette distribution en un point P quelconque de l'espace.

La répartition des charges est caractérisée en chaque point de l'élément considéré (courbe $(\mathscr{C})$, surface (Σ), volume $(\mathscr{V})$), par la densité de charge (linéique λ, surfacique σ, volumique ρ).

En un point P de l'espace, situé à la distance r de l'élément considéré, l'expression du potentiel électrostatique, noté $V_{(P)}$, est donné par :

Distribution linéique de charges	Distribution surfacique de charges	Distribution volumique de charges
Densité linéique de charge : $\lambda = \dfrac{dq}{dl}$	Densité surfacique de charge : $\sigma = \dfrac{dq}{dS}$	Densité volumique de charge : $\rho = \dfrac{dq}{d\mathscr{V}}$
Expression du potentiel électrostatique : $V_{(P)} = \displaystyle\int_{(\mathscr{C})} \frac{1}{4\pi\varepsilon_0} \frac{\lambda dl}{r}$	Expression du potentiel électrostatique : $V_{(P)} = \displaystyle\iint_{(S)} \frac{1}{4\pi\varepsilon_0} \frac{\sigma dS}{r}$	Expression du potentiel électrostatique : $V_{(P)} = \displaystyle\iiint_{(\mathscr{V})} \frac{1}{4\pi\varepsilon_0} \frac{\rho d\mathscr{V}}{r}$

d) Relation entre potentiel et champ électrostatique

Considérons le champ électrostatique $\vec{E}_{(P)}$ créé par une charge ponctuelle q, placée en un point O, en un point P quelconque de l'espace à la distance r de O. La charge q est placée dans le vide et choisie arbitrairement positive. L'expression du champ électrostatique est donnée par : $\vec{E}_{(P)} = \dfrac{1}{4\pi\varepsilon_0} \dfrac{q}{r^2} \vec{u}$.

Considérons à présent le déplacement élémentaire du point P suivant la direction $d\vec{l}$ et calculons le produit scalaire $\vec{E}_{(P)}.d\vec{l}$, on obtient : $\vec{E}_{(P)}.d\vec{l} = \dfrac{1}{4\pi\varepsilon_0} \dfrac{q}{r^2} \vec{u}.d\vec{l}$.

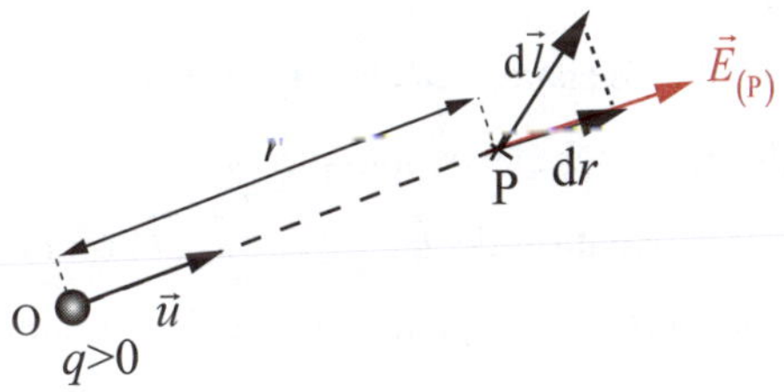

Le vecteur champ électrostatique étant porté par le vecteur unitaire $\vec{u}$, seule la composante de $d\vec{l}$ suivant la direction du vecteur unitaire $\vec{u}$ intervient dans le calcul du produit scalaire. On note dr la composante de $d\vec{l}$ suivant $\vec{u}$, on a alors :

$$\vec{E}_{(P)}.d\vec{l} = \frac{1}{4\pi\varepsilon_0} \frac{q}{r^2} \vec{u}.dr\vec{u}$$

$$\Rightarrow \vec{E}_{(P)}.d\vec{l} = \frac{1}{4\pi\varepsilon_0} \frac{q}{r^2} dr. \qquad (1)$$

Calculons à présent l'expression du potentiel électrostatique créé par la charge q au point P :

$$V_{(P)} = \frac{1}{4\pi\varepsilon_0} \frac{q}{r}.$$

En écrivant la différentielle de $V_{(P)}$ par rapport à r on a : $dV_{(P)} = \dfrac{q}{4\pi\varepsilon_0} d\left(\dfrac{1}{r}\right)$

$$\Rightarrow dV_{(P)} = -\frac{1}{4\pi\varepsilon_0} \frac{q}{r^2} dr. \qquad (2)$$

En identifiant les relations (1) et (2) on obtient : $dV_{(P)} = -\vec{E}_{(P)}.d\vec{l}$.

Cette relation est fondamentale car elle relie le potentiel électrostatique au champ électrostatique. Elle permet de déterminer le champ électrostatique connaissant l'expression du potentiel ou le potentiel électrostatique connaissant l'expression du champ électrostatique :

$$dV = -\vec{E}.\,d\vec{l}$$

V : potentiel électrostatique (V)
$\vec{E}$: champ électrostatique ($V.m^{-1}$)
$d\vec{l}$: déplacement élémentaire (m)

e) Notion de circulation

Par définition la circulation élémentaire du champ électrostatique, $\vec{E}$, le long d'une courbe ($\mathscr{C}$), d'extrémités A et B, s'écrit : $dC_{AB} = \vec{E}.d\vec{l}$, où $d\vec{l}$ est le vecteur déplacement élémentaire de $\vec{E}$ le long de ($\mathscr{C}$).

En utilisant le fait que : $dV = -\vec{E}.d\vec{l}$ alors la circulation élémentaire du champ électrostatique, $\vec{E}$, le long de la courbe (C) s'écrit : $dC_{AB} = \vec{E}.d\vec{l} = -dV$.
La circulation totale de $\vec{E}$ le long de ($\mathscr{C}$) entre A et B est donnée par : $\int_A^B \vec{E}.d\vec{l} = V_{(A)} - V_{(B)}$.

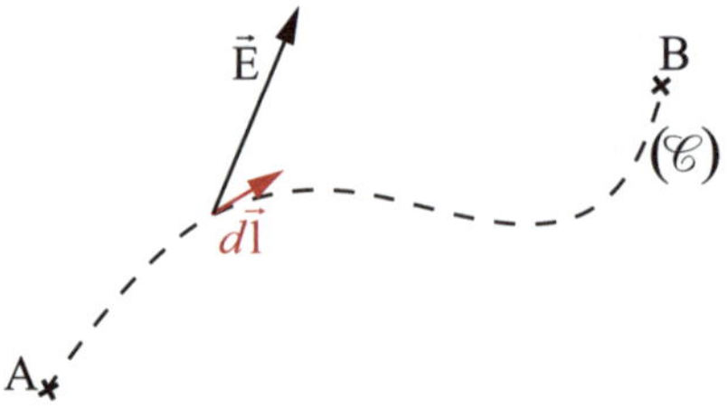

La circulation de $\vec{E}$ le long de la courbe ($\mathscr{C}$) est donc égale à la différence de potentiel entre le point A et le point B.

La circulation de $\vec{E}$ le long de ($\mathscr{C}$) est indépendante du chemin suivi pour passer de A à B, mais dépend uniquement de l'état initial (A) et de l'état final (B).

Le champ électrostatique $\vec{E}$ dérive donc d'un potentiel scalaire V, ce qui implique :

$$\vec{E} = -\overrightarrow{\text{grad}}\,V$$

$\vec{E}$: champ électrostatique ($V.m^{-1}$)
V : potentiel électrostatique (V)
$\overrightarrow{\text{grad}}$: opérateur gradient (il transforme un champ scalaire en un champ vectoriel)

Pour calculer le champ électrostatique à partir du potentiel électrostatique ou *vice versa*, on peut alors utiliser indifféremment l'expression de la circulation de $\vec{E}$: $dV = -\vec{E}.\,d\vec{l}$ ou le fait que le champ électrostatique dérive d'un potentiel scalaire : $\vec{E} = -\overrightarrow{\text{grad}}\,V$, car les deux relations sont strictement équivalentes : $dV = -\vec{E}.\,d\vec{l} \Leftrightarrow \vec{E} = -\overrightarrow{\text{grad}}\,V$.

Comme le champ électrostatique $\vec{E}$ dérive d'un potentiel alors sa circulation le long d'une courbe fermée est nulle : $\oint \vec{E}.d\vec{l} = 0$.

f) Surfaces équipotentielles et lignes de champ

- Surfaces équipotentielles

Les surfaces équipotentielles sont constituées par l'ensemble des points ayant la même valeur de potentiel. Par définition, une surface équipotentielle est représentée par l'équation : $V(x,y,z) = \text{cste} \Leftrightarrow \vec{E}.\,d\vec{l} = 0$.

Le champ électrostatique est toujours normal (ou perpendiculaire) aux surfaces équipotentielles.

- Lignes de champ

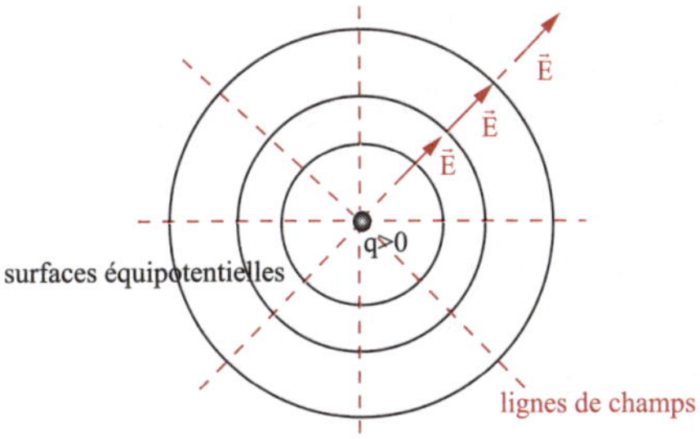

Une ligne de champ est une courbe telle que le champ électrostatique $\vec{E}$ soit tangent en tout point à cette courbe. Les lignes de champ sont orientées dans le sens du champ électrostatique.

On vient de voir que le champ électrostatique étant toujours perpendiculaire aux surfaces équipotentielles, les lignes de champ sont toujours perpendiculaires aux surfaces équipotentielles.

Le champ électrostatique est toujours orienté dans le sens des potentiels décroissants.

3. EN PRATIQUE

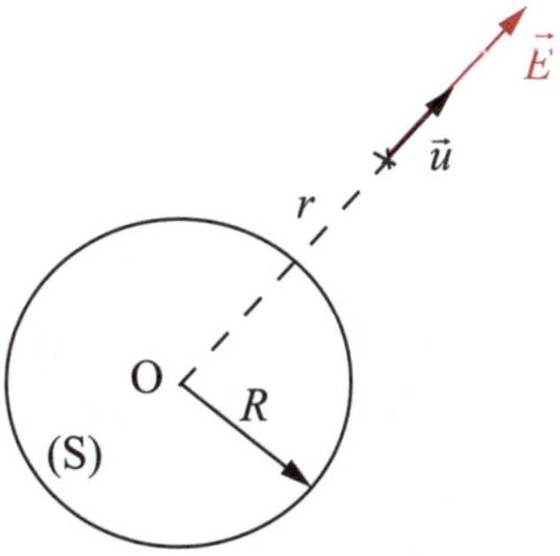

Cherchons à calculer le potentiel électrostatique créé par une sphère (S) de rayon R, à la distance r du centre de la sphère O, telle que : $r > R$. La sphère porte une densité surfacique de charge uniforme, notée σ, telle que : $\sigma > 0$. On donne l'expression du champ électrostatique créé par la sphère (S) en r : $\vec{E} = \frac{\sigma}{\varepsilon_0} \frac{R^2}{r^2} \vec{u}$ (étant donnée la géométrie du problème le champ $\vec{E}$ est radial). L'expression de $\vec{E}$ est déterminée grâce au théorème de Gauss (Fiche 46).

On sait que : $\vec{E} = -\overrightarrow{\text{grad}}\, V$

$\vec{E}$ ne dépend que de r et il est « porté » par $\vec{u}$, donc : $\vec{E} = -\frac{\partial V}{\partial r}\vec{u}$

d'où : $dV = E\, dr \Leftrightarrow dV = -\frac{\sigma}{\varepsilon_0}\frac{R^2}{r^2} dr$

$$V = \frac{\sigma}{\varepsilon_0}\int -\frac{R^2}{r^2} dr = \frac{\sigma}{\varepsilon_0}\frac{R^2}{r} + \text{cste}$$

Lorsque $r \to \infty$, alors $V \to 0$, d'où cste = 0

$$\Leftrightarrow V = \frac{\sigma}{\varepsilon_0}\frac{R^2}{r}.$$

45 Dipôle électrostatique

1. EN QUELQUES MOTS ...

Un dipôle électrostatique est un système composé de deux charges ponctuelles de signe opposé, $-q$ et $+q$, respectivement placées en deux points N et P distant de a. La distance a est très faible par rapport à la distance à laquelle on détermine le potentiel électrostatique et le champ électrostatique créé par le dipôle.

2. CE QU'IL FAUT RETENIR...

a) Potentiel créé par un dipôle

Le potentiel électrostatique créé par le dipôle électrostatique est calculé en un point M situé à une distance r du centre du dipôle (point O) telle que : $r \gg a$.

Le potentiel créé par le dipôle en M est : $V_{(\mathrm{M})} = \dfrac{1}{4\pi\varepsilon_0}\dfrac{q}{r_1} - \dfrac{1}{4\pi\varepsilon_0}\dfrac{q}{r_2}$

$$\Rightarrow V_{(\mathrm{M})} = \frac{q}{4\pi\varepsilon_0}\left(\frac{1}{r_1} - \frac{1}{r_2}\right) = \frac{q}{4\pi\varepsilon_0}\left(\frac{r_2 - r_1}{r_1 r_2}\right).$$

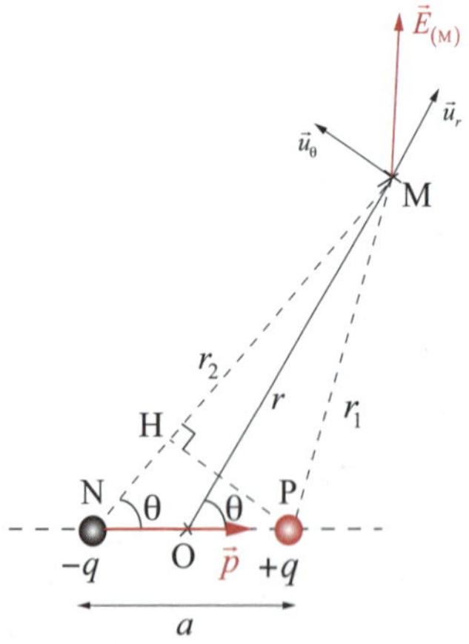

On appelle H la projection orthogonale de P sur $\overrightarrow{\mathrm{NM}}$. Les angles $\left(\widehat{\mathrm{ON},\mathrm{NM}}\right)$ et $\left(\widehat{\mathrm{OP},\mathrm{PM}}\right)$ sont considérés comme égaux car $r \gg a$, et sont notés θ.

Comme $r \gg a$, on peut écrire : $r_2 - r_1 \approx \mathrm{NH} \approx a\cos\theta$ et $r_2 r_1 \approx r^2$, le potentiel électrostatique créé par le dipôle en M s'écrit alors : $V_{(\mathrm{M})} = \dfrac{q}{4\pi\varepsilon_0}\dfrac{a\cos\theta}{r^2}$

Le vecteur moment dipolaire ou plus simplement moment dipolaire, noté $\vec{p}$ (unité le Coulomb mètre, noté C.m), est défini par : $\vec{p} = q\,\overrightarrow{\mathrm{NP}}$.

La valeur q est toujours positive et le moment dipolaire est orienté de la charge négative vers la charge positive.

Le potentiel s'écrit :

$$\boxed{V_{(\mathrm{M})} = \frac{p}{4\pi\varepsilon_0}\frac{\cos\theta}{r^2}}$$

$V_{(\mathrm{M})}$: potentiel électrostatique créé par le dipôle en M (V)
p : norme du moment dipolaire (C.m)
r : distance entre le centre du dipôle et le point M (m)
ε_0 : permittivité électrique du vide (F.mm^{-1})

b) Champ électrostatique créé par un dipôle

L'expression du champ électrostatique créé par le dipôle en M est obtenue à partir de l'expression du potentiel en utilisant le fait que : $\vec{E}_{(\mathrm{M})} = -\overrightarrow{\mathrm{grad}}\,V_{(\mathrm{M})}$. Le problème du dipôle électrostatique ayant une symétrie de révolution autour de $\overrightarrow{NP}$, le champ électrostatique créé par le dipôle est contenu dans le plan formé par la base polaire $(\vec{u}_r, \vec{u}_\theta)$.

Le potentiel dépendant du paramètre angulaire θ, il est judicieux d'utiliser l'expression du gradient en coordonnées polaires plutôt qu'en coordonnées cartésiennes, soit :

$$\vec{E}_{(M)} = -\frac{\partial V_{(M)}}{\partial r}\vec{u}_r - \frac{1}{r}\frac{\partial V_{(M)}}{\partial \theta}\vec{u}_\theta .$$

On obtient alors pour l'expression du champ électrostatique créé par le dipôle en M :

$$\boxed{\vec{E}_{(M)} = \frac{2p}{4\pi\varepsilon_0}\frac{\cos\theta}{r^3}\vec{u}_r + \frac{p}{4\pi\varepsilon_0}\frac{\sin\theta}{r^3}\vec{u}_\theta}$$

$\vec{E}_{(M)}$: champ électrostatique ($V.m^{-1}$)
p : norme du moment dipolaire (C.m)
r : distance entre le centre du dipôle et le point M (m)
ε_0 : permittivité électrique du vide ($F.m^{-1}$)

3. EN PRATIQUE...

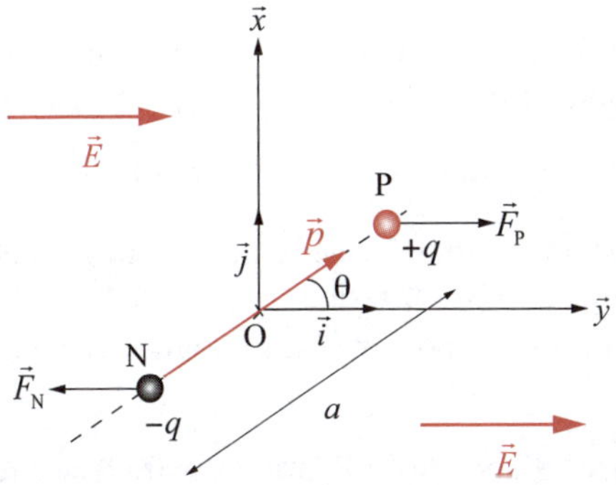

Caractérisons l'action d'un champ électrostatique sur un dipôle. Plaçons ce dipôle, constitué de deux charges $-q$ et $+q$, dans un champ électrostatique uniforme, noté $\vec{E}$. Sous l'action du champ extérieur $\vec{E}$, le dipôle est soumis à une action mécanique. Cette action est caractérisée par une force résultante, notée $\vec{F}$ et le moment de la force résultante au point O (centre du dipôle), noté $\overrightarrow{\mathcal{M}}_{\vec{F}/(O)}$.

Exprimons la résultante des forces agissant sur le dipôle :

$\vec{F} = \vec{F}_N + \vec{F}_P = -qE\vec{i} + qE\vec{i} = \vec{0}$, la résultante des forces est nulle.

Exprimons le moment de la force résultante agissant sur le dipôle :

$$\overrightarrow{\mathcal{M}}_{\vec{F}/(O)} = \overrightarrow{OP} \wedge \vec{F}_P + \overrightarrow{ON} \wedge \vec{F}_N$$

$$\Leftrightarrow \overrightarrow{\mathcal{M}}_{\vec{F}/(O)} = \overrightarrow{OP} \wedge \vec{F}_P + \overrightarrow{NO} \wedge \vec{F}_P, \text{ car } \overrightarrow{ON} = -\overrightarrow{NO} \text{ et } \vec{F}_P = -\vec{F}_N$$

$$\Leftrightarrow \overrightarrow{\mathcal{M}}_{\vec{F}/(O)} = \left(\overrightarrow{NO} + \overrightarrow{OP}\right) \wedge \vec{F}_P = \overrightarrow{NP} \wedge \vec{F}_P$$

$$\Leftrightarrow \overrightarrow{\mathcal{M}}_{\vec{F}/(O)} = \overrightarrow{NP} \wedge q\vec{E} = q\overrightarrow{NP} \wedge \vec{E} = \vec{p} \wedge \vec{E}.$$

Le dipôle est en équilibre lorsque : $\overrightarrow{\mathcal{M}}_{\vec{F}/(O)} = \vec{0}$, c'est-à-dire : $\|\vec{p}\|\|\vec{E}\|\sin\theta = 0$.

Il existe alors deux positions qui vérifient la condition d'équilibre :

– si $\theta = 0$, alors $\vec{p}$ et $\vec{E}$ sont dans le même sens (équilibre stable) ;
– si $\theta = \pi$, alors $\vec{p}$ et $\vec{E}$ sont en sens contraire (équilibre instable).

Le moment de la force résultante au point O tend donc à aligner le dipôle dans le sens du champ $\vec{E}$. Autrement dit, il fait tourner le dipôle autour de O de façon ce que $\vec{p}$ et $\vec{E}$ soient colinéaires.

46 Théorème de Gauss

1. EN QUELQUES MOTS...

Le théorème de Gauss est un outil puissant qui permet de calculer facilement le champ électrostatique créé par une distribution de charges. En pratique, le théorème de Gauss s'applique essentiellement lorsque les charges sont réparties régulièrement sur un plan, ou dans l'espace avec une symétrie sphérique autour d'un point fixe, ou une symétrie cylindrique autour d'un axe de révolution.

2. CE QU'IL FAUT RETENIR...

a) Orientation d'une surface

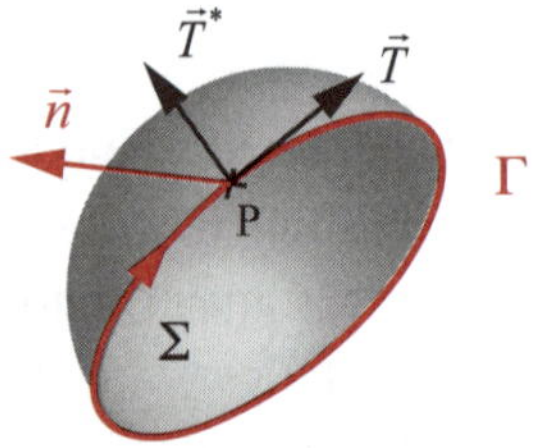

Considérons une surface ouverte Σ, s'appuyant sur un contour fermé Γ, orienté. Soit $\vec{T}$ le vecteur unitaire tangent au contour Γ, en un point P. Soit $\vec{T}^*$ le vecteur unitaire orthogonal à $\vec{T}$, situé dans le plan tangent en P à Σ. Par convention, le sens de la normale positive, $\vec{n}$, en P à Σ est donné par : $\vec{n} = \vec{T} \wedge \vec{T}^*$.

Une surface est dite ouverte lorsqu'elle s'appuie sur un contour fermé. Une surface fermée est formée de 2 surfaces ouvertes s'appuyant sur le même contour fermé.
Dans le cas d'une surface fermée, par convention, la normale positive est toujours dirigée de l'intérieur de la surface vers l'extérieur de la surface.

> ⚠ Si la surface est ouverte, il est possible de passer d'une face à l'autre sans traverser la surface. En revanche, si la surface est fermée, elle sépare l'espace en deux zones correspondant aux deux faces, intérieur et extérieur, et il faut traverser la surface pour passer d'une zone à l'autre.

b) Flux du champ électrostatique

Le flux électrostatique élémentaire, noté $\mathrm{d}\phi$, du vecteur champ électrostatique $\vec{E}$, à travers un élément de surface $\mathrm{d}\vec{S}$ $\left(\mathrm{d}\vec{S} = \vec{n}\,\mathrm{d}S\right)$, est le scalaire, tel que :

$$\mathrm{d}\phi = \vec{E}.\mathrm{d}\vec{S}, \text{ ou } \mathrm{d}\phi = \|\vec{E}\|.\|\mathrm{d}\vec{S}\|\cos\left(\widehat{\vec{E},\mathrm{d}\vec{S}}\right).$$

Le flux du vecteur champ électrostatique $\vec{E}$, à travers une surface finie S est alors :

$$\boxed{\phi = \iint_S \vec{E}.\mathrm{d}\vec{S}}$$

ϕ : flux du champ électrostatique (V.m)

$\vec{E}$: champ électrostatique (V.m^{-1})

$\mathrm{d}\vec{S}$: surface élémentaire à travers laquelle on calcule le flux de $\vec{E}$ (m^2)

c) Théorème de Gauss

Le théorème de Gauss permet d'écrire que le flux du champ électrique à travers une surface S fermée, appelée surface de Gauss, est égal à la somme des charges intérieures au volume délimité par S divisée par ε_0, d'où :

$$\phi = \oint\!\!\oint_S \vec{E}.\mathrm{d}\vec{S} = \frac{Q^{\text{int}}}{\varepsilon_0}$$

ϕ : flux du champ électrostatique (V.m)
$\vec{E}$: champ électrostatique (V.m^{-1})
$\mathrm{d}\vec{S}$: vecteur surface élémentaire
Q^{int} : charge totale contenue dans le volume délimité par la surface de Gauss S considérée (C)
ε_0 : permittivité électrique du vide (F.m^{-1})

3. EN PRATIQUE...

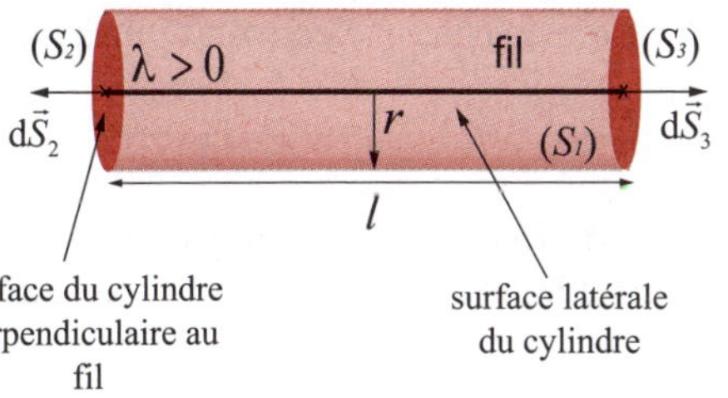

Reprenons l'exemple précédent d'un fil rectiligne de longueur l portant une densité linéique de charge uniforme telle que : $\lambda > 0$. On cherche à déterminer le champ électrostatique créé par le fil à la distance r. Pour des raisons de symétrie on choisit comme surface de Gauss la surface S d'un cylindre de rayon r et de longueur l.

Le flux total du champ électrostatique créé par le fil à travers S est la somme de trois contributions : ϕ_1 le flux à travers la surface latérale S_1, ϕ_2 et ϕ_3 les flux à travers les deux surfaces S_2 et S_3. On obtient alors :

$$\phi = \phi_1 + \phi_2 + \phi_3 = \oint\!\!\oint_{S_1} \vec{E}.\mathrm{d}\vec{S}_1 + \oint\!\!\oint_{S_2} \vec{E}.\mathrm{d}\vec{S}_2 + \oint\!\!\oint_{S_3} \vec{E}.\mathrm{d}\vec{S}_3.$$

Le champ électrostatique étant radial (orienté suivant le rayon du cylindre), le flux de $\vec{E}$ à travers les surfaces S_2 et S_3 est nul : $\phi_2 = 0$ et $\phi_3 = 0$, car $\vec{E} \perp \mathrm{d}\vec{S}_2$ et $\vec{E} \perp \mathrm{d}\vec{S}_3$ (où $\mathrm{d}\vec{S}_2$ et $\mathrm{d}\vec{S}_3$ sont les vecteurs surfaces élémentaires sur les faces S_2 et S_3).

Le vecteur surface élémentaire $\mathrm{d}\vec{S}_1$ sur la surface S_1, orientée vers l'extérieur de la surface, est un vecteur radial, donc : $\vec{E} \parallel \mathrm{d}\vec{S}_1$, d'où le flux ϕ_1 sur la paroi latérale :

$$\phi = \phi_1 = \oint\!\!\oint_{S_1} \vec{E}.\mathrm{d}\vec{S}_1 = \iint_{S_1} E \times \mathrm{d}S_1 = E\iint_{S_1} \mathrm{d}S_1 \text{ car } E \text{ uniforme sur } S_1\text{, d'où :}$$

$$\phi = \phi_1 = ES_1 = E\,2\pi\, r\, l.$$

La charge intérieure au volume du cylindre est : $Q^{\text{int}} = \int \lambda\,\mathrm{d}l = \lambda \int \mathrm{d}l = \lambda\, l.$

D'après le théorème de Gauss on a alors : $E\,2\pi\, r\, l = \dfrac{\lambda}{\varepsilon_0} l.$

La norme du champ électrostatique pour un fil rectiligne de longueur l portant une densité linéique de charge uniforme est donc : $E = \dfrac{\lambda}{2\pi\,\varepsilon_0\, r}.$

47 Conducteurs en équilibre

1. EN QUELQUES MOTS ...

Un conducteur est un corps qui contient des porteurs de charges susceptibles de se déplacer sous l'action d'un champ électrique. Un conducteur est dit en équilibre électrostatique lorsque le mouvement d'ensemble des porteurs de charges est nul (les charges libres sont immobiles).

2. CE QU'IL FAUT RETENIR...

a) Champ électrostatique à l'intérieur d'un conducteur en équilibre

Les charges à l'intérieur d'un conducteur en équilibre sont immobiles, elles ne sont soumises à aucune force, d'où : $\vec{F} = q\vec{E}_{\text{int}} = \vec{0}$. On en déduit donc que le champ électrostatique à l'intérieur d'un conducteur en équilibre, noté $\vec{E}_{\text{int}}$, est nul : $\boxed{\vec{E}_{\text{int}} = \vec{0}}$.

b) Potentiel à l'intérieur d'un conducteur en équilibre

Le champ électrostatique étant nul à l'intérieur d'un conducteur en équilibre, ceci implique que le potentiel électrostatique est constant en tout point à l'intérieur d'un conducteur en équilibre :

$$\boxed{V_{\text{int}} = \text{cste}}.$$

À cause de la propriété de continuité de la fonction potentiel, le potentiel électrostatique est également constant sur la surface du conducteur en équilibre.

c) Densité volumique de charge à l'intérieur d'un conducteur en équilibre

D'après le théorème de Gauss pour une densité volumique de charge, notée ρ, le flux du champ électrostatique à l'intérieur d'une surface de Gauss, notée S, délimitant le volume du conducteur en équilibre s'écrit : $\phi = \oiint_S \vec{E}_{\text{int}}.\text{d}\vec{S} = \dfrac{Q^{\text{int}}}{\varepsilon_0} = \iiint_{(\mathscr{V})} \dfrac{\rho\,\text{dv}}{\varepsilon_0}$. Le champ électrostatique étant nul à l'intérieur du conducteur $(E_{\text{int}} = 0)$, le flux électrostatique est alors nul à l'intérieur de celui-ci. La densité volumique de charge est donc nulle à l'intérieur d'un conducteur en équilibre :

$$\boxed{\rho_{\text{int}} = 0}.$$

Par conséquent, la charge est uniquement répartie à la surface du conducteur en équilibre, avec une densité surfacique de charge σ.

d) Théorème de Coulomb

D'après le théorème de Coulomb en un point M, au voisinage extérieur d'un conducteur chargé en équilibre $\left(\vec{E}_{\text{int}} = \vec{0}\,; V_{\text{int}} = \text{cste}\,; \rho_{\text{int}} = 0\right)$, le champ est normal à la surface du conducteur et a pour expression :

$$\boxed{\vec{E} = \frac{\sigma}{\varepsilon_0}\vec{n}}$$

$\vec{n}$: normale à la surface du conducteur, orientée vers l'extérieur
σ : densité surfacique de charges au voisinage de M
ε_0 : permittivité électrique du vide (F.m^{-1})

Le théorème de Coulomb montre que le champ électrostatique $\vec{E}$ est discontinu à la traversée d'un conducteur en équilibre, puisque, nul à l'intérieur, il a une valeur finie juste à l'extérieur. Par convention le champ électrostatique sur la surface d'un conducteur en équilibre est égal à la moyenne arithmétique entre la valeur du champ à l'intérieur du conducteur et sa valeur au voisinage immédiat, d'où : $\vec{E} = \dfrac{\sigma}{2\varepsilon_0}\vec{n}$

e) Phénomènes d'influence

- Influence partielle

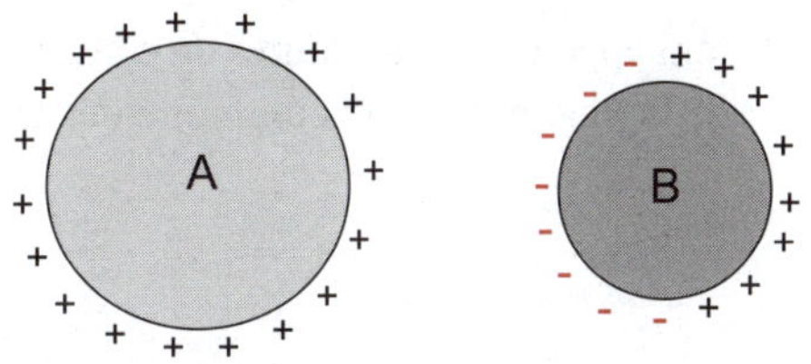

Considérons un conducteur (A) chargé positivement et un conducteur (B) électriquement neutre. Si les deux conducteurs sont suffisamment loin l'un de l'autre il n'y aura aucune influence entre eux.

En revanche, lorsque l'on rapproche (A) et (B), on constate qu'il y a apparition à la surface de (B) de charges négatives sur la partie faisant face à (A) et de charges positives sur l'autre partie, la charge totale de (B) restant neutre. On dit alors que (A) et (B) sont en position d'influence partielle.

- Influence totale

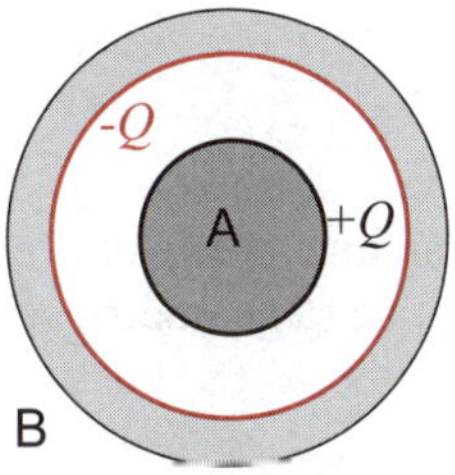

Deux conducteurs sont en position d'influence totale lorsque l'un des deux entoure complètement l'autre. Les charges globales portées par les deux surfaces en regard sont alors égales et opposées. Il va apparaître, si (A) est chargée $+Q$, une charge $-Q$ sur la face interne de (B).

3. EN PRATIQUE...

Cherchons à déterminer la pression électrostatique (force par unité de surface de nature électrique), notée P, à la surface d'un conducteur en équilibre électrostatique.

Prenons un élément de surface dS à la surface d'un conducteur en équilibre électrostatique et supposons que la densité surfacique de charge σ est constante sur toute la surface. Il existe un champ électrostatique $\vec{E}$ sur la surface du conducteur tel que : $\vec{E} = \dfrac{\sigma}{2\varepsilon_0}\vec{n}$.

La charge élémentaire dq contenue sur dS est alors soumise à une force électrostatique élémentaire, notée $d\vec{F}$, tel que : $d\vec{F} = dq\,\vec{E}$.

On définit alors la pression électrostatique, notée P (unité le Pascal, noté Pa), comme le rapport $\|d\vec{F}\|$ sur dS, d'où :

$$P = \frac{\|d\vec{F}\|}{dS} = \frac{\sigma^2}{2\varepsilon_0}$$

48 Condensateurs

1. EN QUELQUES MOTS...

Un condensateur est un ensemble de 2 conducteurs (A) et (B) en position d'influence totale, donc : $Q_{ext} = -Q_{int}$, où Q_{ext} et Q_{int} sont respectivement les charges sur la partie externe de (A) et sur la partie interne de (B). Les parties (A) et (B) sont appelées les armatures du condensateur. On appelle Q la charge du condensateur, il s'agit de la valeur absolue commune des charges des deux armatures : $Q = |Q_{ext}| = |Q_{int}|$.

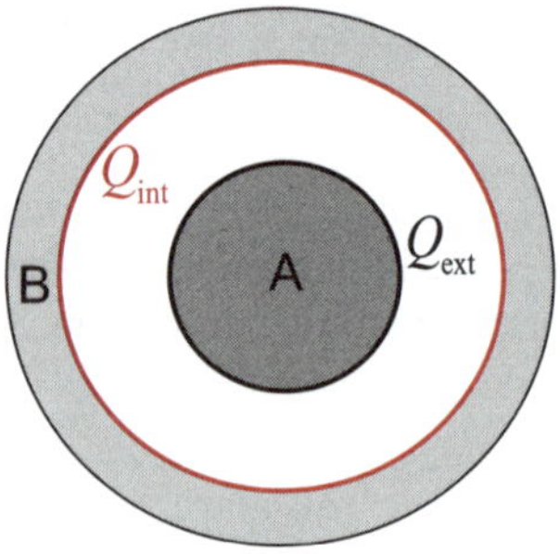

2. CE QU'IL FAUT RETENIR...

a) Capacité d'un condensateur

La capacité d'un condensateur (unité le Farad, noté F) est une grandeur positive. C'est une caractéristique intrinsèque du condensateur qui dépend uniquement de sa géométrie. Elle est définie par :

$$C = \frac{Q}{V_1 - V_2}$$

C : capacité du condensateur (F)
Q : charge du condensateur (C)
$V_1 - V_2$: différence de potentiel aux bornes du condensateur, également notée U. Par convention $V_1 - V_2 > 0$, donc V_1 est le potentiel de l'armature chargée $+Q$ et V_2 celui de l'armature chargée $-Q$.

b) Association de condensateurs

De la même façon que pour les résistances, il est possible d'associer des condensateurs en série, ou en parallèle (dérivation) afin de calculer la capacité équivalente, notée C_{eq}.

En série :

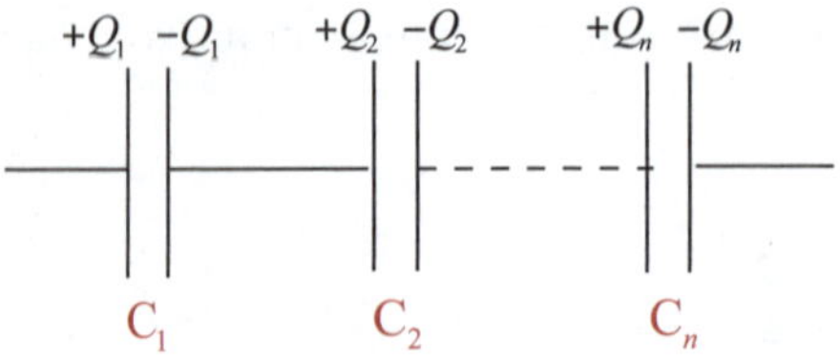

$$\frac{1}{C_{eq}} = \sum_{i=1}^{n} \frac{1}{C_i}$$

C_{eq} : Capacité équivalente (F)
C_i : *ième* capacité (F)

En parallèle :

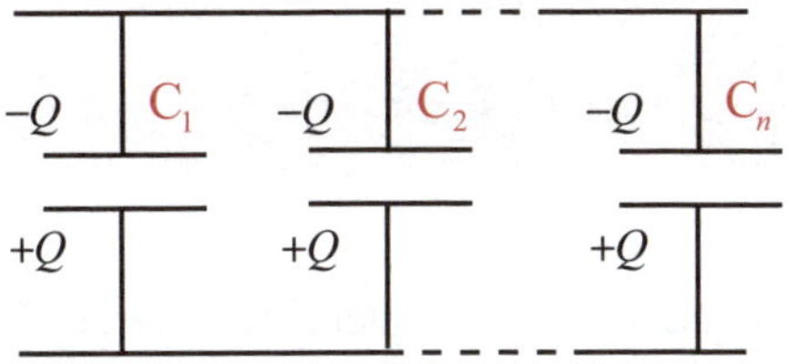

$$C_{eq} = \sum_{i=1}^{n} C_i$$

C_{eq} : Capacité équivalente (F)
C_i : *ième* capacité (F)

La neutralité électrique impose que la charge est la même pour tous les condensateurs.

3. EN PRATIQUE

Cherchons à déterminer la capacité C d'un condensateur plan de surface S. La distance entre les deux armatures est notée d et le vide est établi entre elles. Le potentiel de l'armature chargée $+Q$ est V_1, et celui de l'armature chargée $-Q$ est V_2. Il existe entre les deux armatures un champ électrostatique, $\vec{E}$, dirigé dans le sens des potentiels décroissants ($V_1 \rightarrow V_2$). Pour calculer le champ électrostatique on peut utiliser le théorème de Gauss. On choisit alors une surface de Gauss parallélépipédique liée à la géométrie du problème, notée S. La surface de Gauss est composée de six faces, notées : S_1, S_2, S_3, S_4, S_5 et S_6.

Le théorème de Gauss s'écrit : $\phi = \oint\!\!\oint_S \vec{E}.\mathrm{d}\vec{S} = \dfrac{Q}{\varepsilon_0}$, où Q est la charge intérieure contenue dans S.

Le flux de $\vec{E}$ à travers les faces S_1, S_2, S_3 et S_4 est nul car $\vec{E} \perp \mathrm{d}\vec{S}_i$ (avec $i \in [1,4]$). Il est également nul à travers S_5 car S_5 est à l'intérieur du conducteur et $\vec{E}_{\text{int}} = \vec{0}$.

Le flux du champ électrostatique à travers S_6 s'écrit : $\phi = E \times S_6 = \dfrac{Q}{\varepsilon_0}$, car $\vec{E} \parallel \mathrm{d}\vec{S}_6$.

La norme du champ électrostatique est alors : $E = \dfrac{Q}{\varepsilon_0 S_6} = \dfrac{Q}{\varepsilon_0 S}$ car le flux de $\vec{E}$ à travers S_6 est équivalent au flux de $\vec{E}$ à travers S.

À partir de la circulation du champ $\vec{E}$ entre les deux armatures, on détermine la différence de potentiel $V_1 - V_2$ aux bornes du condensateur : $dV = -\vec{E}.\,\mathrm{d}\vec{l}$

$\vec{E}$ et $d\vec{l}$ sont colinéaires entre les 2 armatures, donc : $\int_{V_1}^{V_2} dV = -\int_0^d E\ \mathrm{d}l$

$$\int_{V_1}^{V_2} dV = -\int_0^d E\ \mathrm{d}l \Rightarrow V_1 - V_2 = \frac{Qd}{\varepsilon_0 S}. \qquad (1)$$

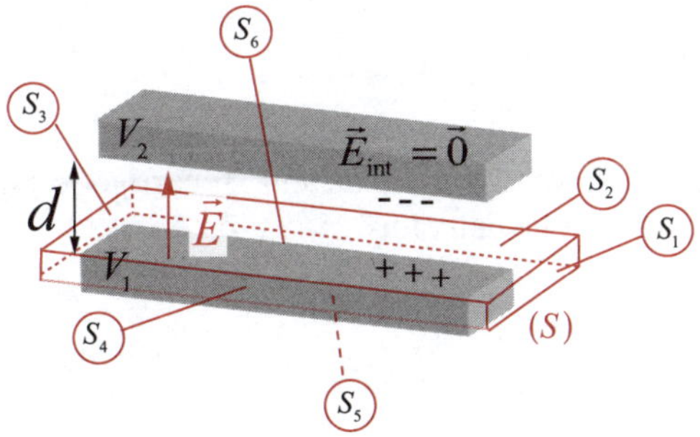

Or, on sait que la capacité d'un condensateur, quelle que soit sa géométrie, est de la forme : $C = \dfrac{Q}{V_1 - V_2}$.

Par conséquent d'après (1), on obtient : $C = \dfrac{\varepsilon_0 S}{d}$.

La capacité d'un condensateur plan dépend uniquement de la surface des armatures et de la distance entre elles.

49 Énergie électrostatique

1. EN QUELQUES MOTS...

L'expression de l'énergie potentielle électrostatique, ou plus simplement l'énergie électrostatique est calculée pour tous les cas envisagés précédemment : charge ponctuelle, conducteur en équilibre électrostatique, condensateur, dipôle.

2. CE QU'IL FAUT RETENIR...

a) Énergie électrostatique d'une charge ponctuelle placée dans un champ électrostatique uniforme

Considérons une charge q, située en un point P de l'espace où règne un champ électrostatique $\vec{E}$ dérivant d'un potentiel V. On appelle énergie potentielle électrostatique, ou énergie électrostatique, notée $\mathcal{E}_p$, de la charge q le travail à fournir pour amener cette charge de l'infini (où le potentiel est nul) à la position P (où le potentiel est $V_{(\mathrm{P})}$), telle que :

$$\boxed{\mathcal{E}_p = qV_{(\mathrm{P})}}$$

$\mathcal{E}_p$: énergie potentielle électrostatique (J)
q : charge électrique (C)
$V_{(\mathrm{P})}$: potentiel au point P (V)

(L'énergie électrostatique est définie à une constante additive près).

b) Énergie électrostatique d'interaction de deux charges ponctuelles

Appliquons le résultat précédent à la situation où le potentiel au point P, où se trouve une charge q_1, est créé par une charge ponctuelle q_2 située à la distance r de q_1. La charge q_1 est alors soumise au potentiel V_2, tel que : $V_2 = \dfrac{1}{4\pi\varepsilon_0}\dfrac{q_2}{r}$. L'énergie électrostatique d'interaction est alors :

$$\boxed{\mathcal{E}_p = q_1 V_2 = \frac{1}{4\pi\varepsilon_0}\frac{q_1 q_2}{r}}$$

$\mathcal{E}_p$: énergie potentielle électrostatique (J)
q_1 et q_2 : charges électriques (C)
V_2 : potentiel créé par la charge q_2 au point où se trouve q_1 (V)
r : distance entre q_2 et q_1 (m)

c) Énergie électrostatique d'interaction de *n* charges ponctuelles

L'énergie électrostatique d'interaction d'un système formé de n charges ponctuelles, s'écrit :

$$\mathcal{E}_p = \frac{1}{2}\sum_i \sum_{j \neq i} \frac{1}{4\pi\varepsilon_0}\frac{q_i q_j}{r_{ij}}$$

La sommation se fait sur tous les couples (i, j) avec $i \neq j$. Le facteur $\dfrac{1}{2}$ corrige le fait que l'interaction de chaque couple de charges est comptée deux fois.

d) Énergie électrostatique d'une distribution continue de charges

Pour une distribution continue de charges, la généralisation de la formule précédente (cas de n charges ponctuelles) permet d'écrire :

$$\mathscr{E}_p = \frac{1}{2}\int \mathrm{d}q\, V_{(P)}$$

$\mathscr{E}_p$: énergie potentielle électrostatique (J)
dq : charge élémentaire contenu autour du point P
$V_{(\mathrm{P})}$: potentiel au point P

e) Énergie électrostatique d'un condensateur

L'énergie électrostatique d'un condensateur est définie par :

$$\boxed{\mathscr{E}_p = \frac{1}{2}\frac{Q^2}{\mathrm{C}} = \frac{1}{2}\mathrm{C}V^2 = \frac{1}{2}QV}$$

$\mathscr{E}_p$: énergie potentielle électrostatique (J)
Q : charge du condensateur (C)
V : différence de potentielle aux bornes du condensateur (V)
C : capacité du condensateur (F)

3. EN PRATIQUE

On propose d'établir l'expression de l'énergie électrostatique d'un dipôle NP placé dans un champ électrostatique externe uniforme $\vec{E}$. On s'intéresse à l'énergie électrostatique entre le dipôle et le champ $\vec{E}$ et non à l'énergie d'interaction du dipôle lui-même (interaction entre la charge $+q$ et la charge $-q$ du dipôle lui-même). On considère donc le dipôle comme un système de deux charges, $+q$ et $-q$, qui n'interagissent pas entres elles, placées respectivement en P et N. On note $V_{(\mathrm{P})}$ et $V_{(\mathrm{N})}$ les potentiels en P et en N. L'énergie électrostatique du dipôle s'écrit : $\mathscr{E}_p = qV_{(\mathrm{P})} - qV_{(\mathrm{N})} = q\left(V_{(\mathrm{P})} - V_{(\mathrm{N})}\right)$. (1)

En écrivant la circulation du champ électrostatique $\vec{E}$ entre N et P, on obtient : $dV = -\vec{E}.\mathrm{d}\vec{l}$

$$\int_{V_{(\mathrm{N})}}^{V_{(\mathrm{P})}} dV = -\int_{\mathrm{N}}^{\mathrm{P}} \vec{E}.\mathrm{d}\vec{l}$$

$$V_{(\mathrm{P})} - V_{(\mathrm{N})} = -\int_{\mathrm{N}}^{\mathrm{P}} \vec{E}.\mathrm{d}\vec{l} = -\vec{E}\int_{\mathrm{N}}^{\mathrm{P}} \mathrm{d}\vec{l}$$

$$V_{(\mathrm{P})} - V_{(\mathrm{N})} \approx -\vec{E}.\overrightarrow{\mathrm{NP}} \qquad (2)$$

En combinant (1) et (2), on obtient : $\mathscr{E}_p = -q\vec{E}.\overrightarrow{\mathrm{NP}} = -\vec{E}.q\overrightarrow{\mathrm{NP}}$.

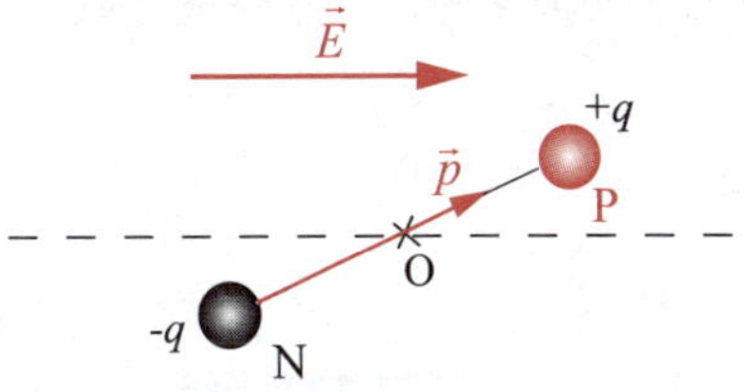

La quantité $q\overrightarrow{\mathrm{NP}}$ correspond au moment dipolaire du dipôle NP, également noté $\vec{p}$. L'énergie potentielle électrostatique d'un dipôle placé dans un champ $\vec{E}$ externe uniforme est donc égale au produit scalaire entre le champ externe et le moment dipolaire du dipôle, d'où :

$$\mathscr{E}_p = -\vec{p}.\vec{E}$$

$\mathscr{E}_p$: énergie potentielle électrostatique (J)
$\vec{p}$: moment dipolaire (C.m)
$\vec{E}$: champ électrostatique (V.m^{-1})

50 Champ magnétique

1. 1. EN QUELQUES MOTS...

Un fil parcouru par un courant électrique ou encore un aimant crée en son voisinage un champ magnétique. Présentons les principales propriétés du champ magnétique. En régime permanent, le champ magnétique sera appelé champ magnétostatique.

2. CE QU'IL FAUT RETENIR...

a) Sources de champ magnétique

- On peut distinguer deux sources de champ magnétique :
  - les aimants : certains matériaux, comme le fer, le nickel ou le cobalt, sont capables d'engendrer en leur voisinage un champ magnétique ; ils constituent des aimants permanents et sont dits ferromagnétiques.
    Un aimant possède toujours deux pôles, un pôle nord et un pôle sud, même si l'aimant est brisé en deux : il n'est pas possible d'isoler les deux pôles. Par opposition, une substance électrisée présente soit une charge positive, soit une charge négative.
  - les courants électriques, c'est-à-dire des charges en mouvement d'ensemble : un conducteur parcouru par un courant électrique crée un champ magnétique en son voisinage.
- Unité du champ magnétique : le Tesla (T).
- Ordres de grandeur :
  - Champ créé par un aimant : 0,1 à 1 T
  - Champ magnétique terrestre : 5.10^{-5} T

b) Lignes de champ

- Les courbes tangentes au champ magnétique $\vec{B}$ sont appelées lignes de champ. Elles sont orientées dans le sens du champ magnétique. Ainsi, l'équation d'une ligne de champ s'écrit : $\overrightarrow{dl} \wedge \vec{B} = \vec{0}$ où $\overrightarrow{dl}$ est un déplacement élémentaire le long de la ligne de champ. La ligne de champ issue d'un point initial est obtenue par intégration de cette équation.
- Citons des exemples de lignes de champ :

Lignes de champ d'un aimant	Lignes de champ d'une spire circulaire d'axe $O\vec{z}$, dans un plan contenant cet axe.
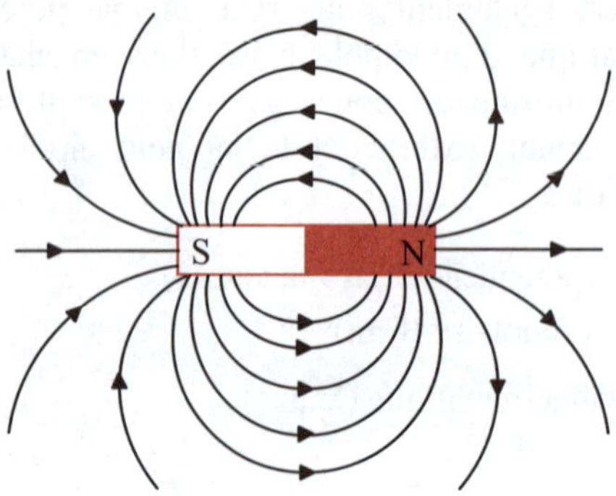	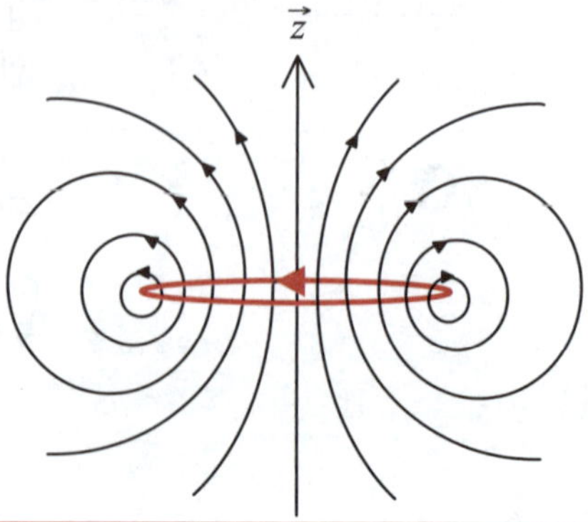

- Un ensemble de lignes de champ s'appuyant sur une courbe fermée constitue un tube de champ.

c) Propriétés de symétrie du champ magnétique

Pour déterminer la direction du champ magnétique créé par une distribution de courant, il est souvent utile d'étudier les propriétés de symétrie de cette distribution. Cela permet également de déterminer les variables d'espace dont le champ magnétique dépend et simplifie alors son calcul.

- Plans de symétrie : Soit une distribution de courant présentant un plan de symétrie Π.
  - Si M et M′ sont deux points symétriques par rapport au plan Π, alors le champ magnétique au point M′ est l'opposé du symétrique du champ magnétique au point M.

Considérons par exemple deux fils rectilignes infinis parallèles parcourus par un courant I de même sens.

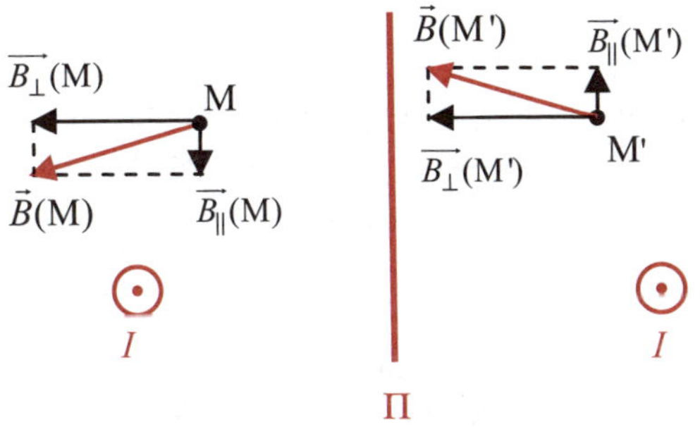

Le champ $\vec{B}$ peut se mettre sous forme de la somme d'une composante parallèle $\overrightarrow{B_\parallel}$ et d'une composante perpendiculaire $\overrightarrow{B_\perp}$ au plan de symétrie.

$\vec{B}(M')$ étant l'opposé du symétrique de $\vec{B}(M)$ par rapport au plan Π, on a :

$$\overrightarrow{B_\perp}(M') = \overrightarrow{B_\perp}(M) \text{ et } \overrightarrow{B_\parallel}(M') = -\overrightarrow{B_\parallel}(M)$$

- Si M appartient au plan Π de symétrie, alors le champ magnétique $\vec{B}(M)$ est perpendiculaire au plan de symétrie. En effet $M' \equiv M \Rightarrow \overrightarrow{B_\parallel}(M) = -\overrightarrow{B_\parallel}(M) \Rightarrow \overrightarrow{B_\parallel}(M) = \vec{0}$.

- Plans d'antisymétrie : Soit une distribution de courant présentant un plan d'antisymétrie Π′.
  - Si M et M′ sont deux points symétriques par rapport au plan Π′, alors le champ magnétique au point M′ est le symétrique du champ magnétique au point M.

Prenons l'exemple de deux fils rectilignes infinis parallèles parcourus par un courant I. Le sens du courant est opposé dans les deux fils.

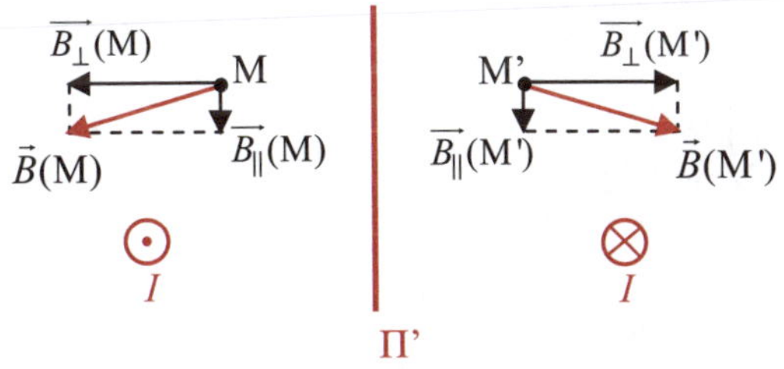

$\vec{B}(M')$ étant le symétrique de $\vec{B}(M)$ par rapport au plan Π′, on a :

$$\overrightarrow{B_\perp}(M') = -\overrightarrow{B_\perp}(M) \text{ et } \overrightarrow{B_\parallel}(M') = \overrightarrow{B_\parallel}(M)$$

- Si M appartient au plan Π′, alors le champ magnétique $\vec{B}(M)$ est contenu dans le plan d'antisymétrie Π′. En effet $M' \equiv M \Rightarrow \overrightarrow{B_\perp}(M) = -\overrightarrow{B_\perp}(M) \Rightarrow \overrightarrow{B_\perp}(M) = \vec{0}$.

- Invariance par translation : Si la distribution de courant est invariante par translation le long d'un axe $O\vec{z}$ alors le champ magnétique est indépendant de la coordonnée d'espace z.
- Invariance par rotation : Si la distribution de courant est invariante par rotation autour d'un axe $O\vec{z}$ alors le champ magnétique est indépendant de l'angle radial θ.

Il faut noter que le champ magnétique $\vec{B}$ n'a pas les mêmes propriétés de symétrie que le champ électrostatique $\vec{E}$.

51 Loi de Biot et Savart

1. EN QUELQUES MOTS...

De la même manière que la loi de Coulomb permet de calculer le champ électrostatique créé en un point de l'espace par une distribution de charges, la loi de Biot et Savart permet de déterminer le champ magnétostatique créé en un point de l'espace par une distribution de courant.

2. CE QU'IL FAUT RETENIR...

- Considérons un élément de conducteur filiforme de longueur dl, centré au point M, et parcouru par un courant I. La loi de Biot et Savart permet de déterminer le champ magnétostatique élémentaire $\overrightarrow{dB}$ créé en un point P par l'élément de courant $I\overrightarrow{dl}$.

$$\overrightarrow{dB} = \frac{\mu_0}{4\pi} I\overrightarrow{dl} \wedge \frac{\overrightarrow{MP}}{\|\overrightarrow{MP}\|^3}$$

I : intensité du courant électrique (Ampère, A)

$\overrightarrow{dl}$: élément de longueur de conducteur orienté dans le sens du courant électrique (m)

μ_0 : perméabilité du vide : $\mu_0 = 4\pi 10^{-7}$ H.m^{-1} (H : Henry)

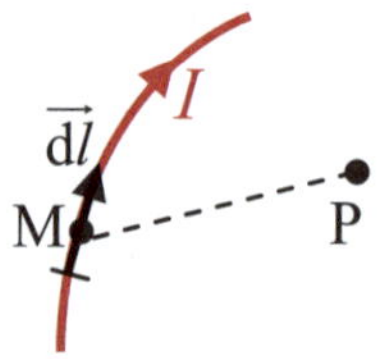

- Caractéristiques de : $\overrightarrow{dB}$
  - Direction : $\overrightarrow{dB}$ est orthogonal au plan formé par la portion de conducteur et le vecteur $\overrightarrow{MP}$.
  - Sens : il est déterminé par la règle des trois doigts de la main droite :
    Pouce : sens du courant électrique ; Index : sens de $\overrightarrow{MP}$; Majeur : sens de $\overrightarrow{dB}$.

- Pour un circuit filiforme ($\mathscr{C}$) parcouru par un courant I, le champ magnétostatique créé en un point P s'obtient par sommation vectorielle des champs élémentaires créés par l'ensemble des éléments de courant du circuit :

$$\vec{B}(\mathrm{P}) = \frac{\mu_0}{4\pi} \int_{(\mathscr{C})} I\overrightarrow{dl} \wedge \frac{\overrightarrow{MP}}{\|\overrightarrow{MP}\|^3}$$

3. EN PRATIQUE...

Déterminons le champ magnétostatique $\vec{B}$ créé par un solénoïde infini de rayon R, d'axe $\vec{Oz}$, comportant n spires par unité de longueur, et parcouru par un courant I, en un point P de son axe.

→ Commençons par calculer le champ créé par une spire du solénoïde, de centre O, en un point P de son axe.

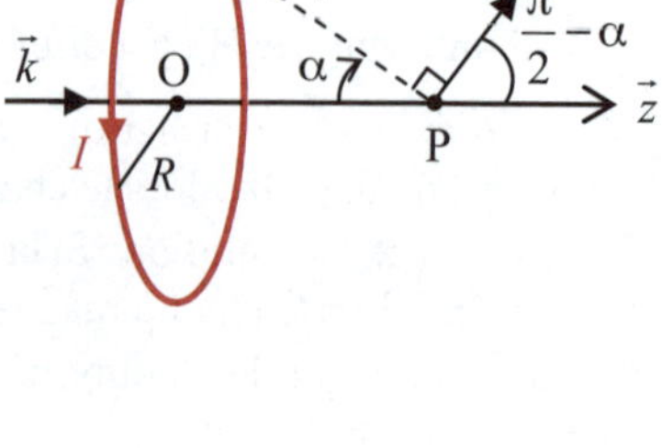

Le champ élémentaire $\overrightarrow{\mathrm{d}B}$ créé au point P par un élément de longueur $\overrightarrow{\mathrm{d}l}$ de la spire, centré au point M est orthogonal à $\overrightarrow{\mathrm{d}l}$ et à $\overrightarrow{\mathrm{MP}}$.

Notons r la distance $\|\overrightarrow{\mathrm{MP}}\|$ et α l'angle $\left(\widehat{\overrightarrow{\mathrm{PO}},\overrightarrow{\mathrm{PM}}}\right)$. Lorsque le point M décrit la spire, $\overrightarrow{\mathrm{d}B}$ décrit un cône de sommet M et de demi-angle $\frac{\pi}{2}-\alpha$. Le champ $\vec{B}$ résultant est donc selon $\vec{k}$.

Exprimons la norme $\|\overrightarrow{\mathrm{d}B}\|$ du champ élémentaire $\overrightarrow{\mathrm{d}B}$ puis sa composante selon l'axe $\mathrm{O}\vec{z}$:

$$\|\overrightarrow{\mathrm{d}B}\| = \frac{\mu_0 I}{4\pi}\frac{\mathrm{d}l\ \mathrm{MP}\ \sin(\widehat{\overrightarrow{\mathrm{d}l},\overrightarrow{\mathrm{MP}}})}{\mathrm{MP}^3} = \frac{\mu_0 I}{4\pi}\frac{\mathrm{d}l\ \sin\frac{\pi}{2}}{r^2} = \frac{\mu_0 I}{4\pi}\frac{\mathrm{d}l}{r^2}$$

$$\mathrm{d}B_z = \|\overrightarrow{\mathrm{d}B}\|\cos\left(\frac{\pi}{2}-\alpha\right) = \|\overrightarrow{\mathrm{d}B}\|\sin\alpha$$

Le champ résultant s'écrit donc : $\vec{B} = \int_{\text{spire}} \frac{\mu_0 I}{4\pi}\frac{\mathrm{d}l}{r^2}\sin\alpha\ \vec{k}$

Or r et α sont constants lorsque le point M décrit la spire,

$$\sin\alpha = \frac{R}{r} \Rightarrow \vec{B} = \frac{\mu_0 I}{4\pi}\frac{\sin\alpha}{r^2}\int_{\text{spire}}\mathrm{d}l\ \vec{k} = \frac{\mu_0 I}{4\pi}\frac{\sin\alpha}{r^2}2\pi R\ \vec{k} = \frac{\mu_0 I}{2R}\sin^3\alpha\ \vec{k}$$

→ Déterminons maintenant le champ magnétostatique $\vec{B}$ créé par le solénoïde infini en un point P de son axe.

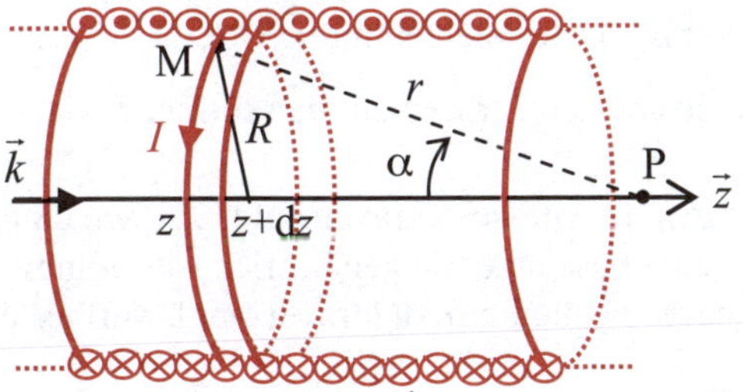

D'après les résultats obtenus pour une spire, $\vec{B}$ est selon l'axe $\mathrm{O}\vec{z}$. Exprimons le champ élémentaire $\mathrm{d}B_z$ créé par les spires situées entre les cotes z et $z + \mathrm{d}z$, au nombre de $\mathrm{d}n = n\mathrm{d}z$, parcourues par le courant élémentaire $\mathrm{d}I = n\mathrm{d}zI$:

$$\mathrm{d}B_z = \frac{\mu_0 n\ \mathrm{d}z\ I}{2R}\sin^3\alpha$$

Exprimons $\mathrm{d}z$ en fonction de $\mathrm{d}\alpha$: $\tan\alpha = -\frac{R}{z} \Rightarrow \mathrm{d}z = \frac{R\mathrm{d}\alpha}{\sin^2\alpha}$, d'où $\mathrm{d}B_z = \frac{\mu_0 nI}{2}\sin\alpha\mathrm{d}\alpha$

Pour décrire le solénoïde complet, α doit varier entre 0 et π :

$$\vec{B}(\mathrm{P}) = \int_0^{\pi}\frac{\mu_0 nI}{2}\sin\alpha\,\mathrm{d}\alpha\ \vec{k} = \frac{\mu_0 nI}{2}[-\cos\alpha]_0^{\pi}\ \vec{k}$$

$$\Leftrightarrow \vec{B}(\mathrm{P}) = \mu_0 nI\ \vec{k}$$

52 Théorème d'Ampère

1. EN QUELQUES MOTS...

Le théorème d'Ampère permet le calcul du champ magnétostatique créé par une distribution de courant lorsque celle-ci présente des symétries élevées. C'est l'équivalent du théorème de Gauss en électrostatique (fiche 46).

2. CE QU'IL FAUT RETENIR...

a) Vecteur densité de courant électrique $\vec{j}$

Le vecteur densité de courant électrique $\vec{j}$ est la charge élémentaire traversant une unité de surface par unité de temps. Ainsi, la charge élémentaire dQ qui traverse la surface élémentaire dS pendant dt est donnée par :

$$\mathrm{d}Q = \vec{j}.\overrightarrow{\mathrm{d}S}\,\mathrm{d}t$$

ou

$$\mathrm{d}I = \vec{j}.\overrightarrow{\mathrm{d}S}$$

$\overrightarrow{\mathrm{d}S} = \vec{n}\,\mathrm{d}S$: vecteur surface élémentaire avec dS surface élémentaire (m^2), $\vec{n}$ vecteur unitaire normal à dS, orienté vers l'extérieur

dQ : charge élémentaire traversant la surface élémentaire dS (Coulomb, C)

$\vec{j}$: vecteur densité de courant électrique (A.m^{-2})

dI : intensité élémentaire du courant électrique traversant la surface élémentaire dS (A)

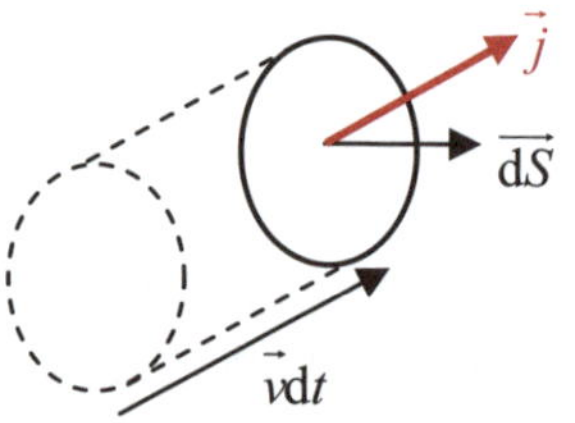

On en déduit l'intensité du courant I traversant une surface S : $I = \iint_S \vec{j}.\overrightarrow{\mathrm{d}S}$

- Les particules de charge q, de vitesse $\vec{v}$, traversant la surface dS pendant dt sont celles contenues dans un cylindre de base dS et de génératrice $\vec{v}\mathrm{d}t$ (volume V_{cyl}). Appelons n la densité particulaire. La charge élémentaire dQ traversant la surface élémentaire dS pendant dt est donc :

$$\mathrm{d}Q = nqV_{cyl} = nq\vec{v}\mathrm{d}t.\overrightarrow{\mathrm{d}S}$$

En identifiant avec l'expression : d$Q = \vec{j}.\overrightarrow{\mathrm{d}S}\,\mathrm{d}t$, on obtient l'expression du vecteur densité de courant électrique associé à un mouvement d'ensemble de particules à la vitesse $\vec{v}$: $\vec{j} = nq\vec{v}$

b) Circulation du champ magnétique

Considérons une courbe fermée quelconque ($\mathscr{C}$) orientée. La circulation du champ magnétique sur cette courbe est définie par :

$$C = \oint_{(\mathscr{C})} \vec{B}.\overrightarrow{\mathrm{d}l}$$

$\vec{B}$: champ magnétique (T)

$\overrightarrow{\mathrm{d}l}$: élément de longueur du contour (m)

C : circulation du champ magnétique (T.m)

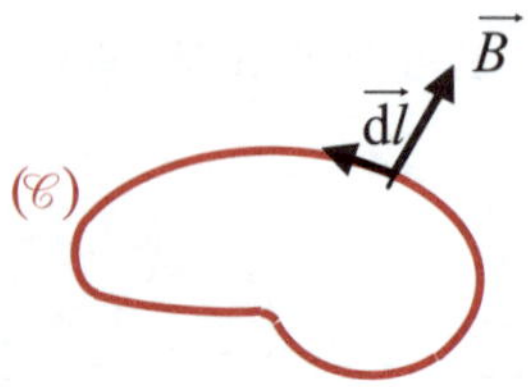

c) Théorème d'Ampère

Considérons un ensemble de fils parcourus par des courants d'intensité $I_1, I_2, \ldots, I_n$ et une courbe fermée orientée quelconque $(\mathscr{C})$ enlaçant certains de ces courants. Soit $\vec{n}$ un vecteur unitaire normal à une surface S s'appuyant sur $(\mathscr{C})$ et orienté selon la règle du tire-bouchon : un tire-bouchon tournant dans le sens choisi pour $(\mathscr{C})$ traverse la surface S dans le sens de $\vec{n}$.

$$C = \oint_{(\mathscr{C})} \vec{B}.\vec{dl} = \mu_0 I_{\text{enlacé}}$$

$I_{\text{enlacé}}$: intensité du courant électrique enlacé par le contour $(\mathscr{C})$, comptée algébriquement.

Ainsi, $I_{\text{enlacé}} = \sum_i \varepsilon_i I_i$ où :

$\varepsilon_i = 1$ si I_i traverse la surface S dans le sens de $\vec{n}$

$\varepsilon_i = -1$ si I_i traverse la surface S dans le sens de $-\vec{n}$

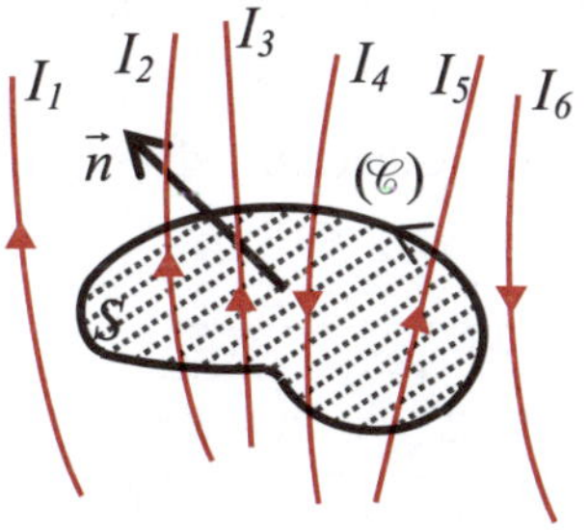

Sur le schéma ci-contre, on a par exemple :

$$I_{\text{enlacé}} = I_2 + I_3 - I_4 + I_5$$

La géométrie du contour $(\mathscr{C})$ est choisie de telle manière que le champ magnétique soit uniforme sur le contour. Il faut donc d'abord examiner les symétries de la distribution et en déduire la direction du champ et les variables d'espace dont il dépend.

3. EN PRATIQUE...

- Déterminons le champ magnétostatique créé par un tube conducteur creux infiniment long, de rayon intérieur R_1 et de rayon extérieur R_2, parcouru par un courant d'intensité I avec un vecteur densité volumique de courant $\vec{j}$ uniforme. Déterminons le champ magnétique $\vec{B}(\text{P})$ créé en tout point P de l'espace.

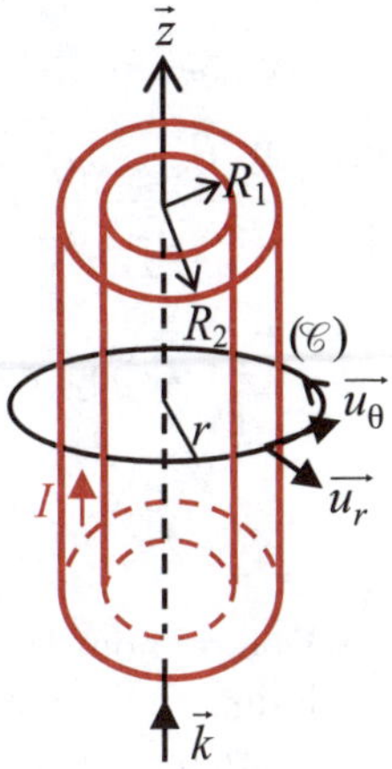

Compte tenu de la symétrie cylindrique de la distribution de courant, utilisons les coordonnées cylindriques (r, θ, z), l'axe Oz étant l'axe du tube.

→ *1re étape :* Examinons les propriétés de symétrie de la distribution de courants :

Les plans contenant l'axe O$\vec{z}$ sont des plans de symétrie. Au point P, $\vec{B}(\text{P})$ est perpendiculaire au plan contenant P et l'axe O$\vec{z}$:

$$\vec{B}(\text{P}) = B_\theta(r,\theta,z)\,\overrightarrow{u_\theta}$$

La distribution de courant est invariante :

– par translation le long de l'axe O$\vec{z}$: $\vec{B}(\text{P})$ ne dépend pas de la coordonnée z.

– par rotation autour de l'axe O$\vec{z}$: $\vec{B}(\text{P})$ ne dépend pas de la coordonnée θ.

On a donc : $\vec{B}(\text{P}) = B_\theta(r)\,\overrightarrow{u_\theta}$.

Compte tenu de la symétrie cylindrique de la distribution de courant, utilisons les coordonnées cylindriques (r, θ, z), l'axe $O\vec{z}$ étant l'axe du tube.

→ *2e étape :* Choisissons un contour d'Ampère adapté aux symétries de la distribution de courants. Le champ magnétostatique ne dépendant que de la coordonnée d'espace r, on choisit un contour orienté $(\mathscr{C})$ circulaire, de rayon r et d'axe $O\vec{z}$, sur lequel le champ est uniforme.

→ *3e étape :* Exprimons la circulation du champ magnétostatique sur ce contour :

$$C = \oint_{(\mathscr{C})} \vec{B}.\vec{dl} = \int_0^{2\pi} B_\theta(r)\vec{u_\theta}.r\,d\theta\vec{u_\theta} = 2\pi r B_\theta(r).$$

→ *4e étape :* Examinons le courant enlacé par le contour d'Ampère. Trois cas doivent être distingués :

- Si $r \le R_1$, $I_{\text{enlacé}} = 0 \Rightarrow 2\pi r B_\theta(r) = 0 \Leftrightarrow B_\theta(r) = 0$
- Si $R_1 \le r \le R_2$, il faut calculer le courant traversant la section du conducteur creux comprise à l'intérieur du contour d'Ampère :

$I = \iint_S \vec{j}.\vec{dS}$ où S est la section du conducteur. $\vec{j}$ étant uniforme et colinéaire à $\vec{dS}$, on obtient :

$$\begin{cases} I = jS = j(\pi R_2^2 - \pi R_1^2) \\ I_{\text{enlacé}} = jS_i = j(\pi r^2 - \pi R_1^2) \end{cases} \Rightarrow I_{\text{enlacé}} = I\frac{\pi r^2 - \pi R_1^2}{\pi R_2^2 - \pi R_1^2} = I\frac{r^2 - R_1^2}{R_2^2 - R_1^2}$$

où S_i est la section du conducteur à l'intérieur du contour.

On obtient donc : $2\pi r B_\theta(r) = \mu_0 I\dfrac{r^2 - R_1^2}{R_2^2 - R_1^2} \Leftrightarrow B_\theta(r) = \dfrac{\mu_0 I}{2\pi r}\dfrac{r^2 - R_1^2}{R_2^2 - R_1^2}$

- Si $r \ge R_2$, $I_{\text{enlacé}} = I \Rightarrow 2\pi r B_\theta(r) = \mu_0 I \Leftrightarrow B_\theta(r) = \dfrac{\mu_0 I}{2\pi r}$.

Le champ magnétostatique est continu en $r = R_1$ et $r = R_2$. Son expression en fonction de r est donc :

$$\begin{cases} \vec{B} = \vec{0} \text{ pour } r \le R_1 \\ \vec{B} = \dfrac{\mu_0 I}{2\pi r}\dfrac{r^2 - R_1^2}{R_2^2 - R_1^2}\vec{u_\theta} \text{ pour } R_1 \le r \le R_2 \\ \vec{B} = \dfrac{\mu_0 I}{2\pi r}\vec{u_\theta} \text{ pour } r \ge R_2 \end{cases}$$

$I = 1$ A ; $R_1 = 2$ cm ; $R_2 = 3$ cm

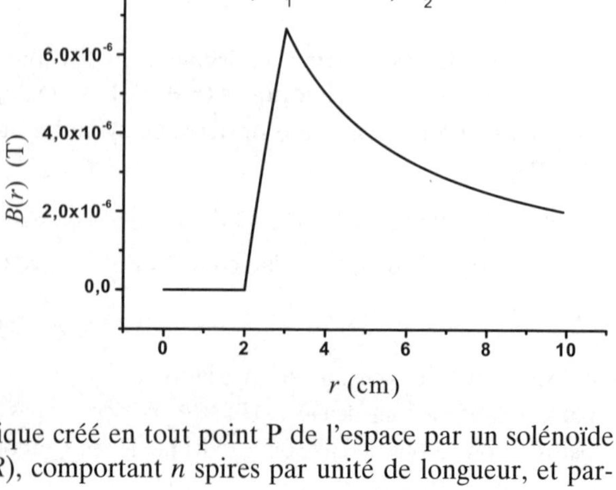

- Déterminons le champ magnétostatique créé en tout point P de l'espace par un solénoïde infini, de section circulaire (rayon R), comportant n spires par unité de longueur, et parcouru par un courant I.

Compte tenu de la symétrie cylindrique de la distribution de courant, utilisons les coordonnées cylindriques (r, θ, z), l'axe $O\vec{z}$ étant l'axe du solénoïde.

→ *1re étape :* Examinons les propriétés de symétrie de la distribution de courants :

Les plans normaux à l'axe $O\vec{z}$ du solénoïde sont des plans de symétrie, donc $\vec{B}(P)$ est perpendiculaire à ces plans : $\vec{B}(P) = B_z(r,\theta,z)\ \vec{k}$.

La distribution de courant est invariante :

- par translation le long de l'axe $O\vec{z}$: $\vec{B}(P)$ ne dépend pas de la coordonnée z.
- par rotation autour de l'axe $O\vec{z}$: $\vec{B}(P)$ ne dépend pas de la coordonnée θ.

Ainsi, $\vec{B}(P) = B_z(r)\ \vec{k}$

→ *2e étape :* Choisissons un contour d'Ampère adapté aux symétries de la distribution de courants. Le champ magnétique ne dépend que de la coordonnée d'espace r et est colinéaire à l'axe $O\vec{z}$; choisissons un contour orienté rectangulaire ABCD dont deux des côtés sont parallèles au champ, le côté AB étant sur l'axe $O\vec{z}$.

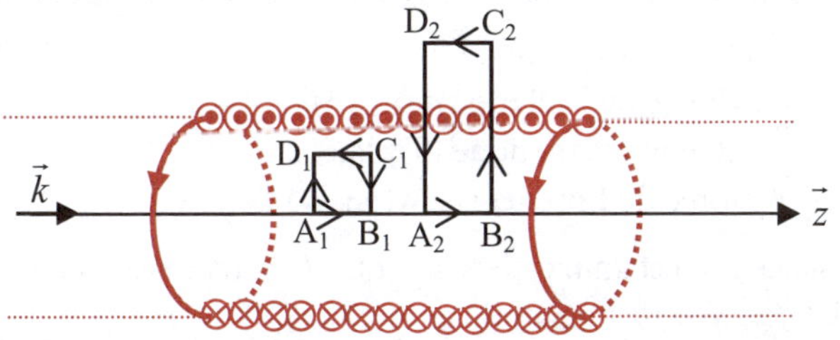

→ *3e étape :* Exprimons la circulation du champ magnétique sur ce contour :

$$C = \oint_{(\mathscr{C})} \vec{B}.\vec{dl} = \int_A^B B_z(r=0)\vec{k}\ .\ \mathrm{d}l\vec{k} + \int_C^D B_z(r)\vec{k}\ .\ \mathrm{d}l\vec{k} = \|\overrightarrow{AB}\|\, B_{axe} - \|\overrightarrow{CD}\|\, B_z(r) = \|\overrightarrow{AB}\|\left(B_{axe} - B_z(r)\right)$$

où B_{axe} est le champ magnétostatique sur l'axe $O\vec{z}$ du solénoïde $(r = 0)$ calculé dans la fiche 51 relative à la loi de Biot et Savart : $B_{axe} = \mu_0 nI$. La contribution des côtés BC et DA s'annule car la distribution de $\vec{B}$ est la même sur les deux côtés qui sont parcourus en sens inverse.

→ *4e étape :* Examinons le courant enlacé par le contour d'Ampère. Deux cas se distinguent :

- Si le contour rectangulaire est entièrement à l'intérieur du solénoïde (contour $A_1B_1C_1D_1$), alors $I_{enlacé} = 0$. Ainsi $B_z(r) = B_{axe} = \mu_0 nI$ pour $r < R$: le champ est uniforme à l'intérieur du solénoïde.
- Si le contour rectangulaire traverse le solénoïde (contour $A_2B_2C_2D_2$), alors $I_{enlacé} = \mu_0 n\|\overrightarrow{A_2B_2}\|I$ où $n\|\overrightarrow{A_2B_2}\|$ représente le nombre de spires sur la longueur $\|\overrightarrow{A_2B_2}\|$. Ainsi $C = \|\overrightarrow{A_2B_2}\|(B_{axe} - B_z(r)) = \mu_0 n\|\overrightarrow{A_2B_2}\|I$. Or $B_{axe} = \mu_0 nI \Rightarrow B_z(r) = 0$ pour $r > R$.

$$\text{Finalement : } \begin{cases} \vec{B} = \mu_0 nI\ \vec{k} \text{ à l'intérieur du solénoïde} \\ \vec{B} = \vec{0} \text{ à l'extérieur du solénoïde} \end{cases}$$

Le champ magnétostatique présente donc une discontinuité à la traversée de la surface du solénoïde qui peut être assimilé à une distribution surfacique de courant.

53 Forces magnétiques

1. EN QUELQUES MOT...

Lorsque des charges en mouvement sont soumises à un champ magnétique, elles subissent des forces appelées force de Lorentz pour une charge ponctuelle et force de Laplace pour une portion de circuit.

2. CE QU'IL FAUT RETENIR...

a) Force de Lorentz

- Une charge ponctuelle q se déplaçant avec une vitesse $\vec{v}$ dans un champ magnétique uniforme $\vec{B}$ subit une force magnétique $\vec{f}$ appelée force de Lorentz et donnée par :

$$\boxed{\vec{f} = q\vec{v} \wedge \vec{B}}$$

q : charge (Coulomb, C).
$\vec{v}$: vitesse de la charge q ($m.s^{-1}$).
$\vec{B}$: champ magnétique (Tesla, T).
$\vec{f}$: force de Lorentz (Newton, N).

Notons qu'en présence d'un champ électrostatique $\vec{E}$, il faut également prendre en compte la force de Coulomb : $\vec{f} = q\vec{v} \wedge \vec{B} + q\vec{E}$.

- Caractéristiques de la force de Lorentz $\vec{f}$:

– Direction : $\vec{f}$ est orthogonale à la vitesse $\vec{v}$ et orthogonale au champ magnétique $\vec{B}$, donc au plan formé par $\vec{v}$ et $\vec{B}$.

– Sens : il est déterminé par la règle des trois doigts de la main droite :

Pouce : sens de $\vec{v}$; index : sens de $\vec{B}$; majeur : sens de $\vec{f}$

– Norme : $\|\vec{f}\| = q\|\vec{v}\| \times \|\vec{B}\| \times |\sin\alpha|$ où α est l'angle entre $\vec{v}$ et $\vec{B}$. Ainsi la norme de $\vec{f}$ est maximale lorsque $\vec{v}$ et $\vec{B}$ sont orthogonaux ($\alpha = 90°$) et vaut alors : $\|\vec{f}\|_{max} = q\|\vec{v}\| \times \|\vec{B}\|$. La norme de $\vec{f}$ est nulle lorsque $\vec{v}$ et $\vec{B}$ sont colinéaires.

b) Force de Laplace :

- Considérons un élément de circuit filiforme parcouru par un courant électrique d'intensité I. Soit $\overrightarrow{dl}$ un élément de longueur du circuit orienté dans le sens du courant. On appelle élément de courant le vecteur $I\overrightarrow{dl}$. Lorsque cet élément de courant est placé dans un champ magnétique $\vec{B}$, il subit une force magnétique $\overrightarrow{dF}$ appelée force de Laplace et donnée par :

$$\boxed{\overrightarrow{dF} = I\overrightarrow{dl} \wedge \vec{B}}$$

I : intensité du courant électrique (Ampère, A).
$\overrightarrow{dl}$: élément de longueur de circuit orienté dans le sens du courant I (m).
$\vec{B}$: champ magnétique (Tesla, T).
$\overrightarrow{dF}$: force de Laplace (Newton, N).

- Donnons une interprétation de la force de Laplace. Le courant électrique est lié au déplacement des électrons libres du conducteur métallique, avec la même vitesse $\vec{v}$, dans le sens opposé au sens conventionnel du courant. La force de Laplace constitue la résultante de toutes les forces de Lorentz qui s'exercent sur les électrons contenus dans l'élément d*l* de circuit.

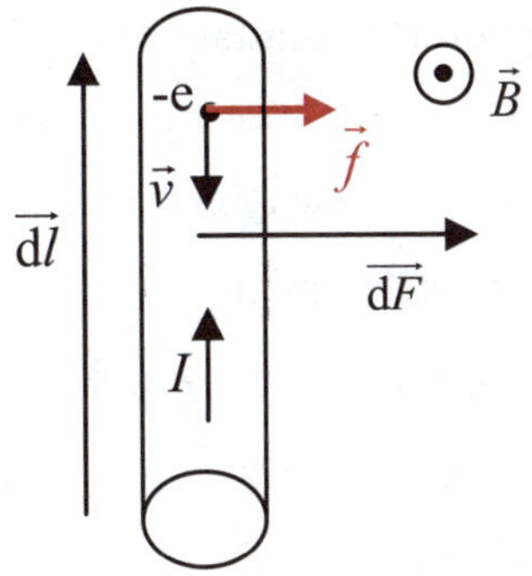

Chaque électron de l'élément de circuit, de charge $q = -e$ est soumis à une force de Lorentz : $\vec{f} = -e\vec{v} \wedge \vec{B}$

La force de Laplace résultante s'obtient par sommation des forces de Lorentz s'exerçant sur les N électrons de l'élément $\overrightarrow{dl}$: $\overrightarrow{dF} = -Ne\vec{v} \wedge \vec{B}$

Introduisons l'intensité I du courant électrique. Par définition, $I = \iint_S \vec{j}.\overrightarrow{dS}$ où $\vec{j}$ est le vecteur densité de courant électrique et S la section du conducteur rigide

or $\vec{j} = nq\vec{v} = \dfrac{N}{S\,dl}(-e)\vec{v}$ où n est le nombre d'électrons par unité de volume.

Par conséquent la vitesse étant uniforme sur la section du conducteur, colinéaire à $\overrightarrow{dS}$ et de sens opposé, on obtient : $I = -\dfrac{N}{S\,dl}e\iint_S \vec{v}.\overrightarrow{dS} = \dfrac{Nev}{dl}$.

Ainsi, $I\,\overrightarrow{dl} = Nev\dfrac{\overrightarrow{dl}}{dl} = -Ne\vec{v}$ car $\overrightarrow{dl}$ et $\vec{v}$ sont de sens opposés.

On obtient alors : $\overrightarrow{dF} = I\overrightarrow{dl} \wedge \vec{B}$

- Caractéristiques de la force de Laplace $\overrightarrow{dF}$:

– Point d'application : le milieu de l'élément de conducteur

– Direction : $\overrightarrow{dF}$ est orthogonale au plan formé par la portion de conducteur et le champ $\vec{B}$.

– Sens : il est déterminé par la règle des trois doigts de la main droite :
Pouce : sens du courant électrique ; index : sens de $\vec{B}$; majeur : sens de $\overrightarrow{dF}$

– Norme : $\|\overrightarrow{dF}\| = I\|\overrightarrow{dl}\| \times \|\vec{B}\| \times |\sin\alpha|$ où α est l'angle entre $\overrightarrow{dl}$ et $\vec{B}$. Ainsi la norme de $\overrightarrow{dF}$ est maximale lorsque $\overrightarrow{dl}$ et $\vec{B}$ sont orthogonaux ($\alpha = 90°$) et vaut alors : $\|\overrightarrow{dF}\|_{max} = I\|\overrightarrow{dl}\| \times \|\vec{B}\|$.

La norme de $\overrightarrow{dF}$ est nulle lorsque $\overrightarrow{dl}$ et $\vec{B}$ sont colinéaires.

- Force de Laplace sur un circuit : La résultante $\vec{F}$ des forces de Laplace s'exerçant sur une portion de circuit AB placée dans un champ magnétique $\vec{B}$ est donc :

$$\boxed{\vec{F} = \int_A^B I\overrightarrow{dl} \wedge \vec{B}}$$

En conséquence, la force de Laplace qui s'exerce sur un circuit ($\mathscr{C}$) fermé placé dans un champ magnétique uniforme $\vec{B}$ est nulle :

$$\vec{F} = \oint_{(\mathscr{C})} I\overrightarrow{dl} \wedge \vec{B} = I\left(\oint_{(\mathscr{C})} \overrightarrow{dl}\right) \wedge \vec{B} = \vec{0}.$$

3. EN PRATIQUE...

- Un électron de charge $q = -\text{e} = -1{,}6.10^{-19}\,\text{C}$ pénètre avec une vitesse initiale $\overrightarrow{v_0}$ à l'instant $t = 0$ dans une zone où règne un champ magnétique $\vec{B}$ uniforme et constant. On définit un référentiel orthonormé direct $(\text{O};\vec{x},\vec{y},\vec{z})$ d'origine O, muni d'une base $(\vec{i},\vec{j},\vec{k})$, tel qu'à l'instant $t = 0$, l'électron est en O avec une vitesse $\overrightarrow{v_0} = v_0\,\vec{i}$, le champ magnétique étant selon l'axe $\text{O}\vec{z}$: $\vec{B} = B\vec{k}$ avec $B > 0$. Étudions le mouvement de l'électron.

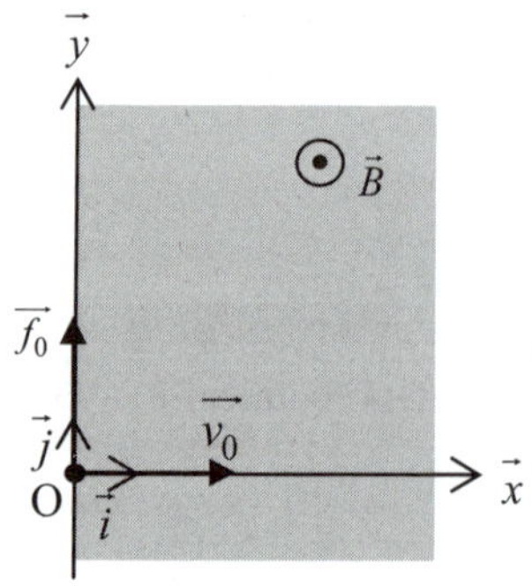

L'électron est soumis à la force de Lorentz $\vec{f} = q\vec{v} \wedge \vec{B}$.

À l'instant $t = 0$, la force de Lorentz $\overrightarrow{f_0}$ s'écrit :

$\overrightarrow{f_0} = q\overrightarrow{v_0} \wedge \vec{B} = qv_0B\vec{i} \wedge \vec{k} = -qv_0B\vec{j}$.

La charge q étant négative, $\overrightarrow{f_0}$ est dirigée dans le sens du vecteur unitaire $\vec{j}$.

Le poids de l'électron étant négligeable devant la force de Lorentz. la relation fondamentale de la dynamique s'écrit :

$$\vec{f} = m\vec{a} \Leftrightarrow q\vec{v} \wedge \vec{B} = m\frac{\text{d}\vec{v}}{\text{d}t}.$$

La force de Lorentz étant par définition orthogonale au champ magnétique $\vec{B}$, la relation précédente montre que l'accélération l'est aussi.
La composante selon $\vec{k}$ de l'accélération est donc nulle : $\frac{\text{d}v_z}{\text{d}t} = 0 \Rightarrow v_z = \text{cte}$.
Or $v_{0z} = 0$ à l'instant $t = 0 \Rightarrow v_z = 0$ à tout instant : le mouvement de l'électron s'effectue dans le plan $(\text{O};\vec{x},\vec{y})$.
→ Projetons la relation fondamentale de la dynamique sur les axes $\text{O}\vec{x}$ et $\text{O}\vec{y}$:

$$\begin{cases} qBv_y = m\frac{\text{d}v_x}{\text{d}t} \Leftrightarrow -\text{e}Bv_y = m\frac{\text{d}v_x}{\text{d}t} \Leftrightarrow \frac{\text{d}v_x}{\text{d}t} = -\omega v_y \quad (1) \\ -qBv_x = m\frac{\text{d}v_y}{\text{d}t} \Leftrightarrow \text{e}Bv_x = m\frac{\text{d}v_y}{\text{d}t} \Leftrightarrow \frac{\text{d}v_y}{\text{d}t} = \omega v_x \quad (2) \end{cases}$$

Où le coefficient $\omega = \frac{\text{e}B}{m}$ est appelé pulsation cyclotron.

Intégrons l'équation (2) : $v_y = \omega x + A$; or à $t = 0$, $\begin{cases} v_y = 0 \\ x = 0 \end{cases} \Rightarrow v_y = \omega x$.

Substituons cette équation dans l'équation (1) :

$\frac{\text{d}v_x}{\text{d}t} = -\omega^2 x \Leftrightarrow \frac{\text{d}^2x}{\text{d}t^2} = -\omega^2 x$: on obtient une équation différentielle du 2nd ordre dont la solution est : $x = A_1\cos(\omega t) + A_2\sin(\omega t)$
A_1 et A_2 sont des constantes obtenues avec les conditions initiales :

$$\text{À } t = 0, \begin{cases} v_x = v_0 \\ x = 0 \end{cases} \Rightarrow \begin{cases} A_2 = \frac{v_0}{\omega} \\ A_1 = 0 \end{cases} \Rightarrow x = \frac{v_0}{\omega}\sin(\omega t).$$

On en déduit que $v_y = v_0 \sin(\omega t) \Rightarrow y = -\frac{v_0}{\omega}\cos(\omega t) + C$ où C est une constante obtenue avec les conditions initiales : À $t = 0$, $y = 0 \Rightarrow C = \frac{v_0}{\omega}$; d'où $y = -\frac{v_0}{\omega}(\cos(\omega t) - 1)$

Les équations horaires sont donc : $\begin{cases} x = \frac{v_0}{\omega}\sin(\omega t) \\ y = -\frac{v_0}{\omega}(\cos(\omega t) - 1) \end{cases} \Leftrightarrow \begin{cases} x = \frac{v_0}{\omega}\sin(\omega t) \\ y + \frac{v_0}{\omega} = -\frac{v_0}{\omega}\cos(\omega t) \end{cases}$

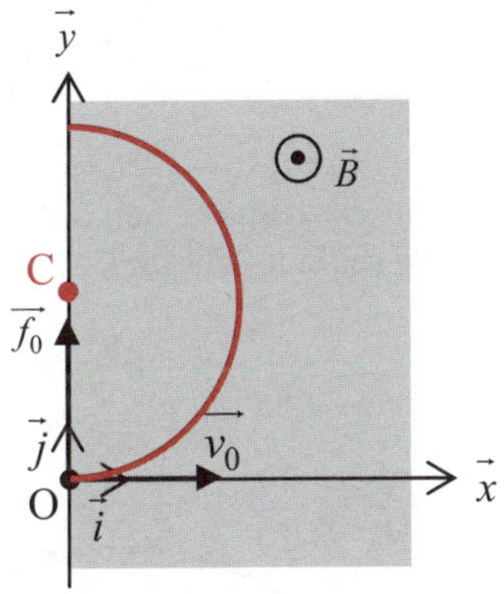

L'équation de la trajectoire est donc :

$$x^2 + \left(y - \frac{v_0}{\omega}\right)^2 = \left(\frac{v_0}{\omega}\right)^2$$

On reconnaît l'équation d'un cercle de centre $C(x_C, y_C)$, avec $x_C = 0$ et $y_C = \frac{v_0}{\omega} = \frac{mv_0}{eB}$, et de rayon $R = \frac{v_0}{\omega} = \frac{mv_0}{eB}$.

Le mouvement est uniforme, de vitesse angulaire $\omega = \frac{eB}{m}$.

- Déterminons la force de Laplace $\vec{F}$ agissant sur une portion de circuit électrique hémi-circulaire de rayon R, parcourue par un courant I, et placée dans un champ magnétique uniforme et constant $\vec{B}$ perpendiculaire au plan du circuit.

Considérons un élément de longueur $\overrightarrow{dl}$ de circuit orienté dans le sens du courant I. Définissons le référentiel $(O; \vec{x}, \vec{y})$ et les vecteurs polaires unitaires $\overrightarrow{u_r}$ et $\overrightarrow{u_\theta}$.

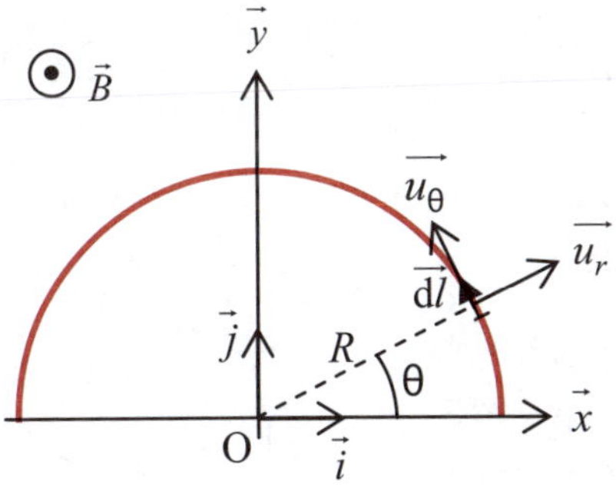

La force de Laplace élémentaire $\overrightarrow{dF}$ qui s'exerce sur l'élément de courant $I\overrightarrow{dl}$ est $\overrightarrow{dF} = I\overrightarrow{dl} \wedge \vec{B}$. Ainsi d'après la règle des trois doigts de la main droite, la force élémentaire est dirigée selon le vecteur unitaire $\overrightarrow{u_r}$. Exprimons $\overrightarrow{dF}$:

$$\begin{cases} \overrightarrow{dl} = R\,d\theta\,\overrightarrow{u_\theta} \\ \vec{B} = B\vec{k} \end{cases} \Rightarrow \overrightarrow{dF} = IRB\,d\theta\,\overrightarrow{u_\theta} \wedge \vec{k} = IRB\,d\theta\,\overrightarrow{u_r}$$

Par symétrie, la résultante $\vec{F}$ des forces est dirigée selon le vecteur unitaire $\vec{j}$. Projetons donc $\overrightarrow{dF}$ sur l'axe $O\vec{y}$: $dF_y = \overrightarrow{dF}.\vec{j} = IRB\,d\theta\,\overrightarrow{u_r}.\overrightarrow{u_y} = IRB\sin\theta\,d\theta$

Pour décrire l'ensemble du circuit, il faut faire varier θ entre 0 et π :

$$F_y = \int_0^\pi IRB\sin\theta\,d\theta = IRB[-\cos\theta]_0^\pi = 2IRB$$

D'où la force de Laplace qui s'exerce sur ce circuit : $\vec{F} = 2IRB\,\vec{j}$.

54 Dipôle magnétique

1. EN QUELQUES MOTS...

Tout circuit fermé parcouru par un courant continu se comporte à grande distance comme un dipôle magnétique. Nous allons mettre en évidence certaines similitudes entre les expressions à grande distance du champ magnétostatique créé par un dipôle magnétique et du champ électrostatique créé par un dipôle électrostatique.

2. CE QU'IL FAUT RETENIR...

a) Moment magnétique dipolaire

Considérons un circuit électrique fermé parcouru par un courant électrique I. Soit S une surface quelconque s'appuyant sur le contour ($\mathscr{C}$) du circuit, orienté selon le sens de I.

- Le vecteur surface $\vec{S}$ est défini par :

$$\boxed{\vec{S} = \iint_S \vec{n}\,\mathrm{d}S}$$

dS : surface élémentaire (m^2)

$\vec{n}$: vecteur unitaire normal à dS, orienté selon la règle du tire-bouchon.

$\vec{S}$: vecteur surface (m^2)

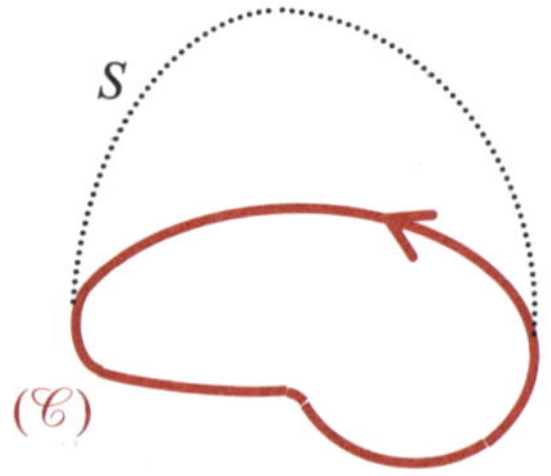

Le vecteur surface $\vec{S}$ est indépendant du choix de la surface s'appuyant sur le contour.

- Le moment dipolaire magnétique $\overrightarrow{\mathcal{M}}$ est défini par :

$$\boxed{\overrightarrow{\mathcal{M}} = I\vec{S}}$$

$\vec{S}$: vecteur surface du circuit (m^2)

I : courant électrique (A)

$\overrightarrow{\mathcal{M}}$: moment dipolaire magnétique ($A.m^2$)

Dans le cas d'une spire circulaire de rayon R, parcourue par un courant I, $\overrightarrow{\mathcal{M}} = I\pi R^2\vec{n}$.

b) Champ magnétique créé à grande distance du dipôle

Considérons un dipôle magnétique de moment dipolaire $\overrightarrow{\mathcal{M}}$ situé en un point O et exprimons le champ magnétique $\vec{B}$(P) créé en un point P situé à grande distance de ce dipôle. Ainsi la distance $\|\overrightarrow{OP}\| = r$ est nettement supérieure à l'extension spatiale R du dipôle.

Considérons un repère cartésien (O, $\vec{x}$, $\vec{y}$, $\vec{z}$) de base ($\vec{i}$, $\vec{j}$, $\vec{k}$) tel que $\overrightarrow{\mathcal{M}} = \mathcal{M}\vec{k}$ et repérons le point P par ses coordonnées sphériques (r, θ, φ) dans la base ($\overrightarrow{u_r}$, $\overrightarrow{u_\theta}$, $\overrightarrow{u_\varphi}$).

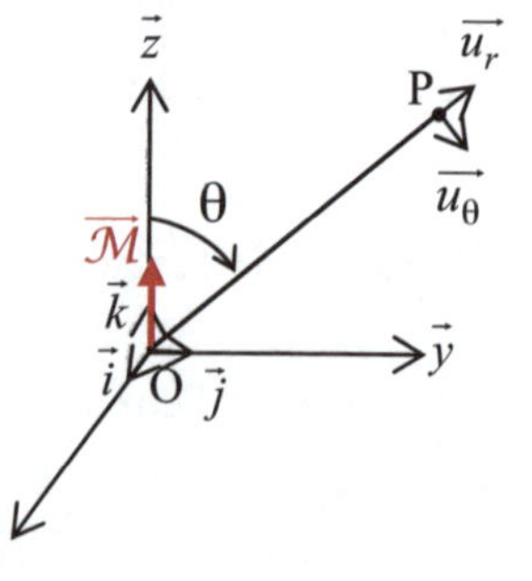

Comme dans le cas du dipôle électrostatique, l'approximation dipolaire consiste à effectuer un développement limité du champ magnétique au 1er ordre en $\frac{R}{r}$. On obtient :

$$\vec{B}(P) = \frac{\mu_0}{4\pi}\frac{\left[3\left(\vec{\mathcal{M}}.\vec{u_r}\right)\vec{u_r} - \vec{\mathcal{M}}\right]}{r^3}$$

$\vec{\mathcal{M}} = \mathcal{M}\vec{k}$: moment dipolaire magnétique (A.m^2) placé au point O et dirigé selon l'axe ($O\vec{z}$).
$\vec{OP} = r\vec{u_r}$: distance (m).
$\vec{B}(P)$: champ magnétique au point P (T).

Ainsi, dans la base $(\vec{u_r}, \vec{u_\theta}, \vec{u_\varphi})$: $\vec{B}(P) = \frac{\mu_0}{4\pi}\frac{2\mathcal{M}\cos\theta\,\vec{u_r} + \mathcal{M}\sin\theta\,\vec{u_\theta}}{r^3}$

Si l'on substitue le moment dipolaire électrique $\vec{p}$ au moment dipolaire magnétique $\vec{\mathcal{M}}$ et $\frac{1}{\varepsilon_0}$ à μ_0, on retrouve l'expression du champ électrostatique créé à grande distance par un dipôle électrostatique (fiche 45).

Il s'ensuit que les lignes de champ d'un dipôle magnétique sont semblables à celles d'un dipôle électrostatique.

c) Dipôle magnétique placé dans un champ magnétique extérieur

Soit un dipôle magnétique de moment dipolaire $\vec{\mathcal{M}}$ situé au point O et placé dans un champ magnétique $\vec{B}$.

- Couple

Ce dipôle magnétique subit un moment $\vec{\mathcal{M}}_{(O)}$, exprimé en Joules, et donné par : $\vec{\mathcal{M}}_{(O)} = \vec{\mathcal{M}} \wedge \vec{B}$.

Considérons le cas particulier d'un champ magnétique $\vec{B}$ uniforme : le dipôle magnétique constituant un circuit électrique fermé, il subit une force de Laplace nulle (fiche 53). Par contre son moment est non nul. Le dipôle subit donc un couple qui tend à l'orienter dans le sens de $\vec{B}$.

- Énergie potentielle

L'énergie potentielle d'un dipôle magnétique plongé dans un champ magnétique $\vec{B}$, exprimée en Joules, s'écrit : $\mathcal{E}_p = -\vec{\mathcal{M}}.\vec{B}$.

Si le champ magnétique $\vec{B}$ n'est pas uniforme, le dipôle magnétique est soumis à la force :
$\vec{F} = -\vec{\text{grad}}\,\mathcal{E}_p = \vec{\text{grad}}(\vec{\mathcal{M}}.\vec{B})$

3. EN PRATIQUE...

Considérons un circuit rectangulaire filiforme, de largeur a et de longueur b, de centre O, contenu dans le plan $(O, \vec{x}, \vec{y})$, et parcouru par un courant I. La largeur du rectangle est parallèle à l'axe $O\vec{x}$. Ce circuit est placé dans un champ magnétique uniforme $\vec{B}$ appartenant au plan $(O, \vec{y}, \vec{z})$ et faisant un angle α avec l'axe $O\vec{z}$.

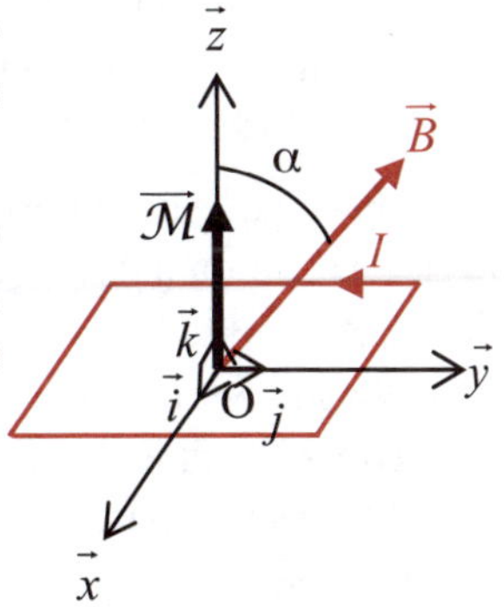

→ Déterminons le moment dipolaire magnétique $\vec{\mathcal{M}}$ de ce circuit.
Compte tenu de l'orientation du courant, le vecteur surface de ce circuit plan s'écrit : $\vec{S} = ab\,\vec{k}$. Ainsi, $\vec{\mathcal{M}} = I\,ab\vec{k}$.

→ Déterminons le moment qui s'exerce sur ce dipôle :

$$\begin{cases}\vec{\mathcal{M}}_{(0)} = \vec{\mathcal{M}} \wedge \vec{B} \\ \vec{B} = B\sin\alpha\,\vec{j} + B\cos\alpha\,\vec{k}\end{cases} \Rightarrow \vec{\mathcal{M}}_{(0)} = -BI\,ab\cos\alpha\,\vec{i}\ :$$

le couple s'annule pour $\alpha = \frac{\pi}{2}$.

55 Phénomènes d'induction

1. EN QUELQUES MOTS...

Un circuit électrique peut être le siège d'un courant induit s'il est placé dans un champ magnétique variable ou s'il se déplace dans son ensemble ou en partie au cours du temps dans un champ magnétique constant. Ce phénomène est appelé induction électromagnétique.

2. CE QU'IL FAUT RETENIR...

a) Flux du champ magnétique

- Considérons une surface S. Le flux du champ magnétique à travers la surface S est la somme des flux élémentaires à travers tous les éléments de surface dS la constituant.

$$\Phi = \iint_S \vec{B}.\overrightarrow{\mathrm{d}S}$$

$\vec{B}$: champ magnétique (T)

$\overrightarrow{\mathrm{d}S} = \vec{n}\,\mathrm{d}S$: vecteur élément de surface (m^2) avec $\vec{n}$ vecteur unitaire normal à l'élément de surface dS.

Φ : flux du champ magnétique (Weber, Wb)

- Propriétés :

Le flux du champ magnétique à travers une surface S fermée est nul : $\oiint_S \vec{B}.\overrightarrow{\mathrm{d}S} = 0$.

Soit un contour fermé. Le flux du champ magnétique est indépendant du choix de la surface orientée s'appuyant sur ce contour.

Un tube de champ magnétique a le même flux dans toute section. On dit que le champ magnétique est à flux conservatif. Cela signifie que si la section du tube de champ se rétrécit, les lignes de champ sont plus concentrées et le champ magnétique est plus intense.

b) Loi de Faraday

- Toute variation du flux Φ du champ magnétique à travers un circuit électrique induit une force électromotrice (f.é.m.) dans ce circuit. La loi de Faraday relie la f.é.m. induite $e(t)$ à la variation du flux :

$$e(t) = -\frac{\mathrm{d}\Phi}{\mathrm{d}t}$$

Φ : flux du champ magnétique (Wb)

t : temps (s)

e : force électromotrice induite (Volts, V)

- Le flux Φ du champ magnétique à travers un circuit électrique peut varier si la surface du circuit varie au cours du temps, si le champ magnétique est variable ou enfin si l'orientation du circuit par rapport au champ $\vec{B}$ varie au cours du temps.
- La création d'une f.é.m. induite se traduit par le passage d'un courant induit dans le circuit.

c) Loi de Lentz

- Le courant induit s'oppose toujours à la cause qui lui a donné naissance.

Cette loi justifie le signe négatif dans la loi de Faraday.

- Détermination du sens du courant induit :

On choisit un sens positif arbitraire sur le circuit. L'application de la règle du tire-bouchon impose alors le sens du vecteur unitaire $\vec{n}$. On exprime ensuite le flux Φ du champ magnétique à travers le circuit puis la f.é.m. induite $e(t)$. Le sens du courant induit est déduit du signe de $e(t)$.

Si $e(t) > 0$, le courant induit circule dans le sens positif choisi ; si $e(t) < 0$, le courant induit circule dans le sens opposé au sens positif choisi.

3. EN PRATIQUE...

- Étudions le cas d'un circuit mobile dans un champ magnétique uniforme et constant.

Un circuit électrique comprenant une résistance et terminé par une tige conductrice mobile MN est placé dans un champ magnétique $\vec{B}$ constant et uniforme, de direction perpendiculaire au plan du circuit. Montrons qu'un déplacement de la tige conductrice MN induit un courant électrique dans le circuit, dont le sens dépend du sens de déplacement de la tige.

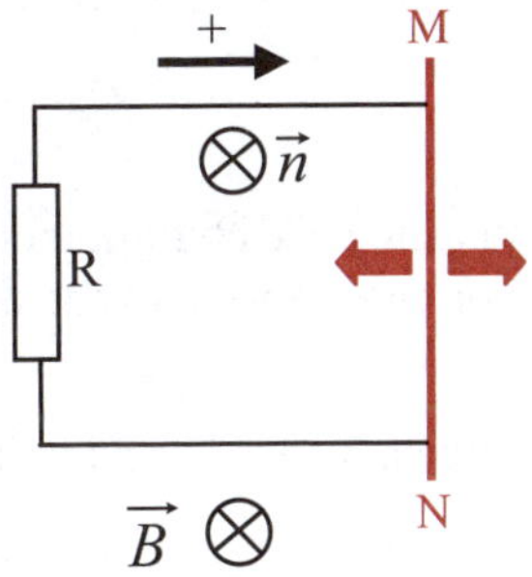

Le flux du champ magnétique à travers le circuit varie au cours du temps par l'intermédiaire de la variation de la surface S du circuit. Choisissons un sens positif sur le circuit. La règle du tire-bouchon fixe alors le sens du vecteur unitaire $\vec{n}$ normal à la surface du circuit. Le champ magnétique $\vec{B}$ étant uniforme sur la surface du circuit, le flux du champ magnétique s'écrit : $\Phi = \iint_S \vec{B}.\vec{dS} = \iint_S \vec{B}.\vec{n}\, dS = BS$

La f.é.m. induite $e(t)$ se déduit de la loi de Faraday : $e(t) = -\dfrac{d\Phi}{dt} = -B\dfrac{dS}{dt}$, B étant constant.
Ainsi si la tige MN est déplacée vers la droite (S augmente) alors $e(t) < 0$: le courant induit circule dans le sens opposé au sens positif choisi. Si la tige MN est déplacée vers la gauche (S décroît), alors $e(t) > 0$: le courant induit circule dans le sens positif choisi.

- Étudions le cas d'un circuit fixe dans un champ magnétique variable.

Un solénoïde infini, d'axe $O\vec{z}$, de rayon R, comportant n spires par unité de longueur, est parcouru par un courant variable $i(t) = i_0 \cos(\omega t)$. On rappelle que le champ magnétique produit par un solénoïde infini est uniforme et égal à : $\begin{cases} \vec{B}(t) = \mu_0 n\, i(t)\, \vec{k} & \text{à l'intérieur du solénoïde} \\ \vec{B}(t) = \vec{0} & \text{à l'extérieur du solénoïde} \end{cases}$

Un cadre carré placé dans le plan $(O, \vec{x}, \vec{y})$ entoure le solénoïde. Montrons qu'un courant induit sinusoïdal circule dans le cadre.

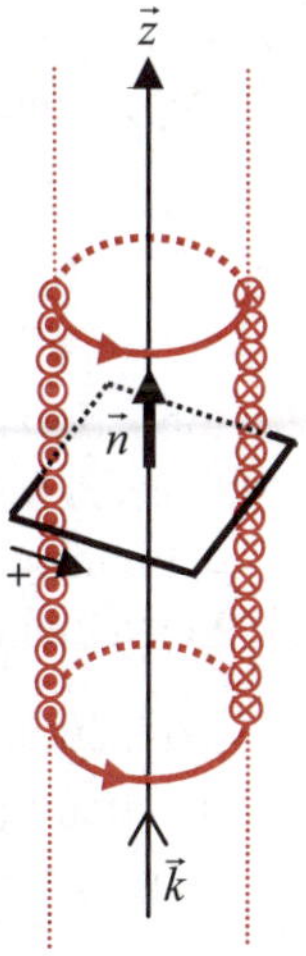

Le flux du champ magnétique à travers le cadre varie au cours du temps par l'intermédiaire de la variation du champ magnétique au cours du temps. Choisissons un sens positif sur le cadre. La règle du tire-bouchon fixe alors le sens du vecteur unitaire $\vec{n}$ normal à la surface du cadre.

Exprimons le flux du champ magnétique à travers la surface S du cadre :

$\Phi = \iint_S \vec{B}.\vec{dS}$ or $\vec{B}(t) = \vec{0}$ à l'extérieur du solénoïde donc le flux n'est non nul qu'à travers la section $S_{sol} = \pi R^2$ du solénoïde :

$\Phi = \iint_{S_{sol}} \vec{B}.\vec{dS} = \iint_{S_{sol}} \vec{B}.\vec{n}\, dS = \mu_0 n\, i(t)\, S_{sol} = \mu_0 n\, i(t)\, \pi R^2$, B étant uniforme sur la section du solénoïde.

$$e(t) = -\frac{d\Phi}{dt} = -\mu_0 n\pi R^2 \frac{di}{dt} = \mu_0 n\pi R^2 i_0 \omega \sin(\omega t)$$

Le cadre est donc parcouru par un courant sinusoïdal orienté dans le sens positif choisi.

56 Inductance

1. EN QUELQUES MOTS...

Un circuit électrique fixe et rigide parcouru par un courant variable est le siège d'une force électromotrice générée par le circuit lui-même. Ce phénomène est appelé auto-induction. On parlera d'induction mutuelle lorsque la force électromotrice est induite par un autre circuit.

2. CE QU'IL FAUT RETENIR...

a) Auto-induction

- Flux propre :

Considérons un circuit $(\mathscr{C})$ orienté, parcouru par un courant d'intensité i. Ce courant crée un champ magnétique propre B_P dont le flux à travers toute surface orientée S s'appuyant sur le contour $(\mathscr{C})$ du circuit est appelé flux propre et défini par :

$$\Phi_P = \iint_S \overrightarrow{B_P}.\overrightarrow{dS}$$

$\overrightarrow{B_P}$: champ magnétique créé par le courant i circulant dans le circuit (T).
$\overrightarrow{dS} = \vec{n}\,dS$: vecteur élément de surface (m^2).
Φ_P : flux propre du champ magnétique (Weber, Wb).

- Inductance propre :

Le flux du champ magnétique propre à travers le circuit est proportionnel au courant i, tout comme le champ magnétique. Le coefficient de proportionnalité est appelé inductance propre ou coefficient d'auto-induction.

$$\Phi_P = Li$$

i : courant électrique circulant dans le circuit (A).
L : inductance propre (Henry, H).
Φ_P : flux propre du champ magnétique (Wb).

– L est toujours positif.
– L ne dépend que de la géométrie du circuit et de la perméabilité du milieu (μ_0 pour le vide).

- Force électromotrice (f.é.m.) d'auto-induction :

Si le circuit $(\mathscr{C})$, fixe et rigide, est parcouru par un courant d'intensité $i(t)$ variable, il sera le siège d'une force électromotrice d'auto-induction $e_P(t)$ (fiche 35), donnée par :

$$e_P(t) = -L\frac{di}{dt}$$

i : courant électrique (A).
L : inductance propre (Henry, H).
e_P : force électromotrice d'auto-induction (V).

b) Induction mutuelle

Considérons deux circuits fixes $(\mathscr{C}_1)$ et $(\mathscr{C}_2)$.

- Inductance mutuelle :

Si le circuit $(\mathscr{C}_1)$ est parcouru par un courant d'intensité i_1, il crée en son voisinage un champ magnétique $\overrightarrow{B_1}$. Le flux $\Phi_{1\to2}$ de $\overrightarrow{B_1}$ à travers une surface orientée s'appuyant sur le contour du circuit $(\mathscr{C}_2)$ est proportionnel à l'intensité i_1 du courant dans le circuit $(\mathscr{C}_1)$. Le coefficient de proportionnalité est appelé inductance mutuelle ou coefficient d'induction mutuelle.

$\Phi_{1\to 2} = M_{12} i_1$

i_1 : courant électrique circulant dans le circuit $(\mathscr{C}_1)$ (A).
M_{12} : inductance mutuelle du circuit $(\mathscr{C}_1)$ sur le circuit $(\mathscr{C}_2)$ (Henry, H).
$\Phi_{1\to 2}$: flux magnétique induit par le circuit $(\mathscr{C}_1)$ sur le circuit $(\mathscr{C}_2)$ (Wb).

De la même manière, un courant d'intensité i_2 dans le circuit $(\mathscr{C}_2)$ crée un champ magnétique $\overrightarrow{B_2}$ dont le flux $\Phi_{2\to 1}$ à travers une surface s'appuyant sur le contour du circuit $(\mathscr{C}_1)$ est proportionnel à i_2 : $\Phi_{2\to 1} = M_{21} i_2$ où M_{21} est l'inductance mutuelle du circuit $(\mathscr{C}_2)$ sur le circuit $(\mathscr{C}_1)$.

Les coefficients d'induction mutuelle vérifient la relation suivante : $M_{12} = M_{21} \equiv M$

- M est positif ou négatif selon les sens positifs choisis sur les circuits.
- M ne dépend que de la géométrie des circuits, de leurs positions relatives et de la perméabilité du milieu (μ_0 pour le vide).

• Force électromotrice d'induction mutuelle

→ Si le circuit $(\mathscr{C}_1)$ est parcouru par un courant d'intensité $i_1(t)$ variable, la f.é.m. induite $e_{1\to 2}(t)$ dans le circuit $(\mathscr{C}_2)$ par le circuit $(\mathscr{C}_1)$ est donnée par :

$$e_{1\to 2}(t) = -M\frac{di_1}{dt}$$

$i_1(t)$: courant électrique dans le circuit $(\mathscr{C}_1)$ (A).
M : inductance mutuelle (H).
$e_{1\to 2}$: f.é.m. induite dans le circuit $(\mathscr{C}_2)$ par le circuit $(\mathscr{C}_1)$ (V).

De la même manière, un courant d'intensité $i_2(t)$ variable dans le circuit $(\mathscr{C}_2)$ induit une f.é.m. $e_{2\to 1}(t)$ dans le circuit $(\mathscr{C}_1)$ dont l'expression est : $e_{2\to 1}(t) = -M\dfrac{di_2}{dt}$.

→ F.é.m. induite totale : Considérons le circuit $(\mathscr{C}_1)$. Le flux total Φ_1 du champ magnétique à travers le circuit $(\mathscr{C}_1)$ d'inductance propre L_1, est la somme de son flux propre Φ_{P1} et du flux $\Phi_{2\to 1}$ induit par le circuit $(\mathscr{C}_2)$ sur le circuit $(\mathscr{C}_1)$: $\Phi_1 = \Phi_{P1} + \Phi_{2\to 1} = L_1 i_1 + M i_2$.

On en déduit la f.é.m. induite $e_1(t)$ dans le circuit $(\mathscr{C}_1)$: $e_1(t) = -L_1\dfrac{di_1}{dt} - M\dfrac{di_2}{dt}$.

3. EN PRATIQUE...

Considérons un long solénoïde, de longueur $l = 0{,}5$ m, de rayon $R_1 = 4$ cm, d'axe $O\vec{z}$, comportant $N = 500$ spires. Ce solénoïde, parcouru par un courant i_1, est supposé suffisamment long pour que le champ magnétique qu'il crée soit uniforme et égal à :

$\overrightarrow{B_{int}} = \mu_0 \dfrac{N}{l} i_1 \vec{k}$ à l'intérieur du solénoïde et $\overrightarrow{B_{ext}} = \vec{0}$ à l'extérieur du solénoïde.

→ Déterminons son coefficient d'auto-inductance L.

Exprimons le flux propre Φ_{Pspire} du champ magnétique à travers une surface S s'appuyant sur chaque spire du solénoïde puis le flux propre Φ_P à travers le solénoïde :

$$\Phi_{Pspire} = \iint_S \vec{B}.\overrightarrow{dS} = B_{int}\pi R_1^2 = \mu_0 \frac{N}{l} i_1 \pi R_1^2 \quad et \quad \Phi_P = N\Phi_{Pspire} \ ;$$

ainsi, $L = \mu_0 \dfrac{N^2}{l}\pi R_1^2 = 3{,}1$ mH.

→ Une spire de rayon $R_2 = 3$ cm, d'axe $O\vec{z}$, parcourue par un courant i_2, est contenue à l'intérieur du solénoïde précédent. Déterminons l'inductance mutuelle M entre les deux circuits.

Exprimons le flux $\Phi_{1\to 2}$ du champ magnétique créé par le solénoïde à travers une surface orientée S_2 s'appuyant sur le contour de la spire :

$$\Phi_{1\to 2} = \iint_{S_2} \overrightarrow{B_1}.\overrightarrow{dS_2} = B_{int}\pi R_2^2 = \mu_0 \frac{N}{l}\pi R_2^2 \, i_1 \Rightarrow M = \mu_0 \frac{N}{l}\pi R_2^2 = 3{,}5\ \mu H.$$

57 Équations de Maxwell

1. EN QUELQUES MOTS...

Les lois locales décrivant les propriétés du champ électromagnétique en tout point de l'espace sont établies en régime permanent (indépendant du temps). Ces lois, qui constituent les équations de Maxwell, sont obtenues à partir des équations intégrales comme le théorème de Gauss ou le théorème d'Ampère. Les équations de Maxwell générales qui permettent de décrire les phénomènes électromagnétiques dépendant du temps, tels que l'induction, sont ensuite énoncées.

2. CE QU'IL FAUT RETENIR...

a) Équations de Maxwell en régime permanent

Présentons, en régime permanent, le passage des équations intégrales aux équations locales :

Forme intégrale	Relations de passage	Forme locale
Théorème de Gauss $\Phi = \oiint_S \vec{E}.\vec{dS} = Q^{\text{int}}$ (fiche 46)	– Théorème de Green-Ostrogradski (annexe B) : $\oiint_S \vec{E}.\vec{dS} = \iiint_{\mathcal{V}} \text{div}\,\vec{E}\ d\mathcal{V}$ – Charge Q^{int} contenue à l'intérieur de la surface de Gauss : $Q^{\text{int}} = \iiint_{\mathcal{V}} \rho\ d\mathcal{V}$	Équation de Maxwell-Gauss : $\boxed{\text{div}\,\vec{E} = \dfrac{\rho}{\varepsilon_0}}$ $\vec{E}$: champ électrostatique ($V.m^{-1}$) ρ : densité volumique de charge ($C.m^{-3}$).
Circulation du champ électrostatique nulle sur un contour fermé ($\mathscr{C}$) : $C = \oint_{(\mathscr{C})} \vec{E}.\vec{dl} = 0$ (fiche 44)	Théorème de Stokes (annexe B) : $\oint_{(\mathscr{C})} \vec{E}.\vec{dl} = \iint_S \overrightarrow{\text{rot}}\ \vec{E}.\vec{dS}$	Équation de Maxwell-Faraday : $\boxed{\overrightarrow{\text{rot}}\ \vec{E} = \vec{0}}$ $\vec{E}$: champ électrostatique ($V.m^{-1}$)
Théorème d'Ampère : $C = \oint_{(\mathscr{C})} \vec{B}.\vec{dl} = I_{\text{enlacé}}$ (fiche 52)	– Théorème de Stokes (annexe B) : $\oint_{(\mathscr{C})} \vec{B}.\vec{dl} = \iint_S \overrightarrow{\text{rot}}\ \vec{B}.\vec{dS}$ – Courant électrique enlacé par le contour d'Ampère ($\mathscr{C}$) : $I_{\text{enlacé}} = \iint_S \vec{j}.\vec{dS}$	Équation de Maxwell-Ampère : $\boxed{\overrightarrow{\text{rot}}\,\vec{B} = \mu_0 \vec{j}}$ $\vec{B}$: champ magnétostatique (T) $\vec{j}$: vecteur densité de courant électrique ($A.m^{-2}$)
Flux du champ magnétostatique nul à travers une surface fermée S : $\Phi = \oiint_S \vec{B}.\vec{dS} = 0$ (fiche 55)	Théorème de Green-Ostrogradski (annexe B) : $\oiint_S \vec{B}.\vec{dS} = \iiint_{\mathcal{V}} \text{div}\,\vec{B}\ d\mathcal{V}$	Équation de Maxwell-Flux : $\boxed{\text{div}\ \vec{B} = 0}$ $\vec{B}$: champ magnétostatique (T)

b) Équations de Maxwell en régime dépendant du temps

Les équations de Maxwell-Faraday et de Maxwell-Ampère sont modifiées en régime dépendant du temps ; elles couplent le champ électrique $\vec{E}$ et le champ magnétique $\vec{B}$. Les quatre équations de Maxwell s'écrivent alors :

$$\begin{cases} \text{div}\,\vec{E} = \dfrac{\rho}{\varepsilon_0} \\ \text{div}\,\vec{B} = 0 \end{cases} \qquad \begin{cases} \overrightarrow{\text{rot}}\,\vec{E} = -\dfrac{\partial \vec{B}}{\partial t} \\ \overrightarrow{\text{rot}}\,\vec{B} = \mu_0 \vec{j} + \dfrac{\partial \vec{E}}{\partial t} \end{cases}$$

3. EN PRATIQUE...

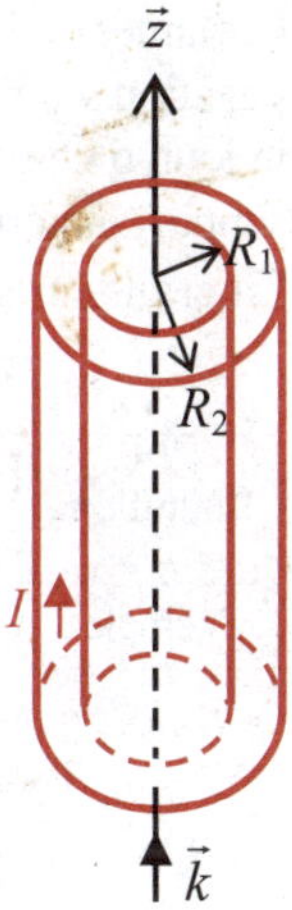

Déterminons le champ magnétostatique $\vec{B}(\text{P})$ créé en tout point P de l'espace par un tube conducteur creux infiniment long, parcouru par un courant d'intensité I, avec un vecteur densité volumique de courant $\vec{j}$ uniforme et selon l'axe O$\vec{z}$ du tube. On note R_1 le rayon intérieur du tube et R_2 son rayon extérieur. Montrons que l'équation locale de Maxwell-Ampère $\overrightarrow{\text{rot}}\,\vec{B} = \mu_0 \vec{j}$ permet de retrouver le résultat obtenu précédemment par le théorème d'Ampère (fiche 52).

Nous avions montré que : $\vec{B}(\text{P}) = B_\theta(r)\,\overrightarrow{u_\theta}$ dans la base de coordonnées cylindriques. L'expression de $\overrightarrow{\text{rot}}\,\vec{B}$ dans cette base se réduit donc à :

$\overrightarrow{\text{rot}}\,\vec{B} = \dfrac{1}{r}\dfrac{\partial(rB_\theta)}{\partial r}\vec{k}$ (Annexe B).

Écrivons l'équation de Maxwell-Ampère pour chacune des régions de l'espace :

– Si $r \le R_1$, $\vec{j} = \vec{0} \Rightarrow \dfrac{1}{r}\dfrac{\partial(rB_\theta)}{\partial r} = 0 \Rightarrow B_\theta(r) = \dfrac{C_1}{r}$ où C_1 est une constante. Or, $B_\theta(0) = 0 \Rightarrow C_1 = 0$.

– Si $R_1 \le r \le R_2$, $\vec{j} = j\vec{k} \Rightarrow \dfrac{1}{r}\dfrac{\partial(rB_\theta)}{\partial r} = \mu_0 j \Leftrightarrow B_\theta(r) = \mu_0 j\dfrac{r}{2} + \dfrac{C_2}{r}$ où C_2 est une constante.

– Si $r \ge R_2$, $\vec{j} = \vec{0} \Rightarrow B_\theta(r) = \dfrac{C_3}{r}$ où C_3 est une constante.

Les constantes sont déterminées avec les conditions de continuité en $r = R_1$ et $r = R_2$.

On obtient ainsi l'expression du champ magnétostatique en fonction de r :

$$\begin{cases} \vec{B} = \vec{0} \text{ pour } r \le R_1 \\ \vec{B} = \dfrac{\mu_0 j}{2}\left(r - \dfrac{R_1^2}{r}\right)\overrightarrow{u_\theta} \text{ pour } R_1 \le r \le R_2 \\ \vec{B} = \dfrac{\mu_0 j}{2r}\left(R_2^2 - R_1^2\right)\overrightarrow{u_\theta} \text{ pour } r \ge R_2 \end{cases}$$

Or la densité volumique de courant j est reliée à l'intensité I par la relation : $I = j\,(\pi R_2^2 - \pi R_1^2)$.
On retrouve bien l'expression du champ magnétostatique obtenue précédemment par le théorème d'Ampère.

58 Les ondes

1. EN QUELQUES MOTS...

Diverses ondes sont observées dans la nature : sur une corde, à la surface de l'eau, sonores, électromagnétiques. Nous définissons leurs principales propriétés.

2. CE QU'IL FAUT RETENIR...

a) Une onde est une perturbation qui se propage de la source vers toutes les directions qui lui sont offertes. Elle transporte de l'énergie.

Certaines ondes ont besoin d'un support matériel (solide, liquide ou gaz) pour se propager. La propagation se fait sans transport de matière. On parle alors d'ondes mécaniques ; exemple : son, onde le long d'une corde, onde à la surface de l'eau. En revanche, certaines ondes n'ont pas besoin de support matériel, c'est le cas des ondes électromagnétiques qui peuvent se propager dans le vide.

La grandeur se propageant peut être scalaire ou vectorielle. On distingue :

	Ondes transversales	Ondes longitudinales
Définition	La grandeur se propageant est perpendiculaire à la direction de la propagation.	La grandeur se propageant est parallèle à la direction de la propagation.
Exemple	Onde se propageant le long d'une corde	Onde se propageant le long d'un ressort

b) Onde progressive

Une onde progressive est une onde qui se propage dans une direction et un sens bien déterminé.

- Une onde progressive se propageant vers les x croissants avec la célérité c est représentée par une fonction f telle que : $f(x,t) = f\left(0, t - \frac{x}{c}\right) = F(u)$ *avec* $u = t - \frac{x}{c}$.
- Une onde progressive se propageant vers les x décroissants avec la célérité c est représentée par une fonction g telle que : $g(x,t) = g\left(0, t + \frac{x}{c}\right) = G(v)$ avec $v = t + \frac{x}{c}$.

La célérité de l'onde ou vitesse de propagation dépend du milieu dans lequel elle se propage.

c) Onde progressive monochromatique

Une onde est monochromatique ou sinusoïdale, si la source qui la crée est sinusoïdale.

Considérons une onde se propageant dans un milieu unidimensionnel homogène, et caractérisée par la grandeur scalaire $A(x)$. La célérité de l'onde étant c, l'onde progressive monochromatique de pulsation ω et de phase à l'origine φ, se propageant dans la direction des x positifs, s'exprime par :

$$A(x,t) = A_0 \cos\left[\omega\left(t - \frac{x}{c}\right) + \varphi\right] = A_0 \cos\left(2\pi f t - \frac{2\pi f x}{c} + \varphi\right) = A_0 \cos\left(\frac{2\pi t}{T} - \frac{2\pi x}{\lambda} + \varphi\right)$$

Cette onde possède une double périodicité : la période temporelle T et la période spatiale λ.

L'évolution en fonction du temps est observée en un point x du milieu. La période temporelle, notée T, en seconde, est la durée au bout de laquelle un point du milieu de propagation se retrouve dans le même état.

$$T = \frac{1}{f} = \frac{2\pi}{\omega}$$

T : période temporelle en s
f : fréquence de l'onde en Hz
ω : pulsation de l'onde en rad.s^{-1}

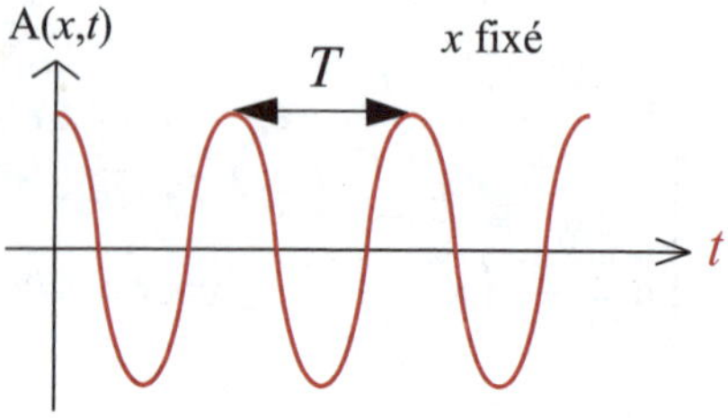

La fréquence est imposée par la source, par suite elle ne dépend pas du milieu de propagation.

La période spatiale ou longueur d'onde, notée λ, en mètre, est la distance parcourue par l'onde durant une période T. La longueur d'onde s'observe lorsque l'on réalise une « photo » de l'onde à un instant donné.

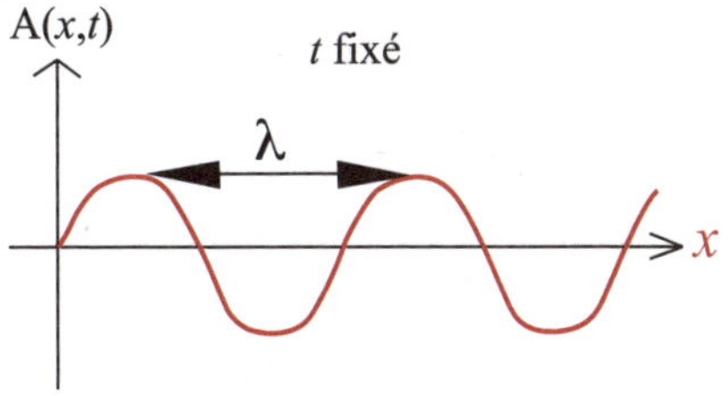

La période temporelle et la période spatiale sont liées par la relation :

$$\boxed{\lambda = cT}$$

λ : longueur d'onde en m
c : célérité de l'onde en m.s^{-1}
T : période temporelle en s

La longueur d'onde λ dépend du milieu dans lequel l'onde se propage.

d) Onde plane progressive monochromatique (O.P.P.M.)

Soit $\vec{\psi}(x,y,z,t)$ la grandeur caractérisant l'onde qui se propage.

Une onde est plane si, à un instant donné, la grandeur $\vec{\psi}(x,y,z,t)$ est la même en tous les points d'un plan perpendiculaire à la direction de propagation de l'onde.

Une onde plane progressive monochromatique de pulsation ω, de célérité c et se propageant dans la direction de vecteur unitaire $\vec{u}$ est donnée par :

$$\vec{\psi}(\vec{r},t) = \vec{\psi}(x,y,z,t) = \vec{\psi}_0 \cos\left[\omega\left(t - \frac{\vec{u}\cdot\vec{r}}{c}\right) + \varphi\right]$$

$$\vec{\psi}(\vec{r},t) = \vec{\psi}_0 \cos(\omega t - \vec{k}.\vec{r} + \varphi)$$

$\vec{\psi}(\vec{r},t)$: grandeur caractérisant l'onde au point $\vec{r}$ et à l'instant t
$\vec{\psi}_0$: amplitude de l'onde
ω : pulsation de l'onde en rad.s^{-1}
$\vec{k}$: vecteur d'onde dans la direction de propagation $\vec{u}$
φ : phase à l'origine de l'onde

Le module k du vecteur d'onde vérifie la relation : $k = \dfrac{\omega}{c} = \dfrac{2\pi}{\lambda}$ où λ est la longueur d'onde.

Ces ondes jouent un rôle important, car une onde quelconque peut être décrite comme la superposition d'ondes planes progressives monochromatiques.

e) Onde stationnaire

Les dépendances d'une onde stationnaire en fonction des coordonnées d'espace et de temps sont découplées.

Par exemple, dans un milieu unidimensionnel, une onde stationnaire s'écrit :

$$Z(x, t) = f(x)\, g(t).$$

Elles sont, en général, bien adaptées pour décrire les ondes dans un milieu limité.

3. EN PRATIQUE...

En juillet 1996, un tremblement de terre a provoqué à Annecy des ondes sismiques. Le tremblement de terre a été détecté à la date t_1 = 7 h 50 min 52 s près de l'épicentre et à la date t_2 = 7 h 51 min 17 s dans une station située à 61 km de l'épicentre.

Calculons la vitesse moyenne v de l'onde sismique.

Δt est le temps mis pour parcourir la distance Δx avec $\Delta t = t_2 - t_1$. Il est nécessaire d'exprimer Δt en secondes pour obtenir un résultat en m.s^{-1} : $v = \dfrac{\Delta x}{\Delta t} \Leftrightarrow v = \dfrac{61\times 10^3}{28277 - 28252} = 2{,}4\times 10^3\,\text{m.s}^{-1}$.

59 Équation de d'Alembert

1. EN QUELQUES MOTS...

L'évolution de la grandeur caractérisant une onde vérifie une équation appelée équation de d'Alembert liant ses variations spatiales et temporelles. Cette équation est générale.

2. CE QU'IL FAUT RETENIR...

a) L'équation de d'Alembert

- Considérons d'abord le cas d'une onde scalaire. Dans un repère cartésien, la grandeur caractérisant l'onde est notée $\psi(x, y, z, t)$.

L'équation permettant de décrire le phénomène de propagation d'une onde est appelée équation d'onde ou équation de d'Alembert ; elle a été établie par Jean Le Rond d'Alembert en 1747. Elle relie la dépendance temporelle à la dépendance spatiale de la fonction ψ dans un milieu continu.

$$\Delta\psi - \frac{1}{c^2}\frac{\partial^2\psi}{\partial t^2} = 0$$

« c » est la vitesse de propagation de l'onde, en m.s^{-1}. (fiche 58)

L'opérateur Δ est donné par : $\Delta = \frac{\partial}{\partial x^2} + \frac{\partial}{\partial y^2} + \frac{\partial}{\partial z^2}$

- Si l'onde se propage dans un milieu unidimensionnel (axe des x) ou si l'onde est une onde plane se propageant suivant Ox, la fonction Ψ dépend de l'abscisse x et du temps t, on la notera $\psi(x,t)$.

L'équation d'onde s'écrit : $\frac{\partial^2\psi}{\partial x^2} - \frac{1}{c^2}\frac{\partial^2\psi}{\partial t^2} = 0$. Recherchons les solutions de cette équation.

b) Solution de l'équation de d'Alembert

Les solutions de l'équation d'onde vérifient :

Principe de superposition	Toute combinaison linéaire de solutions de l'équation est aussi solution, car l'équation d'onde est linéaire.
Principe d'unicité	La solution unique de l'équation de d'Alembert est trouvée en utilisant les conditions aux limites et les conditions initiales.

- La solution générale de l'équation de d'Alembert est l'ensemble de deux ondes se propageant en sens opposé, à la même vitesse « c ». Ces ondes sont décrites pour les fonctions « f » et « g ». La solution de l'équation s'écrit :

$$\psi(x,t) = \underbrace{f\left(t - \frac{x}{c}\right)}_{\text{onde se propageant dans le sens des } x \text{ croissants}} + \underbrace{g\left(t + \frac{x}{c}\right)}_{\text{onde se propageant dans le sens des } x \text{ décroissants}}$$

Les fonctions f et g sont déterminées grâce aux conditions initiales et aux conditions aux limites.

- Relation de dispersion

Cherchons des solutions sinusoïdales de la forme $\psi(x,t) = \psi_m \cos(\omega t - kx + \Phi)$. L'équation de d'Alembert étant linéaire, la notation complexe peut être utilisée :

$$\underline{\psi}(x,t) = \psi_m e^{j(\omega t - kx + \Phi)}.$$

L'équation de d'Alembert devient : $\left(-k^2+\dfrac{\omega^2}{c^2}\right)\psi_m e^{j(\omega t-kx+\Phi)}=0$.

Cela impose $k^2=\dfrac{\omega^2}{c^2}$: c'est la relation de dispersion.

3. EN PRATIQUE…

Considérons les petits mouvements d'une corde, de masse linéique μ.

À la date t, chaque point de la corde se déplace de sa position d'équilibre, d'une valeur notée $\psi(x,t)$. La tension de la corde au point x et à l'instant t est notée $\vec{T}(x,t)$.

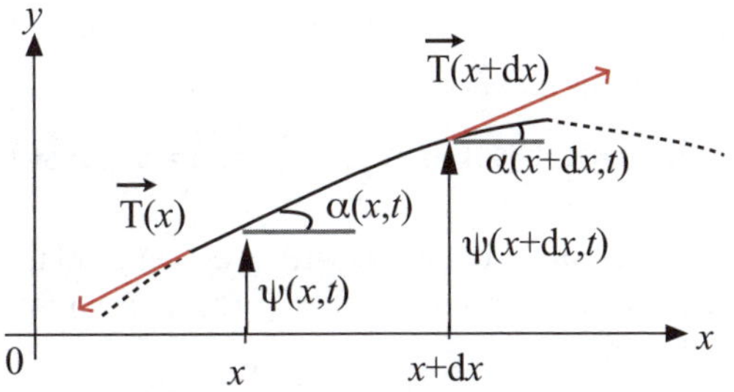

- Établissons l'équation de propagation de ces petits mouvements le long de cette corde.

→ *Système d'étude :* {petite portion de corde entre x et $x+dx$ de masse μdx}

→ *Référentiel :* terrestre supposé galiléen

→ *Bilan des forces s'appliquant au système :*

- Tension de la corde placée avant l'abscisse x, notée $\vec{T}(x,t)$
- Tension de la corde placée après l'abscisse $x + dx$, notée $\vec{T}(x+dx,t)$
- On néglige le poids devant les tensions
- On néglige les frottements de l'air

→ *Principe fondamental de la dynamique :* $\vec{T}(x,t)+\vec{T}(x+dx,t)=\mu\ dx\ \vec{a}$

→ Projetons cette expression vectorielle sur les axes (Ox) et (Oy) :

$$\begin{cases}\text{sur }(Ox)\quad -T(x,t)\cos\alpha(x,t)+T(x+dx,t)\cos\alpha(x+dx,t)=0\quad\text{(déplacement vertical de la corde)}\\[2mm] \text{sur }(Oy)\quad -T(x,t)\sin\alpha(x,t)+T(x+dx,t)\sin\alpha(x+dx,t)=\mu dx\dfrac{\partial^2\psi}{\partial t^2}\end{cases}$$

Les angles sont petits, ainsi $\begin{cases}\cos\alpha\approx 1\Rightarrow T(x,t)=T(x+dx,t)=T\\[2mm] \sin\alpha\approx\alpha\Rightarrow -T(x,t)\alpha(x,t)+T(x+dx,t)\alpha(x+dx,t)=\mu dx\dfrac{\partial^2\psi}{\partial t^2}\end{cases}$

$$\Leftrightarrow\ -\alpha(x,t)T+\alpha(x+dx,t)T=\mu dx\frac{\partial^2\psi}{\partial t^2}\ \Leftrightarrow\ T\frac{\partial\alpha}{\partial x}dx=\mu dx\frac{\partial^2\psi}{\partial t^2}$$

De plus, $\alpha\approx\tan\alpha=\dfrac{\partial\psi}{\partial x}\ \Rightarrow\ \dfrac{\partial\alpha}{\partial x}=\dfrac{\partial^2\psi}{\partial x^2}$

L'équation devient : $\mu\dfrac{\partial^2\psi}{\partial t^2}=T\dfrac{\partial^2\psi}{\partial x^2}\ \Leftrightarrow\ \dfrac{\partial^2\psi}{\partial x^2}-\dfrac{\mu}{T}\dfrac{\partial^2\psi}{\partial t^2}=0$: Équation de d'Alembert

La vitesse de propagation de l'onde est donc : $c=\sqrt{\dfrac{T}{\mu}}$. Elle dépend du milieu.

De plus, l'onde se propageant sur la corde est transversale.

Ordre de grandeur pour une corde métallique : T = 4 N ; $\mu = 10^{-2}$ kg.m^{-1} $\Rightarrow$ $c = 20$ m. s^{-1}.

- Considérons une corde, supposée semi infinie (suivant Ox positif), excitée sinusoïdalement à son extrémité O ($x = 0$) à la pulsation ω : $\psi(0,t) = \psi_m \cos(\omega t)$.

Caractérisons l'onde se propageant sur cette corde.

La solution de l'équation de d'Alembert est : $\psi(x,t) = f\left(t - \frac{x}{c}\right) + g\left(t + \frac{x}{c}\right)$.

Comme il n'y a pas de source d'excitation en $x = +\infty$, la fonction g est nulle.

En utilisant la condition aux limites en $x = 0$, $f(t) = \psi_m \cos(\omega t)$.

Par suite, la solution est : $\psi(x,t) = \psi_m \cos\left(\omega\left(t - \frac{x}{c}\right)\right) = \psi_m \cos(\omega t - kx)$ *avec* $k = \frac{\omega}{c} = \frac{2\pi}{\lambda}$.

C'est une onde progressive sinusoïdale. L'aspect de la corde est représenté à un instant donné.

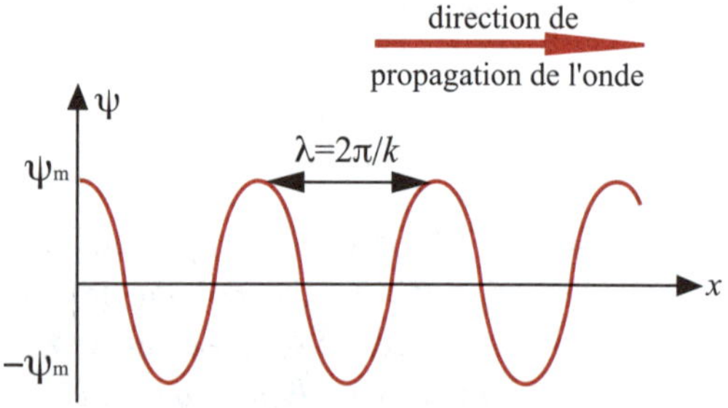

Déterminons la fréquence f d'excitation de la corde métallique (c = 20 m. s^{-1}) pour que la longueur d'onde soit $\lambda = 10$ cm.

La relation entre f et λ est donnée par : $\lambda f = c$.

$\Rightarrow f = 200$ Hz

- Considérons une corde de guitare ; c'est une corde fixée à ses deux extrémités. Sa longueur est L.

Cherchons l'expression de la solution de cette équation d'onde sous la forme d'ondes stationnaires : $\psi(x,t) = f(x) \times g(t)$.

L'équation différentielle devient : $g(t)\frac{\partial^2 f}{\partial x^2} - \frac{1}{c^2} f(x)\frac{\partial^2 g}{\partial t^2} = 0$

$$\underbrace{\frac{1}{f(x)}\frac{\partial^2 f}{\partial x^2}}_{\text{dépend de } f(x)} = \underbrace{\frac{1}{c^2}\frac{1}{g(t)}\frac{\partial^2 g}{\partial t^2}}_{\text{dépend de } g(t)}$$

Pour que cette égalité soit respectée, il faut que les deux membres soient égaux à une constante K.

$$\underbrace{\frac{1}{f(x)}\frac{\partial^2 f}{\partial x^2}}_{\text{dépend de } f(x)} = K \quad \text{et} \quad K = \underbrace{\frac{1}{c^2}\frac{1}{g(t)}\frac{\partial^2 g}{\partial t^2}}_{\text{dépend de } g(t)}$$

$$\Leftrightarrow \frac{\partial^2 f}{\partial x^2} - Kf(x) = 0 \qquad \Leftrightarrow \frac{\partial^2 g}{\partial t^2} - Kc^2 g(t) = 0$$

Déterminons les solutions de ces deux équations.

Afin d'éliminer les solutions divergentes, il faut choisir K<0. Ainsi,

$f(x) = A\cos(k\,x + \varphi_0)$ avec
A et φ_0 constantes
k est le vecteur d'onde : $k = \sqrt{|K|}$

$g(t) = B\cos(\omega\,t + \Phi_0)$ avec
B et Φ_0 constantes
ω est la pulsation : $\omega = \sqrt{|K|c^2} = kc$

La solution de l'équation de d'Alembert se met donc sous la forme :

$$\psi(x,t) = \psi_0 \cos(k\,x + \varphi_0)\cos(\omega\,t + \Phi_0)$$

$\rightarrow$ Cherchons les valeurs des constantes grâce aux conditions aux limites.

– En l'abscisse $x = 0$, la corde est fixée. Donc $\psi(0,t) = 0$ pour tout temps t.

Or $\psi(0,t) = 0 = \psi_0 \cos(\varphi_0)\cos(\omega\ t + \Phi_0)$,

Comme $\psi_0 \neq 0$ et $\cos(\omega\ t + \Phi_0) \neq 0 \Rightarrow \cos(\varphi_0) = 0$

– En l'abscisse $x = L$, la corde est également fixée. Donc $\psi(L,t) = 0$ pour tout temps t.
Or $\psi(L,t) = 0 = \psi_0 \cos(kL + \varphi_0)\cos(\omega\ t + \Phi_0)$

Comme $\psi_0 \neq 0$ et $\cos(\omega\ t + \Phi_0) \neq 0 \Rightarrow \cos(kL + \varphi_0) = 0$

Il faut donc résoudre : $\begin{cases} \cos(\varphi_0) = 0 \\ \cos(kL + \varphi_0) = 0 \end{cases} \Leftrightarrow \begin{cases} \varphi_0 = \dfrac{\pi}{2} \\ \sin(kL) = 0 \end{cases} \Leftrightarrow \begin{cases} \varphi_0 = \dfrac{\pi}{2} \\ k = \dfrac{p\pi}{L} \end{cases}$ avec p entier $\mathbb{N}^*$

Le module k du vecteur d'onde ne peut prendre que certaines valeurs : $k_p = p\dfrac{\pi}{L}$: on dit qu'il est quantifié. La quantification de k entraîne celle de la pulsation ω, avec $\omega_p = k_p c = p\dfrac{\pi}{L}c$ et celle de la longueur d'onde λ, avec $\lambda_p = \dfrac{2L}{p}$.

L'équation de d'Alembert admet une infinité de solutions appelées *modes propres* de la corde :

$$\psi_p(x,t) = \psi_0 \sin\left(\frac{p\pi}{L}x\right)\ \cos\left(\frac{p\pi c}{L}t + \Phi_0\right)$$

→ Représentons l'onde stationnaire correspondant au mode $p = 5$. Alors $\lambda_5 = \dfrac{2L}{5}$ et $\omega_5 = \dfrac{5\pi c}{L}$.

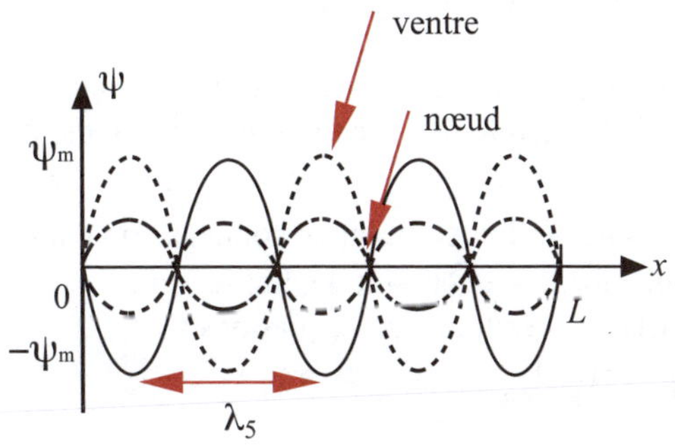

L'onde stationnaire présente :

– des nœuds correspondant aux positions x où l'amplitude de l'onde est nulle
$\Rightarrow \sin\left(\dfrac{5\pi}{L}x\right) = 0$ ou $x = n\dfrac{L}{5}$ où n est égal à 1, 2, 3 ou 4.

– Des ventres correspondant aux positions x où l'amplitude de l'onde est extrémale
$\Rightarrow \sin\left(\dfrac{5\pi}{L}x\right) = \pm 1$ ou $x = \left(m + \dfrac{1}{2}\right)\dfrac{L}{5}$
où m est égal à 0, 1, 2, 3 ou 4.

Cette onde stationnaire présente 5 ventres.
Deux ventres consécutifs (ou deux nœuds consécutifs) sont distants de $\dfrac{\lambda_5}{2}$.

→ La solution recherchée $\psi(x,t)$ est une superposition des modes propres d'oscillations de la corde :

$$\psi(x,t) = \sum_{p=1}^{\infty} A_p \psi_p(x,t).$$

Pour déterminer les coefficients A_p, considérons deux cas :

– *Régime libre de la corde* : par exemple, la corde est pincée en son milieu à $t = 0$. Les coefficients A_p sont obtenus à partir de la forme $\psi(x,0)$ de la corde à $t = 0$. Le mode $p = 1$ est appelé fondamental, les modes $p > 1$ sont appelés harmoniques.

– *Régime sinusoïdal forcé* : la corde est excitée sinusoïdalement en un de ces points à la pulsation ω. En régime permanent, la corde vibre à la pulsation ω. Il y a résonance quand la pulsation ω est égale à une pulsation propre ω_p de la corde ; cette résonance conduit à une augmentation importante de l'amplitude des ventres.

60 Ondes sonores

1. EN QUELQUES MOTS...

L'onde sonore est la propagation d'une perturbation dans un milieu matériel. La grandeur qui se propage dans un fluide est une variation locale de pression, sans transport de matière.

2. CE QU'IL FAUT RETENIR...

Une onde sonore ne se propage pas dans le vide mais a besoin d'un milieu matériel pour se propager. La célérité du son est notée c_s.

a) Approximation acoustique

Un fluide compressible au repos est caractérisé, à l'équilibre thermodynamique, par sa masse volumique ρ_0 et sa pression p_0. Lors du passage de l'onde sonore dans le fluide, les grandeurs locales décrivant le fluide en représentation eulérienne sont modifiées. Au point (x, y, z) et à l'instant t, le fluide est alors décrit, par : $\rho(x, y, z, t)$, $p(x, y, z, t)$ et la vitesse $\vec{v}(x, y, z, t)$. Les écarts par rapport à l'équilibre sont :

– la variation de pression appelée pression acoustique ou surpression :

$$p_{ac}(x, y, z, t) = p(x, y, z, t) - p_0$$

– la variation de masse volumique: $\rho_{ac}(x, y, z, t) = \rho(x, y, z, t) - \rho_0$

– la vitesse $\vec{v}(x, y, z, t)$

L'approximation acoustique suppose que les écarts par rapport à l'équilibre sont faibles : $|p_{ac}| \ll p_0$, $|\rho_{ac}| \ll \rho_0$ et $|v| << c_s$. Elle permet la linéarisation des équations décrivant le fluide.

b) Équations de propagation

Considérons une onde sonore se propageant dans un fluide unidimensionnel selon l'axe $O\vec{x}$.

Au point x à l'instant t, les trois grandeurs locales décrivant le fluide sont : la vitesse $\vec{v}(x, t =) v(x, t)\vec{i}$, $p(x, t)$, $\rho(x, t)$. Ces trois variables vérifient les 3 équations :

– Conservation de la masse (fiche 32) : $\dfrac{\partial \rho}{\partial t} + \dfrac{\partial(\rho v)}{\partial x} = 0$ (1)

– Équation d'Euler (fiche 32) : $\rho\left(\dfrac{\partial v}{\partial t} + v\dfrac{\partial v}{\partial x}\right) = -\dfrac{\partial p}{\partial x}$ (2)

– Comme la perturbation évolue rapidement, les transferts thermiques entre particules fluides peuvent être négligés : elles évoluent de manière adiabatique. De plus, les phénomènes dissipatifs dans le fluide sont considérés comme négligeables, l'évolution est réversible. Il est donc possible de considérer que l'évolution des particules fluides est isentropique : l'entropie massique s de la particule fluide en x, t vérifie $s(\rho_0, p_0) = s(\rho, p)$ (3)

Utilisons l'approximation acoustique et linéarisons ces 3 équations au 1er ordre en v, p_{ac} et ρ_{ac} :

– $(1) \Leftrightarrow \dfrac{\partial(\rho_0 + \rho_{ac})}{\partial t} + \dfrac{\partial((\rho_0 + \rho_{ac})v)}{\partial x} = 0 \Rightarrow \dfrac{\partial \rho_{ac}}{\partial t} + \rho_0 \dfrac{\partial v}{\partial x} = 0$

– $(2) \Leftrightarrow (\rho_0 + \rho_{ac})\left(\dfrac{\partial v}{\partial t} + v\dfrac{\partial v}{\partial x}\right) = -\dfrac{\partial(p_0 + p_{ac})}{\partial x} \Rightarrow \rho_0 \dfrac{\partial v}{\partial t} = -\dfrac{\partial p_{ac}}{\partial x}$

– (3)
$\Leftrightarrow s(\rho_0, p_0) = s(\rho_0 + \rho_{ac}, p_0 + p_{ac}) \Rightarrow s(\rho_0, p_0) = s(\rho_0, p_0) + \left(\dfrac{\partial s}{\partial \rho}\right)_{p_0} \rho_{ac} + \left(\dfrac{\partial s}{\partial p}\right)_{\rho_0} p_{ac}$
les dérivées partielles étant prises à l'équilibre.

Or à l'équilibre $\left(\dfrac{\partial \rho}{\partial p}\right)_{s_0} = -\left(\dfrac{\partial s}{\partial \rho}\right)_{p_0}\left(\dfrac{\partial p}{\partial s}\right)_{\rho_0} \Rightarrow \rho_{ac} = \left(\dfrac{\partial \rho}{\partial p}\right)_S p_{ac}$; en utilisant $\chi_S = \dfrac{1}{\rho_0}\left(\dfrac{\partial \rho}{\partial p}\right)_{S_0}$ la compressibilité isentropique (fiche 18) $\Rightarrow$ $\rho_{ac} = \rho_0 \chi_S p_{ac}$

En éliminant ρ entre ces trois équations, on obtient :

$$\begin{cases} \chi_S \dfrac{\partial p_{ac}}{\partial t} + \dfrac{\partial v}{\partial x} = 0 & \text{Dérivons par rapport à } t : \chi_S \dfrac{\partial^2 p_{ac}}{\partial t^2} = -\dfrac{\partial^2 v}{\partial x \partial x} \\ \rho_0 \dfrac{\partial v}{\partial t} + \dfrac{\partial p_{ac}}{\partial x} = 0 & \text{Dérivons par rapport à } x : \rho_0 \dfrac{\partial^2 v}{\partial x \partial x} = -\dfrac{\partial^2 p_{ac}}{\partial x^2} \end{cases} \Rightarrow \text{En éliminant } \dfrac{\partial^2 v}{\partial x \partial t}, \quad \dfrac{\partial^2 p_{ac}}{\partial t^2} - \dfrac{1}{\rho_0 \chi_S}\dfrac{\partial^2 p_{ac}}{\partial x^2} = 0$$

De même, $\dfrac{\partial^2 v}{\partial t^2} - \dfrac{1}{\rho_0 \chi_S}\dfrac{\partial^2 v}{\partial x^2} = 0$ et $\dfrac{\partial^2 \rho_{ac}}{\partial t^2} - \dfrac{1}{\rho_0 \chi_S}\dfrac{\partial^2 \rho_{ac}}{\partial x^2} = 0$.

La surpression p_{ac}, la vitesse v et $_{ac}$ vérifient l'équation de d'Alembert.

La célérité de l'onde sonore est donnée par : $c_s = \dfrac{1}{\sqrt{\rho_0 \chi_S}}$.

Dans les conditions normales de pression et de température, la célérité du son (aussi appelée vitesse du son) est, dans l'air, de 331 m.s^{-1} et, dans l'eau, de 1 500 m.s^{-1}.

c) Onde sonore plane progressive monochromatique (O.P.P.M.)

Dans un milieu à 3 dimensions, considérons, au point $\vec{r}$ et à l'instant t, une O.P.P.M. sonore se propageant dans la direction $\vec{u}$. En utilisant la notation complexe (fiche 59), la surpression, par exemple, s'écrit : $\underline{p}_{ac}(\vec{r},t) = p^0_{ac} e^{j(\omega t - \vec{k}\cdot\vec{r} + \varphi)}$ où ω est la pulsation de l'onde, p^0_{ac} son amplitude et $\vec{k} = k\vec{u}$ son vecteur d'onde. Cette notation simplifie les calculs.

Après linéarisation, exprimons les relations couplant les grandeurs complexes $\underline{p}_{ac}$, $\underline{\vec{v}}$ et $\underline{\rho}_{ac}$:

- $\rho_0 \dfrac{\partial \underline{\vec{v}}}{\partial t} = -\overrightarrow{\text{grad}}\,\underline{p}_{ac}$, or $\dfrac{\partial \underline{\vec{v}}}{\partial t} = j\omega\underline{\vec{v}}$ et $\overrightarrow{\text{grad}}\,\underline{p}_{ac} = -j\vec{k}\underline{p}_{ac} \Rightarrow j\rho_0\omega\underline{\vec{v}} - j\vec{k}\,\underline{p}_{ac}$
- $\dfrac{\partial \underline{\rho}_{ac}}{\partial t} + \rho_0 \text{div}\underline{\vec{v}} = 0$, or $\dfrac{\partial \underline{\rho}_{ac}}{\partial t} = j\omega\underline{\rho}_{ac}$ et $\text{div}\underline{\vec{v}} = -j\vec{k}\cdot\underline{\vec{v}} \Rightarrow j\omega\underline{\rho}_{ac} - j\rho_0\vec{k}\cdot\underline{\vec{v}} = 0$

$\Rightarrow$ La vitesse $\vec{v}(\vec{r},t)$ est parallèle à la direction de propagation $\vec{u}$: l'onde sonore est longitudinale.

Posons $\vec{v}(\vec{r},t) = v(\vec{r},t)\vec{u}$. En notation réelle : $\rho_0\omega v = kp_{ac}$, $\omega\rho_{ac} - \rho_0 kv = 0$ et $\omega = c_s k$.

d) Intensité sonore et niveau sonore

- Considérons une O.P.P.M. sonore se propageant dans la direction $\vec{u}$, la force acoustique s'exerçant sur un élément de surface dS normale à $\vec{u}$ est donnée par $d\vec{F}_{ac} = p_{ac}dS\vec{u}$ (fiche 19).

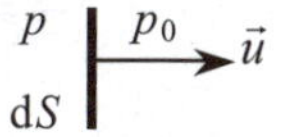

D'où l'on déduit la puissance de cette force (fiche 7) :

$d\mathcal{P}_{ac} = d\vec{F}_{ac}\cdot\vec{v} = p_{ac}\vec{v}\cdot\vec{u}dS$.

Comme la vitesse $\vec{v}$ est colinéaire à $\vec{u}$, $d\mathcal{P}_{ac} = p_{ac}vdS$. La densité surfacique de puissance acoustique (W.m^{-2}) est l'énergie traversant l'unité de surface pendant l'unité de temps :

$$\vec{j}_{ac} = p_{ac}v\vec{u}$$

Or $\rho_0\omega v = kp_{ac}$ et $\omega = c_s k \Leftrightarrow p_{ac} = \rho_0 c_s v \Rightarrow \vec{j}_{ac} = \rho_0 v^2 c_s \vec{u}$.

L'énergie est transportée par l'onde dans la direction de propagation à la célérité c_s.

- L'intensité sonore I est la valeur moyenne de la densité surfacique de puissance acoustique.

Or la vitesse d'amplitude v_0 est $v(\vec{r},t) = v_0\cos(\omega t - k\vec{u}\cdot\vec{r} + \varphi)$:

$$I = \frac{\rho_0 v_0^2 c_s}{T}\int_0^T \cos^2(\omega t - k\vec{u}\cdot\vec{r} + \varphi)\,\mathrm{d}t \Rightarrow I = \frac{1}{2}\rho_0 v_0^2 c_s \quad \text{(fiche 40)}$$

• L'oreille humaine est sensible aux fréquences comprises entre 20 Hz et 20 000 Hz. En dessous d'une intensité sonore de $I_0 = 10^{-12}$ W.m^{-2} pour une fréquence de 1 500 Hz, aucun son n'est audible : c'est le seuil d'audibilité. Au-dessus d'une intensité de 1 W.m^{-2}, le son provoque une sensation douloureuse : c'est le seuil de douleur.

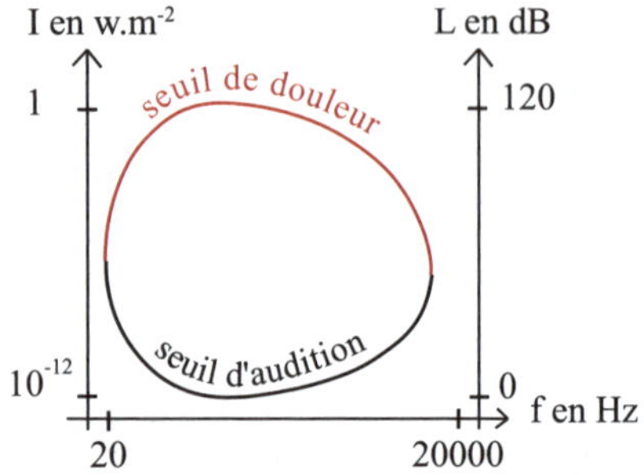

L'oreille se comportant comme un détecteur logarithmique, le niveau sonore, noté N en décibels, est défini par :

$$N = 10\log\left(\frac{I}{I_0}\right)$$

N : niveau sonore en dB
I : intensité sonore en W.m^{-2}
I_0 : intensité sonore seuil $I_0 = 10^{-12}$ W.m^{-2}

Par exemple, un baladeur au maximum a un niveau sonore de 105 dB.

3. EN PRATIQUE...

• Déterminons la célérité du son c_s à température ambiante $T_0 = 298K$ dans l'air assimilé à un gaz parfait de rapport des capacités thermiques molaires à pression C_p et à volume C_V constants $\gamma = 1{,}4$ (fiche 22) et de masse molaire $M = 29$ g.mol^{-1}.

La célérité des ondes sonores est donnée par $c_s = \dfrac{1}{\sqrt{\rho_0 \chi_S}}$ avec $\chi_S = \dfrac{1}{\rho_0}\left(\dfrac{\partial\rho}{\partial p}\right)_{S_0}$.

L'évolution des particules fluides étant isentropique, ds = 0. Le gaz étant parfait, à l'équilibre,

$$\begin{cases} C_p\dfrac{\mathrm{d}T}{T} - R\dfrac{\mathrm{d}p}{p} = 0 \quad \text{(fiche 24)} \\ pM = \rho RT \Leftrightarrow \dfrac{\mathrm{d}p}{p} = \dfrac{\mathrm{d}\rho}{\rho} + \dfrac{\mathrm{d}T}{T} \end{cases} \Rightarrow$$

En éliminant dT et en utilisant $C_p - C_V = R$ (fiche 22),

$$\frac{dp}{p} = \gamma\frac{d\rho}{\rho} \Leftrightarrow \left(\frac{\partial\rho}{\partial p}\right)_{S_0} = \frac{\rho_0}{\gamma p_0}$$

$$\Rightarrow \chi_S = \frac{1}{\gamma p_0} \Rightarrow c_s = \sqrt{\frac{\gamma p_0}{\rho_0}} = \sqrt{\frac{\gamma R T_0}{M}} \Leftrightarrow c_s = \sqrt{\frac{1{,}4\times 8{,}31\times 298}{29.10^{-3}}} = 346 \text{ m.s}^{-1}$$

La célérité du son dans l'air augmente avec la température.

• Considérons une onde sonore plane monochromatique de fréquence f = 1 500 Hz se propageant dans l'air de masse volumique ρ_0 = 1,3 kg.m^{-3}. La célérité de l'onde dans l'air à la pression atmosphérique et à température ambiante est c_s = 346 m.s^{-1}

→ Déterminons l'amplitude de surpression p_{ac}^0, celle de la vitesse locale v_0 et celle de la variation de masse volumique ρ_{ac}^0, lorsque le niveau sonore de l'onde est N = 120 dB.

L'intensité sonore I est : $I = I_0.10^{\frac{N}{10}} = 10^{-12}\times 10^{12} = 1 \text{ W.m}^{-2}$. Or $I = \dfrac{1}{2}\rho_0 v_0^2 c_s$

$$\Rightarrow v_0 = \sqrt{\frac{2I}{\rho_0 c_s}} = 6{,}7.10^{-2} \text{ m.s}^{-1},\ p_{ac}^0 = \rho_0 c_s v_0 = 30 \text{ Pa et } \rho_{ac}^0 = \rho_0\frac{v_0}{c_s} = 2{,}5.10^{-4} \text{ kg.m}^{-3}.$$

→ Comparons ces valeurs aux valeurs à l'équilibre : $p_0 = 10^5$ Pa et $\rho_0 = 1{,}3$ kg.m^{-3}
On constate que $p_{ac}^0 \ll p_0$, $\rho_{ac}^0 \ll \rho_0$ et $v_0 << c_s$. L'approximation acoustique est bien vérifiée.

• Frappons un diapason métallique, vibrant à la fréquence $f = 440$ Hz (note « la »). Le son émis est inaudible.
Fixons ce diapason sur une caisse de résonance, qui est une boîte en bois creuse de longueur $L = 19{,}6$ cm dont une extrémité est fermée et l'autre est ouverte. Le son est alors audible.
La caisse sera supposée unidimensionnelle suivant Ox.
Montrons que le mode fondamental de la caisse de résonance est excité.

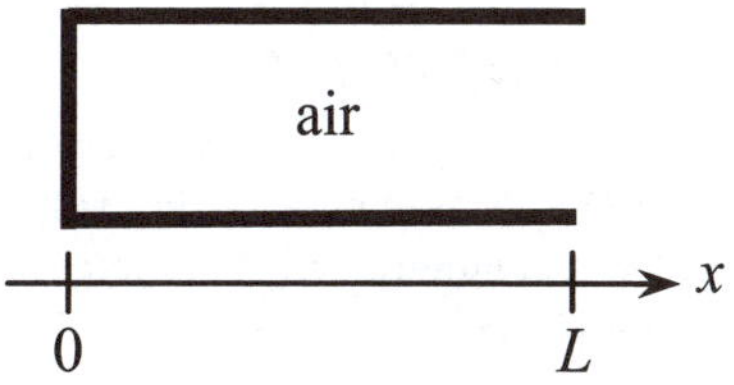

La caisse de résonance contient de l'air excité par la vibration du diapason. Le milieu étant limité, l'onde sonore dans la caisse est une onde stationnaire. Le champ de vitesse est donné par :

$$v(x,t) = v_0 \cos(kx + \varphi)\cos(\omega t + \Phi) \quad \text{(fiche 59).}$$

Déterminons les constantes φ et Φ à l'aide des conditions aux limites :

– En $x = 0$, l'*extrémité* étant *fermée*, la paroi est fixe $\Rightarrow v(0,t) = 0$ pour tout t :

C'est un *nœud de vitesse.* $\Rightarrow v(0,t) = v_0 \cos\varphi \cos(\omega t + \Phi) = 0$

Comme $v_0 \neq 0$ et $\cos(\omega\ t + \Phi) \neq 0 \Rightarrow \cos\varphi = 0 \Rightarrow \varphi = \dfrac{\pi}{2}$

– En $x = L$, l'*extrémité* est *ouverte* : c'est un *ventre de vitesse*

$\Rightarrow v(L,t) = v_0 \cos(kL + \varphi)\cos(\omega t + \Phi)$. C'est un ventre, si $v_0 \cos(kL + \varphi) = v_0$

$\Rightarrow \cos(kL + \varphi) = \sin kL = 1 \quad \Leftrightarrow \quad kL = \dfrac{\pi}{2} + m\pi$ avec m entier $\mathbb{N}^*$.

Le mode fondamental correspond à $m = 0$. Son vecteur d'onde est $k_0 = \dfrac{\pi}{2L}$.
Sa fréquence est $f_0 = \dfrac{c_s k_0}{2\pi} = \dfrac{c_s}{4L} = \dfrac{349}{4 \times 0{,}196} = 440$ Hz
et sa longueur d'onde $\lambda_0 = 4L = 78{,}4$ cm.

Le mode excité est bien le mode fondamental, ce qui explique le rôle de la caisse de résonance permettant d'amplifier le son émis par le diapason quand on le frappe.
Représentons l'enveloppe de l'onde stationnaire correspondant à ce mode fondamental.
Les conditions aux limites pour la surpression sont :
- En $x = 0$, l'extrémité étant fermée, il y a un ventre de surpression.
- En $x = L$, l'extrémité étant ouverte, l'atmosphère impose la pression p_0, par suite la surpression est nulle, il y a un nœud de surpression.

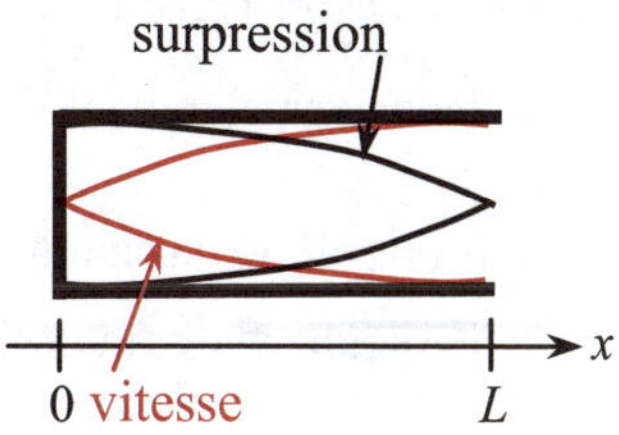

À un nœud de vitesse correspond un ventre de surpression et à un ventre de vitesse correspond un nœud de surpression.

61 Ondes électromagnétiques dans le vide

1. EN QUELQUES MOTS...

Les ondes électromagnétiques permettent la transmission d'un grand nombre d'informations, sans support matériel. Elles sont très utilisées dans le domaine de la télécommunication. L'onde électromagnétique est caractérisée par deux grandeurs vectorielles : le champ électrique $\vec{E}$ et le champ magnétique $\vec{B}$, celles-ci se propagent dans le vide à la vitesse de la lumière.

2. CE QU'IL FAUT RETENIR...

a) Équations de Maxwell :

Considérons une région de l'espace loin des sources où il n'y a aucune charge et aucun courant. Celle–ci est appelée vide. Les équations de Maxwell (fiche 57) s'écrivent alors :

$$\begin{cases} \operatorname{div}\vec{E} = 0 \\ \overrightarrow{\operatorname{rot}}\vec{E} = -\dfrac{\partial \vec{B}}{\partial t} \end{cases} \quad (1) \qquad \begin{cases} \operatorname{div}\vec{B} = 0 \\ \overrightarrow{\operatorname{rot}}\vec{B} = \varepsilon_0\mu_0 \dfrac{\partial \vec{E}}{\partial t} \end{cases} \quad (2)$$

$\vec{E}$: champ électrique au point $\vec{r}$ et à l'instant t (V.m^{-1})
$\vec{B}$: champ magnétique au point $\vec{r}$ et à l'instant t (T)
μ_0 : perméabilité magnétique du vide (H.m^{-1})
ε_0 : permittivité électrique du vide (F.m^{-1})
c : célérité de l'onde électromagnétique dans le vide (m.s^{-1})

b) Équation de propagation

Pour obtenir l'équation de propagation de $\vec{E}$, éliminons $\vec{B}$ des équations de Maxwell :

Comme $\overrightarrow{\operatorname{rot}}\left(\overrightarrow{\operatorname{rot}}\vec{E}\right) = \overrightarrow{\operatorname{grad}}\left(\operatorname{div}\vec{E}\right) - \Delta\vec{E}$, (1) $\Rightarrow \overrightarrow{\operatorname{rot}}\left(-\dfrac{\partial \vec{B}}{\partial t}\right) = -\Delta\vec{E} \Leftrightarrow -\dfrac{\partial}{\partial t}\left(\overrightarrow{\operatorname{rot}}\vec{B}\right) = -\Delta\vec{E}$

$$(2) \Rightarrow -\frac{\partial}{\partial t}\left(\varepsilon_0\mu_0 \frac{\partial \vec{E}}{\partial t}\right) = -\Delta\vec{E} \Leftrightarrow -\varepsilon_0\mu_0 \frac{\partial^2 \vec{E}}{\partial t^2} = -\Delta\vec{E} \Leftrightarrow \Delta\vec{E} - \varepsilon_0\mu_0 \frac{\partial^2 \vec{E}}{\partial t^2} = \vec{0}$$

$$\Leftrightarrow \boxed{\Delta\vec{E} - \frac{1}{c^2}\frac{\partial^2 \vec{E}}{\partial t^2} = \vec{0}}$$

En coordonnées cartésiennes, $\Delta\vec{E}(\vec{r},t) = \dfrac{\partial^2 \vec{E}(\vec{r},t)}{\partial x^2} + \dfrac{\partial^2 \vec{E}(\vec{r},t)}{\partial y^2} + \dfrac{\partial^2 \vec{E}(\vec{r},t)}{\partial z^2}$. $\vec{E}(\vec{r},t)$ se décompose en ses composantes $E_x(\vec{r},t), E_y(\vec{r},t), E_z(\vec{r},t) \Rightarrow \Delta\vec{E} = \Delta E_x\vec{e_x} + \Delta E_y\vec{e_y} + \Delta E_z\vec{e_z}$. À l'équation d'onde vectorielle, correspondent trois équations scalaires.

De même, en éliminant $\vec{E}$, le champ magnétique $\vec{B}$ vérifie : $\boxed{\Delta\vec{B} - \dfrac{1}{c^2}\dfrac{\partial^2 \vec{B}}{\partial t^2} = \vec{0}}$.

La propagation du champ électrique $\vec{E}$ et du champ magnétique $\vec{B}$ est décrite par l'équation de d'Alembert à 3 dimensions. La vitesse de propagation est $c = \dfrac{1}{\sqrt{\varepsilon_0\mu_0}}$.

c) Structure des ondes planes progressives monochromatiques (O.P.P.M.)

- Les solutions de ces deux équations vectorielles peuvent se mettre sous la forme d'ondes planes progressives harmoniques de pulsation ω se propageant dans la direction $\vec{u}$. Les équations de propagation étant linéaires, la notation complexe peut être utilisée (fiche 59) ; par exemple, le champ électrique $\vec{E}(\mathrm{M},t)$ en un point M et à l'instant t s'écrit : $\underline{\vec{E}}(\mathrm{M},t) = \underline{\vec{E}}_m e^{j(\omega t - \vec{k}.\vec{r})}$ où $\underline{\vec{E}}_m$ est l'amplitude de l'onde et $\vec{k}$ le vecteur d'onde $\vec{k} = k\vec{u}$.

- Avec la notation complexe : $\text{div}\,\underline{\vec{E}} \Leftrightarrow -\text{j}\vec{k}.\underline{\vec{E}}$, $\overrightarrow{\text{rot}}\,\underline{\vec{E}} \Leftrightarrow -\text{j}\vec{k} \wedge \underline{\vec{E}}$ et $\dfrac{\partial \underline{\vec{E}}}{\partial t} \Leftrightarrow j\omega \underline{\vec{E}}$

Les équations de Maxwell peuvent donc s'écrire, $\begin{cases} -\text{j}k\vec{u}.\underline{\vec{E}} = 0 \\ -\text{j}k\vec{u} \wedge \underline{\vec{E}} = -\text{j}\omega \underline{\vec{B}} \end{cases}$ $\begin{cases} -\text{j}k\vec{u}.\underline{\vec{B}} = 0 \\ -\text{j}k\vec{u} \wedge \underline{\vec{B}} = \text{j}\varepsilon_0\mu_0\omega \underline{\vec{E}} \end{cases}$

- Les O.P.P.M. électromagnétiques ont les propriétés suivantes :
  - Elles sont transversales, car $\vec{u}.\underline{\vec{E}} = 0$ et $\vec{u}.\underline{\vec{B}} = 0 \Rightarrow \vec{E}$ et $\vec{B}$ sont orthogonaux à $\vec{u}$
  - $\vec{E}$ et $\vec{B}$ sont orthogonaux, car $-\text{j}k\vec{u} \wedge \underline{\vec{E}} = -\text{j}\omega \underline{\vec{B}} \Leftrightarrow \underline{\vec{B}} = \dfrac{k\vec{u} \wedge \underline{\vec{E}}}{\omega}$

  En prenant la partie réelle, on obtient : $\vec{B} = \dfrac{k\vec{u} \wedge \vec{E}}{\omega}$

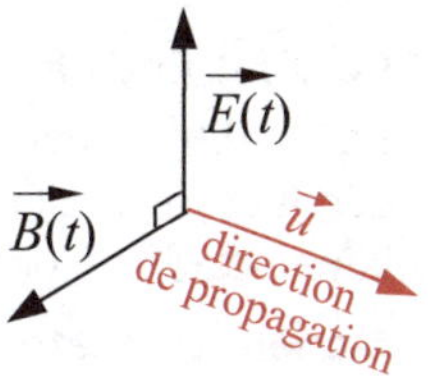

  - $\{\vec{E}, \vec{B}, \vec{u}\}$ forment un trièdre direct
  - La relation de dispersion est $k^2 = \dfrac{\omega^2}{c^2}$, car en remplaçant $\underline{\vec{B}}$ dans $-\text{j}k\vec{u} \wedge \underline{\vec{B}} = \text{j}\varepsilon_0\mu_0\omega \underline{\vec{E}}$

$$\Rightarrow -\text{j}k^2\vec{u} \wedge \left(\frac{\vec{u} \wedge \underline{\vec{E}}}{\omega}\right) = \text{j}\frac{\omega}{c^2}\underline{\vec{E}} \quad \Leftrightarrow \quad -k^2\underbrace{\left(\vec{u}.\underline{\vec{E}}\right)}_{0}\vec{u} + k^2\underline{\vec{E}} = \frac{\omega^2}{c^2}\underline{\vec{E}} \quad \Leftrightarrow \quad k^2 = \frac{\omega^2}{c^2}$$

  - Le champ électrique $\vec{E}$ et le champ magnétique $\vec{B}$ se propagent en vibrant en phase avec $\vec{B} = \dfrac{k\vec{u} \wedge \vec{E}}{\omega}$ et $\vec{k} = \dfrac{\omega}{c}\vec{u} \Rightarrow |\vec{E}| = \text{c}|\vec{B}|$

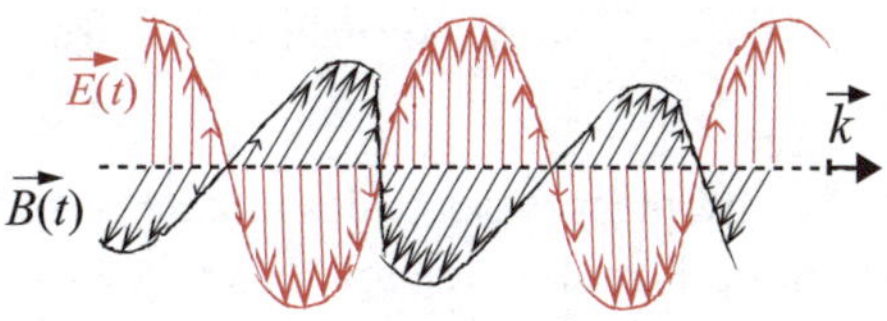

- L'énergie de l'onde électromagnétique dans le vide est transportée dans la direction de propagation et est proportionnelle au carré du module du champ électrique.

- La longueur d'onde dans le vide est :

$$\lambda_0 = \frac{2\pi}{k} = \frac{2\pi c}{\omega}$$

Le domaine des ondes électromagnétique est très vaste :

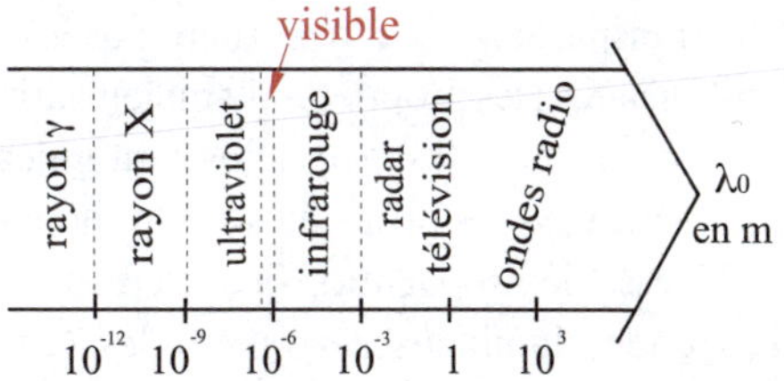

3. EN PRATIQUE...

Considérons une O.P.P.M. de pulsation ω et de vecteur d'onde de module k dont le champ électrique est donné par : $\vec{E} = E_0\vec{e}_z \cos(\omega t - k(0,707x + 0,707y))$.

Les vecteurs unitaires suivant les axes Ox, Oy et Oz sont respectivement $\vec{e}_x$, $\vec{e}_y$ et $\vec{e}_z$.

Représentons cette onde :

- Le vecteur d'onde $\vec{k}$ se trouve dans le plan xOy avec $k_x = 0,707\,k$ et $k_y = 0,707\,k$. Il fait un angle α avec l'axe Ox tel que $\cos\alpha = \dfrac{k_x}{\sqrt{k_x^2 + k_y^2}} = 0,707 \Rightarrow \alpha = 45°$.
- Le champ électrique est suivant la direction Oz, orientée suivant la normale sortante au plan de la figure.
- Le champ magnétique $\vec{B}$ est orthogonal au champ électrique $\vec{E}$ et au vecteur d'onde $\vec{k}$, le trièdre $\{\vec{E}, \vec{B}, \vec{k}\}$ étant direct.

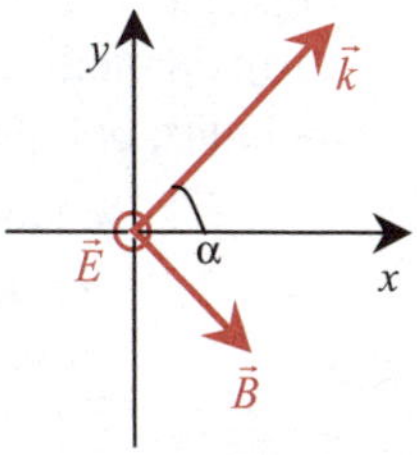

62 L'optique

1. EN QUELQUES MOTS...

L'optique est le domaine de la physique décrivant les phénomènes de propagation d'ondes lumineuses auxquelles est sensible l'œil.

2. CE QU'IL FAUT RETENIR...

La dualité onde-corpuscule de la lumière illustre sa double nature. L'aspect ondulatoire décrit correctement les effets liés à la propagation de la lumière, tandis que l'aspect corpusculaire est adapté pour décrire les interactions lumière-matière.

a) Modèle ondulatoire

Les ondes lumineuses sont des ondes électromagnétiques qui vérifient les équations de Maxwell. Les grandeurs se propageant sont le champ électrique $\vec{E}$ et le champ magnétique $\vec{B}$ (fiche 61).

• La lumière visible

Les longueurs d'onde dans le vide λ_0 de la lumière visible sont comprises entre 0,4 µm et 0,7 µm.

UV	violet	indigo	bleu	vert	jaune	orangé	rouge	IR
	400	430	480	540	580	600	650	

Les fréquences des ondes lumineuses sont comprises entre 4,3 10^{14} Hz et 7,5 10^{14} Hz.

En optique, l'onde lumineuse est caractérisée par sa longueur d'onde dans le vide λ_0, ce qui équivaut à connaître la fréquence de l'onde qui ne dépend pas du milieu.

• Ondes lumineuses planes monochromatiques dans un milieu diélectrique LHI

→ Dans la suite, les seuls milieux considérés sont des milieux LHI qui sont :

- transparents : ils n'absorbent pas les ondes lumineuses ;
- linéaires : les propriétés du milieu varient linéairement avec le champ électrique de l'onde ;
- homogènes : les propriétés sont indépendantes du point considéré du matériau ;
- isotropes : les propriétés sont indépendantes de la direction considérée dans le matériau.

→ Vitesse de propagation et structure de l'onde dans un milieu LHI

Les ondes lumineuses vérifient les équations de Maxwell ; l'équation de propagation du champ électrique est une équation de d'Alembert où intervient la vitesse de propagation v de la lumière dans le milieu (fiche 61).

Cette vitesse v est une constante indépendante du point considéré (milieu homogène), de la direction (milieu isotrope) et de l'énergie transportée par l'onde (milieu linéaire). La vitesse v est toujours inférieure à la vitesse de la lumière dans le vide c.

La vitesse de la lumière v décroît avec la fréquence f de l'onde, c'est le phénomène de dispersion.

La structure de l'onde dans un milieu LHI est la même que dans le vide (fiche 61). De même, l'énergie de l'onde est transportée dans la direction de propagation et est proportionnelle au carré du module du champ électrique.

→ Indice optique du milieu

$$n = \frac{\mathrm{c}}{v}$$

n : indice optique du milieu, sans dimension
v : vitesse de propagation de la lumière dans le milieu ($\mathrm{m.s^{-1}}$)
c : vitesse de propagation de la lumière dans le vide ($\mathrm{m.s^{-1}}$)

L'indice optique est toujours supérieur à 1.

Pour une onde lumineuse monochromatique de longueur d'onde dans le vide $\lambda_0 = 589$ nm, l'indice optique est par exemple :

	vide	air	eau	verre	diamant
n	1	1,00029	1,333	1,5 -1,8	2,41

L'indice optique de l'air est approximé, dans certains cas, par celui du vide.

La relation approchée, appelée relation de Cauchy, liant l'indice optique à la longueur d'onde dans le vide λ_0, est applicable à de nombreux milieux :

$n = A + \dfrac{B}{\lambda_0^2}$, où A et B sont des constantes positives. Ainsi $\lambda_0^{bleu} < \lambda_0^{rouge} \Rightarrow n_{rouge} < n_{bleu}$.

La longueur d'onde dépend du milieu de propagation : $\lambda = \dfrac{\lambda_0}{n}$

- Les ondes utilisées en optique

Ce sont des ondes monochromatiques. Les surfaces d'onde sont les surfaces équiphases.

→ Onde sphérique monochromatique

Une source ponctuelle S monochromatique émet, dans un milieu LHI, une onde sphérique dans tout l'espace, dont l'amplitude complexe au point M à la distance r de la source est :

$$\underline{\vec{E}}(\vec{r},t) = \frac{\vec{E}_0}{r}\, e^{-j(\omega t - kr)}$$

- $k = \dfrac{2\pi n}{\lambda_0}$ — n : indice optique du milieu ; λ_0 : longueur d'onde dans le vide
- ω : pulsation de l'onde (rad.s^{-1})
- $\vec{E}_0 = E_0\vec{e}_0$ — E_0: amplitude ; $\vec{e}_0$: vecteur unitaire dans la direction de $\vec{E}_0$ (polarisation)

Une onde lumineuse est polarisée rectilignement si la direction de $\vec{e}_0$ est fixe dans le temps.

Cette onde présente une infinité de directions de propagation. Son amplitude décroît en r^{-1} où r est la distance à la source. Cela traduit la conservation de l'énergie lumineuse lors de la propagation ; la puissance émise par la source est égale à la puissance traversant toute surface d'onde.

La surface d'onde est une sphère centrée sur la source, ce qui donne le nom à l'onde.

→ Onde plane monochromatique

Très loin de la source, les directions de propagation sont pratiquement parallèles et les surfaces d'onde sont localement planes. L'onde s'écrit alors, en notation complexe (fiche 58) :

$\underline{\vec{E}}(\vec{r},t) = \vec{E}_0 e^{j(\omega t - \vec{k}\cdot\vec{r})}$ avec le vecteur $\vec{k} = k\vec{u}$, où $\vec{u}$ est le vecteur unitaire dans la direction de propagation et k le module du vecteur d'onde.

b) Modèle corpusculaire

La lumière monochromatique de fréquence f est formée de quanta de lumière appelés photons.

Le photon est une particule sans masse, d'énergie $E = hf$ où $h = 6{,}62\cdot10^{-34}$ J·s est la constante de Planck.

c) Optique géométrique

C'est une approximation de l'optique ondulatoire : la longueur d'onde est très petite devant toutes les autres échelles spatiales de l'onde, en particulier son extension spatiale.

L'optique géométrique utilise la notion de rayons lumineux qui sont les trajectoires de l'énergie lumineuse. Une onde plane est représentée, en optique géométrique par un faisceau de rayons parallèles à la direction de propagation de l'onde.

63 Rayons lumineux, images optiques

1. EN QUELQUES MOTS...

L'optique géométrique est l'étude de la formation des images d'objets lumineux par des instruments d'optique dont le rôle est de permettre d'observer des reproductions des objets aussi fidèles que possible.

2. CE QU'IL FAUT RETENIR...

a) Définitions

La lumière est issue d'une source lumineuse ; on distingue :

- Les sources lumineuses primaires : certains objets, comme une lampe ou le Soleil, émettent spontanément de la lumière.
- Les sources lumineuses secondaires : d'autres objets, comme une feuille de papier ou un mur, diffusent la lumière qu'ils reçoivent.

La lumière est analysée par un détecteur optique, sensible à l'énergie transportée par la lumière, proportionnelle à la moyenne quadratique de l'amplitude du signal lumineux. L'œil, une caméra CCD (dispositif à transfert de charge) ou une plaque photographique constituent des détecteurs usuels. Ce sont des détecteurs discrets c'est-à-dire que leur résolution spatiale est limitée : la taille d'un récepteur est de l'ordre de 3 µm pour l'œil, 7 µm pour une caméra CCD et 4 µm pour une plaque photographique.

Les rayons lumineux représentent la trajectoire de l'énergie lumineuse. Il s'agit d'une notion abstraite qui symbolise le trajet de la lumière en provenance d'une source lumineuse au travers de milieux transparents. Il n'est pas possible en effet d'isoler un rayon lumineux. Expérimentalement, un pinceau fin de lumière parallèle issu d'un laser peut être assimilé à un rayon lumineux.

Un ensemble de rayons lumineux constitue un faisceau lumineux. On distingue trois types de faisceaux :

Faisceau convergent	Faisceau parallèle	Faisceau divergent
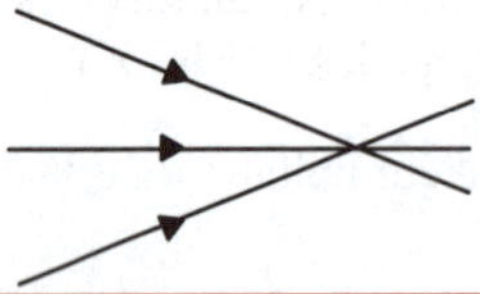	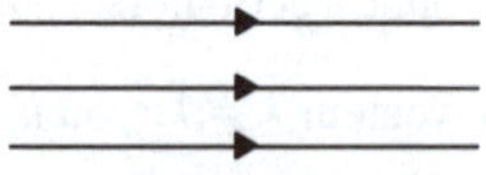	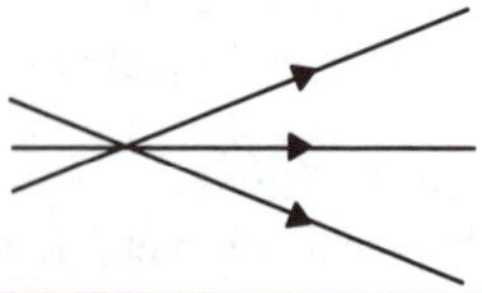

b) Principe de Fermat

On appelle chemin optique la longueur du trajet qui serait parcouru par la lumière dans le vide pendant le temps de parcours de la portion de trajectoire dans le milieu considéré :

$$L = c\,t = c\,\frac{AB}{v} \quad \text{soit} \quad \boxed{L = n\,AB}$$

- L : chemin optique (m).
- AB : portion de trajectoire parcourue par la lumière (m).
- t : temps mis par la lumière pour parcourir la trajectoire AB dans le milieu considéré (s).
- c : vitesse de la lumière ($m.s^{-1}$).
- n : indice optique du milieu considéré (sans unité)

- Le principe de Fermat, introduit par Pierre de Fermat au XVIIe siècle, et ses conséquences, fondent les bases de l'optique géométrique :

Le trajet suivi par la lumière entre deux points A et B est tel que la durée du parcours soit extrémale, et en général minimale.

Conséquence 1	Conséquence 2
La lumière se propage de façon rectiligne dans un milieu homogène (dont les propriétés sont les mêmes en tout point) et isotrope (dont les propriétés sont les mêmes dans toutes les directions).	Principe du retour inverse de la lumière : La trajectoire suivie par la lumière entre deux points est indépendante de son sens de propagation.

c) Système optique

- Un système optique est constitué d'un ensemble de lentilles (fiche 67), de miroirs (fiche 65), et plus généralement de milieux transparents et homogènes, séparés par des dioptres (surfaces de séparation entre deux milieux d'indices optiques différents).

Un système optique est dit centré s'il présente un axe de symétrie appelé axe optique. Cet axe est orienté selon le sens de la lumière incidente.

Dans la suite, on représentera un système optique quelconque par sa face d'entrée (E) et sa face de sortie (S) :

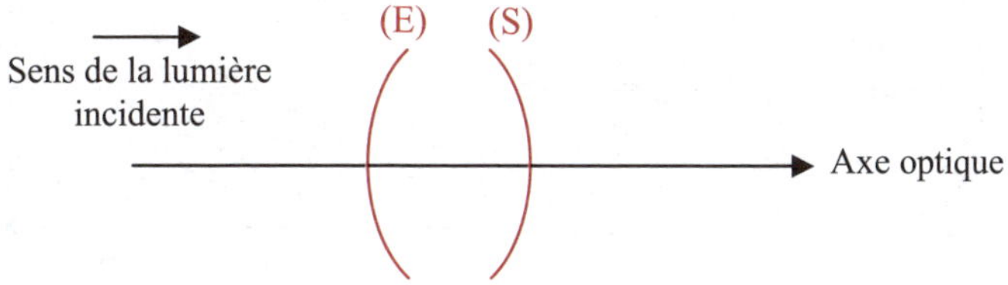

- Par convention, les distances sont définies algébriquement.

Le sens de la lumière incidente, c'est-à-dire l'orientation de l'axe optique définit le sens positif. De même un sens positif est défini dans la direction perpendiculaire à l'axe optique.

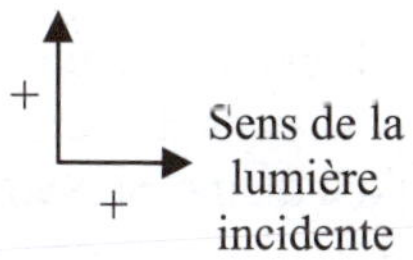

d) Notion d'objet ponctuel et d'image ponctuelle

On désigne par objet tout dispositif émettant ou diffusant de la lumière.

- Un objet ponctuel correspond au point d'intersection des rayons incidents.
- Image ponctuelle : Stigmatisme rigoureux

Soit un objet ponctuel A. Un faisceau lumineux issu de A traverse un système optique. Le système optique est rigoureusement stigmatique pour un couple de points (A, A′) si le faisceau issu de A émerge du système optique en un faisceau passant par le point A′. Le point A′, intersection des rayons du faisceau émergent, est l'image du point objet A à travers le système optique. A et A' sont deux points conjugués pour le système optique.

Le stigmatisme rigoureux implique que le chemin optique entre A et A′ est le même pour tous les rayons lumineux issus de A.

- Nature réelle ou virtuelle d'un objet ponctuel A et de son image ponctuelle A′ :

Les différentes situations possibles pour le couple de points conjugués (A, A′) sont schématisées ci-dessous en tenant compte des conventions suivantes pour le tracé des rayons :

- Un rayon réel est effectivement parcouru par la lumière ; il sera représenté en traits pleins.
- Un rayon virtuel est le prolongement d'un rayon réel, ne servant qu'à effectuer des constructions géométriques ; il sera représenté en traits pointillés.

	A′ est une image réelle : le faisceau émergeant du système optique est convergent	A′ est une image virtuelle : le faisceau émergeant du système optique est divergent
A est un objet réel : le faisceau incident sur le système optique est divergent	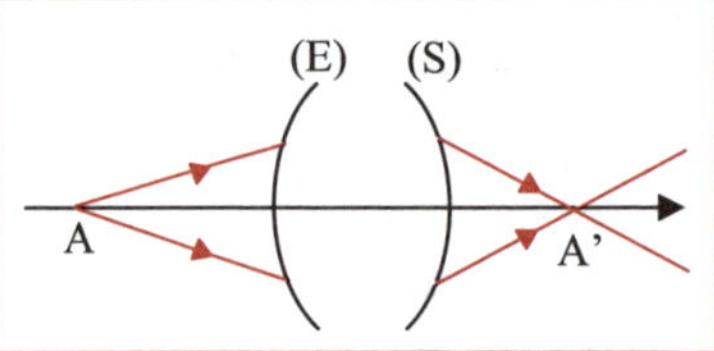	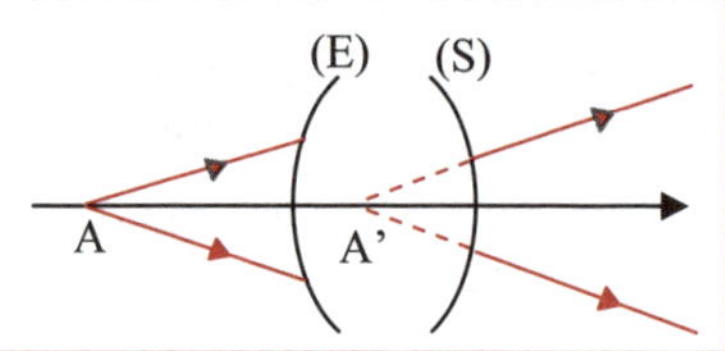
A est un objet virtuel : le faisceau incident sur le système optique est convergent	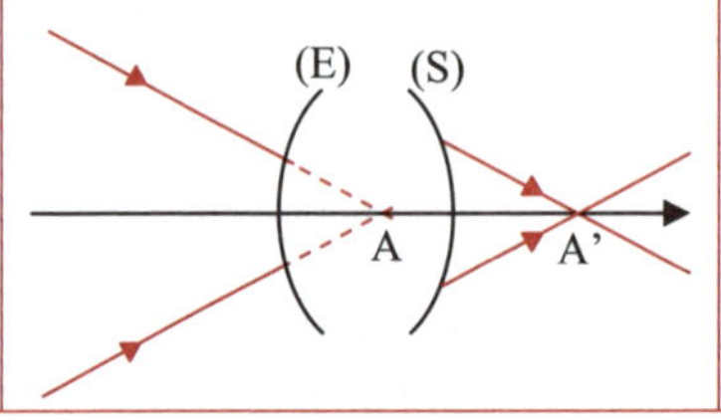	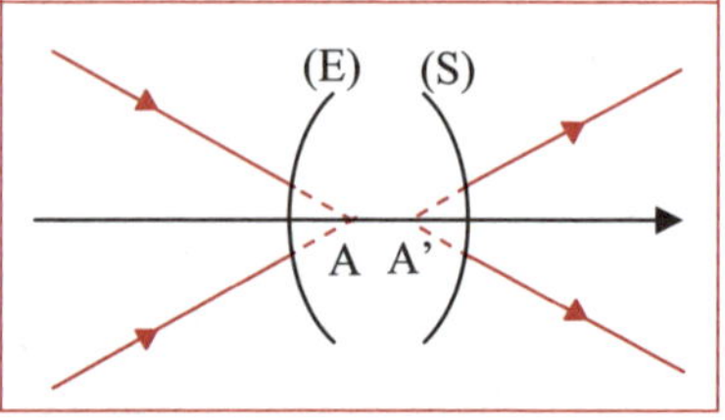

On peut ainsi déduire la représentation des espaces objet et image :

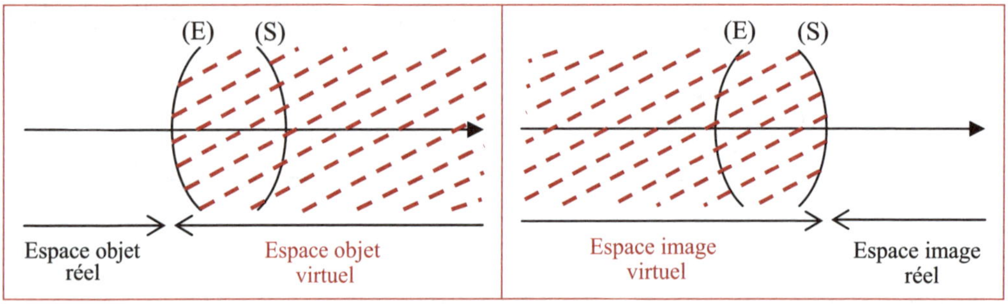

- Observation d'une image : une image réelle peut être recueillie sur un écran, ce qui n'est pas le cas d'une image virtuelle. Toute image, réelle ou virtuelle, peut être observée par l'œil d'un observateur placé dans le faisceau émergent.

Image réelle recueillie sur un écran	Image réelle observée par l'œil d'un observateur	Image virtuelle observée par l'œil d'un observateur
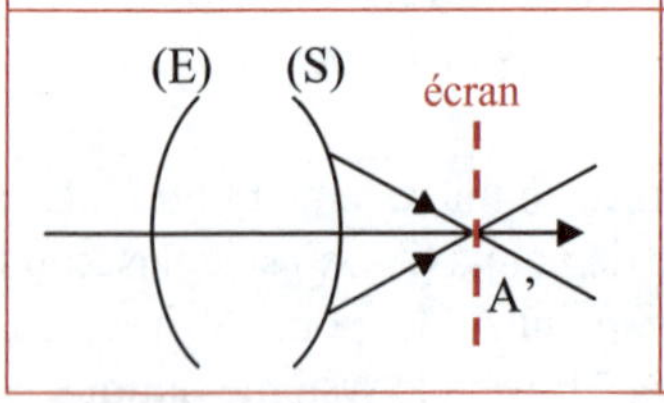	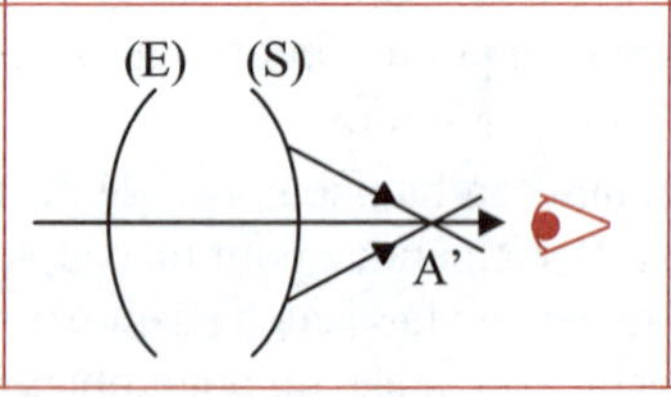	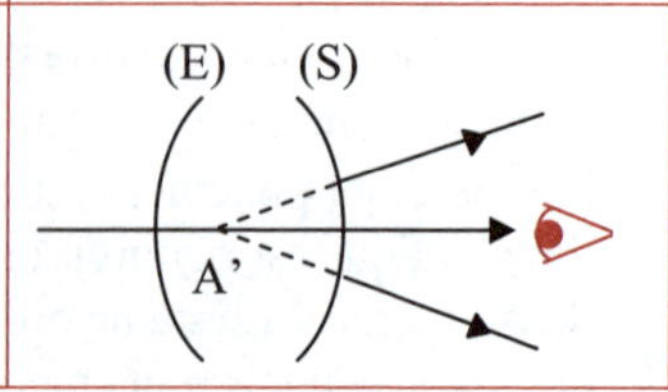

- Objet ponctuel à l'infini, image ponctuelle à l'infini :

Un objet ponctuel A à l'infini est tel qu'un observateur observant cet objet reçoit un faisceau de rayons parallèles dans la direction de l'objet.

Objet ponctuel à l'infini sur l'axe optique	Objet ponctuel à l'infini vu sous un angle α
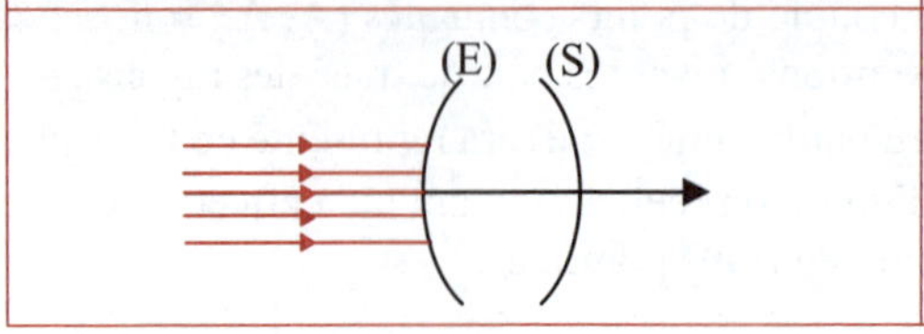	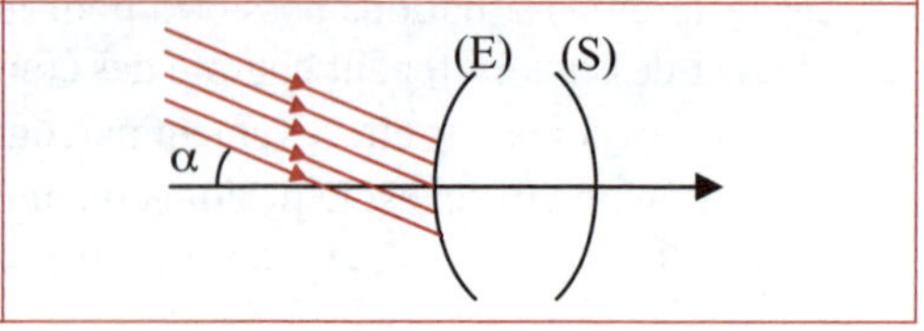

L'image ponctuelle A′ d'un objet ponctuel A est à l'infini si le faisceau émergeant du système optique est un faisceau de lumière parallèle. La direction du faisceau parallèle émergent indique l'angle sous lequel un observateur voit l'image A′.

Image ponctuelle à l'infini sur l'axe optique	Image ponctuelle à l'infini vue sous un angle α'
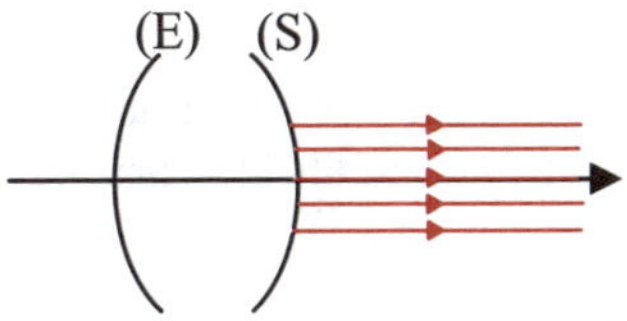	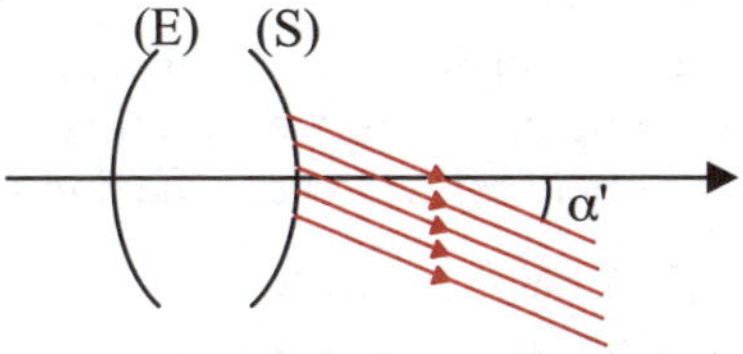

e) Objet étendu :

Un objet est dit étendu s'il est formé d'un ensemble de points. Il sera noté $\overline{AB}$.

Un objet étendu à l'infini donne lieu à un ensemble de faisceaux parallèles de directions différentes, chaque faisceau parallèle étant issu d'un point de l'objet. L'objet étendu à l'infini est caractérisé par son diamètre angulaire défini par l'angle sous lequel est vu l'objet depuis la face d'entrée du système optique.

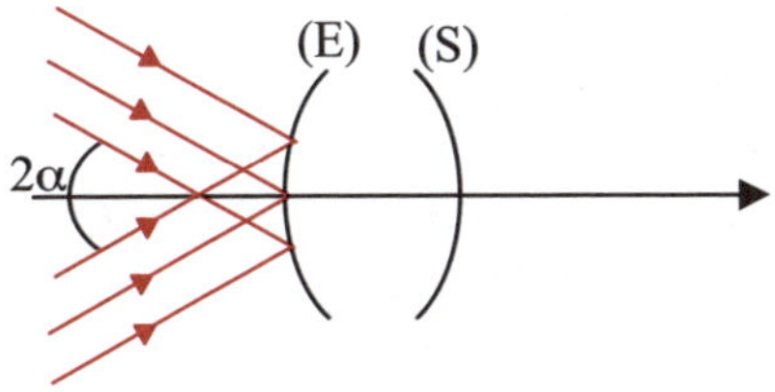

On trace les deux faisceaux parallèles issus des deux points extrêmes de l'objet. Le diamètre angulaire de l'objet étendu à l'infini est 2α.

- Aplanétisme : Un système optique est aplanétique si la propriété de stigmatisme est conservée dans un plan perpendiculaire à l'axe optique. Ainsi l'image $\overline{A'B'}$ d'un objet plan $\overline{AB}$ perpendiculaire à l'axe optique est plane et perpendiculaire à l'axe optique.

f) Conditions de Gauss

La condition de stigmatisme rigoureux est rare. Elle n'est rencontrée pour tout point objet que dans le cas du miroir plan. Cependant, tout système optique peut vérifier un stigmatisme et un aplanétisme approchés si les deux conditions, dites de Gauss, sont réunies :

- les rayons sont peu écartés de l'axe optique ;
- les rayons sont peu inclinés par rapport à l'axe optique.

} Les rayons sont dits paraxiaux.

Par la suite, on se placera dans ces conditions.

Il faut noter que le stigmatisme rigoureux n'est pas nécessaire à cause de la nature discrète des détecteurs optiques, comme l'œil ou une caméra CCD. Dans le cas de l'œil par exemple, une image située sur la rétine est considérée comme ponctuelle si ses dimensions n'excèdent pas celles d'une cellule photo-réceptrice de l'œil (cône ou bâtonnet).

64 Réflexion et réfraction

1. EN QUELQUES MOTS...

Lorsque la lumière passe d'un milieu transparent à un autre, sa trajectoire est déviée. De plus, une partie de la lumière est réfléchie dans le milieu d'origine. Ces phénomènes appelés respectivement réfraction et réflexion sont décrits par les lois de Snell-Descartes.

2. CE QU'IL FAUT RETENIR...

a) Lois de la réflexion et de la réfraction : lois de Snell-Descartes

On appelle dioptre la surface séparant deux milieux transparents d'indices optiques différents.

On note n_1 l'indice optique du milieu 1 et n_2 celui du milieu 2.

Un rayon lumineux dans le milieu 1 intercepte le dioptre en un point noté I appelé point d'incidence. Ce rayon, dit incident, donne lieu à un rayon réfracté dans le milieu 2 et à un rayon réfléchi dans le milieu 1.

On appelle plan d'incidence le plan contenant le rayon incident au point I et la normale au dioptre en ce point.

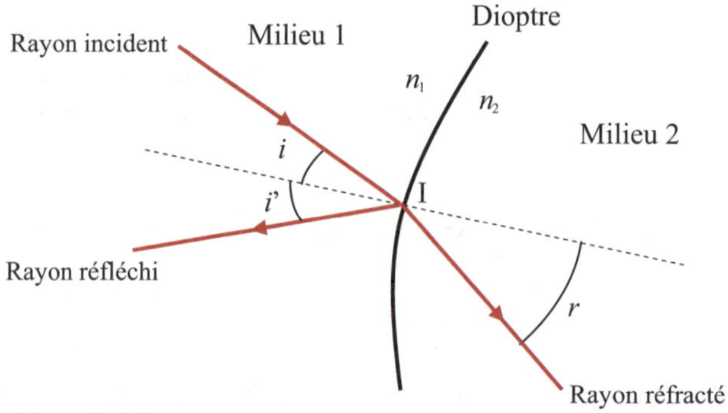

Les lois de Snell-Descartes régissent la réflexion et la réfraction de la lumière sur le dioptre :

→ Lois de la réflexion :

- Le rayon réfléchi est dans le plan d'incidence.
- Le rayon réfléchi est le symétrique du rayon incident par rapport à la normale au dioptre ; l'angle de réflexion i' est égal à l'angle d'incidence i.

→ Lois de la réfraction :

- Le rayon réfracté est dans le plan d'incidence.
- L'angle d'incidence i et l'angle de réfraction r sont liés par la relation :

$$\boxed{n_1 \sin i = n_2 \sin r}$$

b) Phénomène de réflexion totale

Prenons l'exemple d'un dioptre plan séparant deux milieux d'indices optiques n_1 (milieu 1) et n_2 (milieu 2). Considérons un rayon incident sur ce dioptre dans le milieu 1. Deux cas peuvent se présenter suivant que le milieu 1 est plus réfringent (plus réfracteur) ou moins réfringent que le milieu 2 :

	$n_1 < n_2$	$n_1 > n_2$
Comparaison entre les angles d'incidence et de réfraction	La 2e loi de la réfraction, $n_1 \sin i = n_2 \sin r$, implique : $i > r$. Ainsi, le rayon réfracté se rapproche de la normale.	La 2e loi de la réfraction, $n_1 \sin i = n_2 \sin r$, implique : $i < r$. Ainsi, le rayon réfracté s'écarte de la normale.
Schéma	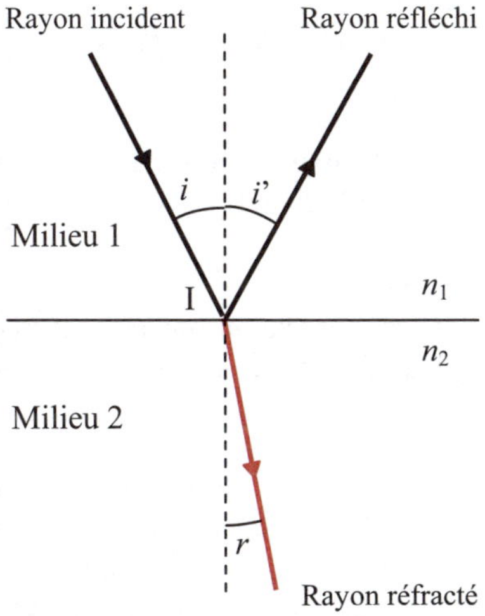 	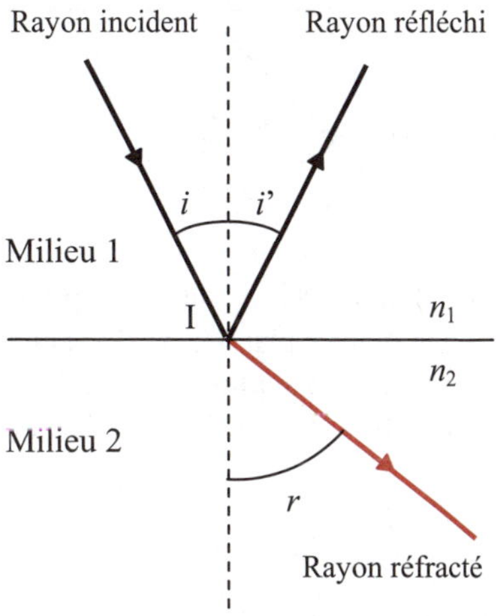
Angle limite	Le rayon réfracté existe donc quel que soit l'angle d'incidence i compris entre 0 et $\frac{\pi}{2}$. L'angle de réfraction limite r_{lim} est obtenu pour $i = \frac{\pi}{2}$: $n_1 \sin\frac{\pi}{2} = n_2 \sin r_{\text{lim}}$ $\Leftrightarrow r_{\text{lim}} = \text{Arc}\sin\left(\frac{n_1}{n_2}\right)$	Lorsque i varie de 0 à $\frac{\pi}{2}$, il existe un angle d'incidence limite i_{lim} au-delà duquel il n'y a plus de rayon réfracté. L'angle d'incidence limite i_{lim} est obtenu pour $r = \frac{\pi}{2}$: $n_1 \sin i_{\text{lim}} = n_2 \sin\frac{\pi}{2}$ $\Leftrightarrow \boxed{i_{\text{lim}} = \text{Arc}\sin\frac{n_2}{n_1}}$. Ainsi, si $i > i_{\text{lim}}$, il n'y a pas de rayon réfracté ; on dit qu'il y a réflexion totale.

3. EN PRATIQUE…

- Un rayon lumineux se propageant dans l'eau arrive avec un angle d'incidence $i = 45°$ sur un dioptre eau-air. On donne les indices de réfraction de l'eau $n_1 = 1{,}33$ et de l'air $n_2 = 1{,}00$.

Cherchons s'il existe un rayon réfracté.

Le rayon passe d'un milieu plus réfringent à un milieu moins réfringent ; il peut donc être totalement réfléchi si $i \geq i_{\text{lim}}$ où i_{lim} est l'angle limite de réflexion totale. Calculons i_{lim} :

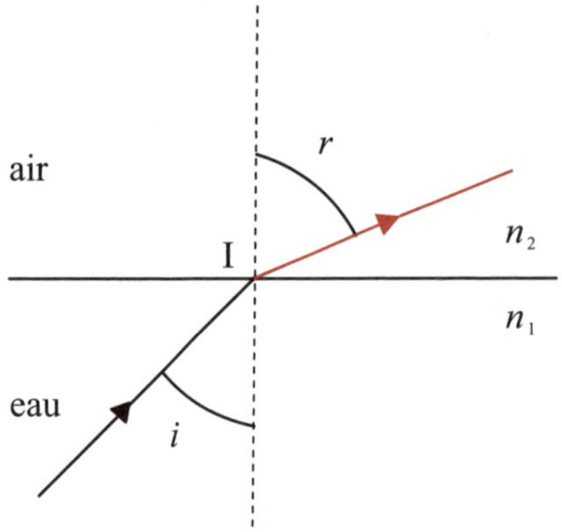

$$i_{\text{lim}} = \text{Arc}\sin\left(\frac{n_2}{n_1}\right) = 48{,}8°.$$

$i < i_{\text{lim}} \Rightarrow$ il existe un rayon réfracté.

Calculons l'angle de réfraction r :

$$n_1 \sin i = n_2 \sin r \Leftrightarrow \sin r = \frac{1{,}33}{1{,}00} \sin 45°$$

$$\Leftrightarrow r = 70{,}1°$$

On peut donc tracer le rayon réfracté, en rouge sur la figure.

- Étudions le stigmatisme du dioptre plan.

Un dioptre plan sépare deux milieux d'indices optiques n_1 (milieu 1) et n_2 (milieu 2) avec $n_1 < n_2$. Considérons un point objet A réel dans le milieu 1 et H son projeté orthogonal sur la surface du dioptre. Traçons l'image A′ de A.

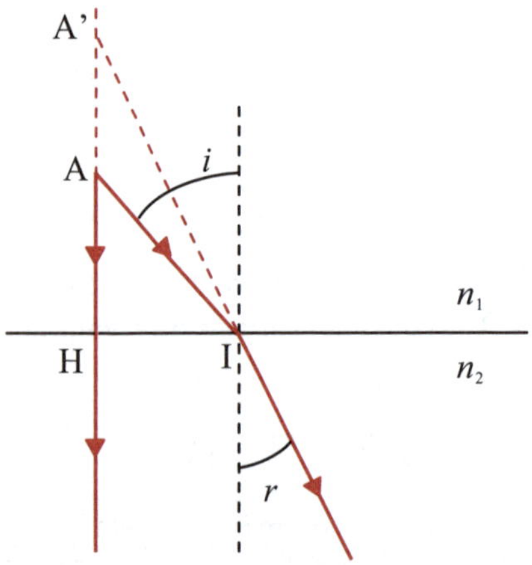

Le rayon AH normal à la surface du dioptre se réfracte sans déviation. L'image A′ de A se trouve donc sur la droite (AH).

Traçons un second rayon AI arrivant sur le dioptre en I avec un angle d'incidence i et se réfractant avec un angle de réfraction r tel que : $n_1 \sin i = n_2 \sin r$.

Les deux rayons émergents étant divergents, l'image A' est virtuelle et située à l'intersection des prolongements des rayons émergents.

On note que A et A′ sont du même côté du dioptre : si l'objet A est réel, l'image A′ est virtuelle et inversement.

→ Étudions le stigmatisme rigoureux du dioptre plan :

La propriété de stigmatisme rigoureux est vérifiée si la position de l'image ponctuelle A′ est indépendante de l'angle d'incidence i du rayon AI.

On a les relations géométriques suivantes :

$$\begin{cases} \tan i = \dfrac{HI}{HA} \\ \tan r = \dfrac{HI}{HA'} \end{cases} \Rightarrow HA' = HA \frac{\tan i}{\tan r}$$

Sachant que $n_1 \sin i = n_2 \sin r$, on peut exprimer HA' en fonction de HA et i :

$$HA' = HA \frac{\sin i}{\sin r} \frac{\cos r}{\cos i} \Leftrightarrow HA' = HA \frac{n_2}{n_1} \frac{\sqrt{1 - \sin^2 r}}{\cos i}$$

$$\Leftrightarrow \text{HA}' = \text{HA}\frac{n_2}{n_1}\frac{\sqrt{1-\left(\frac{n_1}{n_2}\right)^2 \sin^2 i}}{\cos i} \Leftrightarrow \text{HA}' = \text{HA}\frac{\sqrt{n_2^2 - n_1^2 \sin^2 i}}{n_1 \cos i}.$$

Cette expression montre que lorsque l'angle d'incidence i varie, la distance HA′ ne reste pas constante. Ainsi, la position de l'image de A n'est pas unique : le dioptre plan n'est pas rigoureusement stigmatique pour un point objet A quelconque.

Le stigmatisme rigoureux n'est obtenu que pour deux positions particulières de l'objet ponctuel A : à l'infini et sur la surface du dioptre.

→ Étudions les conditions de stigmatisme approché du dioptre plan :

Si l'angle d'incidence i est faible, alors : $\cos i \approx 1$ et $n_1^2 \sin^2 i \ll n_2^2$.

L'équation précédente devient : $\text{HA}' = \text{HA}\frac{n_2}{n_1}$.

Ainsi, lorsque l'angle d'incidence i est faible, la distance HA′ est indépendante de i : la position de A′ devient unique.

Il y a stigmatisme approché pour tout point objet à distance finie qui n'envoie sur la surface du dioptre qu'un faisceau de rayons peu inclinés par rapport à la normale.

- Étudions l'image par une lame à faces parallèles d'un point objet à l'infini.

Une lame à faces parallèles en verre, d'épaisseur e, d'indice optique n = 1,5, est placée dans l'air. Déterminons la position de l'image ponctuelle A′ d'un objet ponctuel A à l'infini.

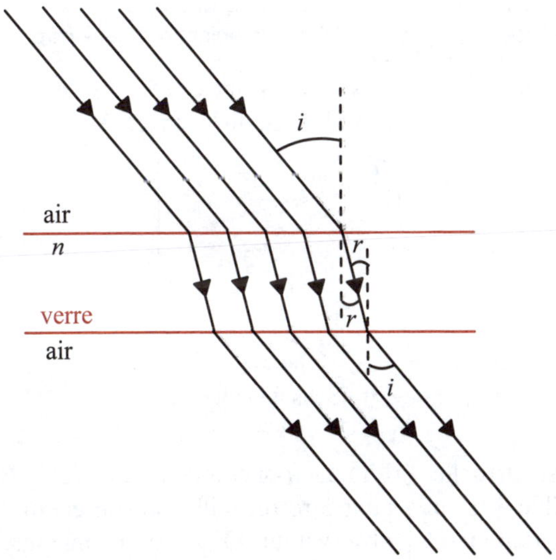

L'objet ponctuel A envoie un faisceau parallèle incliné d'un angle i = 40° par rapport à la normale à la lame.

Les rayons sont réfractés sur le premier dioptre air-verre. On obtient donc dans la lame un faisceau parallèle incliné d'un angle r tel que :

$\sin i = n \sin r \Rightarrow r = 25{,}4°$

Les rayons sont incidents sur le dioptre verre-air avec un angle d'incidence $r = 25{,}4°$. L'angle d'émergence r' des rayons est donc donné par la relation :

$n \sin r = \sin r'$

Ainsi $r' = i = 40°$.

On obtient ainsi en sortie de la lame un faisceau parallèle dont la direction est la même que celle du faisceau incident. L'image d'un objet ponctuel à l'infini par une lame à faces parallèles est à l'infini, dans la même direction que l'objet.

65 Miroir plan

1. EN QUELQUES MOTS...

Le stigmatisme rigoureux du miroir plan en fait un élément d'optique fréquemment utilisé dans la vie de tous les jours puisqu'il rend de l'objet une image non déformée.

2. CE QU'IL FAUT RETENIR...

a) Définition et propriétés

Un miroir plan est une surface plane réfléchissante.

D'après la loi de la réflexion de Snell-Descartes, un rayon lumineux incident sur un miroir plan donne lieu à un rayon réfléchi symétrique du rayon incident par rapport à la normale au plan du miroir.

Le miroir plan est le seul système optique qui soit rigoureusement stigmatique pour tout point objet.

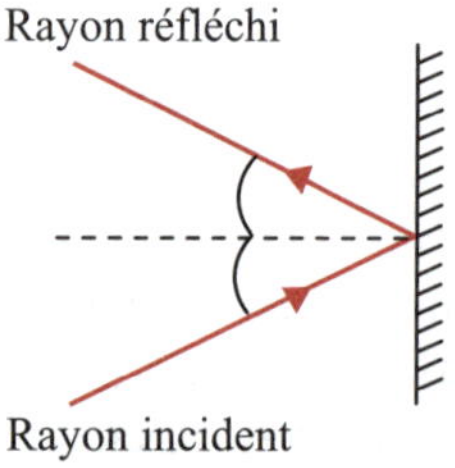

b) Formation des images

Construisons l'image ponctuelle A′ d'un objet ponctuel A par le miroir ; il faut tracer au moins deux rayons issus de A (ou semblant se diriger vers A). L'image A′ est le point d'intersection des rayons émergents ou de leurs prolongements. Deux cas sont possibles :

	A est un objet ponctuel réel	A est un objet ponctuel virtuel
Schéma	Les rayons issus de A arrivent sur le miroir. 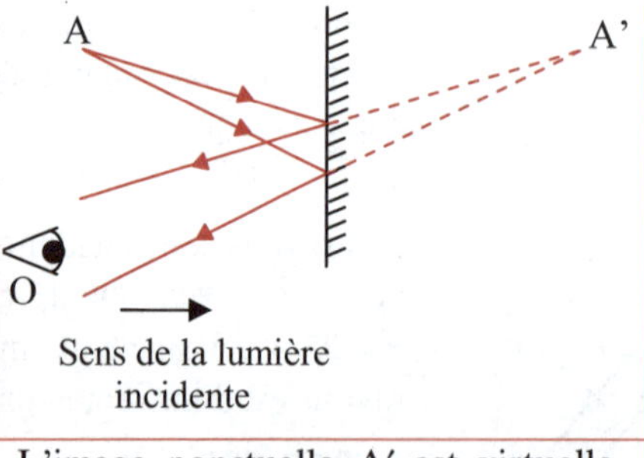	Les rayons incidents sur le miroir semblent se diriger vers A. 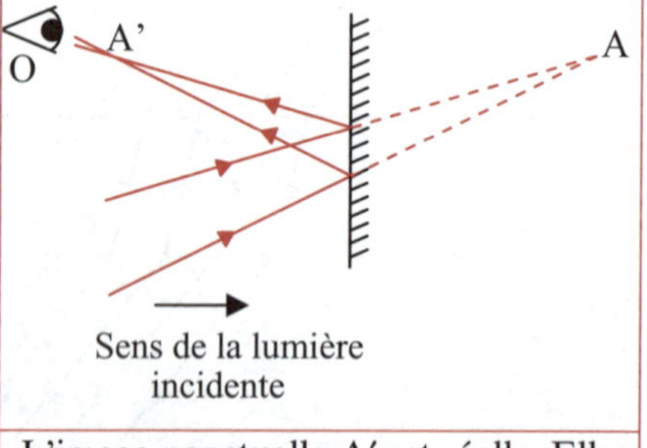
Nature de l'image	L'image ponctuelle A′ est virtuelle. Elle ne peut être recueillie sur un écran. Par contre un observateur O placé de manière à recevoir les rayons émergents verra l'image A′.	L'image ponctuelle A′ est réelle. Elle peut être recueillie sur un écran. Un observateur O placé de manière à recevoir les rayons émergents pourra également voir l'image A′.
Conclusion	L'objet ponctuel A et son image ponctuelle A′ sont symétriques par rapport au plan du miroir.	

c) Taille de l'image

Chaque point d'un objet étendu plan $\overline{AB}$ parallèle au plan du miroir donne lieu à une image ponctuelle symétrique par rapport au plan du miroir. L'image A'B' est donc symétrique de l'objet AB par rapport au plan du miroir et de même taille, quelle que soit la position de l'objet.

d) Champ de vision à travers un miroir plan

Le champ de vision à travers un miroir plan est l'espace rendu visible à un observateur grâce au miroir.

Un observateur fixe O, supposé ponctuel, regardant dans un miroir plan verra un objet si un rayon issu de cet objet atteint son œil après réflexion sur le miroir.

Pour déterminer le champ de vision à travers un miroir, il faut :

- tracer le faisceau lumineux entrant dans l'œil après réflexion sur le miroir ;
- utiliser le principe du retour inverse de la lumière pour déduire le faisceau incident. Celui-ci délimite le champ de vision de l'observateur O, correspondant à la région hachurée.

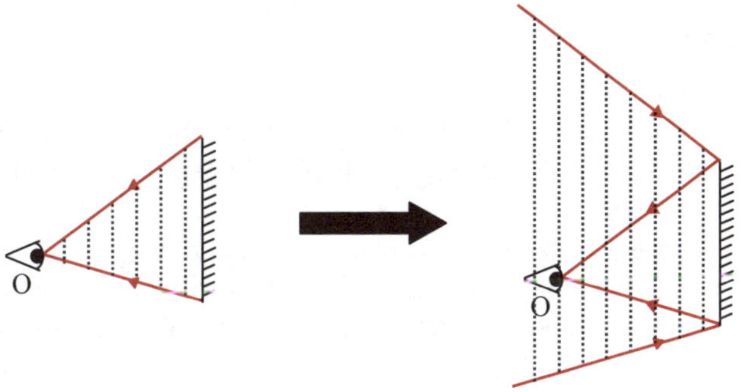

3. EN PRATIQUE...

Un mannequin de haute-couture dont la taille est $H = 180$ cm dispose d'un miroir plan pour ajuster sa toilette. Ses yeux sont à une hauteur $H_0 = 170$ cm du sol. Déterminons la hauteur minimale h du miroir et sa position pour que le mannequin se voie totalement.

→ Déterminons la hauteur minimale de l'extrémité supérieure du miroir.

Le mannequin doit voir le sommet S de sa tête : un rayon issu de S doit être réfléchi en direction de ses yeux. Le rayon correspondant définit le triangle isocèle (SIO).

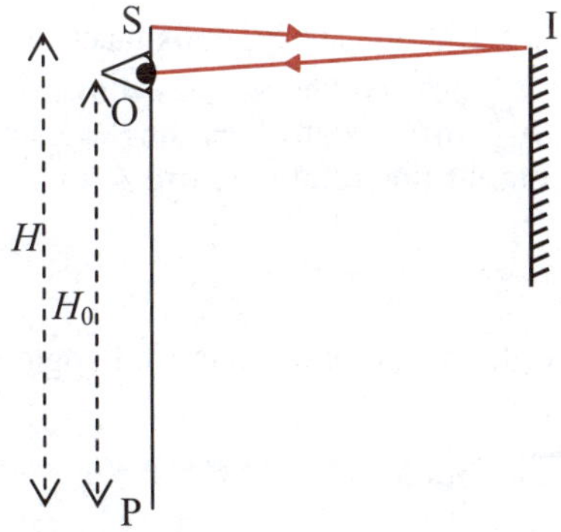

L'extrémité supérieure du miroir doit être placée à une hauteur minimale égale à :

$$H_0 + \frac{\text{SO}}{2} = H_0 + \frac{H - H_0}{2} = 175 \text{ cm}.$$

→ Déterminons la hauteur minimale h du miroir.

Le mannequin doit voir ses pieds P : un rayon issu de P doit être réfléchi en direction de ses yeux. Le rayon correspondant définit le triangle isocèle (OI'P).

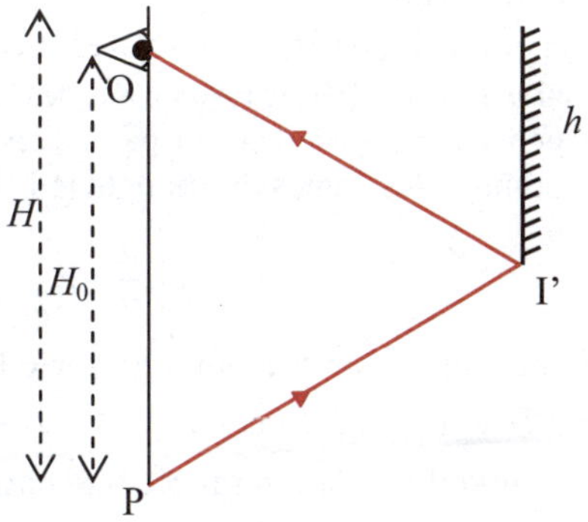

La hauteur minimale du miroir est donc :

$$h = \frac{H_0}{2} + \frac{\text{SO}}{2} = \frac{H}{2} = 90 \text{ cm}.$$

66 Prisme

1. EN QUELQUES MOTS...

Un prisme est un élément d'optique utilisé pour réfracter la lumière, la réfléchir ou la disperser. Il permet de mettre en évidence la dispersion de la lumière blanche liée à la variation de l'indice optique du milieu avec la longueur d'onde.

2. CE QU'IL FAUT RETENIR...

a) Définition d'un prisme

Un prisme est un milieu transparent d'indice optique n limité par au moins deux faces planes non parallèles. L'intersection de ces faces est l'arête du prisme. Un plan normal à l'arête est un plan de section principale.

Représentons un prisme d'arête perpendiculaire au plan de la figure, d'angle au sommet A et d'indice n, et traçons le cheminement d'un rayon à travers ce prisme placé dans l'air (indice optique $n_{air} = 1$). On note I le point d'incidence du rayon et I′ son point d'émergence.

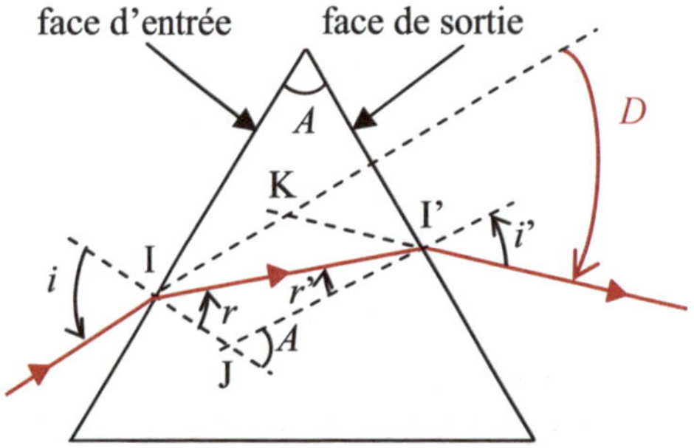

Conventions : Aux points I et I′, les angles i, i', r et r' sont définis positifs lorsque les normales extérieures au prisme sont situées entre les rayons lumineux et l'arête du prisme (comme sur la figure).

On appelle angle de déviation D, l'angle entre le rayon incident et le rayon émergent.

b) Relations du prisme

Écrivons la loi de Snell-Descartes (fiche 64) pour la réfraction sur les deux faces du prisme :

- sur la face d'entrée, le rayon passe de l'air au prisme : $n_{air} \sin i = n \sin r \Leftrightarrow \sin i = n \sin r$
- sur la face de sortie, le rayon passe du prisme à l'air : $n_{air} \sin i' = n \sin r' \Leftrightarrow \sin i' = n \sin r'$

La somme des angles du triangle (I I' J) permet d'établir une relation entre A, r et r' :

$$A + \left(\frac{\pi}{2} - r\right) + \left(\frac{\pi}{2} - r'\right) = \pi \Leftrightarrow A = r + r'.$$

De même, en considérant le triangle (I I' K), on obtient une relation entre l'angle de déviation D et les angles i et i' : $\pi - D + (i - r) + (i' - r') = \pi$.

En utilisant la relation précédente entre A, r et r', on obtient : $D = i + i' - A$

Ainsi les quatre relations du prisme sont : $\begin{cases} \sin i = n \sin r \\ \sin i' = n \sin r' \\ A = r + r' \\ D = i + i' - A \end{cases}$

c) Conditions d'émergence

Examinons les conditions d'émergence du rayon sur la face de sortie du prisme. La lumière passe d'un milieu plus réfringent (prisme) à un milieu moins réfringent (air). Le phénomène de réflexion totale (fiche 64) peut donc se produire si l'angle d'incidence r' sur cette face est supérieur à un angle limite $r'_{\lim}$ correspondant à $i' = \frac{\pi}{2}$: $n \sin r'_{\lim} = \sin\frac{\pi}{2} \Leftrightarrow \sin r'_{\lim} = \frac{1}{n}$. La réflexion totale sera évitée et un rayon émergera du prisme si l'angle d'incidence r' du rayon sur la face de sortie vérifie : $-r'_{\lim} \leq r' \leq r'_{\lim}$.

Examinons les conditions sur l'angle de réfraction r sur la face d'entrée du prisme.

– D'une part, $\begin{cases} A = r + r' \Leftrightarrow r = A - r' \\ -r'_{\lim} \leq r' \leq r'_{\lim} \end{cases} \Rightarrow A - r'_{\lim} \leq r \leq A + r'_{\lim}$

– D'autre part, la loi de Snell-Descartes sur la face d'entrée permet d'obtenir une autre condition sur l'angle r : $\begin{cases} \sin i = n \sin r \\ \sin r'_{\lim} = \frac{1}{n} \end{cases} \Rightarrow \sin r = \sin r'_{\lim} \sin i$

Ainsi, $-\frac{\pi}{2} \leq i \leq \frac{\pi}{2} \Rightarrow -r'_{\lim} \leq r \leq r'_{\lim}$

Les conditions d'émergence donnent donc deux intervalles de variation pour r :

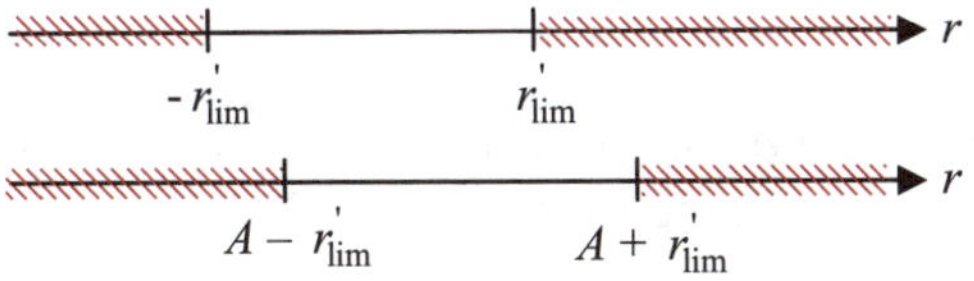

Il n'y aura émergence d'un rayon que si les deux intervalles représentés sont disjoints, c'est-à-dire si $A - r'_{\lim} \leq r'_{\lim} \Leftrightarrow A \leq 2r'_{\lim}$. Ainsi, si $A > 2r'_{\lim}$, il n'y a pas de rayon émergent.

Dans la suite, on se place dans le cas où $A \leq 2r'_{\lim}$. Examinons les conditions sur l'angle d'incidence i du rayon sur le prisme pour avoir émergence.

L'existence d'un angle d'incidence limite $r'_{\lim}$ sur la face de sortie induit une condition sur l'angle d'incidence i : $\begin{cases} \sin i = n \sin r \\ r = A - r' \end{cases} \Rightarrow \sin i = n \sin(A - r')$

L'angle d'incidence i limite, noté i_0, est obtenu pour $r' = r'_{\lim}$: $\sin i_0 = n \sin\left(A - r'_{\lim}\right)$

Choisissons des angles positifs pour simplifier le problème : $r' \leq r'_{\lim} \Rightarrow r \geq A - r'_{\lim}$

$\Rightarrow \sin r \geq \sin\left(A - r'_{\lim}\right) \Rightarrow \sin i \geq n \sin\left(A - r'_{\lim}\right) = \sin i_0 \Rightarrow i \geq i_0$. Le domaine de variation de i pour obtenir l'émergence est donc : $\boxed{i_0 \leq i \leq \frac{\pi}{2}}$ avec $i_0 = \arcsin\left[n \sin\left(A - r'_{\lim}\right)\right]$.

d) Minimum de déviation

Considérons un rayon incident issu d'une source monochromatique : l'indice n du prisme est fixé. Lorsqu'on fait varier l'angle d'incidence i de i_0 à $\frac{\pi}{2}$, on constate que l'angle de déviation D passe par un minimum. Cette plus petite valeur de D, notée D_m, s'appelle minimum de déviation. Pour déterminer D_m, différentions les relations du prisme précédemment établies :

$$\begin{cases} \sin i = n \sin r \\ \sin i' = n \sin r' \\ A = r + r' \\ D = i + i' - A \end{cases} \Rightarrow \begin{cases} \cos i \, di = n \cos r \, \mathrm{d}r \\ \cos i' \, di' = n \cos r' \, \mathrm{d}r' \\ 0 = \mathrm{d}r + \mathrm{d}r' \\ \mathrm{d}D = \mathrm{d}i + \mathrm{d}i' \end{cases}$$

Ainsi, $\dfrac{\mathrm{d}D}{\mathrm{d}i} = 1 - \dfrac{\cos r' \cos i}{\cos r \cos i'}$

D passe par un minimum lorsque $\dfrac{\mathrm{d}D}{\mathrm{d}i} = 0 \Leftrightarrow \cos r' \cos i = \cos r \cos i'$

$\Leftrightarrow (1 - \sin^2 i)(1 - \sin^2 r') = (1 - \sin^2 i')(1 - \sin^2 r)$.

Puis en utilisant les lois de Snell-Descartes sur les faces d'entrée et de sortie, on obtient :

$$(1 - \sin^2 i)\left(1 - \frac{\sin^2 i'}{n^2}\right) = (1 - \sin^2 i')\left(1 - \frac{\sin^2 i}{n^2}\right) \Leftrightarrow (n^2 - 1)(\sin^2 i - \sin^2 i') = 0.$$

L'unique solution est $i = i'$, ce qui conduit à $r = r'$. Notons respectivement i_m et r_m ces angles.

Les relations géométriques du prisme donnent donc : $i_m = \dfrac{A + D_m}{2}$ et $r_m = \dfrac{A}{2}$

Au minimum de déviation, les rayons incident et émergent sont symétriques par rapport au plan bissecteur du prisme.

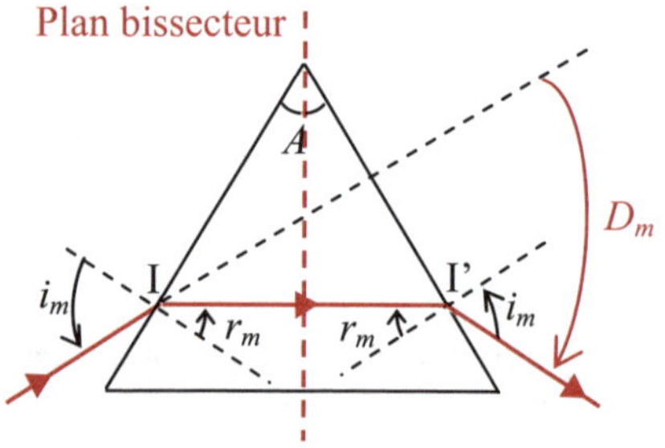

Traçons les variations de l'angle de déviation D en fonction de l'angle d'incidence i pour $i_0 \leq i \leq \dfrac{\pi}{2}$

i	i_0		i_m		$\frac{\pi}{2}$
$\frac{\mathrm{d}D}{\mathrm{d}i}$	$-\infty$	$-$	0	$+$	1
D	$i_0 + \frac{\pi}{2} - A$	↘	$2i_m - A$	↗	$i_0 + \frac{\pi}{2} - A$

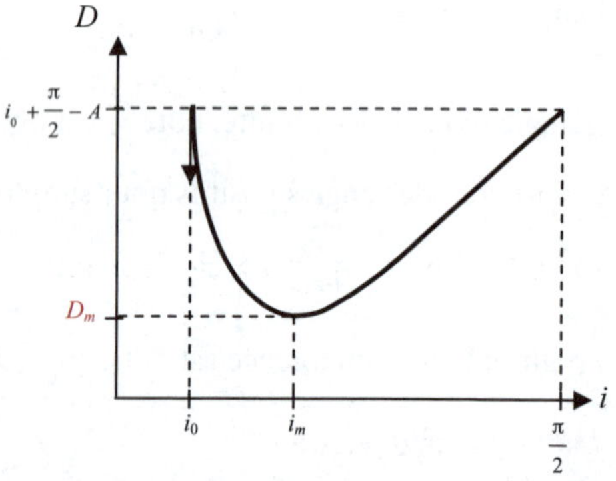

En reportant les expressions des angles i_m et r_m dans les lois de Snell-Descartes, on obtient la relation entre l'angle de déviation minimum D_m et l'indice n du prisme d'angle au sommet A :

$$\boxed{\sin\left(\frac{D_m + A}{2}\right) = n \sin \frac{A}{2}}$$

L'indice du prisme peut être déterminé, pour une radiation monochromatique donnée, en mesurant l'angle de déviation minimum.

3. EN PRATIQUE...

Éclairons un prisme en verre, d'angle au sommet $A = 60°$, avec une lampe à vapeur de mercure. Le tableau ci-dessous indique les valeurs de l'angle minimum de déviation D_m obtenues expérimentalement pour les raies principales de longueurs d'onde connues.

raie	(µm)	D_m
rouge	0,6907	39°06'
jaune	0,5790	39°22'
jaune	0,5770	39°28'
verte	0,5461	39°33'
bleu-vert	0,4916	39°43'
bleu-indigo	0,4358	40°05'
violet	0,4047	40°21'

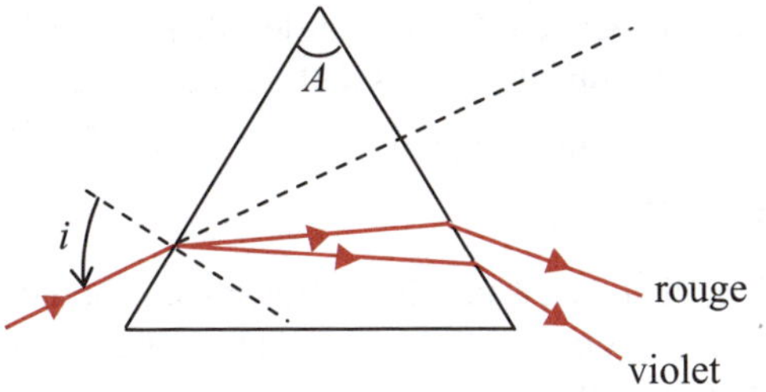

On constate que la raie violette est plus déviée que la raie rouge. Ainsi, le prisme décompose la lumière blanche : on dit qu'il y a dispersion de la lumière par le prisme.

Calculons l'indice du prisme pour chacune des raies : $n = \dfrac{\sin\left(\dfrac{D_m + A}{2}\right)}{\sin\dfrac{A}{2}}$.

Les valeurs obtenues sont reportées dans le tableau ci-dessous. Vérifions qu'elles suivent la loi phénoménologique de Cauchy décrivant les variations de l'indice optique du matériau en fonction de la longueur d'onde (fiche 62) :

$n = A + \dfrac{B}{\lambda^2}$ où A et B sont des constantes dépendant du matériau utilisé.

Traçons la courbe donnant l'indice optique n en fonction de $\dfrac{1}{\lambda^2}$:

raie	λ(µm)	n	$\frac{1}{\lambda^2}$.(µm⁻²)
rouge	0,6907	1,522	1,45
jaune	0,5790	1,525	2,98
jaune	0,5770	1,526	3,00
verte	0,5461	1,527	3,35
bleu-vert	0,4916	1,529	4,14
bleu-indigo	0,4358	1,533	5,27
violet	0,4047	1,536	6,11

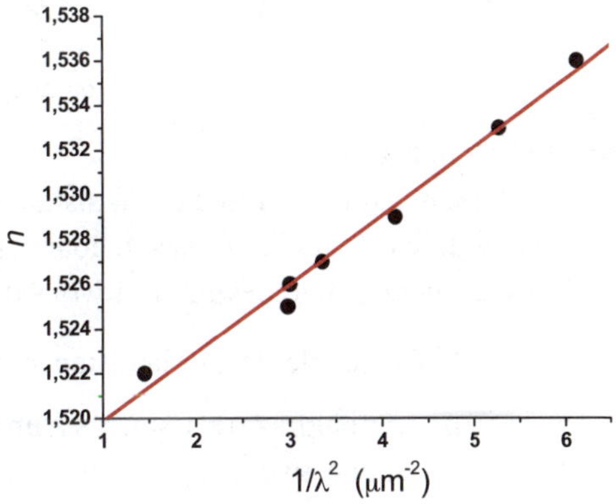

Les points sont alignés ; la droite obtenue est affine, d'équation $n = A + \dfrac{B}{\lambda^2}$, avec $A = 1{,}517$ et $B = 3{,}06.10^{-3}$ µm². La loi de Cauchy donnant les variations de l'indice du matériau en fonction de la longueur d'onde est vérifiée.

67 Lentilles minces

1. EN QUELQUES MOTS...

Si les lentilles en verre telles les lunettes de vue sont les plus couramment utilisées, d'autres milieux peuvent former des lentilles. Ainsi, le cristallin de l'œil ou encore les gouttes d'eau de la rosée constituent des lentilles naturelles.

2. CE QU'IL FAUT RETENIR...

a) Lentille

Une lentille est un milieu transparent homogène et isotrope, d'indice optique n, limité par deux dioptres dont l'un au moins est sphérique. On appelle R_1 et R_2 leurs rayons de courbure. L'ensemble présente un axe de symétrie, l'axe optique, passant par les centres C_1 et C_2 des deux dioptres. Les sommets S_1 et S_2 des deux dioptres correspondent aux points d'intersection des dioptres avec l'axe optique.

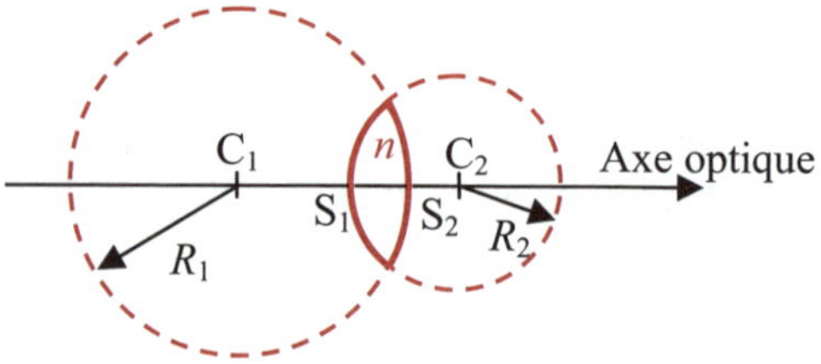

Les lentilles peuvent se classer en deux catégories :

Les lentilles convergentes Les bords sont plus minces que le centre.			Les lentilles divergentes Les bords sont plus épais que le centre.		

biconvexe	plan-convexe	ménisque convergent	biconcave	plan-concave	ménisque divergent

b) Lentille mince

L'épaisseur e d'une lentille est la distance entre les sommets des deux dioptres : $e = S_1S_2$.

Une lentille est dite mince si son épaisseur e vérifie les deux conditions suivantes :

- e est négligeable devant les rayons de courbure R_1 et R_2 des deux dioptres.
- e est négligeable devant la distance $\left|\overline{C_1C_2}\right|$ entre les centres des dioptres.

S_1 et S_2 peuvent alors être assimilés à un même point O appelé centre optique de la lentille.

Les lentilles minces sont représentées de la manière suivante :

Lentille mince convergente	Lentille mince divergente
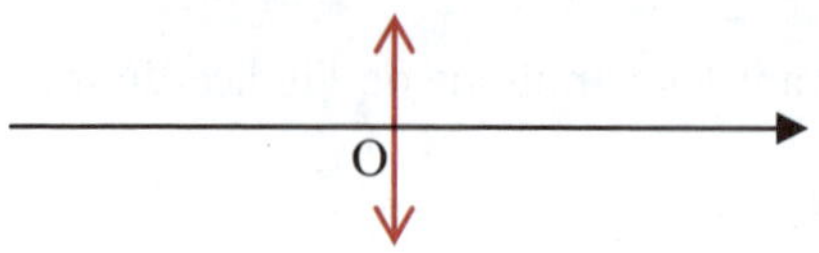	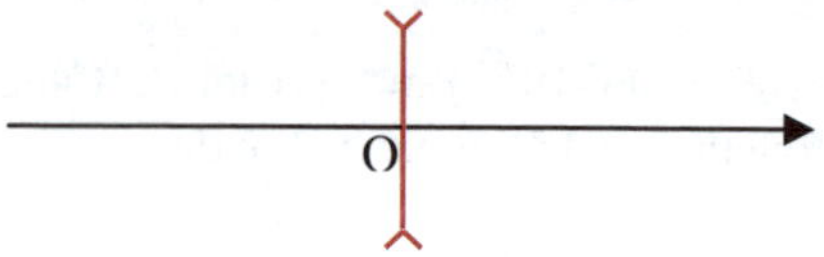

c) Foyers et vergence d'une lentille mince

• Foyers principaux

	Lentille convergente	Lentille divergente
Foyer principal objet F Un objet ponctuel en F donne une image ponctuelle à l'infini dans la direction de l'axe optique.	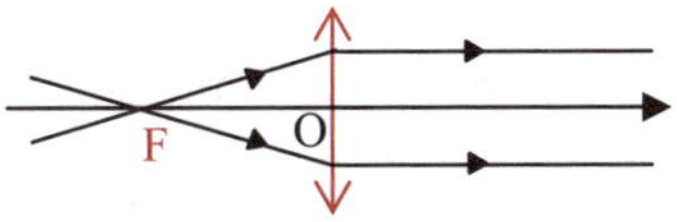 F est un point objet réel	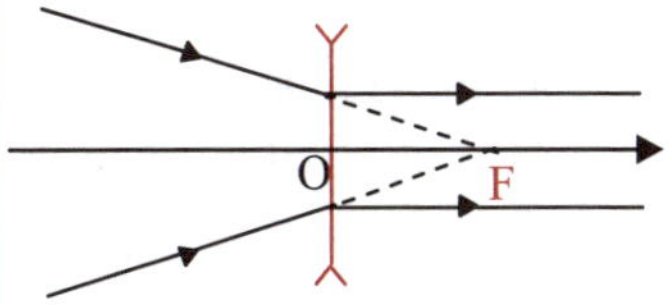 F est un point objet virtuel
Foyer principal image F′ Un objet ponctuel à l'infini dans la direction de l'axe optique donne une image ponctuelle F′.	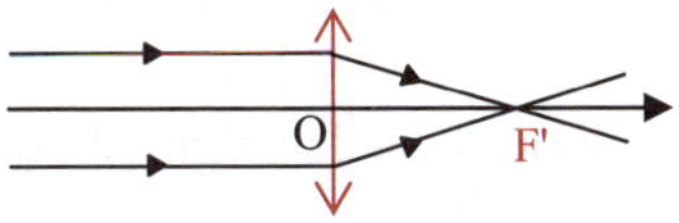 F' est un point image réel	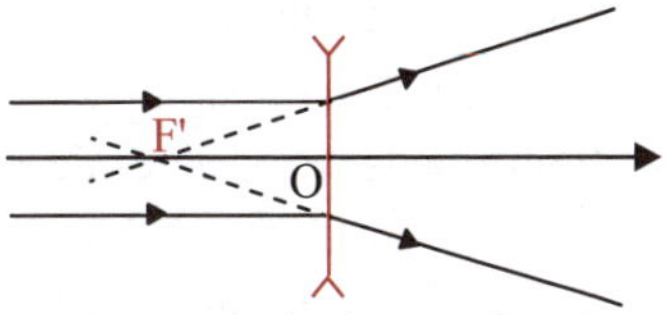 F' est un point image virtuel
Propriété : F et F′ sont symétriques par rapport au centre optique O de la lentille.		

• Plans focaux : Le plan focal objet est le plan perpendiculaire à l'axe optique passant par F. Le plan focal image est le plan perpendiculaire à l'axe optique passant par F'.

Lentille convergente	Lentille divergente
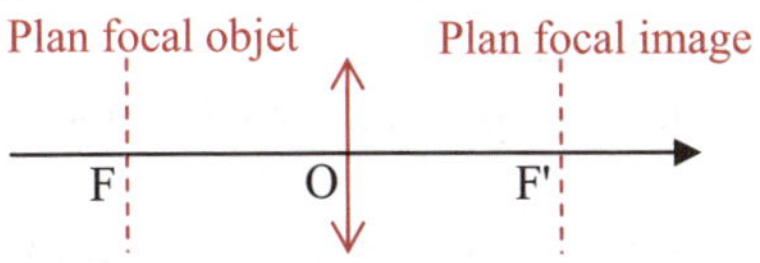	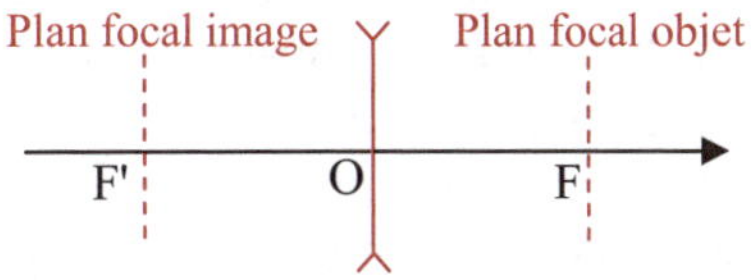

• Foyers secondaires :

Chaque point du plan focal objet s'appelle un foyer objet secondaire. L'image d'un foyer secondaire F_S est à l'infini, dans la direction donnée par le rayon F_SO.

Chaque point du plan focal image s'appelle un foyer image secondaire. Chaque foyer image secondaire F'_S est l'image ponctuelle d'un objet ponctuel à l'infini dans la direction OF'_S.

	Lentille convergente	Lentille divergente
Image d'un foyer objet secondaire F_S	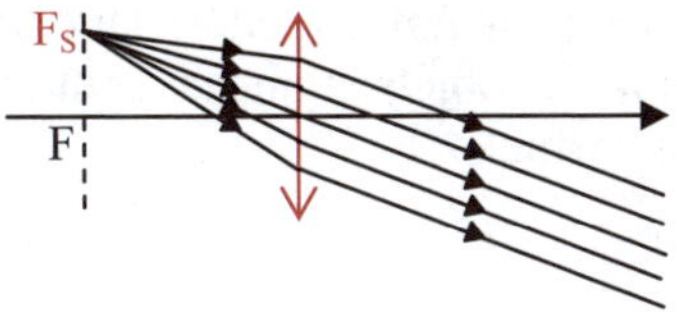	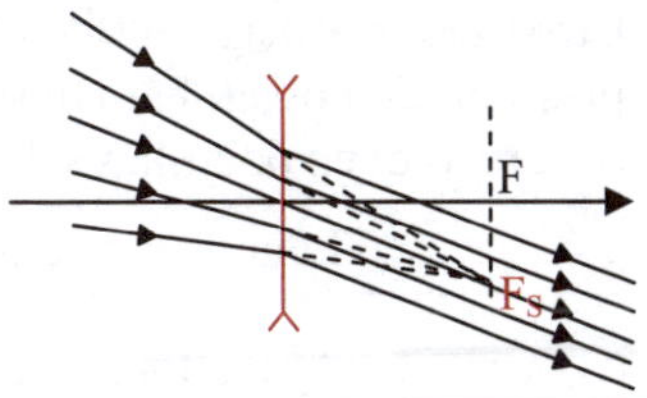
Image d'un objet ponctuel à l'infini en dehors de l'axe optique	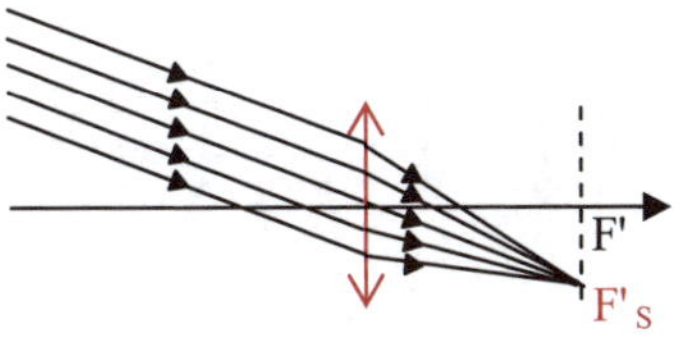	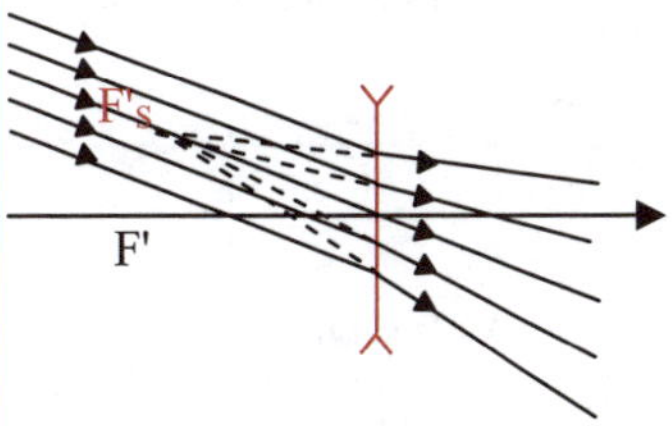

- Les distances focales sont définies par :

$$f' = \overline{OF'} \qquad f = \overline{OF} \qquad \text{avec} \qquad f' = -f$$

f' : distance focale image (grandeur algébrique) (m)
f : distance focale objet (grandeur algébrique) (m)

Pour une lentille convergente, $f' > 0$; pour une lentille divergente, $f' < 0$.
La vergence *V* d'une lentille mince est définie par :

$$V = \frac{1}{f'}$$

V : vergence de la lentille mince (m^{-1} ou dioptries (δ)).
f' : distance focale image (grandeur algébrique) (m)

Pour une lentille convergente, $V > 0$; pour une lentille divergente, $V < 0$.

d) Construction de l'image d'un objet

Pour que les propriétés de stigmatisme et d'aplanétisme approchés soient vérifiées, les conditions de Gauss doivent être respectées (fiche 63).

Considérons un objet plan $\overline{AB}$, A étant sur l'axe optique. Pour déterminer la position de son image $\overline{A'B'}$ par la lentille mince, il faut construire l'image ponctuelle B' de l'objet ponctuel B. Il suffit pour cela de tracer au-moins deux rayons particuliers issus de B (ou semblant se diriger vers B) parmi les trois suivants :

- Rayon 1 : le rayon issu de B et passant par le centre optique O n'est pas dévié : le centre optique est sa propre image.
- Rayon 2 : le rayon issu de B parallèle à l'axe optique émerge de la lentille en passant par le foyer principal image F′ (ou en semblant provenir de F′).
- Rayon 3 : le rayon issu de B et se dirigeant vers le foyer principal objet F émerge parallèlement à l'axe optique.

B′ est le point d'intersection des rayons émergeant de la lentille ou de leurs prolongements. Cela fixe la position de l'image ponctuelle A′ de l'objet ponctuel A sur l'axe optique.

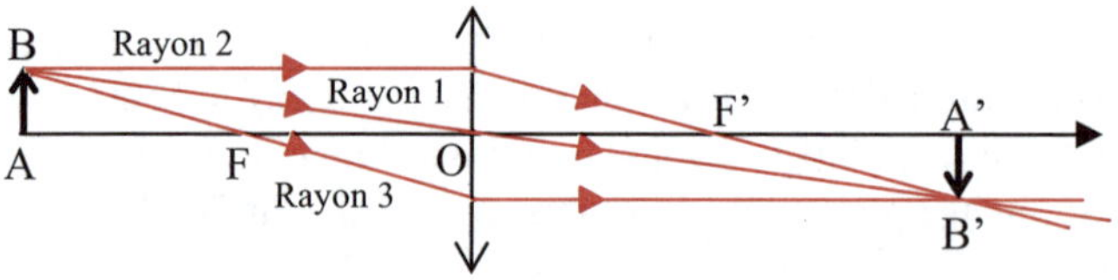

3. EN PRATIQUE...

Construisons l'image $\overline{A'B'}$ d'un objet plan $\overline{AB}$ perpendiculaire à l'axe optique, pour différentes positions de l'objet. Par convention, les objets et images sont représentés en traits pleins s'ils sont réels et en pointillés s'ils sont virtuels.

Lentille convergente	Lentille divergente
$\overline{AB}$ est un objet réel situé à une distance de la lentille supérieure à la distance focale 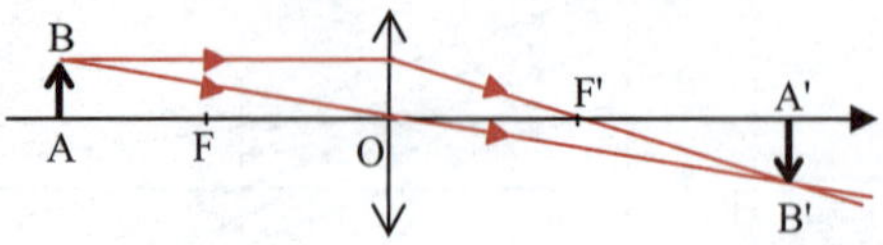 $\overline{A'B'}$ est une image réelle renversée.	$\overline{AB}$ est un objet réel 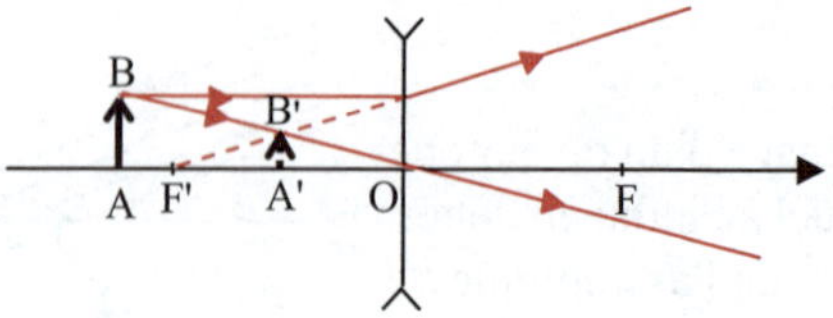 $\overline{A'B'}$ est une image virtuelle droite, plus petite que l'objet.

Lentille convergente	Lentille divergente
$\overline{AB}$ est un objet réel situé entre le centre optique O et le foyer objet F 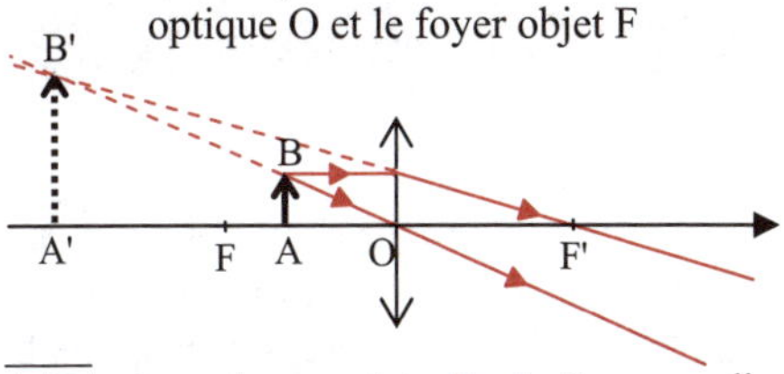 $\overline{A'B'}$ est une image virtuelle droite, agrandie.	$\overline{AB}$ est un objet virtuel situé entre le centre optique O et le foyer objet F 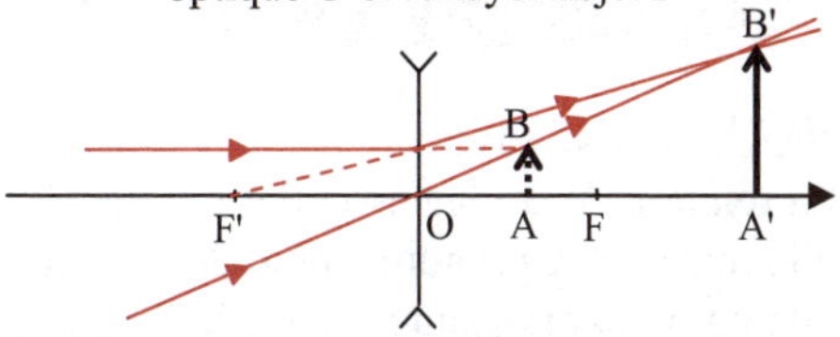 $\overline{A'B'}$ est une image réelle droite, agrandie.
$\overline{AB}$ est un objet virtuel 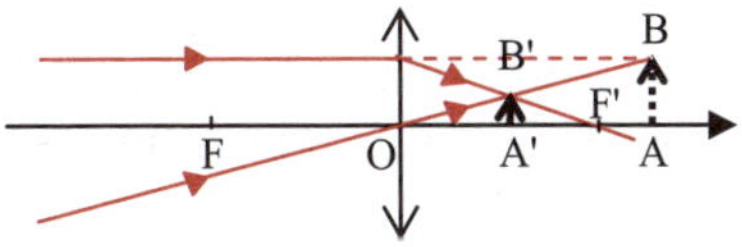 $\overline{A'B'}$ est une image réelle droite, plus petite que l'objet.	$\overline{AB}$ est un objet virtuel situé à une distance de la lentille supérieure à la distance focale 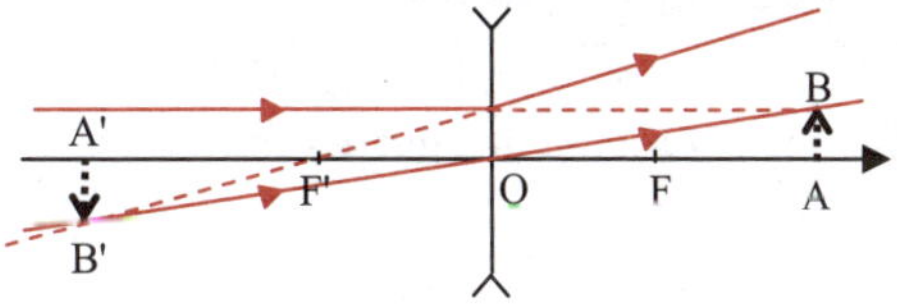 $\overline{A'B'}$ est une image virtuelle renversée.

Les constructions ci-dessus montrent que :

- Pour un rayon incident ne passant pas par le centre optique, le rayon émergent se rapproche de l'axe optique si la lentille est convergente et s'en éloigne si la lentille est divergente.
- Les mesures algébriques $\overline{FA}$ et $\overline{F'A'}$ sont toujours de signe contraire.

• Mettons concrètement en œuvre un objet virtuel.

Il faut former l'image réelle $\overline{A'B'}$ d'un objet réel $\overline{AB}$ par une lentille convergente (L_1) et en utiliser l'image réelle $\overline{A'B'}$ en tant qu'objet virtuel pour la lentille d'étude (L_2).

→ *Première étape* **:** On forme l'image réelle $\overline{A'B'}$ de l'objet réel $\overline{AB}$ par la lentille (L_1) de centre optique O_1 et de points focaux F_1 et F_1'.

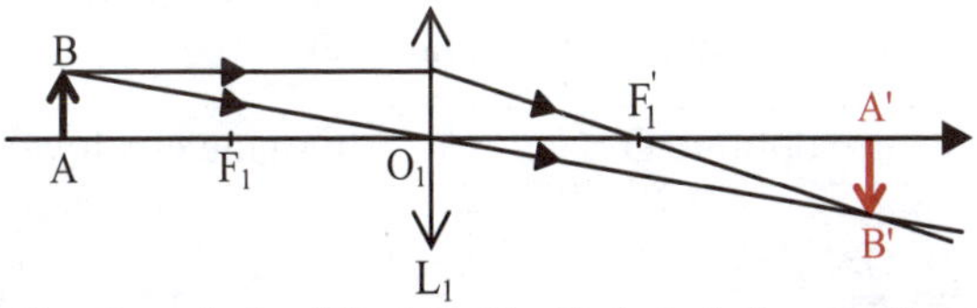

→ *Deuxième étape* **:** On place la lentille étudiée (L_2) de telle manière que les rayons arrivent sur (L_2) en convergeant et en semblant se diriger vers $\overline{A'B'}$. Pour la lentille (L_2), $\overline{A'B'}$ devient un objet virtuel. Prenons l'exemple d'une lentille (L_2) divergente, de centre optique O_2 et de points focaux F_2 et F_2'. On construit l'image $\overline{A''B''}$ de l'objet virtuel $\overline{A'B'}$ en traçant deux rayons particuliers issus de B'.

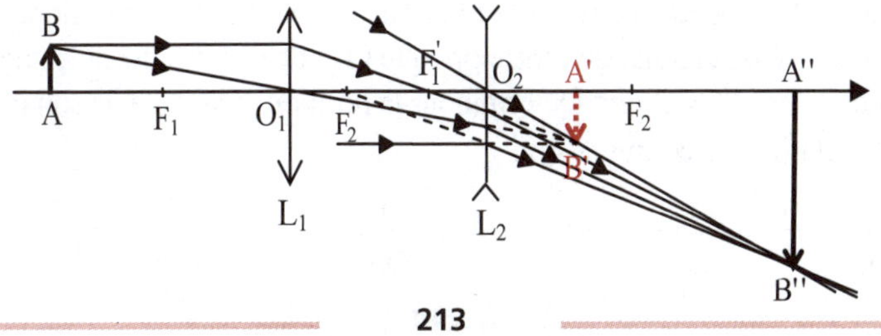

68 Relations des lentilles minces

1. EN QUELQUES MOTS...

La relation de conjugaison permet de déterminer la position de l'image d'un objet par une lentille mince et le grandissement donne accès à la taille de l'image. Les relations peuvent s'exprimer en prenant comme origine le centre optique O de la lentille ou les foyers principaux F et F'.

2. CE QU'IL FAUT RETENIR...

a) Relation de conjugaison

La relation de conjugaison s'exprime de deux manières :

Relation de Descartes Origine au centre optique O	Relation de Newton Origine aux foyers principaux F et F'
$\dfrac{1}{\overline{OA'}} - \dfrac{1}{\overline{OA}} = \dfrac{1}{f'}$	$\overline{FA}\ \overline{F'A'} = \overline{OF}\ \overline{OF'} = -f'^2$

Les grandeurs sont des mesures algébriques exprimées en m.

b) Grandissement

Le grandissement, noté γ, permet de comparer la taille de l'image $\overline{A'B'}$ à celle de l'objet $\overline{AB}$ ainsi que son sens. Il est défini par :

$$\gamma = \frac{\overline{A'B'}}{\overline{AB}}$$

$\overline{AB}$: taille de l'objet (m).

$\overline{A'B'}$: taille de l'image (m).

γ : grandissement (sans unité).

Si γ est positif, l'image et l'objet sont dans le même sens : l'image est dite droite.
Si γ est négatif, l'image et l'objet sont de sens opposés : l'image est dite renversée.
Le grandissement γ peut s'exprimer de deux manières :

Origine au centre optique O	Origine aux foyers principaux F et F'
$\gamma = \dfrac{\overline{OA'}}{\overline{OA}}$	$\gamma = -\dfrac{f}{\overline{FA}} = -\dfrac{\overline{F'A'}}{f'}$

Ainsi, γ est positif si l'objet et l'image sont de nature différente (objet réel et image virtuelle ou objet virtuel et image réelle) tandis que γ est négatif si l'objet et l'image sont de même nature.

3. EN PRATIQUE...

- Un objet réel AB perpendiculaire à l'axe optique, A étant sur l'axe optique, est placé à 12 cm d'une lentille mince divergente de centre optique O et de distance focale image $f' = -6$ cm. La taille de cet objet est AB = 2 cm. Déterminons la position et la taille de son image A'B'.

Appliquons la relation de conjugaison :

$$\frac{1}{\overline{OA'}} - \frac{1}{\overline{OA}} = \frac{1}{f'} \text{ avec } \overline{OA} = -12 \text{ cm} \Rightarrow \frac{1}{\overline{OA'}} - \frac{1}{(-12)} = \frac{1}{(-6)} \Leftrightarrow \overline{OA'} = -4 \text{ cm}$$

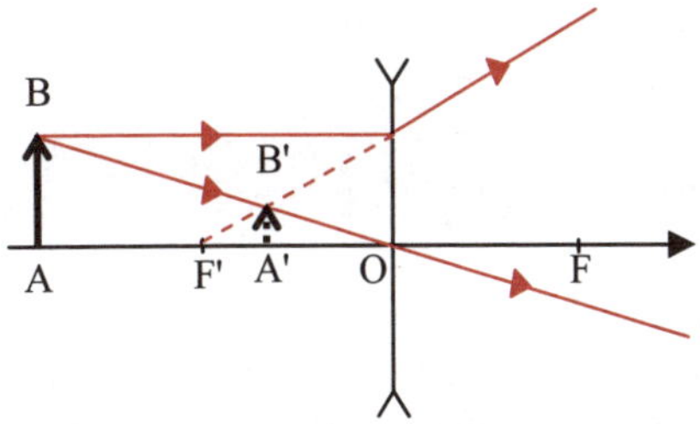

$\overline{A'B'}$ est donc une image virtuelle.

Exprimons le grandissement γ :

$$\gamma = \frac{\overline{OA'}}{\overline{OA}} \text{ avec } \begin{cases} \overline{OA'} = -4 \text{ cm} \\ \overline{OA} = -12 \text{ cm} \end{cases} \Rightarrow \gamma = \frac{1}{3}$$

: l'image est droite et plus petite que l'objet. Sa taille est : $\overline{A'B'} = \gamma\ \overline{AB} = 0{,}66$ cm.

- Étudions le système centré constitué par deux lentilles minces convergentes (L_1) et (L_2) de distances focales images respectives $f_1' = 10$ cm et $f_2' = 15$ cm, placées à une distance $O_1O_2 = 30$ cm. Ce type d'association de lentilles est utilisé dans certains instruments d'optique (fiche 72). Plaçons un objet réel $\overline{AB} = 1$ cm à 6 cm du centre optique O_1 de la lentille (L_1).

→ Déterminons la position de son image $\overline{A'B'}$ par le système centré.

L'objet $\overline{AB}$ donne une image $\overline{A_iB_i}$ par la lentille (L_1). Appliquons la relation de conjugaison :

$$\begin{cases} \dfrac{1}{\overline{O_1A_i}} - \dfrac{1}{\overline{O_1A}} = \dfrac{1}{f_1'} \\ \overline{O_1A} = -6 \text{ cm} \end{cases} \Rightarrow \frac{1}{\overline{O_1A_i}} = \frac{1}{\overline{O_1A}} + \frac{1}{f_1'} = \frac{1}{-6} + \frac{1}{10} = -\frac{1}{15} \text{cm}^{-1} \Leftrightarrow \overline{O_1A_i} = -15 \text{ cm}$$

$\overline{A_iB_i}$ est une image virtuelle qui devient un objet pour la lentille (L_2). Sa position par rapport à (L_2) est : $\overline{O_2A_i} = \overline{O_2O_1} + \overline{O_1A_i} = -30 - 15 = -45$ cm : $\overline{A_iB_i}$ est un objet réel.

L'objet $\overline{A_iB_i}$ donne l'image $\overline{A'B'}$ par la lentille (L_2). Appliquons la relation de conjugaison :

$$\frac{1}{\overline{O_2A'}} - \frac{1}{\overline{O_2A_i}} = \frac{1}{f_2'} \Leftrightarrow \frac{1}{\overline{O_2A'}} = \frac{1}{\overline{O_2A_i}} + \frac{1}{f_2'} = \frac{1}{-45} + \frac{1}{15} = \frac{2}{45} \text{cm}^{-1} \Leftrightarrow \overline{O_2A'} = 22{,}5 \text{ cm}.$$

→ Construisons l'image $\overline{A'B'}$ en traçant un pinceau lumineux issu de B.

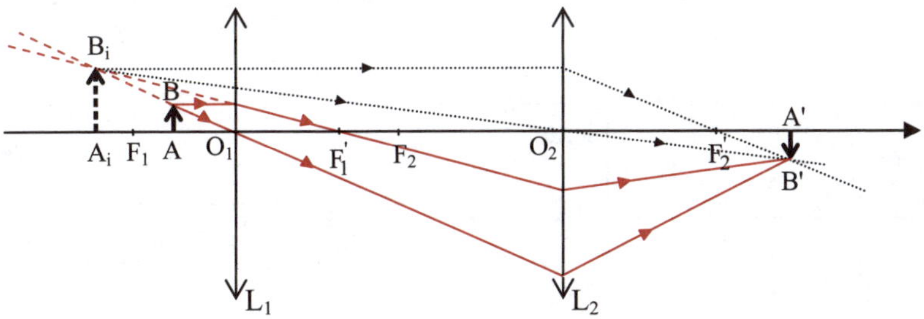

→ Calculons la taille de l'image $\overline{A'B'}$: $\gamma = \dfrac{\overline{A'B'}}{\overline{AB}} = \dfrac{\overline{A'B'}}{\overline{A_iB_i}}\ \dfrac{\overline{A_iB_i}}{\overline{AB}} = \gamma_{L_1}\ \gamma_{L_2}$ où γ_{L_1} et γ_{L_2} sont les grandissements respectifs des deux lentilles.

Ainsi $\gamma = \dfrac{\overline{O_2A'}}{\overline{O_2A_i}}\ \dfrac{\overline{O_1A_i}}{\overline{O_1A}} = \dfrac{22{,}5}{-45} \times \dfrac{-15}{-6} = -1{,}25$: l'image $\overline{A'B'}$ est renversée et plus grande que l'objet $\overline{AB}$. On en déduit sa taille : $\overline{A'B'} = -1{,}25$ cm.

69 Focométrie

1. EN QUELQUES MOT...

La mesure des distances focales est appelée « focométrie ». Les distances focales des lentilles convergentes peuvent être mesurées par de nombreuses méthodes, en particulier les méthodes de Bessel et Silberman. Dans le cas des lentilles divergentes, les méthodes sont moins nombreuses et plus complexes ; néanmoins il est souvent possible de coupler la lentille divergente à une lentille convergente de distance focale connue afin d'obtenir un système convergent.

2. CE QU'IL FAUT RETENIR...

a) Lentilles convergentes : Méthodes de Bessel et de Silberman

Un objet réel plan $\overline{AB}$ perpendiculaire à l'axe optique, A étant sur l'axe optique, donne une image $\overline{A'B'}$ par la lentille convergente (L) de centre optique O et de distance focale image *f'*. Soit D la distance entre l'objet et l'écran : AA' = D.

Écrivons la relation de conjugaison et exprimons la mesure algébrique $\overline{AO} > 0$ en fonction de D et *f'* :

$$\frac{1}{\overline{OA'}} - \frac{1}{\overline{OA}} = \frac{1}{f'} \text{ avec } \begin{cases} \overline{OA'} = \overline{OA} + \overline{AA'} = -\overline{AO} + D \\ \overline{OA} = -\overline{AO} \end{cases} \Rightarrow \frac{1}{D - \overline{AO}} + \frac{1}{\overline{AO}} = \frac{1}{f'}$$

On obtient ainsi l'équation du second degré suivante : $\overline{AO}^2 - D\overline{AO} + Df' = 0$ dont le discriminant est : $\Delta = D^2 - 4Df' = D(D - 4f')$.

- Premier cas : méthode de Bessel

Lorsque $\Delta > 0 \Leftrightarrow D > 4f'$, l'équation admet deux solutions. Il existe donc deux positions de la lentille (L), notées O_1 et O_2, qui permettent la formation d'une image nette sur l'écran :

$$\overline{AO_1} = \frac{D - \sqrt{D^2 - 4f'D}}{2}$$

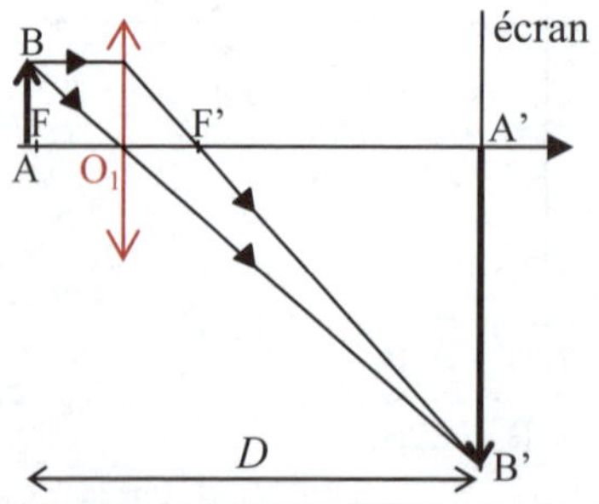

$$\overline{AO_2} = \frac{D + \sqrt{D^2 - 4f'D}}{2}$$

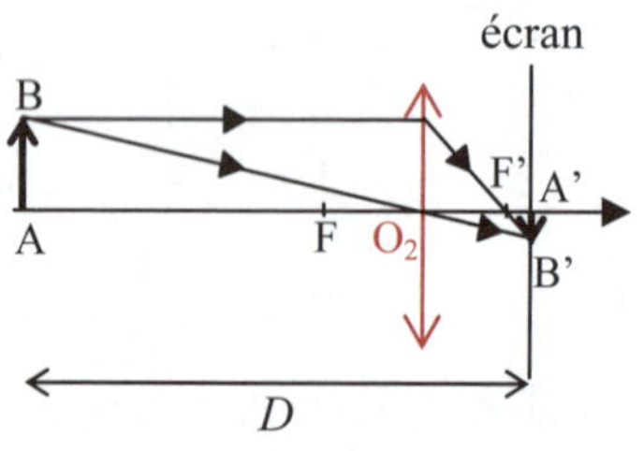

Appelons d la distance entre les deux positions de la lentille : $d = \overline{O_1O_2}$.

$$d = \overline{O_1O_2} = \overline{O_1A} + \overline{AO_2} = \overline{AO_2} - \overline{AO_1} = \sqrt{D^2 - 4f'D}$$

Ainsi la distance focale image *f'* cherchée est : $\boxed{f' = \dfrac{D^2 - d^2}{4D}}$

Concrètement, la distance D entre l'objet et l'écran est fixée ; on mesure alors la distance d entre les deux positions de la lentille fournissant une image sur l'écran, on en déduit f'.
Il faut noter que les grandissements mesurés pour les deux positions de la lentille sont inverses l'un de l'autre :

$$\gamma_1 = \frac{\overline{O_1A'}}{\overline{O_1A}} = \frac{\overline{AO_1} - D}{\overline{AO_1}} = -\frac{D + \sqrt{D^2 - 4f'D}}{D - \sqrt{D^2 - 4f'D}} \text{ et } \gamma_2 = \frac{\overline{O_2A'}}{\overline{O_2A}} = \frac{\overline{AO_2} - D}{\overline{AO_2}} = \frac{1}{\gamma_1}$$

- Deuxième cas : méthode de Silberman

Lorsque $\Delta = 0 \Leftrightarrow D = 4f'$, l'équation n'admet qu'une solution. Il n'existe qu'une seule position de la lentille donnant une image nette sur l'écran :

$$\overline{AO} = \frac{D}{2}$$

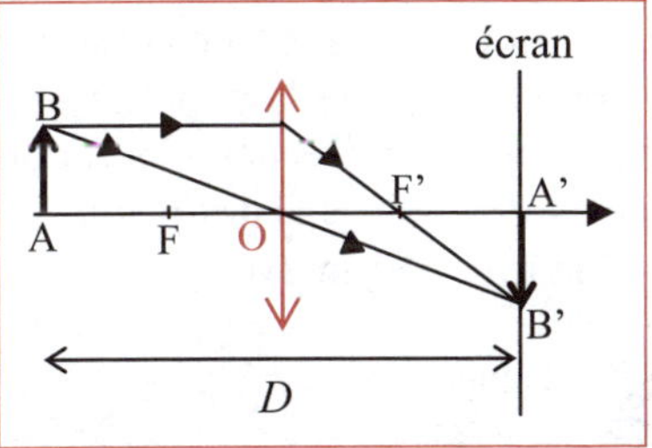

La lentille est à égale distance de l'objet et de l'écran ; le grandissement est : $\gamma = -1$. Concrètement, il faut placer la lentille et l'écran de telle manière que l'image soit de même taille que l'objet mais renversée. En mesurant la distance D séparant l'objet $\overline{AB}$ de l'écran, on peut déduire la distance focale image de la lentille :

$$\boxed{f' = \frac{D}{4}}$$

b) Lentilles divergentes

La méthode la plus simple consiste à accoler la lentille divergente (L) dont on souhaite déterminer la distance focale image f' à une lentille convergente (L_0) de distance focale f_0' connue.
Cherchons quelle condition doit remplir f_0' pour que la lentille équivalente à (L) + (L_0) soit convergente ; il sera alors possible d'appliquer l'une des méthodes décrites précédemment.
Un objet $\overline{AB}$ donne une image $\overline{A'B'}$ par la lentille (L). $\overline{A'B'}$ devient alors un objet pour la lentille (L_0). Appelons $\overline{A''B''}$ l'image finale.
Les deux lentilles ayant le même centre optique O, les relations de conjugaison s'écrivent :

$$\begin{cases} \dfrac{1}{\overline{OA'}} - \dfrac{1}{\overline{OA}} = \dfrac{1}{f'} \\ \dfrac{1}{\overline{OA''}} - \dfrac{1}{\overline{OA'}} = \dfrac{1}{f_0'} \end{cases} \Rightarrow \frac{1}{\overline{OA''}} - \frac{1}{\overline{OA}} = \frac{1}{f_0'} + \frac{1}{f'}$$

L'association des deux lentilles conduit donc à une lentille équivalente de distance focale image $f_{éq}'$ telle que les vergences de deux lentilles accolées s'ajoutent : $\dfrac{1}{f_{éq}'} = \dfrac{1}{f'} + \dfrac{1}{f_0'}$

La lentille mince équivalente doit être convergente : $\dfrac{1}{f_{éq}'} > 0 \Leftrightarrow \dfrac{1}{f'} + \dfrac{1}{f_0'} > 0$.

$\begin{cases} f_0' > 0 \\ f' < 0 \end{cases} \Rightarrow -\dfrac{1}{|f'|} + \dfrac{1}{f_0'} > 0 \Leftrightarrow f_0' < |f'|$: la distance focale de la lentille convergente (L_0) doit donc être plus petite en valeur absolue que celle de la lentille divergente.

70 L'œil

1. EN QUELQUES MOTS...

L'œil constitue un système optique élaboré capable de s'adapter pour observer un objet proche puis, instantanément, un objet éloigné. Il supporte également de grandes variations d'intensité lumineuse.

2. CE QU'IL FAUT RETENIR...

a) Description de l'œil

L'œil est composé du cristallin qui est assimilable à une lentille convergente et permet la formation des images sur la rétine, membrane constituée de cellules photosensibles (cônes et bâtonnets). L'iris joue le rôle d'un diaphragme en limitant l'intensité lumineuse pénétrant dans l'œil. Ainsi le rayon de l'ouverture circulaire correspondant à la pupille varie de 1 à 4 mm. Les images, renversées, se formant sur la rétine sont transmises par le nerf optique au cerveau qui se charge de les interpréter : renversement, correction de la distorsion.

L'œil a une sensibilité maximum pour une longueur d'onde de 550 nm (vert).

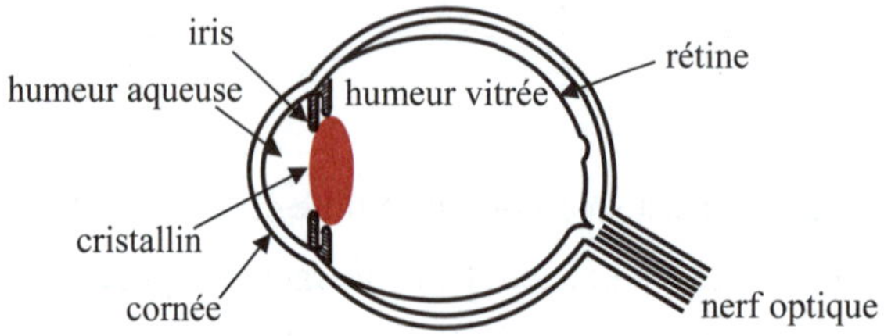

b) Modèle de l'œil

L'œil peut être assimilé à une lentille mince convergente de distance focale variable (le cristallin) placée à une distance fixe de 16 mm d'un écran (la rétine). Ce modèle est appelé œil réduit.

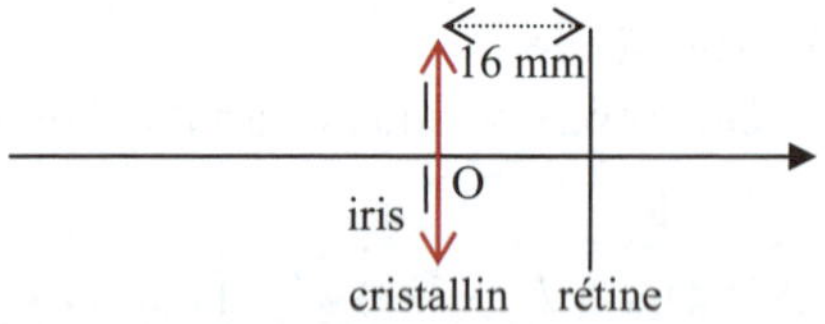

c) Accommodation

L'œil ne voit nettement un objet que si son image se forme sur la rétine. La distance lentille-écran étant fixe et les objets situés à des distances variables, le cristallin doit adapter sa courbure et donc modifier sa vergence pour que les images se forment sur la rétine. On dit que l'œil accommode. Le cristallin est donc une lentille de distance focale image $f' = \overline{OF'}$ adaptable.

- Punctum remotum : lorsque le cristallin est au repos, la position du point objet vu nettement par l'œil est appelée punctum remotum et notée PR. Un œil normal, dit emmétrope, voit nettement les objets situés à l'infini : PR = ∞. On a donc $f' = \overline{OF'} = 16$ mm (F′ est sur la rétine).
- Punctum proximum : pour voir des objets situés à distance finie, le cristallin augmente sa courbure, il se bombe de façon à accroître la convergence de l'œil ; la distance focale f' du cristallin diminue. Le point objet le plus proche vu distinctement est appelé punctum proximum et noté

PP. La distance œil-PP, notée d_m, est appelée distance minimale de vision distincte. Pour un œil normal, $d_m = 25$ cm.

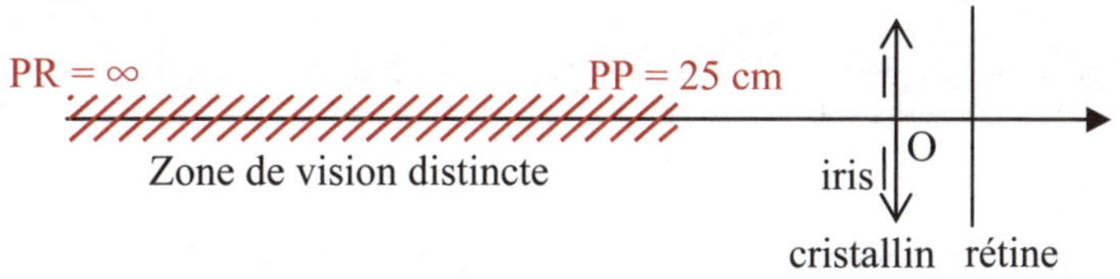

d) Pouvoir séparateur angulaire

L'œil ne peut distinguer deux objets que si leurs images se forment sur des cellules différentes de la rétine. La résolution angulaire correspondante, appelée pouvoir séparateur angulaire, est de l'ordre d'une minute ($\alpha = 3.10^{-4}$ rad).

e) Les défauts de l'œil

L'œil myope : un œil trop convergent	L'œil hypermétrope : un œil pas assez convergent
L'image d'un objet à l'infini se forme en avant de la rétine : le foyer image de l'œil au repos est en avant de la rétine. 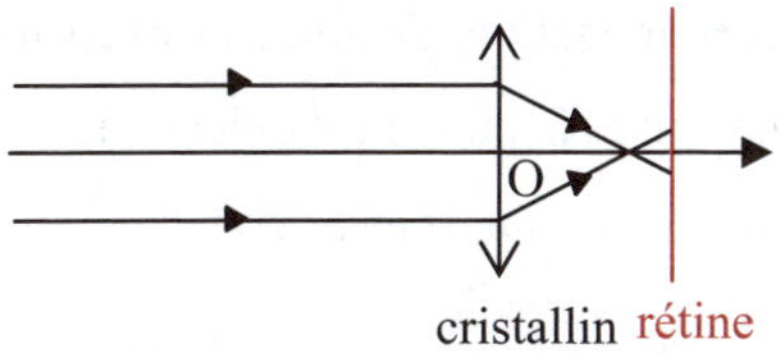	L'image d'un objet à l'infini se forme en arrière de la rétine : le foyer image de l'œil au repos est en arrière de la rétine. 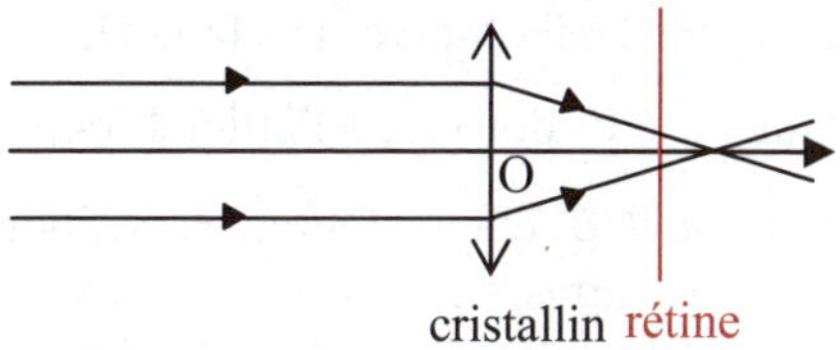
Le PR est à distance finie. Le PP est plus rapproché que pour un œil normal. 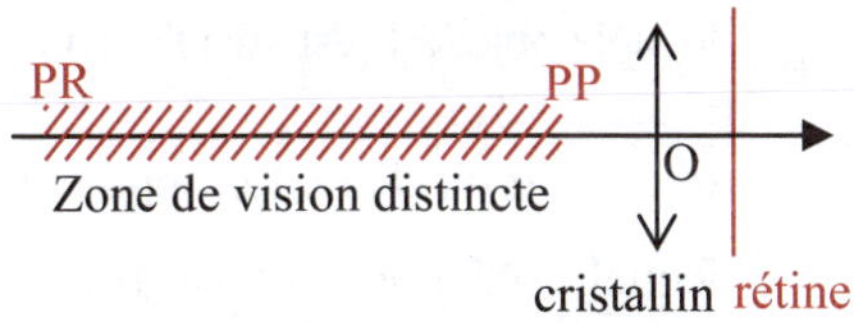	Le PR est virtuel. Le PP est plus éloigné que pour un œil normal. 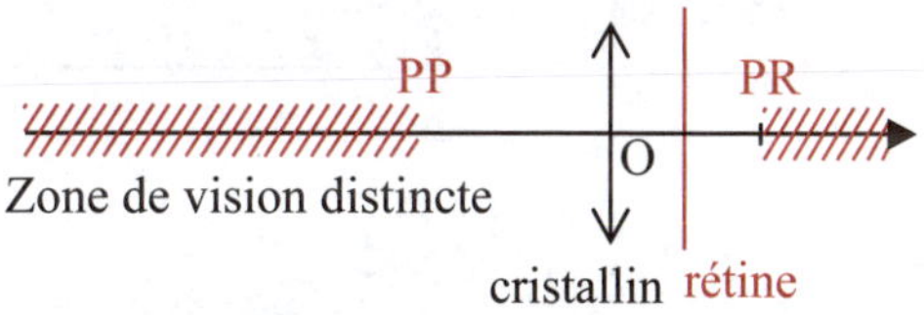
La myopie est corrigée par une lentille divergente.	L'hypermétropie est corrigée par une lentille convergente.

3. EN PRATIQUE...

Calculons les valeurs extrêmes de la vergence d'un œil emmétrope (normal).

Elles sont obtenues pour un objet placé au PR et au PP :

→ Lorsque l'objet est au PR = ∞, la distance focale image f' correspond à la distance cristallin-rétine :

$$f' = 16 \text{ mm} = 16.10^{-3} \text{ m} \Rightarrow V = \frac{1}{f'} = \frac{1}{16.10^{-3}} = 62{,}5\ \delta$$

→ Lorsque l'objet est au PP, f' est obtenu en appliquant la relation de conjugaison de la lentille mince pour un objet ponctuel A à 25 cm de l'œil donnant une image A′ sur la rétine :

$$\frac{1}{\overline{OA'}} - \frac{1}{\overline{OA}} = \frac{1}{f'} \text{ avec } \begin{cases} \overline{OA} = -25.10^{-2} \text{ m} \\ \overline{OA'} = 16.10^{-3} \text{ m} \end{cases} \Rightarrow f' = 15 \text{ mm} = 15.10^{-3} \text{ m} \Rightarrow V = \frac{1}{f'} = 66{,}5\ \delta$$

71 Loupe

1. EN QUELQUES MOTS...

Une lentille convergente peut, dans certaines conditions, jouer le rôle de loupe, c'est-à-dire permettre l'observation d'un objet sous un angle plus grand. La loupe est l'instrument d'optique le plus simple.

2. CE QU'IL FAUT RETENIR...

a) Définition d'une loupe

C'est une lentille convergente, de courte distance focale (1 à 10 cm), utilisée pour former d'un objet réel $\overline{AB}$ une image virtuelle droite agrandie. L'objet $\overline{AB}$ doit être ainsi placé entre le plan focal objet et la loupe. Dans la suite, on modélisera la loupe par une lentille mince.

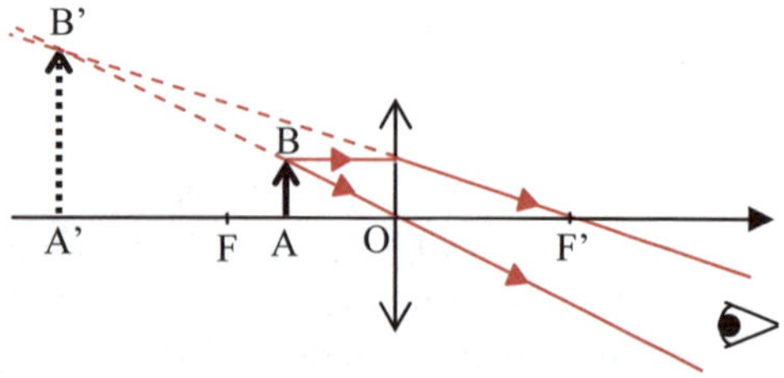

Pour que l'œil observe sans fatigue, donc sans accommodation, un objet à travers une loupe, l'image $\overline{A'B'}$ doit être à l'infini. L'objet $\overline{AB}$ est ainsi dans le plan focal objet de la lentille.

L'image $\overline{A'B'}$ étant à l'infini, la position de l'œil n'a pas d'importance.

b) Diamètre apparent

La loupe sert à augmenter le diamètre apparent sous lequel est vu un objet $\overline{AB}$:

<table>
<tr><td>Objet $\overline{AB}$ vu à l'œil nu</td><td></td><td>α : angle ou diamètre apparent sous lequel l'objet $\overline{AB}$ est vu à l'œil nu (rad).</td></tr>
<tr><td rowspan="2">Objet $\overline{AB}$ vu à travers une loupe</td><td>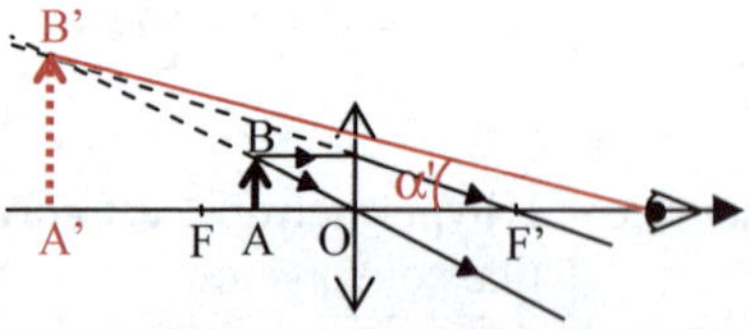</td><td>α′ : angle ou diamètre apparent sous lequel l'objet $\overline{AB}$ est vu à travers la loupe, c'est-à-dire angle sous lequel est vue l'image $\overline{A'B'}$ (rad).</td></tr>
<tr><td colspan="2">Cas particulier : lorsque l'œil se trouve au foyer image F′ de la lentille, α′ ne dépend pas de la position de l'objet mais seulement de sa taille.
En effet, dans les conditions de l'approximation de Gauss :
$$\alpha' \approx \tan\alpha' = \frac{\overline{AB}}{f'}$$
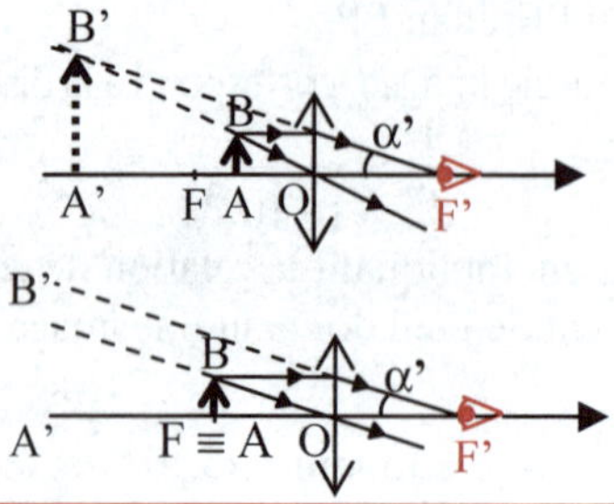</td></tr>
</table>

c) Puissance d'une loupe

- La puissance, notée P, est définie par :

$$P = \left|\frac{\alpha'}{\overline{AB}}\right|$$

α' : angle sous lequel l'objet $\overline{AB}$ est vu à travers la loupe (rad).
$\overline{AB}$: taille de l'objet (m).
P : puissance de la loupe (dioptries, δ).

- Puissance intrinsèque P_i : Lorsque l'image $\overline{A'B'}$ est à l'infini, la puissance est dite intrinsèque. D'après les schémas précédents et compte-tenu des conditions de Gauss :

$$\alpha' \approx \tan\alpha' = \frac{\overline{AB}}{f'} \Rightarrow P_i = \frac{1}{f'} = V$$: la puissance intrinsèque est égale à la vergence de la loupe.

> ⚠ Lorsque l'œil est situé au foyer image de la lentille, $P = P_i$.

d) Grossissement d'une loupe

Le grossissement commercial, noté G_c, est défini par :

$$G_c = \left|\frac{\alpha'}{\alpha_{PP}}\right|$$

α' : angle sous lequel l'objet $\overline{AB}$ est vu à travers la loupe lorsque l'image est au punctum remotum PR de l'œil (à l'infini) (rad)
α_{PP} : angle sous lequel l'objet $\overline{AB}$ est vu à l'œil nu, l'objet étant placé au punctum proximum PP de l'œil (à une distance d_m = 25 cm de l'œil) (rad)
G_c : grossissement commercial (sans unité)

$$\alpha_{PP} \approx \tan\alpha_{PP} = \frac{\overline{AB}}{d_m} \Rightarrow G_c = \left|\frac{\alpha'}{\overline{AB}}\right| d_m = P\,d_m.$$

De plus, l'image étant à l'infini, $P = P_i$. Ainsi, $G_c = P_i\, d_m = \dfrac{d_m}{f'}$

e) Latitude de mise au point

L'image $\overline{A'B'}$ est vue nettement si elle est située entre le PR et le PP de l'œil. Cela définit deux positions extrêmes A_R et A_P pour l'objet $\overline{AB}$. La distance A_RA_P est appelée latitude de mise au point. La région de l'espace objet située entre A_R et A_P, permettant l'observation d'images nettes, est appelée profondeur de champ de la loupe.

3. EN PRATIQUE...

Une lentille mince convergente de distance focale image $f' = 5$ cm est utilisée comme loupe.

L'œil, placé au foyer image F' de la loupe, observe un objet $\overline{AB}$ à travers celle-ci. Déterminons la latitude de mise au point de la loupe pour un œil emmétrope.
Pour cela, il faut déterminer les positions de l'objet, A_R et A_P, correspondant respectivement à :

- l'image $\overline{A'B'}$ au PR (à l'infini) : l'objet $\overline{AB}$ doit être dans le plan focal objet de la loupe.
  Ainsi, $A_R \equiv F \Rightarrow \overline{A_RO} = \overline{FO} = f' = 5$ cm
- l'image A'B' au PP : on applique la relation de conjugaison $\dfrac{1}{\overline{OA'}} - \dfrac{1}{\overline{OA_P}} = \dfrac{1}{f'}$.

$$\overline{OA'} = \overline{OF'} + \overline{F'A'} = \overline{OF'} - d_m = -20 \text{ cm} \Rightarrow \overline{OA_P} = \frac{(f' - d_m)f'}{d_m} = -4 \text{ cm}$$

On en déduit la latitude de mise au point : $\overline{A_RA_P} = \overline{A_RO} + \overline{OA_P} = 1$ cm

72 Instruments d'optique

1. EN QUELQUES MOTS...

Certains instruments d'optique utilisent l'œil comme récepteur et permettent l'observation d'objets difficiles à visualiser à l'œil nu. Les conditions d'observation doivent être optimisées et l'œil doit en particulier éviter de se fatiguer en accommodant. D'autres instruments ont pour but de former une image sur un écran ou une surface photosensible.

2. CE QU'IL FAUT RETENIR...

a) Définitions

On distingue deux grands types d'instruments d'optique :

	Les instruments subjectifs	Les instruments objectifs
Définition	Ils donnent d'un objet $\overline{AB}$ une image $\overline{A'B'}$ virtuelle observable par l'œil.	Ils donnent d'un objet $\overline{AB}$ une image $\overline{A'B'}$ réelle pouvant être recueillie sur un écran ou une surface photosensible.
Exemples	la loupe, le microscope, la lunette astronomique, le télescope	le rétroprojecteur, l'appareil photo, la caméra vidéo, le projecteur de diapositives

b) Grandeur de l'image par rapport à celle de l'objet

- Pour les instruments subjectifs, on se placera par la suite dans le cas le plus fréquent où l'œil n'accommode pas : l'image $\overline{A'B'}$ est au punctum remotum PR de l'œil (l'infini pour un œil normal).

Les grandeurs significatives utilisées pour caractériser l'instrument dépendent de la position de l'objet :

– Lorsque l'objet est proche, on utilise la puissance et le grossissement commercial de l'instrument définis dans la fiche relative à la loupe :

$$P = \left|\frac{\alpha'}{\overline{AB}}\right|$$

α' : angle sous lequel l'objet $\overline{AB}$ est vu à travers l'instrument (rad).

$\overline{AB}$: taille de l'objet (m).

P : puissance de l'instrument (dioptries, δ).

Lorsque image $\overline{A'B'}$ est à l'infini, la puissance correspondante est la puissance intrinsèque P_i.

$$G_c = \left|\frac{\alpha'}{\alpha_{PP}}\right|$$

α' : angle sous lequel l'objet $\overline{AB}$ est vu à travers l'instrument lorsque l'image est au punctum remotum PR de l'œil (à l'infini) (rad).

α_{PP} : angle sous lequel l'objet $\overline{AB}$ est vu à l'œil nu, l'objet étant placé au punctum proximum PP de l'œil (à une distance d_m = 25 cm de l'œil) (rad).

G_c : grossissement commercial (sans unité).

– Si l'objet est éloigné, il est caractérisé par son diamètre apparent α. On utilise le grossissement de l'instrument défini par :

$$G = \left|\frac{\alpha'}{\alpha}\right|$$

α' : angle sous lequel l'objet $\overline{AB}$ est vu à travers l'instrument (rad).
α : angle sous lequel l'objet $\overline{AB}$ est vu à l'œil nu.
G : grossissement (sans unité).

Pour les instruments objectifs, la grandeur significative est le grandissement de l'instrument :

$$\gamma = \frac{\overline{A'B'}}{\overline{AB}}$$

$\overline{AB}$: taille de l'objet (m).
$\overline{A'B'}$: taille de l'image (m).
γ : grandissement (sans unité).

c) La lunette astronomique

- La lunette astronomique permet l'observation d'objets à l'infini sous un angle plus grand et avec plus de luminosité. Elle associe les deux systèmes convergents suivants :

  – un objectif de grande distance focale (plusieurs mètres) donnant d'un objet $\overline{AB}$ à l'infini une image réelle agrandie $\overline{A_iB_i}$. Par la suite, l'objectif sera modélisé par une lentille mince convergente (L_1) de centre optique O_1, de foyers objet F_1 et image F_1' (distance focale f_1').

  – un oculaire jouant le rôle de loupe et donnant de l'image intermédiaire $\overline{A_iB_i}$ une image finale virtuelle $\overline{A'B'}$ observable par l'œil. Par la suite, l'oculaire sera modélisé par une lentille mince convergente (L_2) de centre optique O_2, de foyers objet F_2 et image F_2' (distance focale f_2').

- Pour que l'observation visuelle soit confortable, l'image finale $\overline{A'B'}$ doit être à l'infini (PR de l'œil normal). Ainsi la lunette astronomique est un système afocal : elle donne d'un objet à l'infini une image à l'infini. Le foyer image F_1' de l'objectif est donc confondu avec le foyer objet F_2 de l'oculaire.

- Effectuons la construction d'un faisceau provenant d'un objet à l'infini vu sous un diamètre angulaire 2α. Pour cela, traçons le cheminement des deux faisceaux issus des points extrêmes B et C de l'objet vus respectivement sous les angles α (en rouge) et $-\alpha$ (en noir) :

  – L'objet $\overline{BC}$ étant à l'infini, son image $\overline{B_iC_i}$ par la lentille (L_1) est dans le plan focal image de l'objectif. Pour construire B_i, on trace le rayon particulier arrivant sous un angle α en passant par le centre optique O_1. Ce rayon intercepte le plan focal image de la lentille (L_1) en B_i. De la même façon, on trace l'image C_i de C par la lentille (L_1).

  – $\overline{B_iC_i}$ étant dans le plan focal objet de l'oculaire, l'image finale $\overline{B'C'}$ est à l'infini. La direction des deux faisceaux parallèles émergents issus des deux points extrêmes B_i et C_i de l'objet est obtenue en traçant les deux rayons passant par le centre optique.

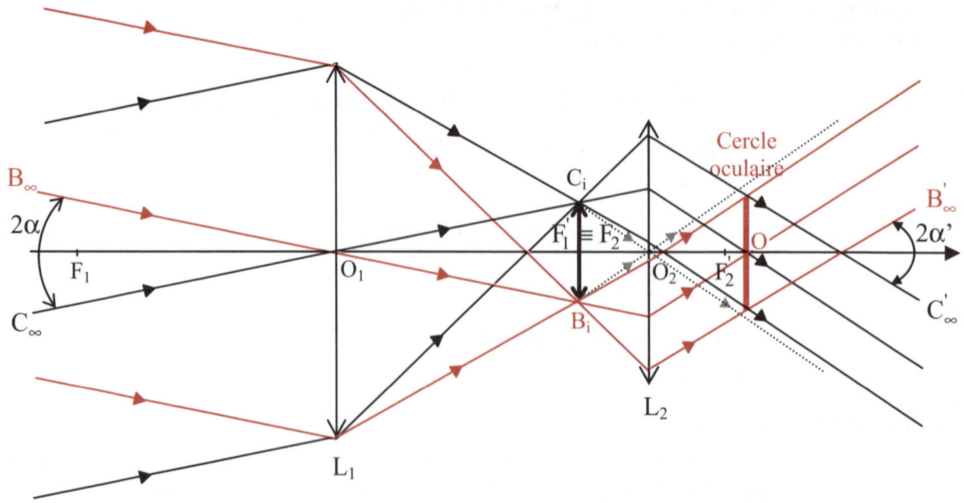

- L'objet étant éloigné, on caractérise la lunette par son grossissement :

$$G = \left|\frac{\alpha'}{\alpha}\right| = \left|-\frac{\overline{F_2B_i}}{f_2'}\frac{f_1'}{\overline{F_2B_i}}\right| = \frac{f_1'}{f_2'}$$

Pour $f_1' = 20$ m et $f_2' = 2$ cm, on obtient $G = 1\,000$.

- Le cercle oculaire est défini comme l'image de la monture de l'objectif donnée par l'oculaire. Ainsi tous les rayons passant par l'objectif se concentrent dans ce cercle voisin du plan focal image de l'oculaire.

Avec les valeurs numériques précédentes, déterminons la position O du cercle oculaire sur l'axe optique ; par définition, O est l'image de O_1 par la lentille (L_2). Utilisons la relation de conjugaison de Newton :

$$\overline{F_2O_1}\ \overline{F_2'O} = -f_2'^2 \Leftrightarrow \overline{F_2O_1}\ \overline{F_2'O} = -f_2'^2 \Leftrightarrow \overline{F_2'O} = -\frac{\left(2.10^{-2}\right)^2}{-20} = 2.10^{-5}\ \text{m} = 2.10^{-3}\ \text{cm}$$

Le cercle oculaire est donc pratiquement dans le plan focal image de l'oculaire.

Soit D_0 le diamètre du cercle oculaire et $D = 50$ cm le diamètre de l'objectif. Déterminons D_0 en exprimant le grandissement :

$$\begin{cases} \gamma = \dfrac{\overline{O_2O}}{\overline{O_2O_1}} = \dfrac{\overline{O_2F_2'} + \overline{F_2'O}}{\overline{O_2O_1}} = \dfrac{2{,}002.10^{-2}}{-20{,}02} = -1.10^{-3} \\ |\gamma| = \dfrac{D_0}{D} \end{cases} \Rightarrow D_0 = 0{,}5\ \text{mm}$$

Le diamètre du cercle oculaire est inférieur à celui de la pupille de l'œil. Ainsi, si l'œil est positionné au niveau du cercle oculaire, il collecte toute la lumière issue de l'objectif : la lunette astronomique permet l'observation d'objets non visibles à l'œil nu par manque de luminosité.

Il faut noter que la luminosité de l'objet vu à travers la lunette est d'autant plus grande que le diamètre de l'objectif est grand. La dimension des lentilles étant limitée, l'objectif peut être remplacé par un miroir ; c'est le principe du télescope.

3. EN PRATIQUE...

Un microscope permet l'observation d'objets proches de très petite taille. Sa puissance est en effet nettement supérieure à celle d'une loupe. Il associe :

- Un objectif de très courte distance focale (quelques millimètres) qui sera modélisé par une lentille mince convergente (L_1) de centre optique O_1, de foyers objet F_1 et image F_1', de distance focale $f_1' = 5$ mm. Cet objectif donne de l'objet $\overline{AB}$ une image réelle agrandie $\overline{A_iB_i}$.
- Un oculaire jouant le rôle de loupe qui sera modélisé par une lentille mince convergente (L_2) de centre optique O_2, de foyers objet F_2 et image F_2', de distance focale $f_2' = 2$ cm. Cet oculaire donne de l'image intermédiaire $\overline{A_iB_i}$ une image finale virtuelle $\overline{A'B'}$ observable par l'œil.

La distance entre le foyer image F_1' de l'objectif et le foyer objet F_2 de l'oculaire, appelée intervalle optique Δ, est fixée : $\Delta = F_1'F_2 = 15$ cm.

→ Déterminons la position de l'objet $\overline{AB}$ permettant une observation visuelle confortable (sans accommodation).

L'œil n'accommode pas ⇔ l'image finale $\overline{A'B'}$ est à l'infini (PR de l'œil normal) ⇔ l'image intermédiaire $\overline{A_iB_i}$ est dans le plan focal objet de l'oculaire.

La position de l'objet est donc obtenue en appliquant la relation de conjugaison pour la lentille (L_1) :

$$\begin{cases} \dfrac{1}{\overline{O_1A_i}} - \dfrac{1}{\overline{O_1A}} = \dfrac{1}{f_1'} \\ \overline{O_1A_i} = \overline{O_1F_2} = \overline{O_1F_1'} + \overline{F_1'F_2} = f_1' + \Delta = 15{,}5 \text{ cm} \end{cases} \Rightarrow \overline{O_1A} = -5{,}2 \text{ mm}$$

→ Réalisons le schéma de construction de l'image $\overline{A'B'}$ en traçant un pinceau lumineux issu de B :

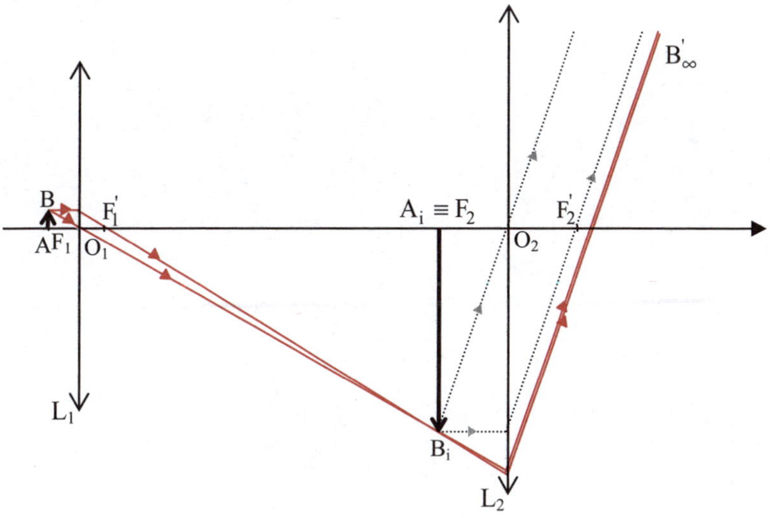

→ L'objet étant proche, l'instrument est caractérisé par sa puissance P :

$$P=\left|\frac{\alpha'}{\overline{AB}}\right|=\left|\frac{\alpha'}{\overline{A_iB_i}}\frac{\overline{A_iB_i}}{\overline{AB}}\right| \text{ or } \begin{cases}\left|\dfrac{\alpha'}{\overline{A_iB_i}}\right| = P_{ocul} \text{ est la puissance de l'oculaire} \\ \dfrac{\overline{A_iB_i}}{\overline{AB}} = \gamma_{obj} \text{ est le grandissement de l'objectif}\end{cases} \Rightarrow P = P_{ocul}\left|\gamma_{obj}\right|$$

$$\begin{cases}\text{L'image étant à l'infini, } P_{ocul} = \dfrac{1}{f_2'} \\ \gamma_{obj} = -\dfrac{\overline{F_1'A_i}}{f_1'} = -\dfrac{\overline{F_1'F_2}}{f_1'} = -\dfrac{\Delta}{f_1'} \text{ (origine aux foyers)}\end{cases} \Rightarrow P = \frac{\Delta}{f_1'f_2'} = 1500\ \delta$$

L'instrument est également caractérisé par son grossissement commercial G_c :

$$\begin{cases}G_c = \left|\dfrac{\alpha'}{\alpha_{PP}}\right| = \left|\dfrac{\alpha'}{\overline{AB}}\dfrac{\overline{AB}}{\alpha_{PP}}\right| = P\left|\dfrac{\overline{AB}}{\alpha_{PP}}\right| \\ \alpha_{PP} = \dfrac{\overline{AB}}{d_m}\end{cases} \Rightarrow G_c = Pd_m = 375$$

73 Interférences lumineuses

1. EN QUELQUES MOTS...

Le modèle scalaire de la lumière est introduit afin de déterminer les conditions d'obtention d'interférences lumineuses à deux ondes.

2. CE QU'IL FAUT RETENIR...

a) Sources lumineuses

- Source classique : Les atomes de la source émettent des trains d'ondes de durée limitée t qui ont une phase à l'origine aléatoire et une polarisation aléatoire. L'étendue spatiale dans le vide du train d'ondes est $\mathcal{L} = ct$ où c est la vitesse de la lumière dans le vide. Un train d'ondes est schématisé par une sinusoïde tronquée.

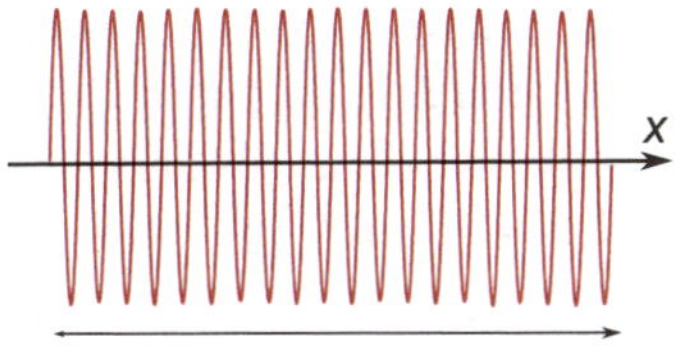

  – Lumière blanche (lampe à incandescence) : $t = 3\ 10^{-15}$ s et $\mathcal{L} = 1$ µm.
  – Lampe spectrale par exemple raie verte du mercure $\lambda_0 = 546$ nm : $t = 10^{-15}$ s et $\mathcal{L} = 3$ mm. $\mathcal{L}$ est très grande devant la longueur d'onde, par suite le nombre d'oscillations dans le train d'ondes est grand (5,5 10^3). L'onde émise par un atome peut être considérée comme quasi monochromatique.
- Laser : $t = 10^{-7}$ s et $\mathcal{L} = 30$ m. Le laser est assimilé à une onde plane monochromatique.

b) Détecteurs optiques

- Les détecteurs dans le domaine optique sont tous sensibles à l'énergie de l'onde.

Citons quelques exemples : œil, pellicule photographique, photodiode, caméra vidéo.
Ces détecteurs sont caractérisés par un temps de réponse τ_r, par exemple pour l'œil : $\tau_r = 0{,}05$ s, pour une photodiode : $\tau_r = 10^{-7}$ s et pour les plus rapides : $\tau_r = 10^{-9}$ s.
Ce temps est beaucoup plus grand que la période de l'onde.

c) Intensité lumineuse

- Considérons un détecteur de surface unité, recevant un faisceau lumineux. Le signal délivré par le détecteur est proportionnel au carré du module du champ électrique moyenné sur le temps de réponse τ_r du détecteur. Par définition, ce signal est l'intensité lumineuse I au point M où se trouve le détecteur : $I(\text{M}) = \dfrac{C}{\tau_r}\displaystyle\int_0^{\tau_r} \left|\vec{E}(\text{M},t)\right|^2 \text{d}t$ où C est le facteur de proportionnalité.

L'intensité lumineuse est l'équivalent des grandeurs efficaces en électrocinétique (fiche 40).

- Intensité lumineuse d'une onde monochromatique polarisée rectilignement

Soit $\vec{e}$ le vecteur unitaire dans la direction de la polarisation.

Le champ électrique en M s'écrit : $\vec{E}(\text{M},t) = E(\text{M},t)\vec{e}$ où $E(\text{M},t) = E_m \cos(\omega t - \varphi(\text{M}))$, $\varphi(\text{M})$ étant la phase de l'onde au point M. Par suite, l'intensité lumineuse en M est :

$$I(\text{M}) = \frac{C}{\tau_r}\int_0^{\tau_r} \left(\vec{E}(\text{M},t)\right)^2 \text{d}t = \frac{C}{\tau_r} E_m^2 \int_0^{\tau_r} \cos^2(\omega t - \varphi(\text{M}))\text{d}t \text{ ; or } \tau_r >> \frac{2\pi}{\omega} \quad \Rightarrow \quad I(\text{M}) = \frac{C}{2} E_m^2.$$

Utilisons la notation complexe : $\underline{E}(M,t) = E_m e^{j(\omega t - \varphi(M))} = \underline{E}_0 e^{j\omega t}$ où $\underline{E}_0(M)$ est l'amplitude complexe de l'onde au point M : $\underline{E}_0(M) = E_m e^{-j\varphi(M)}$.

L'intensité lumineuse I(M) au point M est proportionnelle au module carré de l'amplitude complexe de l'onde : $I(M) = \frac{C}{2}\underline{E}_0(M)\,\underline{E}_0^*(M)$.

d) Modèle scalaire de la lumière

• Ce modèle simplifié associe au champ électrique une vibration scalaire.

Pour étudier la superposition de plusieurs ondes lumineuses, le modèle scalaire peut être utilisé dans de nombreux cas, par exemple, lors de :

- la superposition d'ondes de polarisations rectilignes quasi-parallèles ;
- la superposition d'ondes non polarisées (dont la polarisation rectiligne a une direction aléatoire) se propageant suivant des directions faisant un angle petit entre elles.

Dans la suite, une vibration scalaire monochromatique est notée en notation complexe : $\underline{s}(M,t) = \underline{a}(M)e^{j\omega t}$ où $\underline{a}(M)$ est l'amplitude complexe de la vibration au point M.

• En optique ondulatoire, seules les variations relatives d'intensité lumineuse sont étudiées. L'intensité lumineuse au point M ne tiendra pas compte du facteur de proportionnalité et sera donnée par : $I(M) = \underline{a}(M)\underline{a}^*(M)$.

e) Interférences de deux ondes monochromatiques

• Introduisons les définitions suivantes :

- Deux ondes sont cohérentes, si elles ont la même fréquence et une différence de phase constante. La différence de phase peut aussi être une fonction certaine du temps.
- Deux ondes sont synchrones, si elles sont cohérentes avec une différence de phase nulle.
- Dans les autres cas, les deux ondes sont incohérentes. Par exemple, deux ondes de fréquences différentes sont incohérentes ; deux ondes émises par deux points différents d'une source classique sont incohérentes (différence de phase aléatoire).

• Considérons la superposition au point M, dans un milieu transparent, de deux ondes monochromatiques de même fréquence émises par deux sources S_1 et S_2 ponctuelles. Seules les amplitudes complexes sont utiles pour déterminer l'intensité lumineuse en M.

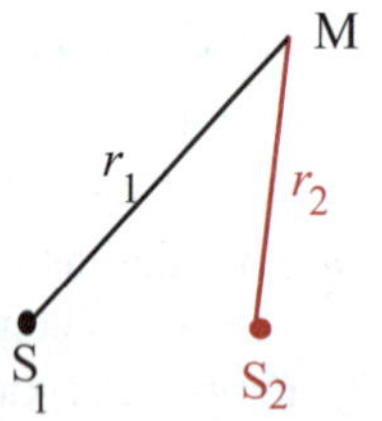

- La source ponctuelle S_1 émet une onde sphérique dont l'amplitude complexe au point M est : $\underline{a}_1(M) = \frac{A_1}{r_1} e^{j(-k r_1 + \varphi_1)}$ avec $k = \frac{2\pi n}{\lambda_0}$ où n est l'indice optique du milieu, λ_0 la longueur d'onde dans le vide et φ_1 la phase de la source S_1.

L'observation a lieu à une distance des deux sources ponctuelles très grande devant la longueur d'onde de la lumière λ_0 ($r_1 >> \lambda_0$, $r_2 >> \lambda_0$) dans une portion de l'espace peu étendue. La variation de l'amplitude de l'onde, $\frac{A_1}{r_1}$, au point M en fonction de la distance r_1 est alors négligeable.

⇒ L'amplitude complexe de l'onde émise par S_1 au point M s'écrit : $\underline{a}_1(M) = a_1 e^{j(-k r_1 + \varphi_1)}$ où a_1 est l'amplitude de l'onde émise par S_1.

De même, l'amplitude complexe de l'onde émise par S_2 au point M est : $\underline{a}_2(M) = a_2 e^{j(-k r_2 + \varphi_2)}$

– Ces deux ondes se superposent au point M. L'amplitude complexe en M est la somme des amplitudes complexes de chacune des ondes en M :

$$\underline{a}(\mathrm{M}) = \underline{a}_1(\mathrm{M}) + \underline{a}_2(\mathrm{M}) = a_1 e^{\mathrm{j}(-kr_1+\varphi_1)} + a_2 e^{\mathrm{j}(-kr_2+\varphi_2)}$$

– L'intensité lumineuse au point M est :

$$I(\mathrm{M}) = \underline{a}(\mathrm{M})\underline{a}^*(\mathrm{M}) = \left(a_1 e^{\mathrm{j}(-kr_1+\varphi_1)} + a_2 e^{\mathrm{j}(-kr_2+\varphi_2)}\right)\left(a_1 e^{-\mathrm{j}(-kr_1+\varphi_1)} + a_2 e^{-\mathrm{j}(-kr_2+\varphi_2)}\right)$$
$$= a_1^2 + a_2^2 + a_1 a_2\left(e^{\mathrm{j}(k(r_1-r_2)+\varphi_2-\varphi_1)} + e^{-\mathrm{j}(k(r_1-r_2)+\varphi_2-\varphi_1)}\right)$$

Introduisons $I_1 = a_1^2$ et $I_2 = a_2^2$, les intensités respectives des deux ondes.

- Conditions d'interférences :
  - Si les deux sources sont incohérentes, $\varphi_2 - \varphi_1$ est une fonction aléatoire du temps. Les deux ondes sont alors incohérentes. La différence de phase $\varphi_1 - \varphi_2$ prend toutes les valeurs entre 0 et 2π pendant le temps d'intégration τ_r du détecteur, par suite l'intensité au point M est : $I(\mathrm{M}) = I_1 + I_2$.
  - Si les deux sources sont cohérentes, par exemple $\varphi_1 - \varphi_2$ est constant, les deux ondes sont alors cohérentes. L'intensité au point M est donnée par :

$$I(\mathrm{M}) = I_1 + I_2 + 2\sqrt{I_1 I_2}\cos(k(r_1 - r_2) + \varphi_2 - \varphi_1)$$

Il y a interférence des deux ondes cohérentes au point M, car $I(\mathrm{M}) \neq I_1 + I_2$; le terme $2\sqrt{I_1 I_2}\cos(k(r_1 - r_2) + \varphi_2 - \varphi_1)$ est appelé terme d'interférence.

– Généralisons ces résultats :

superposition d'ondes	sommation des
cohérentes	amplitudes complexes
incohérentes	intensités

- Obtention de deux ondes cohérentes en optique :

Pour observer des interférences en optique, il est nécessaire que les deux sources S_1 et S_2 soient obtenues à partir d'une même source primaire S. Deux types de dispositif sont utilisés :

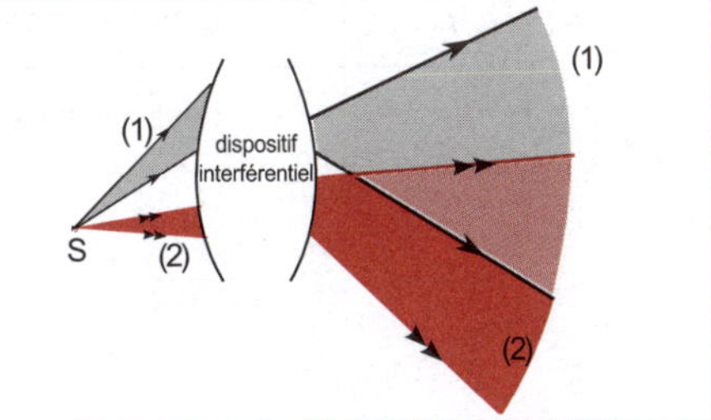

Dispositif à division de front d'onde :

Le dispositif interférentiel modifie la direction de deux faisceaux (1) et (2) issus de la même source S et émis dans deux angles solides différents. Les deux faisceaux émergents du dispositif se superposent dans la région de l'espace représentée en rouge grisé. Le dispositif interférentiel utilise la réfraction, la réflexion ou la diffraction.

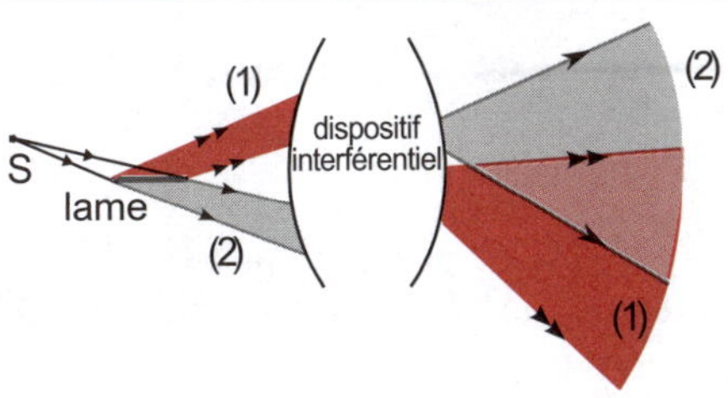

Dispositif par division d'amplitude :

Le dispositif interférentiel utilise des surfaces partiellement réfléchissantes permettant la division énergétique du faisceau incident (par exemple une lame semi-réfléchissante). Les deux faisceaux émergents sont alors superposés après avoir parcouru des trajets différents.

- Franges d'interférences
  - Le champ d'interférence est la zone où les deux ondes se superposent (rouge grisé). C'est dans cette zone qu'il faut placer l'écran ; sur celui-ci, des franges d'interférence peuvent être observées. Ces interférences sont non localisées, car il y en a dans tout le champ d'interférences.
  - Au point M, l'intensité est : $I(\mathrm{M}) = I_1 + I_2 + 2\sqrt{I_1 I_2}\cos(\Delta\varphi(\mathrm{M}))$

où $\Delta\varphi(\mathrm{M}) = k(r_1 - r_2) + \varphi_2 - \varphi_1$ est le déphasage de l'onde (2) issue de S_2 par rapport à l'onde (1) issue de S_1 au point M. Ce déphasage est positif si l'onde (2) est en avance sur l'onde (1) et négatif si l'onde (2) est en retard sur l'onde (1).

  - L'intensité lumineuse varie sinusoïdalement en fonction de $\Delta\varphi$, avec une période égale à 2π.
  - La différence de marche $\delta(\mathrm{M})$ est définie par :

$$\Delta\varphi(\mathrm{M}) = \frac{2\pi\delta(\mathrm{M})}{\lambda_0}$$

D'où $\delta(\mathrm{M}) = n(r_1 - r_2) + \frac{\lambda_0}{2\pi}(\varphi_2 - \varphi_1)$:

δ fait intervenir la différence de chemin optique $n(r_1 - r_2)$ (fiche 63).

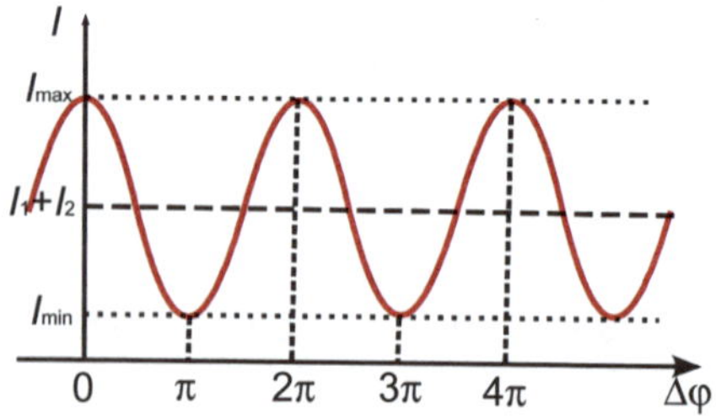

$\delta = \delta_{geom} + \delta_{phys}$ | δ : différence de marche (m)
δ_{geom} : différence de marche géométrique (différence de chemin optique)
δ_{phys} : différence de marche physique (liée au déphasage des sources)

La période de l'intensité lumineuse en fonction de δ est la longueur d'onde λ_0 dans le vide.

  - L'ordre d'interférence p est défini par : $p = \frac{\Delta\varphi}{2\pi} = \frac{\delta}{\lambda_0}$

À une valeur de l'ordre d'interférence p correspond un déphasage $\Delta\varphi(\mathrm{M}) = 2\pi p$, ce qui définit une surface dans le champ d'interférence : ce sont les surfaces d'égale intensité.

Ordre d'interférence	Intensité	Interférences
p entier	Maximum $I_{max} = I_1 + I_2 + 2\sqrt{I_1 I_2}$	constructives
p demi entier	Minimum $I_{min} = I_1 + I_2 - 2\sqrt{I_1 I_2}$	destructives

– Le contraste V des franges est défini par : $V = \dfrac{I_{max} - I_{min}}{I_{max} + I_{min}} = \dfrac{2\sqrt{I_1 I_2}}{I_1 + I_2}$; $0 \leq V \leq 1$

Le contraste V est maximum ($V = 1$), lorsque les deux ondes ont la même intensité ($I_1 = I_2$).

3. EN PRATIQUE…

- Deux sources cohérentes de lumière monochromatique visible ont une phase relative variant sinusoïdalement de 0 à 2π à la fréquence de 500 Hz.

→ Décrivons l'observation visuelle en un point du champ d'interférence.

La période du déphasage (2 ms) étant très inférieure au temps de réponse de l'œil ($\tau_r = 50$ ms), l'œil observe une intensité constante au point du champ d'interférence.

→ Décrivons le courant donné par une photodiode placée en un point du champ d'interférence.

La photodiode a un temps de réponse $\tau_r = 10^{-7}$ s beaucoup plus petit que la période du déphasage. Le courant délivré par la photodiode varie sinusoïdalement à la fréquence de 500 Hz.

- Les miroirs de Fresnel sont constitués de deux miroirs plans faisant un petit angle α entre eux. Ces deux miroirs ont une arête commune (perpendiculaire au plan de la figure). Ils sont éclairés par une source S ponctuelle.

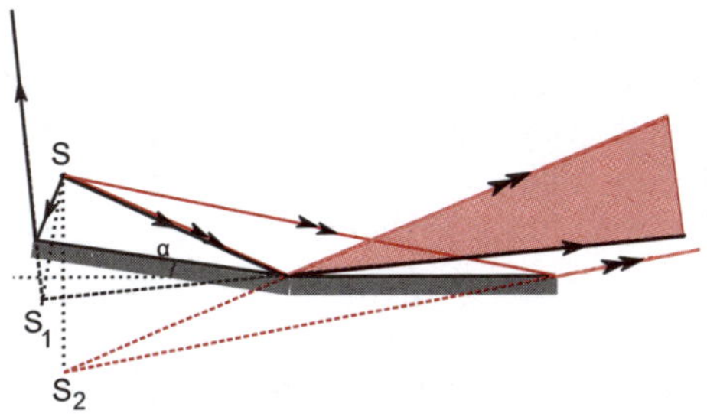

→ Déterminons si ce système est à division de front d'onde ou à division d'amplitude.

Les deux faisceaux issus de S qui éclairent chacun des miroirs (faisceau à bord noir et faisceau à bord rouge) sont émis dans deux angles solides différents.

Les miroirs de Fresnel constituent donc un dispositif à division de front d'onde

→ Déterminons le champ d'interférence.

Le champ d'interférence est la zone de recouvrement des deux faisceaux réfléchis.

Tous les rayons du faisceau réfléchi par le miroir incliné passent par S_1, image de S dans ce miroir. Le faisceau réfléchi par l'autre miroir est issu de S_2, image de S dans celui-ci (fiche 65). Le champ d'interférence est donc la partie rouge commune à ces deux faisceaux réfléchis.

74 Interférences à deux ondes

1. EN QUELQUES MOTS...

Le dispositif des trous d'Young est étudié afin d'illustrer certaines propriétés des interférences à deux ondes, en particulier la caractérisation de la figure d'interférence obtenue sur un écran.

2. CE QU'IL FAUT RETENIR...

a) Principe d'Huygens

Huygens considère que la lumière se propage de proche en proche. Considérons une source ponctuelle S dans un milieu homogène et isotrope. L'onde sphérique émise a une surface d'onde Σ à l'instant t qui est une sphère de centre S et de rayon vt, où v est la vitesse de propagation de l'onde dans le milieu. Chaque point M de Σ se comporte comme une source secondaire émettant une onde sphérique, que l'on appellera ondelette, ayant l'amplitude et la phase de l'onde incidente en M. À l'instant $t + \tau$, la surface d'onde Σ_M de l'ondelette est une sphère de rayon $v\tau$ et de centre M. À cet instant, la surface d'onde Σ de rayon $v(t+\tau)$ enveloppe toutes ces ondelettes. Par suite, tout phénomène lumineux se produisant à l'instant $t + \tau$ peut être décrit à partir de la surface d'onde Σ et non plus de la source S.

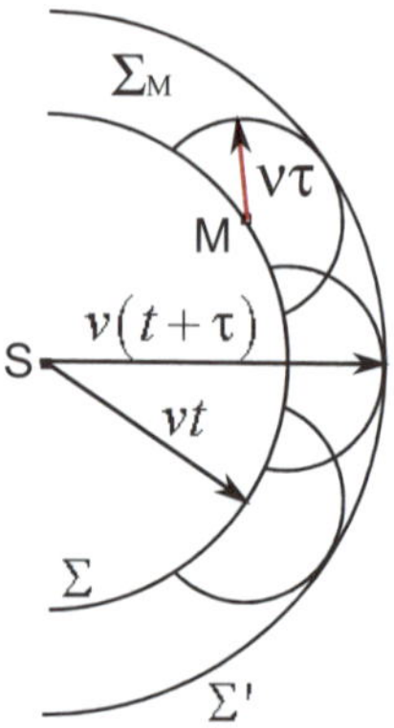

b) Dispositifs des trous d'Young

Une plaque plane (P) opaque est percée de deux trous fins identiques S_1 et S_2. Elle est éclairée par une source S ponctuelle monochromatique de longueur d'onde λ_0 (dans le vide) ; cette source est sur la médiatrice de S_1S_2. La figure d'interférence est observée sur un écran plan (E) parallèle à (P). L'ensemble est dans l'air d'indice optique $n = 1$.

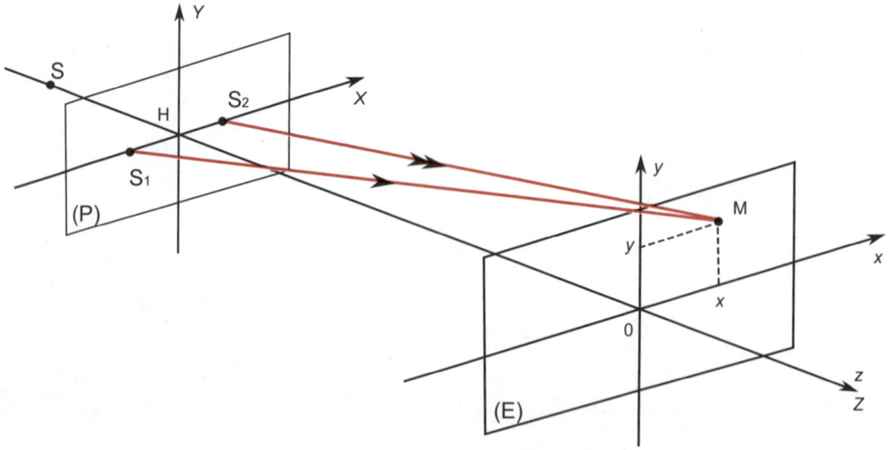

Notons : $2a = S_1S_2$, $d = \mathrm{SH}$ et $D = \mathrm{HO}$ avec $d >> 2a$ et $D >> 2a$.

- La source S émet une onde sphérique. En utilisant le principe d'Huygens, les deux trous émettent également deux ondes sphériques. S étant sur la médiatrice de S_1S_2, $SS_1 = SS_2$ $\Rightarrow$ les deux trous S_1 et S_2 sont sur la même surface d'onde et ont donc la même phase.

Les deux sources secondaires S_1 et S_2 sont synchrones.

Ce dispositif est à division de front d'onde. Le champ d'interférence est l'espace $Z > 0$.

- Les trous étant identiques, l'amplitude des deux ondes émises par S_1 et S_2 est la même a_0.

L'amplitude complexe en M de l'onde issue de S_1 est : $\underline{a}_1(M) = a_0 e^{-jk\,r_1}$ où $r_1 = S_1M$

L'amplitude complexe en M de l'onde issue de S_2 est : $\underline{a}_2(M) = a_0 e^{-jk\,r_2}$ où $r_2 = S_2M$

k étant le vecteur d'onde : $k = \dfrac{2\pi n}{\lambda_0}$.

Les ondes étant cohérentes, l'amplitude complexe en M est la somme des amplitudes complexes :

$$\underline{a}(M) = \underline{a}_1(M) + \underline{a}_2(M) = a_0 e^{-jk\,r_1} + a_0 e^{-jk\,r_2}.$$

L'intensité lumineuse en M est :

$$I(M) = \underline{a}(M)\,\underline{a}^*(M) = \left(a_0 e^{-jkr_1} + a_0 e^{-jkr_2}\right)\times\left(a_0 e^{jkr_1} + a_0 e^{jkr_2}\right)$$

$\Rightarrow$ en posant $I_0 = |a_0|^2$, $I(M) = 4I_0\,[1 + \cos(k(r_1 - r_2))]$.

Le déphasage au point M est :

$\Delta\varphi(M) = k(r_1 - r_2) = 2\pi\dfrac{\delta}{\lambda_0} \Leftrightarrow \delta = n(r_1 - r_2) = L(S_1M) - L(S_2M)$ où $L(AB)$ est le chemin optique entre deux points A et B.

Comme $n = 1$, $\delta = S_1M - S_2M$.

La différence de marche est géométrique.

- Plaçons-nous dans le repère (Oxyz) : M $(x, y, 0)$, $S_1\,(-a, 0, -D)$ et $S_2\,(a, 0, -D)$.

$$\Rightarrow r_1 = S_1M = \left[(x+a)^2 + y^2 + D^2\right]^{1/2} \text{ et } r_2 = S_2M = \left[(x-a)^2 + y^2 + D^2\right]^{1/2}$$

Effectuons un développement limité en fonction de x, y et a qui sont petits par rapport à D :

$$r_1 = D\left[1 + \frac{(x+a)^2 + y^2}{D^2}\right]^{1/2} \simeq D\left[1 + \frac{(x+a)^2 + y^2}{2D^2}\right]; \text{ de même, } r_2 \simeq D\left[1 + \frac{(x-a)^2 + y^2}{2D^2}\right]$$

$$\Rightarrow \delta = r_1 - r_2 \simeq \frac{1}{2D}\left[(x+a)^2 - (x-a)^2\right] \simeq \frac{2ax}{D}.$$

La différence de marche ne dépend que de x.

- L'intensité au point M devient : $I(M) = 2I_0\left(1 + \cos 2\pi\dfrac{2ax}{D\lambda_0}\right)$.

  – L'intensité ne dépendant que de x, les surfaces d'égale intensité correspondent à $x = c^{ste}$ dans la zone étudiée. Par suite, des franges rectilignes parallèles à y sont observées sur l'écran.

L'intensité est une fonction sinusoïdale de x, de période spatiale i, appelée interfrange et donnée par : $i = \dfrac{\lambda_0 D}{2a}$.
Utilisons l'ordre d'interférence p :

$$\delta = p\lambda_0 \Leftrightarrow x = pi.$$

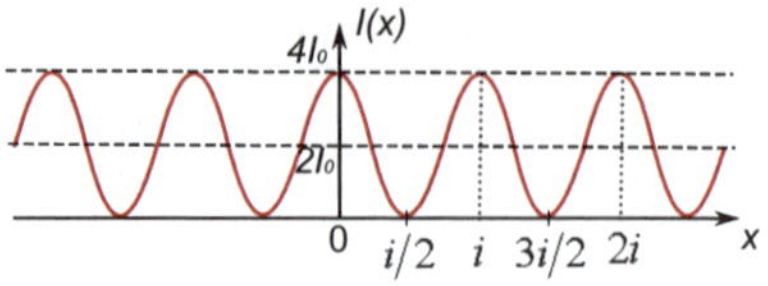

Les franges brillantes correspondent à $I_{max} = 4I_0$, les franges noires à $I_{min} = 0$
$\Rightarrow$ le contraste des franges est $V = 1$.
La frange centrale correspond à une différence de marche nulle : $\delta = 0$
$\Rightarrow$ son abscisse est $x_C = 0$; c'est une frange brillante suivant l'axe Oy.

3. EN PRATIQUE...

Considérons le dispositif des trous d'Young tel que $2a = 3{,}00$ mm, $D = 100{,}0$ cm et $d = 50$ cm.

- La source S est sur la médiatrice de S_1S_2.

On mesure la largeur L de m interfranges consécutifs : $m = 25$, $L = 5{,}0$ mm.
Déterminons la longueur d'onde λ_0 de la lumière émise par la source.

L'interfrange est donnée par : $i = \dfrac{L}{m} = \dfrac{5}{25} = 0{,}20$ mm

Or l'interfrange s'écrit : $i = \dfrac{\lambda_0 D}{2a} \Leftrightarrow \lambda_0 = \dfrac{2a\,i}{D} = \dfrac{3.10^{-3} \times 0{,}2.10^{-3}}{1} = 0{,}6.10^{-6}$ m $= 0{,}6$ µm.

La lumière émise par la source est de couleur orangée (fiche 62).

- La source, notée S', n'est plus sur la médiatrice de S_1S_2. Considérons un plan (C) parallèle aux plans (P) et (E) passant par le point S'. Soit S le point du plan (C) sur la médiatrice de S_1S_2. Le repère dans (C) est SX_S et SY_S, où SX_S est parallèle à Ox.

La source se trouve au point S' $(b, 0)$ avec $b = 0{,}15$ mm ($b << d$).
Déterminons la figure d'interférence observée sur l'écran.
Représentons le dispositif dans le plan Oxz.

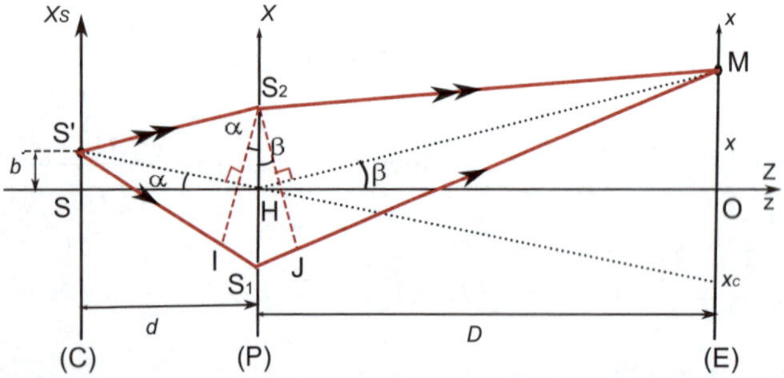

La source étant en S', les deux sources secondaires S_1 et S_2 ne sont plus synchrones, mais elles sont cohérentes avec un déphasage constant.
Traçons la surface d'onde passant par S_2. Comme $d >> 2a$, elle peut être approximée localement par un plan perpendiculaire à S'H. L'onde émise par la source secondaire S_2 est en avance sur celle émise par la source secondaire S_1. En prenant comme origine des phases la phase de l'onde émise par S_1, la phase φ_2 de l'onde émise par S_2 est :

$$\varphi_2 = \omega\frac{L(\mathrm{IS}_1)}{c} = 2\pi\frac{L(\mathrm{IS}_1)}{\lambda_0} = 2\pi\frac{\mathrm{IS}_1}{\lambda_0} \quad \Rightarrow \quad \delta(M) = \frac{2a\,x}{D} + \mathrm{IS}_1$$

Ce résultat peut être obtenu directement en calculant la différence de chemin optique entre les deux chemins $S'S_1M$ et $S'S_2M$:

$$\delta = L(\mathrm{S'S_1M}) - L(\mathrm{S'S_2M}) = (\mathrm{S'I} + \mathrm{IS_1} + \mathrm{S_1J} + \mathrm{JM}) - (\mathrm{S'S_2} + \mathrm{S_2M})$$

Comme S'I = S'S$_2$ et JM = S$_2$M, alors $\delta = IS_1 + S_1J$.
Pour calculer IS_1 et S_1J , utilisons les triangles IS_1S_2 et S_1JS_2.

$$b << d \Rightarrow \text{l'angle } \alpha \text{ est petit : } \alpha \simeq \tan\alpha = \frac{b}{d} \quad \Rightarrow \quad IS_1 = 2a\sin\alpha \simeq 2a\alpha \simeq \frac{2ab}{d}$$

De même, $x << D \Rightarrow$ l'angle β est petit : $\beta \simeq \tan\beta = \frac{x}{D} \quad \Rightarrow \quad S_1J = 2a\sin\beta \simeq 2a\beta \simeq \frac{2ax}{D}$

Cette méthode permet de retrouver rapidement le résultat établi au b).

$\Rightarrow \quad \delta(M) = \frac{2ax}{D} + \frac{2ab}{d}$; la dépendance de la différence de marche en x ne change pas.

L'intensité I' au point M est :

$$I'(\mathrm{M}) = 2I_0\left(1 + \cos 2\pi\left(\frac{2ax}{D\lambda_0} + \frac{2ab}{d\lambda_0}\right)\right) = 2I_0\left(1 + \cos 2\pi\left(\frac{x}{i} + \frac{2ab}{d\lambda_0}\right)\right)$$

La dépendance en x de la différence de marche étant inchangée, l'interfrange est identique :

$$i = \frac{\lambda_0 D}{2a}.$$

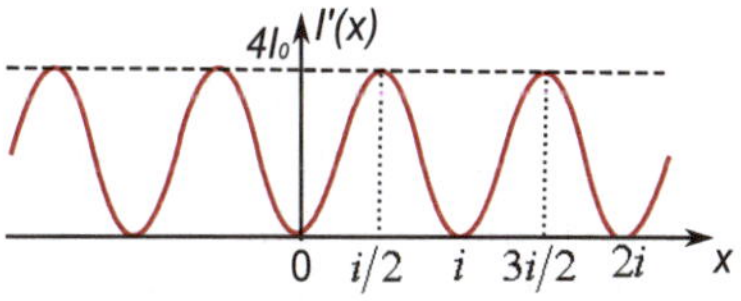

Déterminons la position x_C de la frange centrale brillante :

$$\delta = 0 \Rightarrow x_c = -b\frac{D}{d}.$$

Ce point est à l'intersection de la droite S'H avec l'écran E. Le déplacement des franges est en sens inverse de celui de la source.

En O, l'ordre d'interférence est : $p_O = \frac{\delta(O)}{\lambda_0} = \frac{2ab}{d\lambda_0} = \frac{3.10^{-3} \times 0{,}15.10^{-3}}{0{,}5 \times 0{,}6.10^{-6}} = \frac{3}{2}$; la frange est noire.

- Considérons une lampe spectrale, de longueur d'onde λ_0. C'est une source étendue qui est placée contre la plaque (C) placée en S. Cette plaque (C) est percée de deux trous fins identiques. Dans le repère SX_SY_S dans (C), un trou est en S (0,0), l'autre en S' (b,0) avec b = 0,15 mm. Ces deux trous donnent deux sources d'égale intensité.

Déterminons la figure d'interférence observée sur l'écran.

Les deux sources S et S' correspondent à deux points différents d'une source classique (fiche 73). Ces deux sources sont incohérentes.

Les deux sources S et S' donnent, respectivement, au point M sur l'écran une intensité I(M) et I'(M). Les deux sources étant incohérentes, l'intensité en M est $I_{tot}(M) = I(M) + I'(M)$ (fiche 73).

Portons $I(\mathrm{M}) = 2I_0\left(1 + \cos 2\pi\frac{x}{i_0}\right)$ et $I'(\mathrm{M}) = 2I_0\left(1 + \cos 2\pi\left(\frac{x}{i} + \frac{3}{2}\right)\right)$ sur le même graphique.

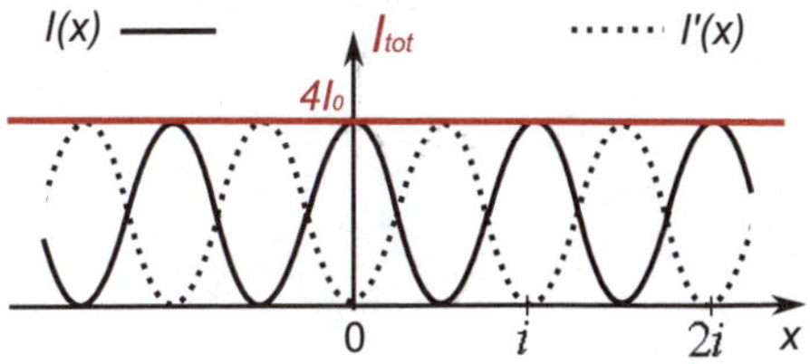

Les deux intensités étant en opposition de phase, la somme des intensités est constante.

Il n'y a plus de franges rectilignes, le contraste est alors nul. On dit qu'il y a brouillage des franges.

Une source réelle a toujours une étendue finie. Cet exemple montre que cette taille doit être petite afin d'observer des franges bien contrastées. Cette taille dépend de la géométrie du dispositif interférentiel utilisé.

- Le dispositif des trous d'Young est éclairé par une onde plane monochromatique de longueur d'onde λ_0 se propageant suivant Oz. Une lame de verre transparente, à faces parallèles, d'indice optique $n_V = 1{,}5$ mm et d'épaisseur $e = 0{,}3$ mm, est collée sur la plaque (P) devant le trou S_2.

→ Décrivons le montage expérimental utilisé pour réaliser une onde plane.

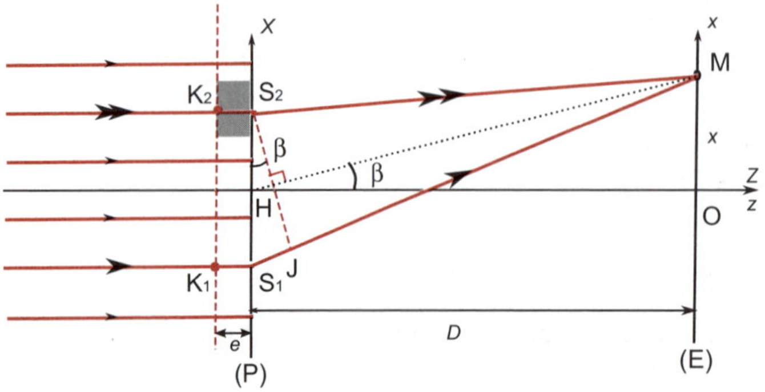

Une onde plane se propageant suivant $\vec{u}$ est associée à un faisceau de lumière parallèle à cette direction.

Pour réaliser une onde plane se propageant suivant Oz, une source ponctuelle est placée au foyer principal objet d'une lentille convergente d'axe optique Oz (fiche 67).

→ Déterminons la figure d'interférence observée sur l'écran.

Les points K_1 et K_2 appartiennent au même plan d'onde. Par suite, ils sont en phase.

Déterminons la différence de marche δ entre les deux ondes interférant en M à partir des points K_1 et K_2 : $\delta = [L(K_1S_1) + L(S_1M)] - [L(K_2S_2) + L(S_2M)]$

$$L(K_1S_1) + L(S_1M) = e + S_1J + JM \quad \text{et} \quad L(K_2S_2) + L(S_2M) = n_V e + S_2M$$

$$\Rightarrow \delta = \frac{2a\,x}{D} - (n_V - 1)e.$$

La figure d'interférence est toujours formée de franges rectilignes suivant Oy. L'interfrange i est inchangé. L'introduction de la lame entraîne seulement une translation de la figure suivant Ox.

→ Déterminons la position de la frange centrale qui correspond à : $\delta = 0$

$$\Leftrightarrow \quad x_C = \frac{(n_V - 1)e}{2a} D = \frac{0{,}5 \times 0{,}3.10^{-3}}{3.10^{-3}} 1 = 5.10^{-2} \text{ m} = 5 \text{ cm}.$$

L'ordre d'interférences en O est : $p_0 = -\dfrac{(n_V - 1)e}{\lambda_0} = -\dfrac{0{,}5 \times 0{,}3.10^{-3}}{0{,}6.10^{-6}} = -250.$

Il est possible de mesurer, en un point, le déplacement d'une frange d'un demi-interfrange et même mieux. Ceci montre que l'utilisation des interférences permet des mesures relatives d'une grande sensibilité. Par exemple, la mesure de l'indice optique de l'air est réalisée par interférométrie.

75 Diffraction

1. EN QUELQUES MOTS...

Le phénomène de diffraction est étudié dans les conditions de Fraunhofer qui expliquent, en particulier, l'effet de la diffraction dans la formation des images.

2. CE QU'IL FAUT RETENIR...

Quand les dimensions d'un diaphragme traversé par un faisceau lumineux monochromatique ne sont plus très grandes devant la longueur d'onde, de la lumière apparaît en dehors du faisceau correspondant à l'optique géométrique. On dit qu'il y a diffraction de l'onde par l'obstacle, ce qui se traduit par la violation de la loi de la propagation rectiligne.

a) Principe d'Huygens-Fresnel

L'ouverture plane (D) est éclairée par une source ponctuelle monochromatique. Découpons l'ouverture (D) en éléments de surface $d\mathscr{S}(P)$ centrés sur le point courant P.

Le principe d'Huygens-Fresnel permet de calculer l'intensité en un point M à l'aide de deux hypothèses :

– chaque élément de surface $d\mathscr{S}(P)$ se comporte comme une source ponctuelle fictive en P, émettant une ondelette (onde sphérique) dont l'amplitude complexe en P est proportionnelle à l'amplitude complexe de l'onde émise par S en P et à l'élément de surface $d\mathscr{S}(P)$.

– les différentes sources fictives sont cohérentes entre elles.

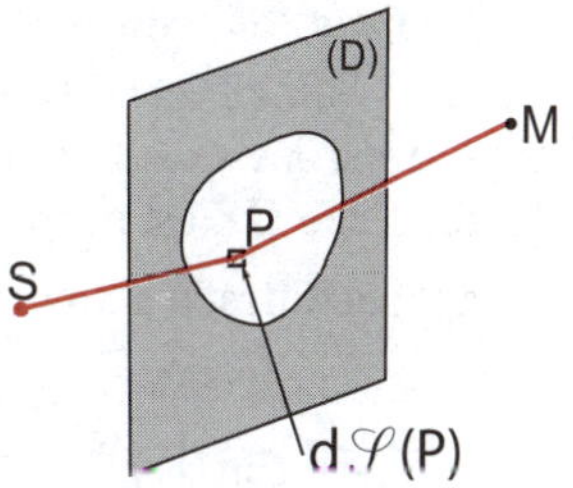

Les ondes arrivant au point M étant cohérentes, l'amplitude complexe de l'onde en M est l'intégrale sur toute la surface de l'ouverture de l'amplitude complexe de l'onde émise en P. La diffraction est un phénomène d'interférences à ondes multiples.

b) Diffraction de Fraunhofer

L'ouverture est éclairée par une onde plane et l'observation se fait à l'infini.

L'ensemble est dans un milieu d'indice optique n.

Donnons l'expression du vecteur d'onde de :

– l'onde plane incidente dans la direction $\vec{u}_i$: $\vec{k}_i = \dfrac{2\pi n}{\lambda_0}\vec{u}_i$

– l'onde plane diffractée dans la direction $\vec{u}_d$: $\vec{k}_d = \dfrac{2\pi n}{\lambda_0}\vec{u}_d$.

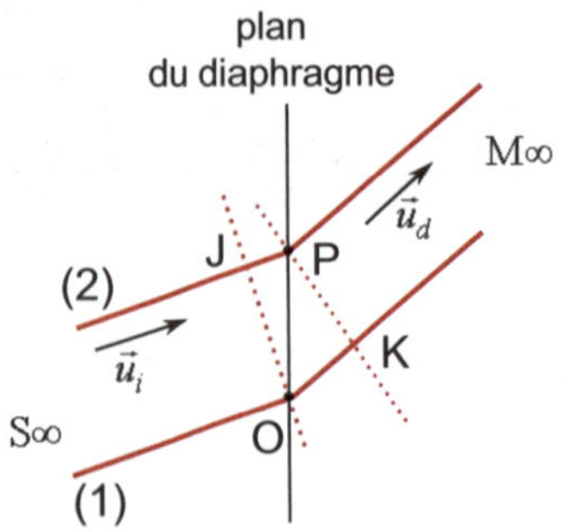

Considérons l'OPPM (1) incidente en O, puis diffractée dans la direction $\vec{u}_d$ et l'OPPM (2) incidente en P, puis diffractée dans la direction $\vec{u}_d$. Pour calculer le déphasage $\varphi(M\infty)$ de (2) par rapport à (1) au point M∞, traçons le plan d'onde en O de l'onde incidente et le plan d'onde en P de l'onde diffractée. Les points O et J sont en phase ; de même les points P et K sont en phase.

En prenant comme sens positif le sens de propagation de la lumière, le déphasage $\varphi(M\infty)$ s'écrit :

$$\varphi(M\infty) = -\vec{k}_i \cdot \overrightarrow{OP} + \vec{k}_d \cdot \overrightarrow{OP} = \left(\vec{k}_d - \vec{k}_i\right)\cdot \overrightarrow{OP}$$

Supposons l'ouverture transparente, par exemple un trou. L'amplitude de l'onde incidente étant a_0, l'amplitude de l'onde diffractée au point P est proportionnelle à $a_0 \mathrm{d}\mathcal{S}(P)$. Soit C cette constante de proportionnalité.

L'amplitude complexe de l'onde au point M s'écrit donc :

$$\underline{a}(M\infty) = Ca_0 \iint_D e^{\mathrm{j}\left(\vec{k}_d - \vec{k}_i\right)\cdot \overrightarrow{OP}}\, \mathrm{d}\mathcal{S}(P)$$

c) Diffraction de Fraunhofer d'une fente

• Éclairons une fente de largeur a et de longueur b ($a < b$) par une onde plane tombant normalement au plan de la fente. L'ensemble est dans l'air ($n = 1$). Dans le plan de la fente, le point courant P est repéré par les axes OX et OY, O étant le centre de symétrie de la fente. L'axe OZ est perpendiculaire au plan de la fente. L'amplitude complexe diffractée au point M à l'infini dans la direction $\vec{u}_d$ s'écrit :

$$\underline{a}(M\infty) = Ca_0 \int_{-a/2}^{a/2} e^{\mathrm{j}X\left(k_{dX} - k_{iX}\right)}\,\mathrm{d}X \int_{-b/2}^{b/2} e^{\mathrm{j}Y\left(k_{dY} - k_{iY}\right)}\,\mathrm{d}Y \qquad (1)$$

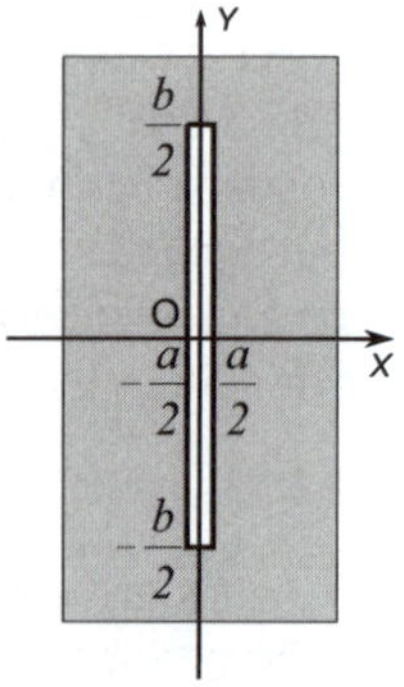

L'amplitude complexe se factorisant suivant X et Y, étudions l'intégrale suivant X.

Notons θ_X l'angle orienté, avec l'axe OZ, de la projection de $\vec{k}_d$ dans le plan (YOZ).

Pour des angles θ_X petits : $k_{iX} = 0$ et $k_{dX} = \dfrac{2\pi}{\lambda_0}\sin\theta_X \simeq \dfrac{2\pi\theta_X}{\lambda_0}$

$$\Rightarrow \int_{-a/2}^{a/2} e^{\mathrm{j}\frac{2\pi\theta_X}{\lambda_0}X}\,\mathrm{d}X = \frac{\lambda_0}{2\pi \mathrm{j}\theta_X}\left(e^{\mathrm{j}\frac{2\pi\theta_X}{\lambda_0}\frac{a}{2}} - e^{\mathrm{j}\frac{2\pi\theta_X}{\lambda_0}\frac{a}{2}}\right) = a\,\frac{\sin\left(\dfrac{\pi a\theta_X}{\lambda_0}\right)}{\dfrac{\pi a\theta_X}{\lambda_0}}$$

De la même façon, notons θ_Y, supposé petit, l'angle avec l'axe OZ de la projection de $\vec{k}_d$ dans le plan (XOZ). Par suite, en introduisant la fonction « sinus cardinal » : $\sin\mathrm{c}(x) = \dfrac{\sin x}{x}$,

l'amplitude complexe diffractée en M∞ est : $\underline{a}(\theta_X, \theta_Y) = Ca_0 ab \sin\mathrm{c}\left(\dfrac{\pi a\theta_X}{\lambda_0}\right)\sin\mathrm{c}\left(\dfrac{\pi b\theta_Y}{\lambda_0}\right)$.

L'intensité diffractée $I(\theta)$ au point M∞ est : $I(\theta_X,\theta_Y) = \underline{a}(\theta_X,\theta_Y) \times \underline{a}^*(\theta_X,\theta_Y)$

$$\Rightarrow I(\theta_X,\theta_Y) = I(0,0)\,\mathrm{sinc}^2\left(\frac{\pi a \theta_X}{\lambda_0}\right)\mathrm{sinc}^2\left(\frac{\pi b \theta_Y}{\lambda_0}\right).$$

- Étudions la fonction $\mathrm{sinc}^2(x)$:

$\mathrm{sinc}^2(x)$	x
0	$x = m\pi$ $m \neq 0$ entier
maximum principal = 1	0
maximum secondaire	$x = \left(m + \frac{1}{2}\right)\pi$ $m \neq 0$ entier

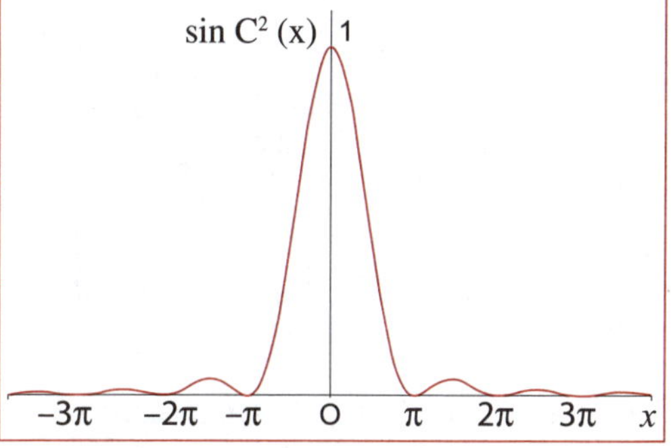

Cette fonction décroit rapidement : l'ordonnée du premier maximum secondaire ($m = 1$) est 0,045. Cette fonction n'a des valeurs notables que si $-\pi < x < \pi$.

- Les directions comprises entre $-\frac{\lambda_0}{a} < \theta_X < \frac{\lambda_0}{a}$ et $-\frac{\lambda_0}{b} < \theta_Y < \frac{\lambda_0}{b}$ contiennent l'essentiel de l'intensité lumineuse diffractée. L'intensité diffractée par une fente est maximum dans la direction incidente, ce qui correspond à l'optique géométrique.

- Cas d'une fente fine et longue de largeur a et de longueur b ($a << b$)

Comme $a << b$, la lumière est diffractée uniquement suivant θ_X que nous noterons θ.

$I(\theta) = I(0)\,\mathrm{sinc}^2\left(\frac{\pi a \theta}{\lambda_0}\right)$	$I(\theta)$: intensité diffractée dans la direction θ, la fente étant éclairée sous incidence normale a : largeur de la fente λ_0 : longueur d'onde dans le vide θ : direction diffractée perpendiculaire à l'axe de la fente

– La lumière est diffractée dans le plan normal en O à l'axe de la fente : plan (XOZ).

La zone angulaire comprise entre les deux minima $\pm\frac{\lambda_0}{a}$ est appelée frange centrale. L'intensité diffractée est essentiellement contenue dans celle-ci.

– La frange centrale a une largeur angulaire double des autres franges.

3. EN PRATIQUE...

- Considérons le montage suivant. Une source ponctuelle S de longueur d'onde $\lambda_0 = 589$ nm (raie jaune du sodium) est placée au foyer principal objet d'une lentille mince convergente (L_1) de distance focale $f_1 = 10$ cm.

Le faisceau lumineux issu de (L_1) éclaire une fente fine et longue de largeur $a = 20$ µm. La lumière diffractée par la fente traverse une lentille mince convergente (L_2) de même axe optique que (L_1) et de distance focale f_2 = 20 cm.

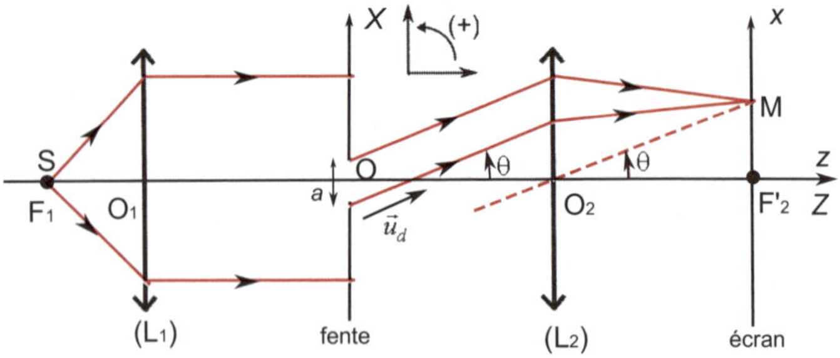

Un écran est placé dans le plan focal image de (L_2).

→ Déterminons la figure de diffraction observée sur l'écran.

$$\text{objet ponctuel } S \equiv F_1 \xrightarrow[(L_1)]{} \text{image ponctuelle à l'} \infty \text{ dans la direction } OZ$$

C'est donc une onde plane se propageant suivant O_1Z et frappant normalement le plan de la fente.

$$\text{objet ponctuel à l'} \infty \text{ dans la direction } O_2M \xrightarrow[(L_2)]{} \text{image ponctuelle M dans le plan focal image}$$

La fente diffracte dans les conditions de Fraunhofer.

Or $\theta = \dfrac{\overline{F'_2M}}{\overline{O_2F'_2}} = \dfrac{x}{f_2} \Rightarrow$ en utilisant le résultat précédent, $I(x) = I(0)\operatorname{sinc}^2\left(\dfrac{\pi a x}{\lambda_0 f_2}\right)$.

La figure de diffraction est uniquement suivant l'axe des x.

La figure est centrée sur F'_2, qui est l'image de la source S par l'ensemble des deux lentilles. La largeur de la frange centrale est :

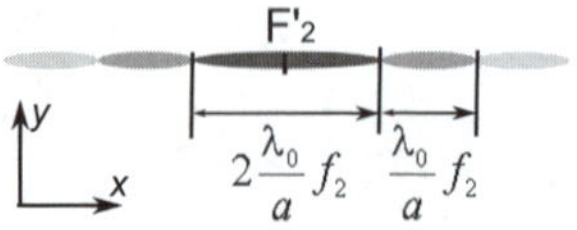

$$\Delta x = 2\frac{\lambda_0}{a}f_2 = \frac{2 \times 589.10^{-9} \times 0,2}{20.10^{-6}} = 1,18.10^{-2} \text{ m} = 1,18 \text{ cm}.$$

→ La source ponctuelle est déplacée dans le plan focal objet de (L_1) de telle manière que $\overline{F_1S} = X'$. Déterminons la figure de diffraction observée sur l'écran.

Le vecteur d'onde incident $\vec{k}_i$ fait un angle β orienté avec OZ : $k_{iX} = \dfrac{2\pi}{\lambda_0}\beta$ avec $\beta = \dfrac{\overline{F_2S}}{\overline{O_1F_1}} = -\dfrac{X'}{f_2}$.

(1) ⇒ l'amplitude complexe en x est donnée par :

$$\underline{a}(x) = Ca_0 \int_{-a/2}^{a/2} e^{jX\frac{2\pi}{\lambda_0}\left(\frac{x}{f_2}+\frac{X'}{f_1}\right)} \mathrm{d}X$$

Par suite, l'intensité en x est :

$$I(x) = I(0)\operatorname{sinc}^2\left(\frac{\pi a}{\lambda_0}\left(\frac{x}{f_2}+\frac{X'}{f_1}\right)\right)$$

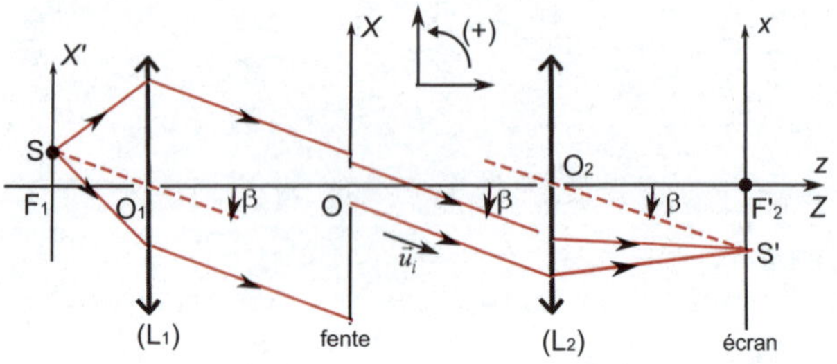

La figure de diffraction est toujours sur l'axe des x, la largeur de la frange centrale étant la même. Mais le centre de la frange centrale (intensité maximale) est en x_C :

$\frac{x_C}{f_2}+\frac{X'}{f_1}=0 \Leftrightarrow x_C=-X'\frac{f_2}{f_1}$. Le point correspondant est S', image de S à travers (L_1) et (L_2).

- Le dispositif des bifentes d'Young est constitué de deux fentes identiques, fines, longues et parallèles. Leur largeur est $a = 50$ µm et leur distance est : $d = 300$ µm.

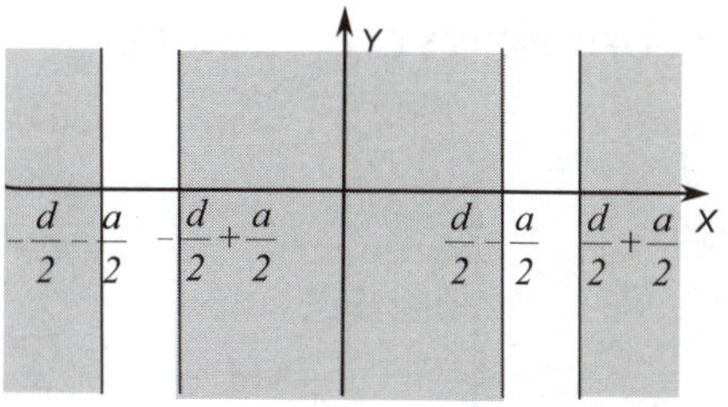

Ce dispositif est éclairé par une onde plane (λ_0 = 633 nm) se propageant perpendiculairement au plan des bifentes.

Déterminons la figure de diffraction observée sur un écran placé dans le plan focal image d'une lentille mince convergence de distance focale $f_2 = 1$ m.

(1) ⇒ l'amplitude complexe au point M s'écrit :

$$\underline{a}(x)=Ca_0\left[\int_{-(d+a)/2}^{-(d-a)/2} e^{jX\frac{2\pi}{\lambda_0}\frac{x}{f_2}}\,\mathrm{d}X+\int_{(d-a)/2}^{(d+a)/2} e^{jX\frac{2\pi}{\lambda_0}\frac{x}{f_2}}\,\mathrm{d}X\right]$$

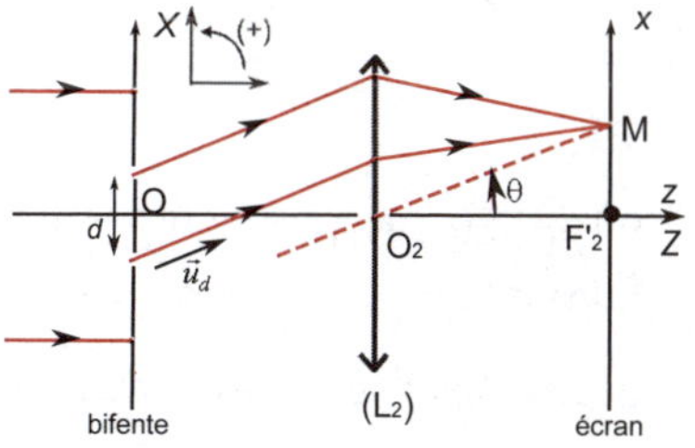

Faisons le changement de variable dans la première intégrale $y_+ = X+\frac{d}{2}$ et dans la seconde $y_- = X-\frac{d}{2}$.

$$\underline{a}(x)=a_0\left[e^{-j\frac{\pi dx}{\lambda_0 f_2}}\int_{-a/2}^{a/2} e^{jy_+\frac{2\pi}{\lambda_0}\frac{x}{f_2}}\,\mathrm{d}y_+ + e^{j\frac{\pi dx}{\lambda_0 f_2}}\int_{-a/2}^{a/2} e^{jy_-\frac{2\pi}{\lambda_0}\frac{x}{f_2}}\,\mathrm{d}y_-\right]$$

Les deux intégrales sont identiques et correspondent à l'amplitude complexe diffractée par une seule fente, d'où :

$$\underline{a}(x)=a_0\underbrace{\left[e^{-j\frac{\pi dx}{\lambda_0 f_2}}+e^{j\frac{\pi dx}{\lambda_0 f_2}}\right]}_{\text{interférence entre les 2 ondes traversant les 2 fentes}}\underbrace{\operatorname{sinc}\left(\frac{\pi ax}{\lambda_0 f_2}\right)}_{\text{intensité diffractée par une seule fente}}$$

$$\Rightarrow I(x)=2I_0\left(1+\cos\left(\frac{2\pi dx}{\lambda_0 f_2}\right)\right)\operatorname{sinc}^2\left(\frac{\pi ax}{\lambda_0 f_2}\right)$$

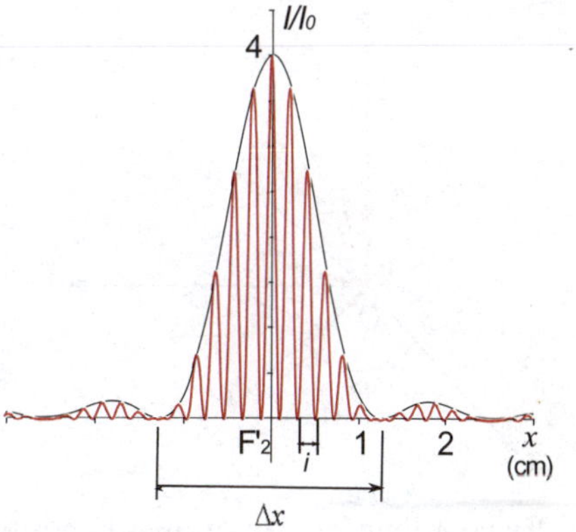

L'intensité liée aux interférences à deux ondes d'interfrange i est modulée par l'intensité diffractée par une fente. Or $i=\frac{\lambda_0}{d}f_2 = 2{,}1$ mm et $\Delta x = 2\frac{\lambda_0}{a}f_2 = 25{,}3$ mm qui est la largeur de la frange centrale de diffraction.

Seul un petit nombre de franges d'interférence sont observables, essentiellement celles qui sont dans la frange centrale de diffraction. Dans Δx, il y a 12 interfranges.

A Systèmes de coordonnées et vecteur position

A. COORDONNÉES CARTÉSIENNES

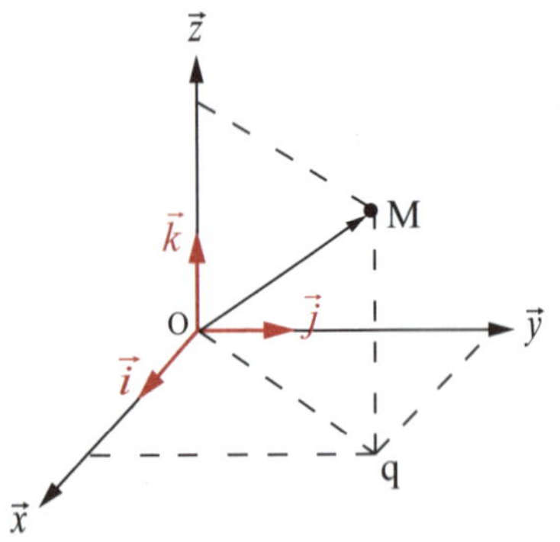

Dans un système de coordonnées cartésiennes l'espace est rapporté à un système de trois axes orthogonaux, $O\vec{x}$, $O\vec{y}$, $O\vec{z}$, d'origine O, muni d'une base directe $\left(\vec{i},\vec{j},\vec{k}\right)$ (règle du trièdre direct de la main droite : $\vec{i}$ = pouce ; $\vec{j}$ = index et $\vec{k}$ = majeur) (Cf. figure ci-contre).

Dans un système cartésien la position d'un point M, à un instant t, est donnée par son vecteur position $\overrightarrow{OM}$, tel que :

$$\boxed{\overrightarrow{OM}(t) = x_{(t)}\,\vec{i} + y_{(t)}\,\vec{j} + z_{(t)}\,\vec{k}}$$

où $x_{(t)}$, $y_{(t)}$ et $z_{(t)}$ sont des fonctions du temps qui représentent les coordonnées du point M à l'instant t ($x_{(t)}$, $y_{(t)}$ et $z_{(t)}$ représentent les projections orthogonales du vecteur position, respectivement sur les axes $O\vec{x}$, $O\vec{y}$ et $O\vec{z}$).

Le système de coordonnées cartésiennes est le système de coordonnées le plus naturel et le plus fréquemment utilisé.

B. COORDONNÉES CYLINDRIQUES (OU POLAIRES)

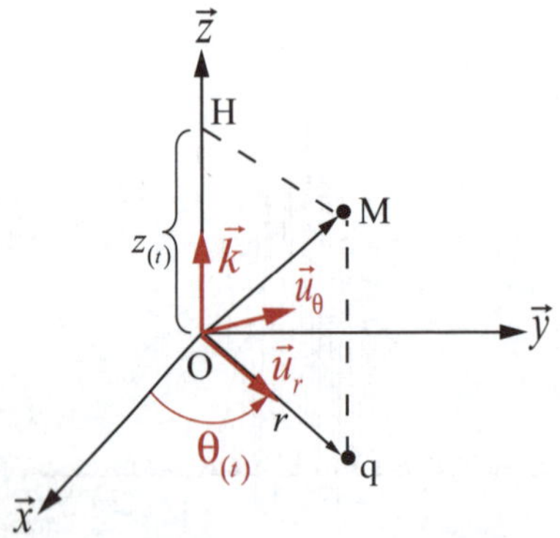

Dans un système de coordonnées cylindriques (ou polaires) l'espace est rapporté à un système de trois axes orthogonaux, $O\vec{x}$, $O\vec{y}$, $O\vec{z}$, d'origine O, muni d'une base directe $\left(\vec{u}_r,\vec{u}_\theta,\vec{k}\right)$. Pour les systèmes de coordonnées cylindriques les vecteurs $\vec{u}_r$, $\vec{u}_\theta$ (vecteurs formant la base polaire) sont des fonctions du temps t, par conséquent leur dérivée par rapport au temps n'est pas nulle.

En coordonnées cylindriques la position d'un point M de l'espace est repérée par la distance $r_{(t)} = Oq$ (où q est la projection orthogonale de M dans le plan $\left(O,\vec{x},\vec{y}\right)$), l'angle polaire $\theta_{(t)} = \left(\widehat{\overrightarrow{Ox},\overrightarrow{Oq}}\right)$, et la cote du point M, notée $z_{(t)} = \overline{OH}$. Les paramètres $r_{(t)}$ et $\theta_{(t)}$ sont les coordonnées polaires de q. Par définition la position d'un point M, à un instant t, en coordonnées cylindriques est donnée par : $\boxed{\overrightarrow{OM}(t) = r_{(t)}\,\vec{u}_r + z_{(t)}\,\vec{k}}$

Les systèmes de coordonnées cylindriques sont en général utilisés lorsque le mobile étudié décrit un mouvement de rotation autour d'un axe.

C. COORDONNÉES SPHÉRIQUES

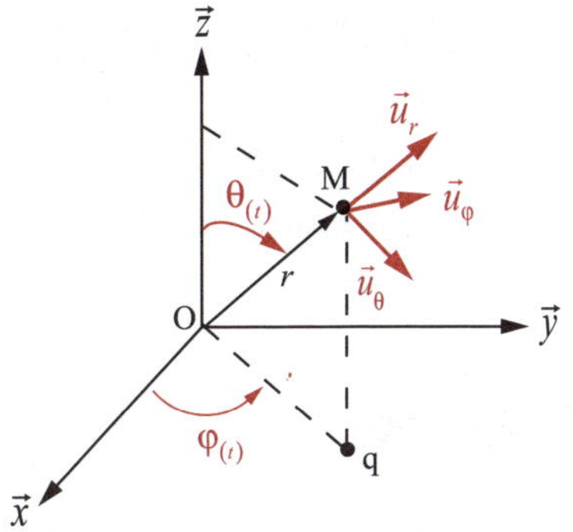

Dans le système de coordonnées sphériques l'espace est rapporté à un système de trois axes orthogonaux, $O\vec{x}$, $O\vec{y}$, $O\vec{z}$, d'origine O, muni d'une base directe $\left(\vec{u}_r, \vec{u}_\theta, \vec{u}_\varphi\right)$.

Le vecteur $\vec{u}_r$ est appelé vecteur radial, le vecteur $\vec{u}_\theta$ est le vecteur orthoradial tel que $\left(\vec{u}_r, \vec{u}_\theta\right) = \dfrac{\pi}{2}$ et le vecteur $\vec{u}_\varphi$ est tel que la base $\left(\vec{u}_r, \vec{u}_\theta, \vec{u}_\varphi\right)$ soit directe (c'est-à-dire telle que : $\vec{u}_r \wedge \vec{u}_\theta = \vec{u}_\varphi$).

Il n'est pas rare que pour le système de coordonnées sphériques la base $\left(\vec{u}_r, \vec{u}_\theta, \vec{u}_\varphi\right)$ soit directement lié au système étudié. Dans un tel système de coordonnées la direction des 3 vecteurs unitaires varie au cours du temps, ce qui implique que leur dérivée respective par rapport au temps n'est pas nulle.
Dans un système de coordonnées sphériques, la position d'un point M de l'espace est repérée par sa distance par rapport à l'origine $r_{(t)} = \mathrm{OM}$, l'angle $\varphi_{(t)} = \left(\overrightarrow{\mathrm{O}x}, \overrightarrow{\mathrm{Oq}}\right)$, et l'angle $\theta_{(t)} = \left(\overrightarrow{\mathrm{O}z}, \overrightarrow{\mathrm{OM}}\right)$.

L'angle $\theta_{(t)}$ sert à repérer la direction du vecteur position $\overrightarrow{\mathrm{OM}}$ dans le plan $\left(\mathrm{O}, \overrightarrow{\mathrm{OM}}, \vec{k}\right)$ alors que l'angle $\varphi_{(t)}$ fixe le plan $\left(\mathrm{O}, \overrightarrow{\mathrm{OM}}, \vec{k}\right)$ autour de l'axe $\left(\mathrm{O}\vec{k}\right)$. Par définition la position d'un point M, à un instant t, en coordonnées sphériques est donnée par : $\boxed{\overrightarrow{\mathrm{OM}}_{(t)} = r_{(t)}\, u_r}$

Les systèmes de coordonnées sphériques sont peu utilisés car ils conduisent à des systèmes d'équations difficiles à résoudre analytiquement. Cependant, leur utilisation est parfois pertinente, notamment lorsque les propriétés du mobile étudié ne dépendent que de la distance à un point (exemple : étude du mouvement d'un mobile, astreint à se déplacer à la surface de la Terre, par rapport au centre de la Terre).

D. RELATIONS ENTRE LES DIFFÉRENTS SYSTÈMES DE COORDONNÉES

Les 3 systèmes de coordonnées précédents permettent de repérer la position d'un point matériel M à un instant t dans l'espace. Ils sont tous équivalents et il est très facile de passer de l'un à l'autre grâce aux relations suivantes :

Cartésien ⟶ Cylindrique	Cylindrique ⟶ Cartésien
$r = \sqrt{x^2 + y^2}$ $\tan\theta = \dfrac{y}{x}$ $z = z$	$x = r\cos\theta$ $y = r\sin\theta$ $z = z$

Cartésien ⟶ Sphérique	Sphérique ⟶ Cartésien
$r = \sqrt{x^2 + y^2 + z^2}$ $\tan\varphi = \dfrac{y}{x}$ $\tan\theta = \dfrac{\sqrt{x^2 + y^2}}{z}$	$x = r\sin\theta\cos\varphi$ $y = r\sin\theta\sin\varphi$ $z = r\cos\theta$

B Éléments d'analyse vectorielle

Le gradient, le rotationnel et la divergence constituent les trois principaux opérateurs différentiels du premier ordre. En physique, ils sont particulièrement utilisés en électromagnétisme et en mécanique des fluides. Leur définition est introduite ainsi que l'énoncé des théorèmes de Stokes et de Green-Ostrogradski.

A. DIFFÉRENTIELLE TOTALE ET OPÉRATEUR GRADIENT

- Différentielle totale : Soit $f(x,y,z)$ une fonction scalaire de trois variables admettant des dérivées partielles, donc différentiable. Pour y et z fixés (maintenus constants au cours du temps), une variation infiniment petite de x, notée dx, impose une variation de f, notée df_x, telle que : $df_x = \frac{\partial f}{\partial x}\mathrm{d}x$. df_x est appelée différentielle partielle de f par rapport à x. Le terme $\frac{\partial f}{\partial x}$ est la dérivée partielle de f par rapport à x. Par analogie, pour une variation infiniment petite de y et de z, on obtient : $df_y = \frac{\partial f}{\partial y}\mathrm{d}y$ et $df_z = \frac{\partial f}{\partial z}\mathrm{d}z$.

On appelle différentielle totale de f, notée $df(x,y,z)$ou plus simplement df, la somme des trois variations de f par rapport à x, y et z :

$$df(x,y,z) = df = \frac{\partial f}{\partial x}\mathrm{d}x + \frac{\partial f}{\partial y}\mathrm{d}y + \frac{\partial f}{\partial z}\mathrm{d}z$$

- Gradient : Dans la base cartésienne orthonormée directe $(\vec{i},\vec{j},\vec{k})$, la différentielle totale df apparaît comme le produit scalaire entre le vecteur déplacement élémentaire $\mathrm{d}\vec{l}$ de compo santes $(\mathrm{d}x, \mathrm{d}y, \mathrm{d}z)_{(\vec{i},\vec{j},\vec{k})}$ et un vecteur, nommé gradient de f, noté $\overrightarrow{\mathrm{grad}}\, f$, et défini par :

$$\overrightarrow{\mathrm{grad}}\, f = \frac{\partial f}{\partial x}\vec{i} + \frac{\partial f}{\partial y}\vec{j} + \frac{\partial f}{\partial z}\vec{k}$$

$$\boxed{df = \overrightarrow{\mathrm{grad}}\, f.\mathrm{d}\vec{l} = \frac{\partial f}{\partial x}\mathrm{d}x + \frac{\partial f}{\partial y}\mathrm{d}y + \frac{\partial f}{\partial z}\mathrm{d}z}$$

$\overrightarrow{\mathrm{grad}}\, f$: gradient de la fonction scalaire f ; c'est un vecteur

df : différentielle totale de la fonction scalaire f ; c'est un scalaire.

Dans les systèmes de coordonnées cylindriques et sphériques, le gradient s'écrit :

Coordonnées cylindriques (r, θ, z)	Coordonnées sphériques (r, θ, φ)
$\overrightarrow{\mathrm{OM}} = r\overrightarrow{u_r} + z\vec{k}$	$\overrightarrow{\mathrm{OM}} = r\overrightarrow{u_r}$
$\mathrm{d}\vec{l} = \mathrm{d}r\,\overrightarrow{u_r} + r\,\mathrm{d}\theta\,\overrightarrow{u_\theta} + \mathrm{d}z\,\vec{k}$	$\mathrm{d}\vec{l} = \mathrm{d}r\,\overrightarrow{u_r} + r\,\mathrm{d}\theta\,\overrightarrow{u_\theta} + r\sin\theta\,\mathrm{d}\varphi\,\overrightarrow{u_\varphi}$
$\overrightarrow{\mathrm{grad}}\, f = \frac{\partial f}{\partial r}\overrightarrow{u_r} + \frac{1}{r}\frac{\partial f}{\partial \theta}\overrightarrow{u_\theta} + \frac{\partial f}{\partial z}\vec{k}$	$\overrightarrow{\mathrm{grad}}\, f = \frac{\partial f}{\partial r}\overrightarrow{u_r} + \frac{1}{r}\frac{\partial f}{\partial \theta}\overrightarrow{u_\theta} + \frac{1}{r\sin\theta}\frac{\partial f}{\partial \varphi}\overrightarrow{u_\varphi}$
$\boxed{df = \overrightarrow{\mathrm{grad}}\, f.\mathrm{d}\vec{l} = \frac{\partial f}{\partial r}\mathrm{d}r + \frac{\partial f}{\partial \theta}\mathrm{d}\theta + \frac{\partial f}{\partial z}\mathrm{d}z}$	$\boxed{df = \overrightarrow{\mathrm{grad}}\, f.\mathrm{d}\vec{l} = \frac{\partial f}{\partial r}\mathrm{d}r + \frac{\partial f}{\partial \theta}\mathrm{d}\theta + \frac{\partial f}{\partial \varphi}\mathrm{d}\varphi}$

- Opérateur gradient : le gradient est un opérateur, noté $\vec{\nabla}$ (nabla), que l'on peut appliquer à une fonction. Ses composantes dans les différents systèmes de coordonnées sont :

Coordonnées cylindriques	Coordonnées cylindriques	Coordonnées sphériques
$\vec{\nabla} = \begin{pmatrix} \frac{\partial}{\partial x} \\ \frac{\partial}{\partial y} \\ \frac{\partial}{\partial z} \end{pmatrix}$	$\vec{\nabla} = \begin{pmatrix} \frac{\partial}{\partial r} \\ \frac{1}{r}\frac{\partial}{\partial \theta} \\ \frac{\partial}{\partial z} \end{pmatrix}$	$\vec{\nabla} = \begin{pmatrix} \frac{\partial}{\partial r} \\ \frac{1}{r}\frac{\partial}{\partial \theta} \\ \frac{1}{r\sin\theta}\frac{\partial}{\partial \varphi} \end{pmatrix}$

B. ROTATIONNEL ET DIVERGENCE

- Divergence : la divergence d'une fonction vectorielle $\vec{A}$ est le produit scalaire de l'opérateur nabla et du vecteur $\vec{A}$:

$$\text{div } \vec{A} = \vec{\nabla}.\vec{A}$$

div $\vec{A}$: divergence de la fonction vectorielle $\vec{A}$; c'est un scalaire

$\vec{\nabla}$: opérateur nabla

Par exemple en coordonnées cartésiennes, on obtient :

$$\text{div } \vec{A} = \frac{\partial A_x}{\partial x} + \frac{\partial A_y}{\partial y} + \frac{\partial A_z}{\partial z}$$

- Rotationnel : Le rotationnel d'une fonction vectorielle $\vec{A}$ est le produit vectoriel de l'opérateur nabla et du vecteur $\vec{A}$:

$$\overrightarrow{\text{rot}}\ \vec{A} = \vec{\nabla} \wedge \vec{A}$$

$\overrightarrow{\text{rot}}\ \vec{A}$: divergence de la fonction vectorielle $\vec{A}$; c'est un vecteur

$\vec{\nabla}$: opérateur nabla

Par exemple en coordonnées cartésiennes, on obtient :

$$\overrightarrow{\text{rot}}\ \vec{A} = \left(\frac{\partial A_z}{\partial y} - \frac{\partial A_y}{\partial z}\right)\vec{i} + \left(\frac{\partial A_x}{\partial z} - \frac{\partial A_z}{\partial x}\right)\vec{j} + \left(\frac{\partial A_y}{\partial x} - \frac{\partial A_x}{\partial y}\right)\vec{k}$$

C. THÉORÈME DE STOKES

Considérons un contour fermé ($\mathscr{C}$) et une surface fermée S s'appuyant sur ce contour. La circulation de tout vecteur $\vec{A}$ sur le contour s'écrit sous la forme :

$$\oint_{(\mathscr{C})} \vec{A}.\vec{dl} = \iint_S \overrightarrow{rot A} . \vec{dS}$$

D. THÉORÈME DE GREEN-OSTROGRADSKI

Considérons une surface fermée S délimitant un volume $\mathscr{V}$. Le flux de tout vecteur $\vec{A}$ à travers la surface S peut s'écrire sous la forme :

$$\oiint_S \vec{A}.\vec{dS} = \iiint_{\mathscr{V}} div \vec{A}\ dV$$

C Notation complexe

Un signal est périodique lorsque son amplitude se reproduit au cours du temps. Celui le plus utilisé est sinusoïdal, comme la tension délivrée par une prise de courant. Afin de faciliter les résolutions mathématiques, un signal sinusoïdal peut s'écrire en représentation complexe.

1. A) LE SIGNAL SINUSOÏDAL

Un signal $x(t)$ est sinusoïdal lorsque l'amplitude varie sinusoïdalement. Il peut alors s'écrire sous forme mathématique : $x(t) = X_{max}\cos(\omega t + \varphi)$.

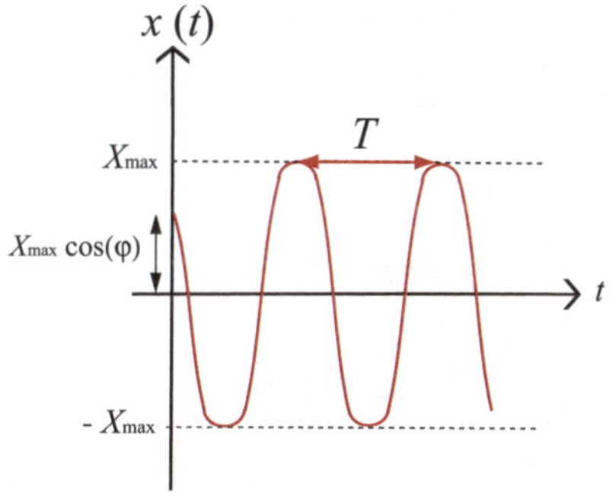

X_{max} : amplitude du signal. Elle s'exprime dans la même unité que le signal. Le signal oscille donc entre $-X_{max}$ et $+X_{max}$

T : Période en seconde (s), durée d'une oscillation : $x(t + T) = x(t)$.

ω : pulsation du signal en rad.s^{-1}. Elle est liée à la période T par : $\omega = \frac{2\pi}{T} = 2\pi f$

f : fréquence en Hertz (Hz), nombre de périodes en une seconde

φ : phase à l'origine en radian (rad), comprise entre $-\pi$ et $+\pi$, c'est la phase à l'origine du signal.

B. LA NOTATION COMPLEXE

À $x(t) = X_{max}\cos(\omega t + \varphi)$ correspond le signal complexe

$$\underline{x}(t) = X_{max}\left[\cos(\omega t + \varphi) + \mathrm{j}\sin(\omega t + \varphi)\right]$$

obtenu en ajoutant au signal réel le terme « imaginaire » $\mathrm{j}X_{max}\sin(\omega t + \varphi)$.

Or $\underline{x}(t) = X_{max}\left[\cos(\omega t + \varphi) + \mathrm{j}\sin(\omega t + \varphi)\right] = X_{max}e^{\mathrm{j}(\omega t + \varphi)} = X_{max}e^{\mathrm{j}\varphi}e^{\mathrm{j}\omega t}$.

Signal réel	Représentation complexe
$x(t) = X_{max}\cos(\omega t + \varphi)$	$\underline{x}(t) = \underline{X}e^{\mathrm{j}\omega t}$ avec $\underline{X} = X_{max}e^{\mathrm{j}\varphi}$
$x(t) = \Re\mathrm{e}(\underline{x}(t))$	La représentation complexe n'a pas de sens physique. Seule la partie réelle en a une.

Le nombre complexe $\underline{X}$ est appelé amplitude complexe du signal.

- Rappels : Un nombre complexe $\underline{z}$, désigné par un trait sous son expression, s'écrit :

$\underline{z} = a + \mathrm{j}b$	a : partie réelle de $\underline{z}$.	$a = \Re e(\underline{z})$
	b : partie imaginaire de $\underline{z}$.	$b = \Im m(\underline{z})$
	j, nombre complexe tel que $\mathrm{j}^2 = -1$	

Ce nombre peut également s'écrire :

$\underline{z} = ze^{\mathrm{j}\varphi}$	z : module de $\underline{z}$, noté $\lvert\underline{z}\rvert$	$z = \sqrt{a^2 + b^2}$
$\underline{z} = z\cos\varphi + \mathrm{j}z\sin\varphi$	φ : argument de $\underline{z}$, noté $\arg(\underline{z})$	$\varphi = Arc\tan\left(\frac{b}{a}\right)$

– Exponentielle complexe $e^{\mathrm{j}\varphi}$: $\varphi = 0 \Rightarrow e^{\mathrm{j}\varphi} = 1$; $\varphi = \pi \Rightarrow e^{\mathrm{j}\varphi} = \cos\pi + \mathrm{j}\sin\pi = -1$;

$$\varphi = \frac{\pi}{2} \Rightarrow e^{\mathrm{j}\varphi} = \cos\frac{\pi}{2} + \mathrm{j}\sin\frac{\pi}{2} = \mathrm{j};\ \varphi = -\frac{\pi}{2} \Rightarrow e^{\mathrm{j}\varphi} = \cos\left(-\frac{\pi}{2}\right) + j\sin\left(-\frac{\pi}{2}\right) = -\mathrm{j} = \frac{1}{\mathrm{j}}.$$

- La notation complexe permet de calculer facilement les dérivées et les intégrales :

Opération	Écriture temporelle	Écriture complexe
Dérivation de $x(t)$	$\frac{\mathrm{d}x(t)}{\mathrm{d}t} = \Re e\left[\frac{\mathrm{d}\underline{x}(t)}{\mathrm{d}t}\right]$	$\frac{\mathrm{d}\underline{x}(t)}{\mathrm{d}t} = \mathrm{j}\omega\,\underline{x}(t)$
Intégration de $x(t)$	$\int x(t)\mathrm{d}t = \Re e\left[\int \underline{x}(t)\mathrm{d}t\right]$	$\int \underline{x}(t)\ \mathrm{d}t = \frac{\underline{x}(t)}{\mathrm{j}\omega}$

C) LA REPRÉSENTATION DE FRESNEL

Celle-ci correspond à la représentation du signal complexe dans le plan complexe.

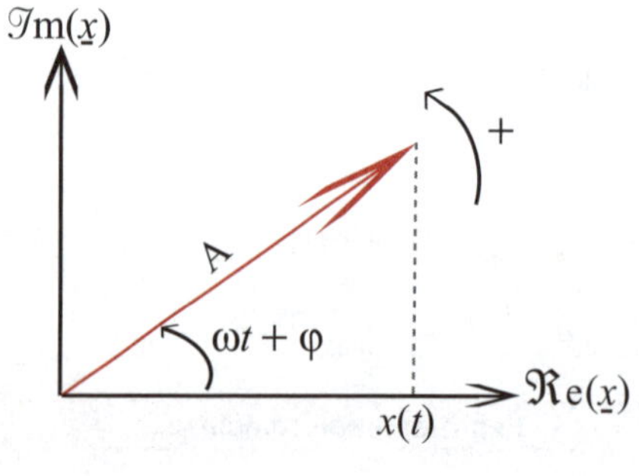

Soit le signal $x(t) = A\cos(\omega t + \varphi)$.
Le signal complexe associé est :
$\underline{x}(t) = A\cos(\omega t + \varphi) + \mathrm{j}A\sin(\omega t + \varphi)$
Dans le plan complexe, ce signal complexe est représenté par un vecteur dont :
– la norme est égale à l'amplitude A du signal
– l'angle par rapport à l'axe $\Re e$ est égal à la phase du signal $(\omega t + \varphi)$.
Ce vecteur tourne avec une vitesse angulaire ω.

La grandeur physique étudiée $x(t)$ est la projection de ce vecteur sur l'axe $\Re e$.
La représentation de Fresnel est utilisée pour visualiser facilement le déphasage de différents signaux de même pulsation. L'ensemble des vecteurs tournant à la pulsation ω sans se déformer, les amplitudes complexes sont représentées dans la construction de Fresnel.
Considérons le signal $x(t) = A\cos(\omega t + \varphi)$ et sa dérivée.

En utilisant les notations complexes : $\underline{x}(t) = Ae^{\mathrm{j}(\omega t + \varphi)}$ d'amplitude complexe $\underline{\mathscr{X}} = Ae^{\mathrm{j}\varphi}$. Sa dérivée est : $\underline{z}(t) = \frac{\mathrm{d}\underline{x}(t)}{\mathrm{d}t} = \mathrm{j}\omega Ae^{j(\omega t + \varphi)}$ d'amplitude complexe $\underline{\mathscr{Z}} = j\omega Ae^{\mathrm{j}\varphi} = \omega Ae^{\mathrm{j}\left(\varphi + \frac{\pi}{2}\right)}$

Représentons ces deux amplitudes complexes en représentation de Fresnel.

Un angle de $+\dfrac{\pi}{2}$ est observé entre les deux vecteurs.

On dit que le signal $\underline{x}(t)$ est en avance de phase de $\dfrac{\pi}{2}$ par rapport au signal $x(t)$.

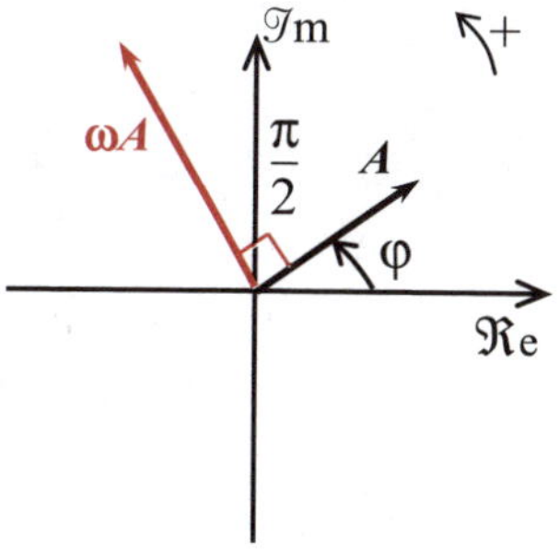

Représentons ces deux signaux au cours du temps :

un déphasage de $\dfrac{T}{4}$ est observé.

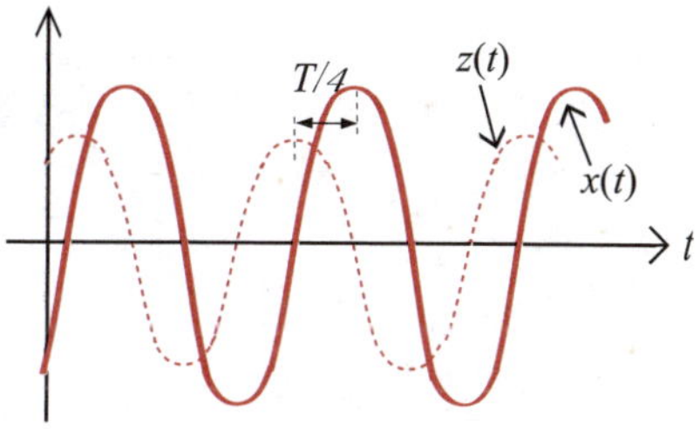

52576 - (I) - (2,5) - OSB 80° - IDT - GCO

Achevé d'imprimer sur les presses de
SNEL Grafics sa
Z.I. des Hauts-Sarts - Zone 3
Rue Fond des Fourches 21 – B-4041 Vottem (Herstal)
Tél +32 (0)4 344 65 60 - Fax +32 (0)4 286 99 61
octobre 2009 – 49099

Dépôt légal : octobre 2009

Imprimé en Belgique